亚热带建筑科学国家重点实验室　华南理工大学建筑历史文化研究中心　资助

国家自然科学基金资助项目「中国古代城市规划、设计的哲理、学说及历史经验研究」（项目号　50678070）

国家自然科学基金资助项目「中国古城水系营建的学说及历史经验研究」（项目号　51278197）

中国城市营建史研究书系

吴庆洲　主编

永州古城营建与景观发展特点研究

Studies on Ancient Yongzhou City's Construction and Its Landscape Developing Characters

伍国正　著

中国建筑工业出版社

图书在版编目（CIP）数据

永州古城营建与景观发展特点研究 / 伍国正著. —北京：中国建筑工业出版社，2018.3
（中国城市营建史研究书系）
ISBN 978-7-112-21816-5

Ⅰ.①永…　Ⅱ.①伍…　Ⅲ.①古建筑—研究—永州
Ⅳ.① TU-092.2

中国版本图书馆CIP数据核字（2018）第025636号

责任编辑：王　磊　付　娇
责任校对：姜小莲

中国城市营建史研究书系　　吴庆洲　主编

永州古城营建与景观发展特点研究

伍国正　著

＊

中国建筑工业出版社出版、发行（北京海淀三里河路9号）
各地新华书店、建筑书店经销
北京京点图文设计有限公司制版
北京中科印刷有限公司印刷
＊
开本：787×1092毫米　1/16　印张：21　字数：393千字
2018年9月第一版　2018年9月第一次印刷
定价：88.00元
ISBN 978-7-112-21816-5
　　　（31575）

中国城市营建史研究书系编辑委员会名录

总序 迎接中国城市营建史研究之春天

吴庆洲

本文是中国建筑工业出版社于 2010 年出版的"中国城市营建史研究书系"的总序。笔者希望借此机会，讨论中国城市营建史研究的学科特点、研究方法、研究内容和研究特色等若干问题，以推动中国城市营建史研究的进一步发展。

一、关于"营建"

"营建"是经营、建造之谓，包含了从筹划、经始到兴造、缮修、管理的完整过程，正是建筑史学中关于城市历史研究的经典范畴，故本书系以"城市营建史"称之。在古代汉语文献中，国家、城市、建筑的构建都常使用营建一词，其所指不仅是建造，也同时有形而上的意涵。

中国城市营建史研究的主要学科基础是建筑学、城市规划学、考古学和历史学，以往建筑史学中有"城市建设史"、"城市发展史"、"城市规划史"等称谓，各有关注的角度和不同的侧重。城市营建史是城市史学研究体系的子系统，不能离开城市史学的整体视野。

二、国际城市史研究及中国城市史研究概况

城市史学的形成期十分漫长。在城市史被学科化之前，已经有许多关于城市历史的研究了，无论是从历史的视角还是社会、政治、文学等其他视角，这些研究往往与城市的集中兴起、快速发展或危机有关。

古希腊的城邦和中世纪晚期意大利的城市复兴分别造就了那个时代关于城市的学术讨论，现代意义上的城市学则源自工业革命之后的城市发展高潮。一般认为，西方的城市史学最早出现于 20 世纪 20 年代的美国芝加哥等地，与城市社会学渊源颇深。[1]第二次世界大战后，欧美地区的社会史、城市史、地方史等有了进一步发展。但城市史学作为现代意义上的历史学的一个分支学科，是在 20 世纪 60 年代才出现的。著名的城市理论家刘易斯·芒福德（Lewis Mumford，1895—1990）著《城市发展史——起源、演变和前景》即成书于 1961 年。现在，芒福德、本奈沃洛（Leonardo

---

[1] 罗澍伟. 中国城市史研究述要 [J]. 城市史研究，1988，1.

Benevolo，1923—）、科斯托夫（Spiro Kostof，1936—1991）等城市史家的
著作均已有中文译本。据统计，国外有关城市史著作 20 世纪 60 年代按每
年度平均计算突破了 500 种，70 年代中期为 1000 种，1982 年已达到 1400
种。[1] 此外，海外关于中国城市的研究也日益受到重视，施坚雅（G.William
Skinner，1923—2008）主编的《中华帝国晚期的城市》、罗威廉（William
Rowe，1931—）的汉口城市史研究、申茨（Alfred Schinz，1919—）的中
国古代城镇规划研究、赵冈（1929—）的经济制度史视角下的城市发展史
研究、夏南悉（Nancy Shatzman-Steinhardt）的中国古代都城研究以及朱剑飞、
王笛和其他学者关于北京、上海、广州、佛山、成都、扬州等地的城市史
研究已经逐渐为国内学界熟悉。仅据史明正著《西文中国城市史论著要目》
统计，至 2000 年 11 月，以外文撰写的中国城市史有论著 200 多部篇。

　　中国古代建造了许多伟大的城市，在很长的时间里，辉煌的中国
城市是外国人难以想象也十分向往的"光明之城"。中国古代有诸多
关于城市历史的著述，形成了相应的城市理论体系。现代意义上的中
国城市史研究始于 20 世纪 30 年代。刘敦桢先生的《汉长安城与未央
宫》发表于 1932 年《中国营造学社汇刊》第 3 卷 3 期，开国内城市史
研究之先河。中国城市史研究的热潮出现在 20 世纪 80 年代以后，应
该说，这与中国的快速城市化进程不无关系。许多著作纷纷问世，至
今已有数百种，初步建立了具有自身学术特色的中国城市史研究体系。
这些研究建立在不同的学术基础上，历史学、地理学、经济学、人类
学、水利学和建筑学等一级学科领域内，相当多的学者关注城市史的
研究。城市史论著较为集中地来自历史地理、经济史、社会史、文化
史、建筑史、考古学、水利史、人类学等学科，代表性的作者如侯仁之
(1911—2013)、史念海（1912—2001）、杨宽（1914—2005）、韩大成（1924—）、
隗瀛涛（1930—2007）、皮明庥（1931—）、郭湖生（1931—2008）、马先醒
(1936—)、傅崇兰（1940—）等先生。因著作数量较多，恕不一一列举。

　　由 20 世纪 80 年代起，到 2010 年，研究中国城市史的中外著作，加上
各大学城市史博士学位论文，估计总量应达 500 部以上。一个研究中国城
市史的热潮正在形成。

　　近年来城市史学研究中一个引人注目的现象就是对空间的日益重
视——无论是形态空间还是社会空间，而空间研究正是城市营建史的传统
领域，营建史学者们在空间上的长期探索已经在方法上形成了深厚的积淀。

5

---

[1]　近代重庆史课题组. 近代中国城市史研究的意义、内容及线索. 载天津社会科学院历
　　史研究所、天津城市科学研究会主办. 城市史研究. 第 5 辑. 天津：天津教育出版社，
　　1991.

三、中国城市营建史研究的回顾

城市营建史研究在方法和内容上不能脱离一般城市史学的基本框架，但更加偏重形式制度、城市规划与设计体系、形态原理与历史变迁、建造过程、工程技术、建设管理等方面。以往的中国城市营建史研究主要由建筑学者、考古学者和历史学者来完成，亦有较多来自社会学者、人类学者、经济史学者、地理学者和艺术史学者等的贡献，学科之间融合的趋势日渐明显。

虽然刘敦桢先生早在 1932 年发表了《汉长安城与未央宫》，但相对于中国传统建筑的研究而言，中国城市营建史的起步较晚。同济大学董鉴泓教授主编的《中国城市建设史》1961 年完成初稿，后来补充修改成二稿、三稿，阮仪三参加了大部分资料收集及插图绘制工作，1982 年由中国建筑工业出版社出版，是系统讨论中国城市营建史的填补空白之作，也是城市规划专业的教科书。我本人教过城市建设史，用的就是董先生主编的书。后来该书又不断修订、增补，内容更加丰富、完善。

郭湖生先生在城市史研究上建树颇丰，在《建筑师》上发表了中华古代都城小史系列论文，1997 年结集为《中华古都——中国古代城市史论文集》（台北：空间出版社）。曹汛先生评价：

"郭先生从八十年代开始勤力于城市史研究，自己最注重地方城市制度、宫城与皇城、古代城市的工程技术等三个方面。发表的重要论文有《子城制度》、《台城考》、《魏晋南北朝至隋唐宫室制度沿革——兼论日本平城京的宫室制度》等三篇，都发表在日本的重头书刊上。"[1]

贺业钜先生于 1986 年发表了《中国古代城市规划史论丛》，1996 年出版的《中国古代城市规划史》是另一本重要著作，对中国古代城市规划的制度进行了较深入细致的研究。

吴良镛先生一直关注中国城市史的研究，英文专著《中国古代城市史纲》1985 年在联邦德国塞尔大学出版社出版，他还关注近代南通城市史的研究。

华南理工大学建筑学科对城市史的研究始于龙庆忠（非了）先生，龙先生 1983 年发表的《古番禺城的发展史》是广州城市历史研究的经典文献。

其实，建筑与城市规划学者关注和研究城市史的人越来越多，以上只是提到几位老一辈的著名学者。至于中青年学者，由于人数较多，难以一一列举。

华南理工大学建筑历史与理论博士点自 20 世纪 80 年代起就开始培养

[1] 曹汛. 伤悼郭湖生先生 [J]. 建筑师 2008, 6: 104-107.

城市史和城市防灾研究的博士生，龙先生培养的五个博士中，有四位的博士论文为城市史研究：吴庆洲《中国古代城市防洪研究》（1987），沈亚虹《潮州古城规划设计研究》（1987），郑力鹏《福州城市发展史研究》（1991），张春阳的《肇庆古城研究》（1992）。龙先生倡导在城市史研究中重视城市防灾（其实质是重视城市营建与自然地理、百姓安危的关系）、重视工程技术和管理技术在城市营建过程中的作用、重视从古代的城市营建中获取能为今日所用的经验与启迪。

龙老开创的重防灾、重技术、重古为今用的特色，为其学生们所继承和发扬。陆元鼎教授、刘管平教授、邓其生教授、肖大威教授、程建军教授和笔者所指导的博士中，不乏研究城市史者，至 2010 年 9 月，完成的有关城市营建史的博士学位论文已有 20 多篇。

四、中国城市营建史研究的理论与方法

诚如许多学者所注意到的，近年以来，有关中国城市营建史的研究取得了长足的进展，既有基于传统研究方法的整理和积累，也从其他学科和海外引入了一些新的理论、方法，一些新的技术也被引入到城市史研究中。笔者完全同意何一民先生的看法："城市史研究已经逐渐成为与历史学、社会学、经济学、地理学等学科密切联系而又具有相对独立性的一门新学科。"[1]

笔者认为，中国城市营建史的研究虽然面临着方法的极大丰富，但仍应注意立足于稳固的研究基础。关于方法，笔者有如下的体会：

1. 系统学方法

系统学的研究对象是各类系统。"系统"一词来自古代希腊语"systema"，是指若干要素以一定结构形式联结构成的具有某种功能的有机整体。现代系统思想作为一种对事物整体及整体中各部分进行全面考察的思想，是由美籍奥地利生物学家贝塔朗菲（Ludwig Von Bertalanffy，1901—1972）提出的。系统论的核心思想是系统的整体观念。

钱学森先生在 1990 年提出的"开放的复杂巨系统"（Open Complex Giant System）理论中，根据组成系统的元素和元素种类的多少以及它们之间关联的复杂程度，将系统分为简单系统和巨系统两大类。还原论等传统研究方法无法处理复杂的系统关系，从定性到定量的综合集成法（meta-synthesis）才是处理开放、复杂巨系统的唯一正确的方法。这个研究方法具有以下特点：（1）把定量研究和定性研究有机结合起来；（2）把科学技术方法和经验知识结合起来；（3）把多种学科结合起来进行交叉

---

[1]　何一民. 近代中国衰落城市研究 [M]. 成都：巴蜀书社，2007：14.

研究；（4）把宏观研究和微观研究结合起来。[1]

城市是一个开放的复杂巨系统，不是细节的堆积。

2. 多学科交叉的方法

中国城市营建史不只是城市规划史、形态史、建筑史，其研究涉及建筑学、城市规划学、水利学、地理学、水文学、天文学、宗教学、神话学、军事学、哲学、社会学、经济学、人类学、灾害学等多种学科，只有多学科的交叉，多角度的考察，才可能取得好的成果，靠近真实的城市历史。

3. 田野与文献不能偏废，应采用实地调查与查阅历史文献相结合、考古发掘成果与历史文献的记载进行印证相结合、广泛的调查考察与深入细致的案例分析相结合的方法。

4. 比较研究

和许多领域的研究一样，比较研究在城市史中是有效的方法。诸如中西城市，沿海与内地城市，不同地域、不同时期、不同民族的城市的比较研究，往往能发现问题，显现特色。

5. 借鉴西方理论和方法应考虑是否适用中国国情

中国城市营建史的研究可以借鉴西方一些理论和方法，诸如形态学、类型学、人类学、新史学的理论和方法等。但不宜生搬硬套，应考虑其是否适用于中国国情。任放先生所言极有见地：

"任何西方理论在中国问题研究领域的适用度，都必须通过实证研究加以证实或证伪，都必须置于中国本土的历史情境中予以审视，绝不能假定其代表客观真理，盲目信从，拿来就用，造成所谓以论带史的削足适履式的难堪，无形中使中国历史的实态成为西方理论的注脚。我们应通过扎实的历史研究，对西方理论的某些概念和分析工具提出修正或予以抛弃，力求创建符合中国社会情境的理论架构。

在借鉴西方诸社会科学方法时，应该保持警觉，力戒西方中心主义的魅影对研究工作造成干扰。"[2]

6. 提倡研究理论和方法的创新

依靠多学科交叉、借鉴其他学科，就有可能找到新的研究理论和方法。

比如，拙著《中国古城防洪研究》第四章第三节"古代长江流域城市水灾频繁化和严重化"中，研究表明，中国历代人口的变化与长江流域城市水灾的频率的变化有着惊人的相关性，从而得出"古代中国人口的剧增，加重了资源和环境的压力，加重了城市水灾"的结论。[3] 这是从社会学的

［1］ 钱学森，于景元，戴汝．一个科学新领域——开放的复杂巨系统及其方法论 [J]．自然杂志，1990，1：3-10.
［2］ 任放．中国市镇的历史研究与方法 [M]．商务印书馆，2010：357-358，367.
［3］ 吴庆洲．中国古城防洪研究 [M]．北京：中国建筑工业出版社，2009：187-195.

角度以人口变化的背景研究城市水灾变化的一种探索，仅仅从工程技术的角度是很难解答这一问题的。

五、中国城市营建史的研究要突出中国特色

类似生物有遗传基因那样，民族的传统文化（包括科学），也有控制其发育生长，决定其性状特征的"基因"，可称"文化基因"。文化基因表现为民族的传统思维方式和心理底层结构。中国传统文化作为一个整体有明显的阴性偏向，其本质性特征与一般女性的心理和思维特征相一致；而西方则有明显的阳性偏向，其特征与一般男性的心理和思维特征相一致。

在古代学术思想史上，西方学者多立足空间以视时间；中国学者多立足时间以视空间。所以西方较多地研究了整体的空间特性和空间性的整体，中国则较多地探寻了整体的时间特性和时间性的整体。[1]

世界上几乎每个民族都有自己特殊的历史、文化传统和思维方式。思维方式有极强的渗透性、继承性、守常性。从文化人类学的观点看，思维方式的考察对于说明世界历史的发展有重要的理论价值。在社会、哲学、宗教、艺术、道德、语言文字等方面，中国与欧洲鲜明显示出两种不同的体系，不同的走向，不同的格调。[2]

由于"文化基因"的不同，中国城市的营建必然具有中国特色，中国的城市是中国人在自己的哲学理念指导下，根据城市的地理环境选址，按照自己的理想和要求营建的，中国的城市体现的是中国的文化特色。中国城市营建史一定要注意中国特色、研究中国特色、突出中国特色。

我们运用现代系统论的理论，也要认识到中国古代的易经和老子哲学也是用的系统论观点，认为天、地、人三才为一个开放的宇宙大系统，天、地、人三才合一为古人追求的最高的理想境界，这些都投射到了城市营建之中。

赵冈先生从经济史的角度出发，发现中国与西方的城市发展完全不同。第一，中国城市发展的主要因素是政治力量，不待工商业之兴起，所以中国城市兴起很早。第二，政治因素远不如工商业之稳定，常常有巨大的波动及变化，所以许多城市的兴衰变化也很大，繁华的大都市转眼化为废墟是屡见不鲜之事。此外，赵冈的研究还发现中国的城乡并不似欧洲中世纪那样对立，战国以后井田制度解体，城乡人民可以对流，基本上城乡是打成一片的。[3] 赵冈先生的研究成果显现了中国城市的若干特色。

中国城市营建史中有着太多的特色等待着更多的研究者去做深入的发

---

[1]　田盛颐.中国系统思维再版序 [M]// 刘长林.中国系统思维——文化基因探视.北京：社会科学文献出版社，2008.

[2]　刘长林.中国系统思维——文化基因探视 [M].北京：社会科学文献出版社，2008：1-2.

[3]　赵冈.中国城市发展史论集 [M].北京：新星出版社，2006.

掘。即以笔者的研究体会为例：

中国的古城的城市水系，是多功能的统一体，被称为古城的血脉。[1]这是一大特色。

作为军事防御用的中国古代城池，同时又能防御洪水侵袭，它是军事防御和防洪工程的统一体，[2] 为其一大特色。

研究城市形态，可别忘了，我国古人按照周易哲学，有"观象制器"的传统，也有"仿生象物"的营造意匠。[3]

只有关注中国特色，才能发现并突出中国特色，才能研究出真正的中国城市营建史的成果。

六、研究中国城市营建史的现实意义

中国古城有 6000 年以上的历史，在古代世界，中国的城市规划、设计取得了举世瞩目的成就，建设了当时最壮美、繁荣的城市。汉唐的长安城、洛阳城，六朝古都南京城、宋代东京城、南宋临安城、元大都城、明清北京城都是当时最壮丽的都市。明南京城是世界古代最大的设防城市。中国古代城市无论在规模之宏大、功能之完善、生态之良好、景观之秀丽上，都堪称当时世界之最。

吴良镛院士指出：

"中国古代城市是中国古代文化的重要组成部分。在封建社会时期，中国城市文化灿烂辉煌，中国可以说是当时世界上城市最发达的国家之一。其特点是：城市分布普遍而广泛，遍及黄河流域、长江流域、珠江流域等；城市体系严密规整，国都、州、府、县治体系严明；大城市繁荣，唐长安、宋开封、南宋临安等地区可能都拥有百万人口；城市规划制度完整，反映了不得逾越的封建等级制度等等；所有这些都在世界城市史上占有独特的重要地位。……中国古代城市有高水平的建筑文化环境。中国传统的城市建设独树一帜，'辨方正位'，'体国经野'，有一套独具中国特色的规划结构、城市设计体系和建筑群布局方式，在世界城市史上也占有独特的位置。"[4]

中国古人在城市规划、城市设计上有相应的哲理、学说以及丰富的历史经验，这是一笔丰厚的文化与科学技术遗产，值得我们去挖掘、总结，并将其有生命活力的部分，应用于今天的城市规划、城市设计之中。

20 世纪 80 年代之后，我国的城市化进程迅速加快，但城市规划的理

[1] 吴庆洲. 中国古代的城市水系 [J]. 华中建筑，1991，2: 55-61.
[2] 吴庆洲. 中国古城防洪研究 [M]. 北京：中国建筑工业出版社，2009: 563-572.
[3] 吴庆洲. 仿生象物——传统中国营造意匠探微 [J]. 城市与设计学报，2007（18）: 155-203.
[4] 吴良镛. 建筑·城市·人居环境 [M]. 石家庄：河北教育出版社，2003: 378-379.

论和实践处于较低水平，并且理论尤为滞后。正因为城市规划理论的滞后，我们国家的城市面貌出现城市无特色的"千城一面"的状况。出现这种状况有两种原因：

一是由于我们的规划师、建筑师不了解我国城市的过去，也没有结合国情来运用西方的规划理论，而是盲目效仿。正如刘太格先生所认为的："欧洲城市建设善于利用山、水和古迹，其现代化和国际化的创作都具有本土特色，在长期的城市发展中，设计者们较好地实现了新旧文明的衔接，并进而向全球推广欧洲文化。亚洲城市建设过程中缺少对山水和古迹的保护，设计者中'现代化'、'国际化'的追随者较多，设计缺少本土特色。"即亚洲的"建设者自信不足，不了解却迷信西方文化，盲目地崇拜和模仿西洋建筑，而不珍惜亚洲自己的文化。"[1]事实上，山、水在中国古代城市的营建中具有十分重要的意义，例如广州城，便立意于"云山珠水"。只是由于当代人对城市历史的不了解，山水才在城市的蔓延和拔高中逐渐变得微不足道，以至于成为了被慢慢淡忘的"历史"了。

二是中国古城营建的哲理、学说和历史经验，尚有待总结，才能给城市规划师、建筑师和有关决策者、建设者和管理人员参考运用。城市营建的历史本身是一种记忆，也是一门重要而深奥的学问。中国城市营建史研究不可建立在功利性的基础之上，但城市营建的现实性决定了它也不能只发生在书斋和象牙塔之内，对于处于巨变中的中国城市来说，城市营建在观念、理论、技术和管理上的历史经验、智慧和教训完全应该也能够成为当代城市福祉的一部分。

中国城市营建史之研究，有重大的理论价值和指导城市规划、城市设计的实践意义。从创造和建设具有中国特色的现代化城市，以及对世界城市规划理论作出中国应有的贡献这两方面，这一研究的理论和实践意义都是重大的。

七、中国城市营建史研究的主要内容

各个学科研究城市史各有其关注的重点。笔者认为，以建筑学和城市规划学以及历史学为基础学科的中国城市营建史的研究应体现出自身学科的特色，应在城市营建的理论、学说，城市的形态、营建的科学技术以及管理等方面作更深入、细致的研究。中国城市营建史应关注：

（1）中国古代城市营建的学说；

（2）影响中国古代城市营建的主要思想体系；

11

---

[1]　万育玲.亚洲城乡应与欧洲争艳——刘太格先生谈亚洲的城市建设 [J].规划师.2006,3: 82-83.

（3）中国古代城市选址的学说和实践；

（4）城市的营造意匠与城市的形态格局；

（5）中国古代城池军事防御体系的营建和维护；

（6）中国古城防洪体系的营造和管理；

（7）中国古代城市水系的营建、功用及管理维护；

（8）中国古城水陆交通系统的营建与管理；

（9）中国古城的商业市街分布与发展演变；

（10）中国古代城市的公共空间与公共生活；

（11）中国古代城市的园林和生态环境；

（12）中国古代城市的灾害与城市的盛衰；

（13）中国古代的战争与城市的盛衰；

（14）城市地理环境的演变与其盛衰的关系；

（15）中国古代对城市营建有创建和贡献的历史人物；

（16）各地城市的不同特色；

（17）城市营建的驱动力；

（18）城市产生、发展、演变的过程、特点与规律；

（19）中外城市营建思想比较研究；

（20）中外城市营建史比较研究，等等。

八、迎接中国城市营建史研究之春天

中国城市营建史研究书系首批出版十本，都是在各位作者所完成的博士学位论文的基础上修改补充而成的，也是亚热带建筑科学国家重点实验室和华南理工大学建筑历史文化研究中心的学术研究成果。这十本书分别是：

（1）苏畅著《〈管子〉城市思想研究》；

（2）张蓉著《先秦至五代成都古城形态变迁研究》；

（3）万谦著《江陵城池与荆州城市御灾防卫体系研究》；

（4）李炎著《清代南阳"梅花城"研究》；

（5）王茂生著《从盛京到沈阳——清代沈阳城市发展与空间形态研究》；

（6）刘剀著《晚清汉口城市发展与空间形态研究》；

（7）傅娟著《近代岳阳城市转型和空间转型研究（1899—1949）》；

（8）贺为才著《徽州城市村镇水系营建与管理研究》；

（9）刘晖著《珠三角城市边缘传统聚落形态的城市化演进研究》；

（10）冯江著《祖先之翼——明清广州府的开垦、聚族而居与宗族祠堂的衍变》。

这些著作研究的时间跨度从先秦至当下，以明清以来为主。研究的地域北至沈阳，南至广州，西至成都，东至山东，以长江以南为主。既有关于城市营建思想的理论探讨，也有对城市案例和村镇聚落的研究，以案例的深入分析为主。从研究特点的角度，可以看到这些研究主要集中于以下主题：城市营建理论、社会变迁与城市形态演变、城市化的社会与空间过程、城与乡。

《〈管子〉城市思想研究》是一部关于城市思想的理论著作，讨论的是我国古代的三代城市思想体系之一的管子营城思想及其对后世的影响。

有六位作者的著作是关于具体城市的案例解析，因为过往的城市营建史研究较多地集中于都城、边城和其他名城，相对于中国古代城市在层次、类型、时期和地域上的丰富性而言，营建史研究的多样性尚嫌不足，因此案例研究近年来在博士论文的选题中得到了鼓励。案例积累的过程是逐渐探索和完善城市营建史研究方法和工具的过程，仍然需要继续。

另有三位作者的论文是关于村镇甚至乡土聚落的，可能会有人认为不应属于城市史研究的范畴。在笔者看来，中国古代的城与乡在人的流动、营建理念和技术上存在着紧密的联系，区域史框架之内的聚落史是城市史研究的另一方面。

13

正是因为这些著作来源于博士学位论文，因此本书系并未有意去构建一个完整的框架，而是期待更多更好的研究成果能够陆续出版，期待更多的青年学人投身于中国城市营建史的研究之中。

让我们共同努力，迎接中国城市营建史研究之春天的到来！

吴庆洲

华南理工大学建筑学院　教授

亚热带建筑科学国家重点实验室　学术委员

华南理工大学建筑历史文化研究中心　主任

2010 年 10 月

目　录

第一章　绪　论

第一节　城市与景观营建视野中的永州古城

一、研究背景

"全球化"又称为全球一体化或国际化，作为当代文化的强势语境，已渗透到经济、科技、文化等人类生活的各个层面，深深影响着世界的历史进程。在建筑领域，全球化一方面促进了世界建筑文化的交流和对话，使世界各个国家和地区共享新的建筑技术和建筑材料，使得各个建筑流派、理论在全世界范围内广泛传播；而另一方面，全球化导致的全球文化趋同使地域传统建筑文化逐步被商业文化所淹没，建筑的"地域性"和"民族性"被建筑的"国际性"所取代。反映在城市和建筑文化领域就是导致了不同城市、不同地方的建筑和其他文化景观的雷同和城市特色风貌的消逝，缺乏地方特色和民族特色。吴良镛院士指出："技术和生产方式的全球化带来了人与传统的地域空间分离，地域文化的多样性和特色逐渐衰微、消失；城市和建筑物的标准化和商品化致使建筑特色逐渐隐退。建筑文化和城市文化出现趋同现象和特色危机。"[1] 但是，"全球化和多元化是一体之两面，随着全球各文化——包括物质的层面与精神的层面——之间同质性的增加，对差异的坚持可能也会相对增加。"[2]

城市作为文化的载体和容器，积淀着丰厚的文化底蕴，承载着人类文明的精华，是人类创造的重要文化景观，最集中而且最突出地反映了人类文化特征和民族特征。吴良镛院士指出：中国古代城市文化灿烂辉煌，具有多种文化内容，如太学、书院、宗教庙宇及其附属设施；同时，中国古代城市有高水平的建筑文化环境，"有一套独具中国特色的规划结构、城市设计体系和建筑群布局方式，在世界城市史上也占有独特的位置。"[3]

中国古代城市不仅重视文化建设，而且重视景观建设，环境优美，中国各地的历史文化名城是这一特色的明确体现。由于自然地理环境和人文社会环境的不同，这些古城又各有其独特的地域特色和城市景观。未来社

[1] 吴良镛. 世纪之交的凝思：建筑学的未来 [M]. 北京：清华大学出版社，1999：44.
[2] 吴良镛. 世纪之交的凝思：建筑学的未来 [M]. 北京：清华大学出版社，1999：77.
[3] 吴良镛. 建筑·城市·人居环境 [M]. 石家庄：河北教育出版社，2003：378-379.

会的竞争取决于"文化力"的较量，多样性的地域文化是增强本土文化创造力与竞争力的基础和源泉。在当今全球化的不可逆转的发展趋势下，地域文化多样性的维护和研究工作显得尤为重要，它有利于体现地方特色和民族特色。

中国城市是中国科学技术及文化的产物[1]。城市史研究工作可视为建立可持续性城市的一个关键因素。吴庆洲教授指出：中国古代城市"营建"，不仅是建造，也同时有形而上的意涵；中国古人在城市规划、设计上的相应哲学理论和建造经验，是一笔丰厚的文化和科学技术遗产，值得我们去挖掘和总结；从创造和建设有中国特色的现代化城市，以及对世界城市规划理论作出中国应有的贡献这两方面看，中国城市营建史研究都有重大的理论研究价值和实践指导意义[2]。本文选取永州古城作为研究对象正是基于上述时代与学术背景。

永州位于湖南省西南湘粤桂三省结合部，五岭北麓，自古为楚粤要冲，水陆交通发达，素有"南山通衢"、"湘西南门户"的美称（图 1-1-1）。永州地理位置特殊，境内越城岭与都庞岭之间，以及都庞岭与萌渚岭之间的狭长谷地，是古代进入两广地区的重要通道，春秋战国时期即得到开发，也是两条重要的军事走廊，具有重要的军事意义。秦时建成的灵渠（前214 年建成，沟通长江与珠江两大水系）和驰道（前 217 年开凿，连接湖南道州和广西梧州），使永州成为古代中原到岭南最为重要的通道。南岭走廊自古更是赣湘粤桂及毗邻地区社会政治、经济、军事、文化等各方面交流发展的中轴线，也更主要是一条中原、楚地与百越交流的交通要道，这条通道不断被强调为中原文化教化蛮夷之地的重要物质基础[3]。已故著名民族学家、社会学家费孝通先生在其"中华民族多元一体格局"的思想中，曾五次将"南岭走廊"阐述为中国民族格局中的三大民族走廊之一。

永州文化遗存丰富，名胜古迹众多，至今发现有历史文化古迹 2700多处[4]。考古发现[5]：今永州地区有距今约 2 万年的人类活动遗迹——零陵石棚；有距今 1.4 万～ 1.8 万多年的人类生息遗址：道县玉蟾岩遗址，遗址中发现的古稻谷(距今约 1.2 万多年)刷新了人类最早栽培水稻的历史纪录，而陶器碎片的年代距今约 1.4 万～ 2.1 万年——比世界其他任何地方发现

[1] 卢嘉锡.总序 [M]// 卢嘉锡.中国科学技术史.北京：科学出版社，2002.

[2] 吴庆洲.总序 [M]// 吴庆洲.中国城市营建史研究书系.北京：中国建筑工业出版社，2010.

[3] 彭兆荣，李春霞，徐新建.岭南走廊：帝国边缘的地理和政治 [M].昆明：云南教育出版社，2008：38.

[4] 龚武生.加快实施"十个十工程"全力打造区域性旅游目的地 [N].湖南日报，2009-12-28（02）.

[5] 欧春涛.考古发现——重建永州的文明和尊严 [N].永州日报，2010-08-17（A）.

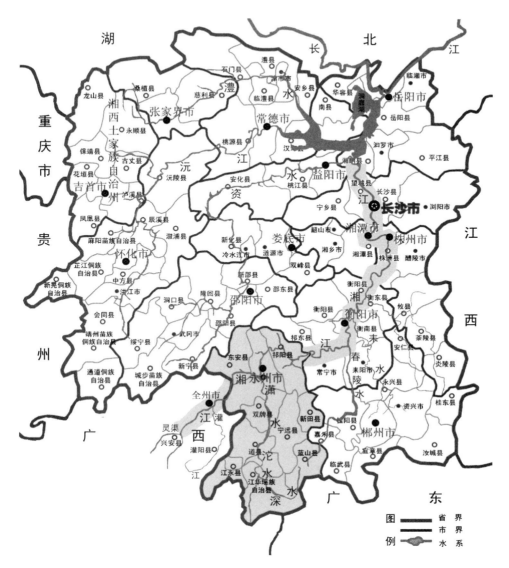

图1-1-1　永州地理位置及区域主要水系图
（资料来源：据现代湖南省地图绘制）

的陶片都要早几千年；有属全国首次发现且建设时代最早的宁远县玉琯岩舜帝陵庙遗址，相传公元前2200多年前舜帝曾在此"宣德重教"；有西汉以来的故城遗址多处；有很多保存较好的乡村传统村落。境内现有国家重点文物保护单位10多处，省级以上文物保护单位的数量，在全省紧随长沙、衡阳之后，其景观的地域文化特征非常明显。

　　永州自古受楚、粤文化和中原文化等多种文化影响，历史文化底蕴深厚。其悠久稻作文化、舜文化、柳文化、女书文化、碑刻文化、瑶文化、理学文化、民俗风情等闻名遐迩，是古代荆楚南境和湘江流域的特色文化区之一，是湖湘文化乃至整个中华文明的重要源流，在古代南岭文化的发展中发挥了重要作用。永州市柳宗元研究会会长蔡自新先生认为：永州城是一座古代南岭文化"永州中心"的城市[1]。

永州古代雅称"潇湘"，永州城自古乃楚南一大都会[2]，其建城史在湖南省仅次于长沙，素有"潇湘第一城"之称，为历代郡（府、州）治所在地。汉武帝元朔五年（前124年），封长沙王刘发之子刘贤为侯，建立县级泉陵侯国于此，为建城之始。东汉光武帝建武年间（25～55年），零陵郡治由广西零陵县移至泉陵县。隋开皇九年（589年），改泉陵县为零陵县，在此设永州总管府，从此，永州之名始称于世，并一直沿用至今。之后，永州城一直为郡（府、州）治、县治所在地，没有间断。永州城是湖南省首批公布的四大历史文化名城之一，2016年国务院批准为国家历史文化名城。

永州古城位于东山西麓，潇水绕城南西北三向环流，在城北5km处与湘江汇合。古城倚山为城，因水为池，周围山峦叠翠，山水形胜，"山环水抱"，是典型的山水城市。唐代，在城外即建有山寺园林——东山公园，唐代贞观年间建有法华寺（即今高山寺），唐天佑三年（906年）建有永宁寺，为永州辖区内最早的园林。宋末永州城大规模拓城后，城市的文化内容更加丰富，景观建设力度加大，突出表现在城市形态主要构成要素的建设上，城市的景观特色更加明显。

"永州山水，融'奇、绝、险、秀'与美丽传说于一体，汇自然情趣与历史文化于一身。"[3]自元结的"三吾铭"、《大唐中兴颂》和柳宗元的"永州八记"之后，永州的山水景观文化发展迅速，影响较大，突出表现在山水景观集成文化建设方面（详见本书第六章）。

古代永州位于荆楚南境，永州古城及境内其他古城是在特定的自然地理环境和社会人文环境下产生和发展的，其规划建设体现的是地域空间的环境特点、人文特点、技术特点和民族特点，反映的是过去居住在该地域的"文化集团"的变迁和发展。本文从中国古代城市营建史的学术视角，重点研究永州古城营建的历史发展特点与城市形态主要构成要素的发展特点，体现古城景观建设特色，在区域的整体比较研究中，揭示永州古城形态演变特点及其演变的动力机制；揭示明清时期永州城市形态主要构成要素的建设与发展特点，在比较研究中突出地区古城现存古代建筑景观的文化内涵和地域特征，为当今的城市规划建设与管理提供参考。

[1] 蔡自新. 关于永州历史文化名城的研究报告 [J]. 湖南科技学院学报, 2005, 26 (1): 89-92.

[2] 清光绪二年（1876年）《零陵县志·地舆·形胜》："太史公曰：楚粤之交，零陵一大都会也，不信然哉。"

[3] 唐艳明. 以地方传统文化提升大学生人文素质 [J]. 湖南科技学院学报, 2009, 30 (3): 162-163.

二、论文研究的相关界定

（一）相关概念界定

1. 潇湘流域

湘江又称湘水，是长江中游南岸重要的支流，通过洞庭湖与长江联系，是湖南省境内最大的河流，流经 17 县市，在湖南省的流域面积近全省总面积之半。其源头有两种说法：一是发源于广西东北部临川县的海洋山，全长 817km，通过秦时开通的"灵渠"与珠江水系相连；二是发源于湖南省蓝山县的野狗山，上游称潇水，全长 948km。两种说法的源头都在南岭。本文采用第一种说法。

潇水，属永州境内内河，是湘江上游最大的支流，干流长 354km。古名深水（《水经》），又名营水（《说文》）、沱水，东晋以后改名潇水。其干流发源于蓝山县野狗山南麓，流经蓝山、江华、江永、道县、宁远、双牌，汇集萌渚水、永明河、宜水、宁远河等沿途诸支流，于永州市零陵区萍岛处注入湘江。潇水区域河网密布，水量丰富，是全区生产生活供水的主要水系网络。

永州古代雅称潇湘，本文中"潇湘流域"是指潇水流域和湘水上游的广大地区的统称。

2. 永州古城（零陵古城）

据 1984 年出版的《中国古代史教学参考地图集》，"零陵"是我国夏以前就已出现的全国 34 处重要古地名之一[1]。公元前 221 年秦始皇在今广西全州县与兴安县交界处设零陵县治[2][3]。汉武帝元朔五年（前 124 年），封长沙王刘发之子刘贤为侯，建立县级泉陵侯国，驻地在今零陵，即后期的永州府所在地。东汉光武帝建武年间（25～55 年），零陵郡治由广西零陵县移至泉陵县，但零陵县治所却仍然在全州县西南的咸水。

隋开皇九年（589 年），撤零陵、营阳二郡，在今零陵设永州总管府，从此，永州之名始称于世，并一直沿用至今。同时废广西地的零陵、洮阳、观阳三县，置湘源县。改泉陵县为零陵县，将永昌、祁阳、应阳三县加入。隋大业五年（607 年），永州总管府复称零陵郡。

自汉武帝元朔五年置县级泉陵侯国于零陵，直到中华人民共和国成立前，零陵作为郡治、府治、州治或县治所在地，一直没有间断。

5

---

[1]　张传玺，杨济安．中国古代史教学参考地图集 [M]．北京：北京大学出版社，1984．

[2]　湖南省永州市，冷水滩市地方志联合编纂委员会编．零陵县志 [M]．北京：中国社会出版社，1992：8．

[3]　李珍，覃玉东．广西汉代城址初探 [A]// 广西博物馆．西博物馆文集第二辑．南宁：广西人民出版社，2005：50-56．

李珍．汉零陵县治考 [J]．广西民族研究，2004（2）：108-110．

可见，零陵、永州是两个重要的古地名，永州在隋朝以前称零陵，隋朝以后，永州、零陵成为一地二名，泛指今天的永州地区。

本文中，永州古城和零陵古城为同一地方，即今天永州市的零陵城区。

3. 景观、文化景观、地域文化景观与山水文化景观

（1）景观

景观的最初始意义是作为视觉审美的对象。

在欧洲，"景观"一词最早在文献中出现是在希伯莱文本的《圣经》（The Book Psalms）中，用于描述所罗门皇城耶路撒冷总体美景（包括所罗门寺庙、城堡、宫殿）[1]，具有视觉美学上的意义。

在中国古代文献中，"景观"中"景"即是"观"，"观"也是"景"。"景"即自然景色、景致；"观"不仅表示大自然中的景象、景色，也指非自然界中的场面、情景[2]。可以说，无论是西方文化还是东方文化，"景观"最早的含义更多地具有视觉美学方面的意义，与英语中的"风景"（scenery）同义或近义。

"景观"一词最初泛指一片或一块乡村土地的风景或景色。现代英文中的"landscape"来自德文"Landschaft"，通常用来表示对土地的感知或者面积有限的一块土地，本有景物、景色之意，与现代汉语中的"风景"、"景致"、"景色"相一致。而德文又源自荷兰语，其原意是陆地上由住房、田地和草场以及作为背景的原野森林组成的集合[3]。16世纪的荷兰画家把这个集合景观看做是风景画，赋予了景观更现代的含义[4]。19世纪初，德国自然地理学家、地植物学家洪堡得（Von.Humboldt）将景观作为一个科学名词引入到地理学中，并将其解释为"一个区域的总体特征"[5]。

《现代汉语辞海》等对"景"和"观"的解释为："景"是"景致、风景"；"观"是"看，景象或者样子，对事物的认识和看法"（《现代汉语辞海》，2003年版）。"观"具有认识和认知的概念，是以人为主体的一种动作或表达（《辞海》，1999年版）。现代英文中的"landscape"，有风景、景色、风景画、风景照、地形、景观、从事景观美化、使景色宜人等多种意思，它不仅包含可视的环境、现象（自然的或人工的实景），也包含人们对"景"的"观"以及人们在"景"中实现"观"的体验过程（包括认知过程和审美过程），与现代汉语中的"景"、"观"意思基本相同。

综合以上对于景观概念的分析，可以看出，景观的构成要素至少包括

［1］ Naveh Z., Lieberman A.S. Landscape Ecology: Theory and Application[M]. New York: Springer.Verlag, 1984: 356.
［2］ 李敬国. "景观"构词方式分析 [J]. 甘肃广播电视大学学报, 2001, 11（2）: 32-33.
［3］ John L. Motloch. Introduction to Landscape Design[M].2nd Edition.John Wiley & Sons Inc., 2000.
［4］ 单霁翔. 走进文化景观遗产的世界 [M]. 天津: 天津大学出版社, 2010: 41.
［5］ Naveh Z., Lieberman A. S. Landscape Ecology: Theory and Application[M]. New York: Springer Verlag, 1984: 356.

四个方面，即自然要素、人文要素、情景要素和过程要素。

（2）文化景观

现在一般认为，文化景观是指人类为了满足某种需要，在自然景观之上叠加人类活动的结果而形成的景观[1]，具有功能性、空间性、时代性、审美性和异质性等特征。作为文化产物，文化景观体现在人类活动的方方面面。人类活动包括生产活动、生活活动和精神活动，文化景观必定或显或隐地蕴涵着历史中积淀下来的人类的文化心理与文化精神。对应文化的分类方法，可以将文化景观分为物质文化景观（可视文化景观）和非物质文化景观（非可视文化景观）。非物质文化景观也是凝结了人类思维活动的产物，如各地的民俗景观、语言景观、地名景观等。文化景观的非物质要素渗透和积淀于物质要素，是文化景观的精神与灵魂。

（3）地域文化景观

地域文化景观是在特定的地域环境与文化背景下形成并留存至今的，是人类活动的历史记录和文化传承的载体，具有重要的历史价值、文化价值和科研价值[2]。地域文化景观是地域历史物质文化景观和历史精神文化景观的统一体，体现了人的地方性生存环境特征。

根据事物相关性原理，地域文化景观作为人地活动的产物，也必然具有文化、地域文化和文化景观的一般特征，但作为地域文化的体现、发展和传承的载体的地域文化景观，突出体现的是地域文化的特征，即传统性、地域性、人文性、独特性、多样性和统一性的特征。

（4）山水文化景观

山水本为自然景观，由于人类的生产实践活动，留有人类活动的印记，凝结了人类的思维活动，变成了"人化的自然"，成为了人类审美的观照对象，因而也就具有了人文景观的某些特点。本文将留有人类活动印记和凝结了人类思维活动的自然山水景观称为"山水文化景观"。

本文中，永州古城形态演变研究属于地域文化景观中的物质文化景观研究，除了研究城市形态的演变特点，还重点分析城市的城墙、衙署、庙宇、学校、居住、商贸、古塔等建筑景观，以及城市山水景观文化的发展特点，是对地方古城营建与景观发展特点的综合性研究。

4. 城市体系

城市体系（Urban System）一词首次出现在美国地理学家邓肯（O.Duncan）和其同事 1960 年编写的《大都市与区域》一书中。1980 年代后，城市体系概念广泛应用于城市群的规划建设中。姚士谋教授认为：城

---

[1] 汤茂林. 文化景观的内涵及其研究进展 [J]. 地理科学进展，2000，19（1）：70-79.
[2] 王云才. 传统地域文化景观之图式语言及其传承 [J]. 中国园林，2009（10）：73-76.

市体系是在特定的地域范围内，由众多不同性质、类型和等级规模的城市，依托一定的自然环境条件，以一个或数个大城市作为地域经济的核心，借助于综合运输网的通达性，发生与发展着城市个体之间的内在联系，共同组成一个相对完整的城市集合体[1]。

秦统一中国以后，在全国实行中央集权的郡县制，中国金字塔式的城市体系正式形成，湘江流域的城市体系也正是在这一时期形成。历史上，位于湘江流域的岳阳、长沙城、湘潭城、衡阳城、永州城等城市的发展，均与湘江水系有关。其中，岳阳城、长沙城、衡阳城、永州城均为府州城市，是湘江流域内城市体系中的主要城市。

笔者认为：地方古城营建研究应在"时间"和"空间"两个维度上展开，点面结合。时间维度上，以个体城市为研究对象，揭示其景观形态演变的特点和发展动因。空间维度上，以区域城市体系为参照对象，整体性比较研究区域古代城市形态和功能结构发展演变特点，探索区域城市体系发展与地理位置、交通条件、经济形态、技术水平、社会环境、城市职能、文化传统等因素发展变化的关系，整理其历史脉络，探寻其演变的动力机制。基于此，本文希望通过比较研究明清时期湘江流域城市体系中府州城市空间形态演变的特点，由点到面，点面结合，突出其区域性和整体性研究，揭示古代沿水城市空间形态演化与自然、交通、政治、经济、文化等因素发展变化的关系；揭示其形成与发展的动力机制；从区域整体性比较研究中揭示永州古城形态演变的动力机制和明清时期永州城发展滞后的原因。

5. 文化审美

南开大学的杨岚教授指出：文化审美是人类以审美方式来观照其生存方式和文明成果的精神历程，按照文化的三个层面（物质、制度、精神）的定义，文化审美也可以在三个层面展开：宏观层面的文化审美是从哲学角度切入，基于人与自然的关系展开的，主要是对人类的生存方式系统的审美；中观层面的文化审美是依社会结构的层面提出，基于人与人之间的关系（生产关系、社会关系、精神交往关系）层面展开的，注重对文化结构、性质和核心要素（如宗教、哲学、科学、艺术）等的审美；微观层面的文化审美是对文化现象的审美，包括对不同地域和不同民族文化的不同文化风格的审美、对同一文化内部各文化层次的审美，以及对日常生活（包括日常生活、社会生活、精神生活）生产方式的审美[2]。

笔者认为：地方古城研究要体现景观建设特色的研究理念，从"文化审美"的三个层面展开系统研究，可以基本揭示地方古城景观建设与发展

[1] 姚士谋.中国的城市体系 [M].北京：中国科学技术出版社，1992：2.
[2] 杨岚.文化审美的三个层面初探 [M]// 南开大学文学院编委会.文学与文化（第7辑）.天津：南开大学出版社，2007：303-313.

的历史动因及其地域空间特征。基于此,本文尝试从"文化审美"的三个层面展开研究,宏观层面立足于城市发展中的城市营建研究,突出永州古城营建的生成环境系统;中观层面立足于指导城市建设的文化传统和文化核心要素研究,突出地方古城规划建设的文化内涵、价值取向和发展动因;微观层面立足于城市建设中的具体景观要素研究,突出永州古城形态主要构成要素的建设与发展特点,体现古城及其景观建设的地域特征。

6. 年代表示方法

本文中的年代表示方法为:"公元前 ×× 年"简称为"前 ×× 年","公元 ×× 年"简称为"×× 年"。如:"公元前 221 年"简称为"前 221 年","公元 280 年"简称为"280 年"。

（二）研究对象界定

1. 永州古城

历史上,永州城发展经历了五个主要阶段,即:西汉武帝元朔五年（前124 年）至东汉光武帝建武年间（25 ～ 55 年）的县级泉陵侯国城;东汉光武帝建武年间至隋开皇九年（589 年）的零陵郡城;隋开皇九年至南宋景定元年（1260 年）以前的永州府（零陵郡）、零陵县城;南宋景定元年至明洪武六年的永州府城;明洪武六年以后的永州府城。

本文研究认为南宋景定元年（1260 年）以前的永州府与零陵县同城,为方形四门单城;南宋景定元年加筑外城后,成为内外双城格局,有东南西北正门四座,便门五座,它奠定了明清时期永州城的规模,明清时期的城墙基本上是在宋末永州城的基础上更新的;宋末城外无护城濠,明洪武元年（1368 年）开浚护城濠,明洪武六年更新外城墙时,设正门七座,并于城门外建月城,形成瓮城格局。

城市形态演变研究和城市营建的驱动力研究都是城市营建史研究的主要内容[1],城市形态演变的规律研究,主要是动力机制研究[2]。本文以永州城的历史发展为主要线索,不仅研究永州古城形态的发展演变特点,而且突出永州古城形态的主要构成要素研究,体现古城景观建设特色,在比较研究中,揭示永州古城形态演变的动力机制和明清时期永州城发展滞后的原因,揭示明清时期永州城市形态主要构成要素的建设与发展特点,在比较研究中突出地区古城现存古代建筑景观的文化内涵和地域特征。

2. 城市营建

不同学科对于城市营建史研究的侧重点不同,在研究方法和研究内容

---

[1]　吴庆洲. 总序 [M]// 吴庆洲. 中国城市营建史研究书系 [M]. 北京:中国建筑工业出版社,2010.

[2]　段进. 城市形态研究与空间战略规划 [A]// 中国城市规划学会 2002 年年会论文集. 厦门, 2002: 69.

上都不能脱离城市史学的基本框架，但更加侧重于城市的建设制度、规划布局、形态演变、营建技术和建设管理等方面[1]。地方古城营建研究属于地域文化景观建设研究。本文对于永州古城营建研究在体现城市选址、形态演变、规划布局、御灾体系、营建技术等方面建设特点的同时，研究古城形态主要构成要素的建设与发展特点，以及永州古城山水景观文化的发展特点及其影响。研究中重点探明以下几个关键问题：

  （1）永州古城选址的自然地理环境特点和社会人文环境特点；

  （2）地方古城规划建设的价值取向和发展动因；

  （3）历史分期时期永州城形态的演变特点；

  （4）永州古城形态演变的动力机制和明清时期永州城发展滞后的原因；

  （5）明清时期永州城市御灾体系的建设特点；

  （6）明清时期永州城市建筑景观的发展特点；

  （7）永州古城山水景观文化的发展特点及其影响。

第二节　国内相关研究现状概述

一、国内城市史与城市营建史研究现状概述

中国的城市史研究有着自己悠久的历史文化传统，其渊源可追溯到中国古代沿革地理对于都城、城市的记录和考察。《三辅黄图》《洛阳伽蓝记》《长安志》《东京梦华录》《武林旧事》《历代帝王宅京记》《唐两京城坊考》等一批与城市史相关的著述，均可归入广义的城市史著述。

中国近代意义上的城市史研究起步于20世纪二三十年代，但发展缓慢。中国现代意义上的城市史研究是在以1986年国家"七五"社会科学重点研究项目——上海、天津、重庆、武汉四个近代新兴城市史研究为起点以后。随着研究的深入，初步形成了具有中国特色的近代城市史研究的理论框架、理论模式和研究方法。研究领域也不断扩大，从20世纪90年代初期起，中国大陆的近代城市史研究出现了从对单体城市的研究向群体城市、区域城市研究和不同类型城市综合研究、近代中国城市史整体研究拓展的新趋势；在研究方法上，中国近代城市史研究体现了多样性和多学科的综合性，发表和出版了大量的学术论文和专著[2]。在把握城市发展脉搏，揭

---

[1]　吴庆洲.总序[M]// 吴庆洲.中国城市营建史研究书系[M].北京:中国建筑工业出版社,2010.

[2]　何一民,曾进.中国近代城市史研究的进展、存在问题与展望[J].中华文化论坛,2000（4）:65-59.

示城市发展规律，传承城市历史文化，引导城市科学规划和建设，促进城乡发展等方面发挥了重要作用。

城市营建史研究与城市史研究紧密相连，不同学科对其研究的侧重点不同。城市史研究涉及历史学、城市规划学、建筑学、地理学、社会学、经济学、军事学、人类学、天文学、宗教学、神话学、灾害学、水利学等多个学科，它们也是城市营建史研究需要考察的学科，但城市营建史研究更加侧重于城市规划学、建筑学、历史学三个基础学科的结合，更加侧重于城市的建设制度、规划布局、形态演变、营建技术和建设管理等方面。

目前，国内外学者对中国古代城市史与城市营建史的研究成果众多，从研究内容和研究方法等方面大致可分为以下五个方面：

一是以都城为主要研究对象的古代城市研究，主要成果有：《中国都城发展史》（叶骁军，1988）、《中国古代城市建设》（董鉴泓，1988）、《中国古都和文化》（史念海，1998）、《中国古代都城小史》（郭湖生《建筑师》专栏，1995～1997）、《中国古代都城》（吴松弟，1998）、《中国城市发展与建设史》（庄林德等，2002）、《中日古代城市研究》（（日）中村圭尔，辛德勇，2004）和《中国古代城市二十讲》（董鉴泓，2009）等。

二是关于古代城市营建制度与文化的研究，主要成果有：《中国城市建设史》（第一版）（董鉴泓，1982）、《考工记营国制度研究》（贺业钜，1985）、《中国古代城市规划史论丛》（贺业钜，1986）、《中国古代城市规划史》（贺业钜，1996）、《中国古代城市规划文化思想》（汪德华，1997）、《中国古代都城制度史研究》（杨宽，1998）、《明清城市空间的文化探析》（刘凤云，2001）、《中国史前古城（精）》（马世之，2003）、《中国文化与中国城市》（宋启林等，2004）、《城市文化与文明研究》（饶会林，2005）、《古代城市》（王徽，2009）、《中国城市设计文化思想》（王建国，2009）、《幻方：中国古代的城市》（（德）阿尔弗雷德·申茨著，梅青译，2009）等。

三是各级地方古代城市形态演变的研究，如：《高句丽古城研究（精）》（王绵厚，2002）、《城镇空间解析：太湖流域古镇空间结构与形态（精）》（段进等，2002）、《平遥古城文化史韵：世界文化遗产：平遥古城》（黄培良等，2004）、《洱海区域古代城市体系研究》（吴晓亮，2004）、《广州城市形态演进》（周霞，2005）、《大连城市空间结构演变趋势研究》（董伟，2006）、《东北地区城市空间形态研究：城市的历史、现状与未来》（邬艳丽，2006）、《城市空间：形态、类型与意义：苏州古城结构形态演化研究》（陈泳，2006）、《城市空间：真实·想象·认知：厦门城市空间与建筑发展历史研究》（杨哲，2008）、《昆明城市空间形态演变趋势研究》（周昕，2009）、《宋代开封研究》（（日）久保田和男著，郭万平译，董科校，2010）等。

四是古代城市的专题性研究，最突出的成果是对中国古代城市的防灾研究，如：《中国古代城市防洪研究》（吴庆洲，1995）、《中国古代灾害史研究》（赫治清，2007）等，以及其他专题性研究，如：《中国城市生活空间结构研究》（王兴中，2000）、《中国古代城市规划·建筑群布局及建筑设计方法研究（上、下）》（傅熹年，2001）、《古代城市形态研究方法新探》（成一农，2009）、《明代城市研究》（韩大成，2009）等。

五是明清时期中国城市群的区域性和综合性研究，如：《明清时代江南市镇研究》（刘石吉，1987）、《明清江南市镇探微》（樊树志，1990）、《明清时期杭嘉湖市镇史研究》（陈学文，1993）等。

2010年和2014年，吴庆洲主编出版的"中国城市营建史研究书系"（第一批共十本，第二批共六本）[1]，成果涉及古代城市营建思想、营建技术和城市空间形态发展变化特点等多个方面。

上述关于中国古代城市史与城市营建史的主要研究成果表明：中国古代城市营建的制度、思想、技术、城市规划布局和形态演变是研究的重点，研究成果也相对较多。相关研究成果对于丰富中国城市史学研究的理论框架，建立和完善中国城市设计基础理论，指导当今的城市规划、建设和管理发挥了重要作用，同时也丰富了世界城市规划理论。但从现有的研究成果看，主要表现为对都城和特色地方单个城市的研究，以及对古代城市营建的专题性研究，对于从区域角度整体性比较研究地方古城发展及其景观营建的成果则还是很少见。

二、永州古城营建与景观研究现状概述

目前，对于永州历史文化和传统乡村聚落景观的研究成果较多，主要集中于湖南科技学院永州历史文化研究所、永州市柳宗元研究会和相关学者的研究。对于永州古城的研究主要集中于城市发展渊源、城市文化发展特点、城市选址环境特点，以及明清时期城市的地位和性质的研究，还未突出永州古城及其景观营建特点研究，如：

---

[1] 第一批十本书为：苏畅的《＜管子＞城市思想研究》、张蓉的《先秦至五代成都古城形态变迁研究》、万谦的《江陵城池与荆州城市御灾防卫体系研究》、李炎的《清代南阳"梅花城"研究》、王茂生的《从盛京到沈阳——清代沈阳城市发展与空间形态研究》、刘剀的《晚清汉口城市发展与空间形态研究》、傅娟的《近代岳阳城市转型和空间转型研究（1899-1949）》、贺为才的《徽州城市村镇水系营建与管理研究》、刘晖的《珠三角城市边缘传统聚落形态的城市化演进研究》、冯江的《祖先之翼——明清广州府的开垦、聚族而居与宗族祠堂的衍变》。出版社均为北京：中国建筑工业出版社，2010.第二批六本书为：吴左宾的《明清西安城市水系与人居环境营建研究》、邱衍庆的《明清佛山城市发展与空间形态研究》、吴薇的《近代武昌城市发展与空间形态研究》、谢璇的《1937-1949年重庆城市建设与规划研究》、梁励韵的《巨变与响应——广东顺德城镇形态演变与机制研究》、黄全乐的《乡城类型——形态学视野下的广州石牌空间史（1978-2008）》。出版社均为北京：中国建筑工业出版社，2014.

（1）永州市柳宗元研究会的蔡自新会长在《关于永州历史文化名城的研究报告》[1]一文中通过对永州的地理位置、历史文化发展和文化遗迹等方面的论述，认为永州城是一座古代南岭文化"永州中心"的城市，认为永州历史文化名城的内涵，可以用八个字来概括："舜魂柳风，靓丽潇湘"。

（2）湖南科技学院的王田葵教授在《零陵古城记——解读我们心中的舜陵城》[2]一文中从申名记、沿革记、地位记、潇湘记、名贤记、流寓记、经济记等七个方面论述了零陵古城的时空特色，以及历史时期零陵古城的社会、经济、人文等方面的发展特点。

（3）袁素文在其硕士论文《永州城市文化的近代变迁》[3]中，通过对永州城市产生、发展的历史，以及古代城市文化特色的简要阐述，详细论述了近代永州城市文化的发展过程，研究突出了城市经济、城市建设、城市社会文化、城市闲暇生活在近代永州城市文化变化中的变迁过程。

（4）张河清在其博士论文《湘江沿岸城市发展与社会变迁研究（17世纪中期～20世纪初期)》[4]中，对于永州城的研究指出，永州城市产生的主要原因是永州所处独特的地理位置适应了封建王朝统治的需要；明清时期，永州城仍然没有独立的经济体系，商品交换极不发达，城市没有经济中心的地位和功能，还只是区域政治中心和文化中心，俨然是一座军事堡垒。

（5）清华大学建筑学院博士后孙诗萌通过对明清永州地区方志中关于八座府县城选址的"形胜／形势"篇目考察，指出："永州诸府县城与周围自然山水环境所形成的空间格局，均与方志中'形胜／形势'篇的描述或评价相符，并且突出表现为'山环'、'水抱'、'以高阜为基'的特点。"[5]

另外，谢军在《风景建筑师——柳宗元》[6]一文中介绍了柳宗元在永州期间对于风景区规划设计原则的总结和柳宗元对于景观建造的社会价值的认识。此文篇幅很短，《建筑》杂志将其列为"街谈巷议"一栏。

相关研究成果表明，相对于广泛意义上的永州古城营建及与其相关的城市景观构成要素的研究还未起步。由于永州城地理位置特殊，城市营建历史较早，城市文化内容丰富，地区的自然山水环境丰富且具有典型

[1] 蔡自新.关于永州历史文化名城的研究报告 [J].湖南科技学院学报，2005，26（1）：89-92.
[2] 王田葵.零陵古城记——解读我们心中的舜陵城 [J].湖南科技学院学报，2006，27（10）：1-12.
[3] 袁素文.永州城市文化的近代变迁 [D].长沙：湖南师范大学，2005.
[4] 张河清.湘江沿岸城市发展与社会变迁研究（17世纪中期～20世纪初期）[D].成都：四川大学，2007：138-140.
[5] 孙诗萌.南宋以降地方志中的"形胜"与城市的选址评价：以永州地区为例 [A]// 王贵祥，贺从容.中国建筑史论汇刊（第八辑）.北京：中国建筑工业出版社，2013：413-436.
[6] 谢军.风景建筑师——柳宗元 [J].建筑，2004（3）：90.

性[1]，城市的自然山水景观文化特色明显，而且影响较大，古城至今还在延续使用，所以笔者选取永州古城作为研究对象，以期彰显古城景观文化的地域特色，指导当今的城市规划、建设和管理。

第三节　研究意义

本文研究的理论价值与实际应用价值如下。

一、学术价值

（一）永州位于楚越交汇地带，其城市营建史研究是对地区历史文化研究的补充

永州位于楚越交汇地带，自古水陆交通发达，"永州古城位于湘江与潇水汇合处"，境内三条入粤通道（越城岭道、萌渚岭道、零陵桂阳峤道）均交汇于永州古城。自公元前124年建城后，永州城一直为郡（府、州）治、县治所在地。境内有西汉以来的故城遗址多处。明清时期，境内其他城镇也先后定位于湘江、潇水、耒水等水系沿岸，也均位于入粤通道上。

如前文所述，永州历史文化底蕴深厚。其悠久稻作文化、舜文化、柳文化、女书文化、碑刻文化、理学文化等，闻名遐迩，是古代荆楚南境和湘江流域的特色文化区之一，是湖湘文化乃至整个中华文明的重要源流，在古代南岭文化的发展中发挥了重要作用。包括乡村传统聚落景观在内，地区的历史文化向来受到学者的重视和广泛研究。但其悠久的建城文化，学者们研究甚少。因此，本文选取永州古城作为研究对象进行系统研究是对永州古城及地区历史文化研究的补充，具有一定的学术价值。

（二）永州古城是典型的山水城市，其营建技术是研究明代城市防御体系的实物资料

永州古城山环水抱，因山为城，是中国古代典型的山水城市。古城依临东山和万石山，潇水从南、西、北三面环城缓行，以山为凭，因水为池，负阴抱阳，周围群山叠翠，地势优越。城址既有"形"的阴阳山水形态，也有"质"的环境文化内涵，体现了中国传统城市建设的山水环境思想和审美情趣，是阴阳五行学说与风水学说在具体环境中的体现，是中国古代城市选址山水学说的又一例证。

永州城自建城后，城址始终未变，其城池形态的历代变迁体现了地区

---

[1]　孙诗萌.南宋以降地方志中的"形胜"与城市的选址评价:以永州地区为例 [A]// 王贵祥，贺从容.中国建筑史论汇刊（第八辑）.北京:中国建筑工业出版社，2013:413-436.

的政治、经济和军事形势的发展变化，其城市营建技术体现了城池环境变化和增强城池防御体系的需要：为增强城池的防御能力，宋末拓城后，将城池周边的东山和万石山等制高点纳入城中；明初永州城"因地兴利，依险设防"，洪武元年（1368年）开浚护城濠，城西以潇水为池，沿潇水筑城墙，其他各向，或因水筑堤砌墙，或凿土为濠筑城，或联属为池筑城，"其高下远近，并因地势"；明洪武六年更新外城墙时，改为外包砖石形式；明嘉靖壬戌年（1562年）重修城楼时，在城门外加筑"瓮城"："乃若子城无事，可以御水火（历史上，永州城多次遭受洪灾），其有事则又屯军伍防卫突击，礛石所系尤重。"[1]这种城濠加瓮城的防御体系一直延续到清末。今天仍能见到永州城墙、护城濠、内外城门的部分遗迹或遗物。可见永州城的营建技术是研究明代城市防御体系的实物资料，具有重要的研究意义。

（三）从区域角度整体性比较研究地方古城发展及其景观营建，体现了城市营建史研究范式的转变

城市形态演变研究是城市营建史研究的重点内容之一，动力机制研究是城市形态演变规律研究的主要内容。城市形态构成要素是古城形态演变主要的影响因素，体现了古城历史发展的脉络，既是古城景观形态研究的主要内容，也是体现古城特色的主要方面。

本文从"时间"和"空间"两个维度上开展研究。时间维度上，以永州古城为研究对象，分析其城市选址的地区自然地理环境特点与人文地理环境特点、城市形态演变的特点，以及城市形态主要构成要素的建设与发展特点。空间维度上，将永州古城营建研究置于古代荆楚文化与南岭文化特定的地理环境和文化环境中，置于湘江流域城市体系中主要城市空间形态演变特点的比较中，突出其区域性和整体性研究，揭示古代永州地区城市设置及其发展特点；揭示地方古城规划建设的文化内涵、价值取向和发展动因。在比较研究中，揭示永州古城形态演变的动力机制和明清时期永州城发展滞后的原因；揭示明清时期永州城市形态主要构成要素的建设与发展特点，在比较研究中突出地区古城现存古代建筑景观的文化内涵和地域特征。这种研究思路是以往研究中不曾体现的，它体现了对城市营建史研究范式的转变。

（四）系统梳理"八景"文化的历史渊源，可为"八景"景观集称文化的起源提供学术讨论视角

永州的山水景观文化发育较早。唐代，永州的山水经元结和柳宗元的到访、赞誉和建设而声名远扬，特别是柳宗元的"永州八记"对于永州城郊山水的赞誉更是增显了永州古城山水的神韵。唐代以后，中国的景观集

15

---

[1]（明）史朝富，陈良珍修.永州府志·创设上[M]，隆庆五年（1571年）.

称文化发展迅速。吴庆洲先生研究指出："景观集称文化源远流长，若以自然山水景观集称而论，则唐代柳宗元之'永州八记'，应为其滥觞"，认为："永州八记"为"八景"之先声；自然山水景观集称发端于"永州八记"[1]。位于永州古城北 5km，潇水与湘水汇合之处的萍岛，为"潇湘八景"之一的"潇湘夜雨"所在地。学术界一般认为，"潇湘八景图"为北宋文人画家宋迪（约 1015～1080 年）首创。研究资料显示，在宋迪之前，尚有唐五代至北宋，后蜀画家黄筌（约 903～965 年）和齐鲁画家李成（919～967 年，又称李营丘）的《潇湘八景图》，"潇湘八景图"并非宋迪首创。基于本文的研究对象，笔者系统梳理"八景"文化的历史渊源，可为"八景"景观集称文化与"潇湘八景图"的起源提供学术讨论视角。

笔者研究指出，若从中国风景"八景"景观集称文化出现的时间先后看，"永州八记"应是中国自然山水景观"八景"集称文化的滥觞。此观点是对吴庆洲先生的"自然山水景观集称发端于'永州八记'"观点的深化，希望学术界给予批评和指正。

二、实际应用价值

（一）存留城市景观的文脉意蕴，指导景观管理和建设，提升城市发展竞争力

工业革命以来，重视物质形态、重视现代技术的城市快速发展与繁荣，也给人类生存环境带来影响和破坏，许多城市在现代化发展过程中逐渐失去原有的特色和文化底蕴，城市的文脉严重破坏，城市面貌出现趋同现象，表现为"千城一面"。随着城市化进程的加快，城市问题会越来越多，如古城保护、文物保护、环境保护、文化继承、城市特色、可持续发展等问题。20 世纪 50 年代以来中国城市的传统形态遭到了系统性的破坏，很多城市的传统文脉不复存在，城市的地区特色消失。"为了解决这些不断涌现的城市问题，为了避免新的城市问题的出现，从城市发展的历史中寻求借鉴，不失为一种明智的选择。"[2] 城市史研究是联系过去与现在的桥梁，我们可以站在历史与现实的交汇点来探讨和解决当今城市建设存在的问题 [3]。

未来社会的竞争取决于"文化力"的较量，"文化竞争力是城市竞争力的本质与核心。"[4] 城市作为人类文化的载体和容器，承载着人类文明的精华。城市的文化底蕴集中体现在城市的历史文化景观及其空间环境上，

[1] 吴庆洲. 建筑哲理、意匠与文化 [M]. 北京：中国建筑工业出版社，2005：65.
[2] 毛曦. 城市史学与中国古代城市研究 [J]. 史学理论研究，2006（2）：71-81.
[3] 何一民. 历史时空之城的对话：中国城市史研究意义的再思考 [J]. 西南民族大学学报（社科版），2008（6）：100-104.
[4] 蔡自新. 关于永州历史文化名城的研究报告 [J]. 湖南科技学院学报，2005，26（1）：89-92.

加强对城市历史文化景观演变过程的观察和研究，分析其发展特点和文化特征，突出其文化的"意义之源"，有利于增强城市的记忆，延续城市景观的文脉意蕴；指导现代景观资源管理，合理地进行文化景观的规划和建设——如指导城市与风景区的规划和建设，发展景观文化旅游事业等——突出现代文化景观的地域文化内涵、资源特色和文化意义，构筑具有地域特色的现代景观空间形态，避免景观建设"千景一面"现象，提升城市发展竞争力[1]。

（二）揭示永州古城及其景观建设特色，有助于古城的保护和发展

永州古城始建于公元前124年，建城史在湖南省仅次于长沙。古城至今还在延续使用，保存有独特的"两山一水一城"格局，城市历史街区及景观特色鲜明，物质文化遗产和非物质文化遗产都很丰富，是国家历史文化名城。本文对于永州古城营建研究在体现城市选址、形态演变、规划布局、御灾体系、营建技术等方面建设特点的同时，研究古城形态主要构成要素等景观及古城山水景观文化的发展特点，属于对永州古城营建及景观特色的综合研究，研究成果有利于宣传永州城的特色景观和文化，体现永州城的历史价值，有助于古城的保护和发展。

（三）发挥景观的文化与教育意义，促进社会和谐

地域文化景观是地域的民族记忆的源泉和文化符号的载体，具有传统性、地域性、人文性、独特性、多样性、统一性等多方面的特征。隐于景观之后的是创作者的灵魂和精神，体现了民族文化心理、时代的精神气质和文化特色，具有历史与文化、科学与环境、艺术与教育、使用与创作、社会与经济等多方面的价值。文化体系一方面可以看做人类活动的产物，另一方面则是人类进一步活动的决定因素[2]。

城市问题研究，一般包括城市发展理论、城市形态、城市政策及管理体制、城市设计及其实践理论等四个方面的研究[3]。永州古城是在特定的自然地理环境和社会人文环境条件下产生和发展的，体现了对自然环境和人文环境的适应。在当今建设和谐社会的进程中，加强对城市历史文化景观生成环境的分析研究，揭示其文化意义，有利于建立与现代化相适应的

17

[1] 伍国正.古城形态的区域性综合研究意义：兼论永州古城景观形态演变综合研究意义[J].华中建筑，2014，32（5）.
[2] 1952年美国文化学家克罗伯和克拉克洪在《文化·概念和定义的批评考察》一文中认为："文化代表了人类群体的显著成就，包括他们在人造器物中的体现；文化的核心部分是传统的（即历史的获得和选择的）观念，尤其是他们所带来的价值；文化体系一方面可以看做活动的产物，另一方面则是进一步活动的决定因素。"见A.L.Kroeber，C.Kluckhohn. Culture: A Critical Review of Concepts and Definition[M].Harvard: Harvard University Press，1952: 181. 转引自：王诚.通信文化浪潮[M].北京：电子工业出版社，2005: 4-5.
[3] 刘青昊.城市形态的生态机制[J].城市规划，1995（2）：20-21.

道德价值观念、文化审美观念和景观环境生态观念，提高公众参与保护和整治意识，促进社会和谐发展，并教育后人。

第四节　研究框架与研究方法

一、研究思路

本文研究具有跨学科的特点，在文献资料调研和田野调查的基础上，以建筑历史理论为基础，从城市规划学、历史学、环境生态学、政治经济学、文化地理学、文化社会学等多学科交叉层面，史论结合，从"文化审美"的三个层面展开较为系统的研究。

着手于永州古城选址的自然、社会和人文等环境特点研究，在从"时间维度"上对永州古城形态发展演变特点研究的基础上，将永州古城营建研究置于古代荆楚文化与南岭文化特定的地理环境和文化环境中，置于湘江流域城市体系中主要城市空间形态演变特点的比较中，从"空间维度"上整体研究古代永州地区城市设置及其发展特点，以及明清时期湘江流域府州城市空间形态演变特点，突出其区域性和整体性研究，揭示地方古城规划建设的文化内涵、价值取向和发展动因，揭示永州古城形态演变的动力机制和明清时期永州城发展滞后的原因。

不仅研究永州古城形态的发展演变特点，而且突出永州古城形态主要构成要素的建设与发展特点研究，体现古城景观建设特色，在比较研究中突出地区古城现存古代建筑景观的文化内涵和地域特征。

基于本文的研究对象，系统梳理"八景"文化的历史渊源，突出永州古城的山水景观文化发展特点及其影响。

二、研究内容与研究框架

永州当五岭百粤之交，地理位置特殊，是古代荆楚南境和湘江流域的特色文化区之一，自古受楚、粤文化和中原文化等多种文化影响，历史文化底蕴深厚，在古代南岭文化的发展中发挥了重要作用。自汉武帝元朔五年（前124年）建城后，永州城一直为郡（府、州）治、县治所在地，没有间断过。永州城"山环水抱"，是典型的山水城市，山水景观文化历史悠久，影响较大。自宋末拓城后，城市在空间布局、军事防御、抵御自然灾害、景观建设、建筑艺术等方面都具有明显的地方特色。

本文主要依据地方志和文献记载，综合运用要素类比、历史地理溯源、比较分析等研究方法，史论结合，将永州古城营建研究置于古代荆楚文化与南岭文化特定的地理环境和文化环境中，置于湘江流域城市体系中主要城市空间形态演变特点的比较中，尝试从"文化审美"的三个层面展开，较为系统地研究永州古城景观营建的历史发展特点和地域空间特征，体现古城景观建设特色。

论文由六章组成，主要可归为四个研究主题：永州古城选址的自然、社会和人文等环境特点研究——永州古城形态发展演变的特点与动力机制研究——永州古城形态主要构成要素的建设与发展特点研究——永州古城山水景观文化发展的特点及其影响研究。

第一章为绪论部分，重点论述城市与景观营建视野中的永州古城营建与景观发展特点的研究意义。包括研究背景与研究现状、研究重点与研究意义、研究框架与研究方法等。本章对相关概念和研究对象的界定与简释，是后面各章系统研究的逻辑基础。

第二章为永州古城选址的环境特点研究。在重点分析永州古城选址的自然、社会和人文等环境特点的基础上，将永州古城营建研究置于古代荆楚文化与南岭文化特定的地理环境和文化环境中，整体研究了永州地区修城的历史脉络与发展动因，以及明清时期永州地区城市的选址与建设特点，揭示了地方古城规划建设的文化内涵、价值取向和发展动因。本章是后续各章关于永州古城形态演变及其城市形态主要构成要素建设与发展特点研究的基础研究。

第三章为永州古城形态演变的特点及其演变的动力机制研究。本章运用要素类比法和历史地理的溯源法，进行逻辑推理，重点分析了历史分期阶段永州城市形态的演变特点，对前人未涉足的南宋以前的西汉泉陵城和汉唐零陵郡城的形制与规模进行了探索。并通过比较明清时期湘江流域其他府州城市：岳阳城、长沙城和衡阳城的空间形态演变特点，从区域整体性层面分析了永州古城形态演变的动力机制和明清时期永州城发展滞后的原因。

第四章和第五章为明清时期永州城市形态主要构成要素的建设与发展特点研究，研究中突出了明清时期永州古城景观建设特色和地区城市建筑景观的地域特征。其中：

第四章重点分析了明清时期永州府营建在城墙、城濠、道路、兵防以及御旱防洪措施等物质防御体系方面的建设特点，研究指出，明清永州府的御灾体系建设是物质防御体系与精神防卫体系的统一，体现了地区经济、文化和社会的发展特点。

第五章基于体现地方古城景观建设特色和地域空间特征的研究理念，将永州古城形态主要构成要素的发展特点研究置于古代荆楚文化与南岭文化特定的地理环境和文化环境中，重点论述了明清时期永州城衙署建筑、学校建筑、祭祀建筑、居住与商贸建筑、城市塔建筑等建筑景观的发展特点，研究中比较分析了明清时期永州地区城市祭祀建筑景观和城市塔建筑景观的地域特征。城市建筑等人文景观是城市形态构成要素的主要内容，本章研究是对第三章"永州古城形态变迁研究"的深化。

第六章为永州古城山水景观文化发展特点及其影响研究。基于体现地方古城景观建设特色的研究理念，在前面各章关于永州古城形态演变和建筑景观发展特点研究的基础上，本章主要突出了永州古城山水景观文化发展特点及其影响研究。基于本文的研究对象，本章较为系统地梳理了"八景"文化的历史渊源，并对《潇湘八景图》出现的时间作了存疑探讨，可为"八景"景观集称文化与"潇湘八景图"的起源提供学术讨论视角。

最后，对全文进行总结。

综上所述，论文研究的基本框架如图 1-4-1 所示。

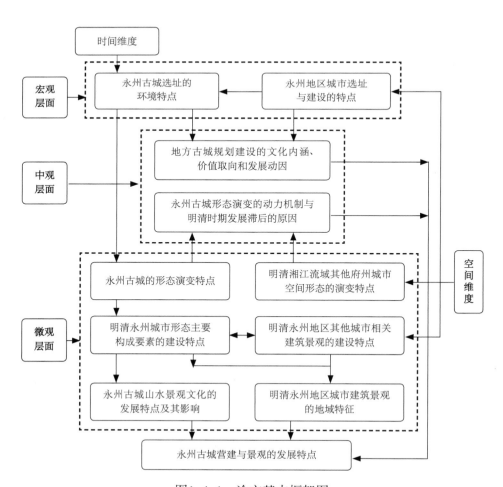

图1-4-1　论文基本框架图

三、研究方法

本文在沿用文献资料、实地调研、测绘、访谈、归纳总结等方法的基础上，更加注重以下研究方法的运用。

（一）多学科交叉法

本研究不仅涉及建筑史学、城市规划学、历史学、环境生态学、环境心理学、文化地理学，也涉及文化社会学、政治经济学与民俗学、艺术学等学科。从多学科交叉层面，将永州单个城市营建史与区域整体的城市发展史结合起来整体研究，揭示其区域性发展特点，体现城市发展中的城市营建研究；将永州古城形态主要构成要素的建设与发展特点研究置于地区地理环境和人文环境中，置于人类社会政治、经济、文化发展的整个过程中研究，揭示其发展特点和地域特征。

（二）要素类比和溯源法

以现有最早记载永州城市形态及构成要素的史料为基础，结合其他资料，以及地区的社会政治、经济、文化等历史发展特点，通过类比同时期永州地区及周边古城遗址的形制与规模，并对照同时期中原地区与长城沿线边寨城址的形制与规模，运用要素类比法和历史地理的溯源法，进行逻辑推理，由近及远，推测分析历史分期阶段永州城市的形态演变特点及与其相关的城市防御体系的建设特点。

（三）比较分析法

转变研究范式，将永州古城形态演变研究从"时间"和"空间"两个维度上展开。时间维度上，以永州古城为研究对象，揭示其空间形态演变的特点。空间维度上，将永州古城营建研究置于古代荆楚文化与南岭文化特定的地理环境和文化环境中，置于湘江流域府州城市空间形态演变特点的比较中，从区域整体性层面分析永州古城及地区城市设置与发展特点；揭示地方古城规划建设的文化内涵、价值取向和发展动因；揭示古代沿水城市空间形态演化与自然、交通、政治、经济、文化等因素发展变化的关系；揭示永州古城形态演变的动力机制和明清时期永州城发展滞后的原因。

通过对永州地区现存古城建筑景观及其文化发展特点的研究，分类比较和总结归纳永州地区古城祭祀建筑和城市古塔的地域特征。

（四）地图信息研究法

古代方志中的地图、谱志图和山水景观图等，是研究地方各类景观形态的重要信息。本研究在尽可能搜寻有关记载永州古城建设的志书基础上，力求利用永州历史时期有关图纸的表面信息，穷尽所能地从史料字里行间分析其景观空间的逻辑关系，挖掘它们的环境特点和空间特点，进而揭示永州古城营建与景观发展的特点。

第二章　永州古城营建之城市选址环境分析

古代地方城市选址是对地区的自然生态环境、政治、军事、经济、文化、社会的生产生活等方面发展状况，以及人文生态环境综合考虑的结果，以服务于政治与军事为首要目的。单霁翔先生指出："研究城市一般从分析其地理条件、追溯其历史发展起源开始，主要内容包括城市的形成与成长过程、城市的功能与文化特征、城市的结构与空间布局、城市的经济与贸易范围、城市的人口与民族构成、城市的类型与规划沿革等。"[1] 基于这样的研究理念，本章在重点分析永州古城选址的自然地理环境特点和人文地理环境特点的基础上，将永州古城营建研究置于古代荆楚文化与南岭文化特定的地理环境和文化环境中，整体研究永州地区修城的历史脉络与发展动因，以及明清时期永州地区城市的选址与建设特点，揭示古代地方城市规划与建设的价值取向与文化特征。本章研究突出的是城市发展中"文化审美"宏观层面永州古城营建的生成环境系统研究，是后续各章关于永州古城形态演变及其城市形态主要构成要素建设与发展特点研究的基础研究。

第一节　永州地区自然景观结构及其特点

一、永州的地理位置与区位特点

（一）地理位置

永州位于中国湖南省西南湘粤桂三省区结合部，五岭北麓，是湖南省唯一与广东、广西两省区接壤的地区。地理坐标为北纬 24°39′ ～ 26°51′，东经 111°06′ ～ 112°21′ 之间，南北相距最长处 245km，东西相间最宽处 144km，土地总面积 22441.43km²，占湖南省总面积的 10.55%，占全国总面积的 2.3‰。

五岭一词始见于《史记·张耳陈馀列传》："（秦）北有长城之役，南有五岭之戍"。"五岭"往往不仅指横亘南北的越城、都庞、萌渚、骑田和大庾五座大山，也指由北到南入岭南的五条通道。唐代房玄龄的《晋书·地

---

[1]　单霁翔. 浅析城市类文化景观遗产保护 [J]. 中国文化遗产，2010（2）：8-21.

理志》和杜佑的《通典》等都采此说。晋代陆机的《赠顾交阯公真》诗："伐鼓五岭表，扬旌万里外"。"伐鼓五岭表"，唐代李善注：通往岭南的五条路。南宋地理学家周去非的《岭外代答·地理·五岭》云："自秦，世有五岭之说，皆指山名之。考之，乃入岭之途五耳，非必山也。自福建之汀，入广东之循、梅，一也；自江西之南安，逾大庾入南雄，二也；自湖南之郴入连，三也；自道入广西之贺，四也；自全入静江，五也。"

今永州市老城区（即今零陵区，古名泉陵、零陵）位于潇水和湘江汇合处，因潇水与湘江在城区汇合，自古雅称"潇湘"，别称"竹城"，为湘西南口岸城市，自古就有"锦绣潇湘"、"潇湘第一城"的美誉。

潇湘一词，最早见于战国至西汉初成书的《山海经》。《山海经·中山径》言：(洞庭之山)"帝之二女居之，是常游于江渊。澧沅之风，交潇湘之渊。"西汉《淮南子》中有"戈钓潇湘"的记载。此后，潇湘一词广为流传，并不断赋予新内容，并作为美的象征[1]。到唐代中期，"潇湘"被诗人们衍化为地域名称，今天泛指湖南全境。柳宗元在《湘口馆潇湘二水所会》一诗中，第一次明确将潇湘作为潇水与湘江二水合称[2]。

（二）区位特点

永州自古便是华中、华东地区通往两广、海南及西南地区的交通要塞和军事要地，地理位置较特殊。越城岭与都庞岭之间，以及都庞岭与萌渚岭之间的狭长谷地，古代是进入两广地区的重要通道，春秋战国时期即得到开发，也是两条重要的军事走廊，具有重要的军事意义，秦汉时期正是通过这两条军事走廊和"五岭之戍"，实现与南越抗衡的，为历代兵家必争之地，"镇东北可入中原之腹地，据东南握广东海滨之通道，控西南扼广西边陲之咽喉"，素有"南山通衢"、"湘西南门户"之称。

（三）气候特点

永州市边境距海约 350km，受东亚季风环流的影响较大，属中亚热带大陆性季风湿润气候区，南部山区有南亚热带的特征。冬季受西伯利亚冷高压的影响，具有大陆性湿润季风气候优势。全区四季比较分明，日照充足，雨量充沛，严寒期短，夏热期长；光、热、水资源丰富，三者的高值又基本同步，有利于农作物生长；春温多变，春夏多雨，秋冬多旱。受西南东三面环山、向东北开口的马蹄形盆地的影响，冬季北分，冷空气影响较大，但为期不长；夏季南风，潮湿闷热，而且延续时间较长。境内大部分地区年平均气温为 18℃左右，无霜期长，日最低气温 0℃以下的天数一般在 8～15 天。越城岭与都庞岭之间，以及都庞岭与萌渚岭之间的狭长谷地，

---

[1]　如：用作词牌《潇湘神》、戏曲《潇湘夜雨》、琴曲《潇湘风云》等，曹雪芹在《红楼梦》的大观园里，设置了一个潇湘馆。

[2]　张泽槐. 永州史话 [M]. 桂林：漓江出版社，1997：280.

是夏季季风环流的主要通道。受复杂地形地貌和不同季风环流的交替影响，永州地区气候类型多样，立体层次明显。同时，区内的降水量时空分布也不均匀，春夏两季的降水量约占全年的三分之二，旱涝比较频繁。据统计，境内有80%～90%的年份会出现程度不同的旱灾，有40%～65%的年份会出现程度不同的洪涝。从灾害的持续时间、影响程度和面积来看，旱灾重于洪灾[1]。

二、永州地区自然景观结构及其特点

按照区域内自然景观要素的分布特点和形态特点，可以将研究区域划分为四个次一级的自然景观单元，即山系景观、丘岗盆地景观、森林景观，以及水系景观。自然景观环境是区域人文景观形成的基础，这里先介绍永州地区的自然景观结构及其特点。

（一）地形地貌特点

湖南省处于云贵高原向江南丘陵和南岭山地向江汉平原的过渡地区，地貌轮廓为东、南、西三面山地围绕，中部为丘陵盆地，北部地势低平，为洞庭湖平原，地势向北倾斜而又西高东低，呈朝北开口、不对称的马蹄形。可分湘西山地、南岭山地、湘东山地、湘中丘陵、洞庭湖平原五个地形区。省境内以山地、丘陵地形为主，山地、丘陵及岗地约占总面积的七成，水面约占一成，适合水稻生长的田地约占两成，俗称"七山一水二分田"。

永州位于湖南省马蹄形盆地的南缘，地貌复杂多样，以丘岗山地为主，属于比较典型的喀斯特地貌。境内奇峰秀岭逶迤蜿蜒，溪河纵横，山岗盆地相间分布。西北、南、东南有五岭中的三大山系：越城岭—四明山系雄踞西北，都庞岭—阳明山系横贯中部，萌渚岭—九嶷山系矗立东南，将永州分隔成南北两大相对独立的部分。山体巍峨蜿蜒，山峰高达千米以上，其中，都庞岭的峰顶韭菜岭，海拔2009.3m，为全区最高点。在三大山系及其支脉的围夹下，地貌整体上由西南向东北倾斜，形成山字形地貌轮廓，构成南北两个半封闭型的山间盆地——北部的"零祁盆地"和南部的"道江盆地"（图2-1-1）。从总体上看，全市大体呈现"七山半水分半田，一分道路和庄园"的格局[2]。

1. 道江丘岗盆地

南部的道江丘岗盆地包括今宁远、新田、蓝山、江永、江华、道县、双牌7个县，主要属潇水流域，地势高，海拔高一般为150～250m。地貌形态以灰岩红岩土丘岗为主，溪谷平地、溶蚀洼地间布在潇水流域及岩

[1] 张泽槐.古今永州[M].长沙：湖南人民出版社，2003：26-28.
[2] 张泽槐.古今永州[M].长沙：湖南人民出版社，2003：21-22.

图2-1-1　湖南省与永州市地形地貌图
（资料来源：据现代卫星地图绘制）

溶地貌发育区,构成典型的山间丘岗盆地。道江盆地外围由南面的萌渚岭——九嶷山、西面的都庞岭、西北的紫金山、北面的阳明山围隔。盆地西南呈狭长谷地向江永、江华南疆延伸，东面向郴州、永兴盆地开口，形成串通湖广的交通走廊。

2. 零祁盆地

北部的零祁盆地包括今东安、祁阳、冷水滩、零陵、双牌 5 县区，主要在湘江上游流域，海拔高度一般在 100 ~ 200m，最低的湘水河谷仅 63m。地貌形态主要为河谷平原、孔地、溶蚀平原及连片间布的红土丘岗，构成一个向北东开口的半封闭型岗丘盆地。盆地周围由东南面的阳明山、南面的紫金山、西北的舜皇山、北面的四明山相环绕，东北向衡阳盆地敞口。盆地内地势低平开阔，耕地连片延伸，湘江汇合潇水、祁水等支流流贯盆地东西。

（二）山系景观特点

永州境内奇峰秀岭逶迤蜿蜒，山岗盆地相间分布。主要山系有西北的越城岭—四明山系、中南部的都庞岭—阳明山系和东南的萌渚岭—九嶷山系[1]。

1. 越城岭—四明山系

这一带包括东安、冷水滩、祁阳3县市区域，由舜皇山、紫云山、牛头山寨等山岭组成，面积139.73万亩，占全区山地总面积的9.5%。越城岭自西南向东北，由广西插入东安县境。永州境内山区属越城岭北延余脉的东坡，最高峰为舜皇山，海拔1882.4m。越城岭—四明山系高峻陡峭，海拔1500m以上的山峰有21座，1000m以上的有85座，800m以上的有154座。山体自北、西北向南及东南湘江河谷呈阶梯式倾降，构成零祁盆地西北的高山屏障，阻隔西北寒流入侵永州。

越城岭为南岭山脉中五岭之一，土名叫老山界，古称始安岭、临源岭、全义岭。西南—东北走向，长200km左右，为花岗岩断块山，由广西壮族自治区东北部插入东安县境。其主峰猫儿山，位于广西壮族自治区资源县东北，海拔2142m，是漓江、资江、浔江的发源地，连接着长江、珠江两大水系。猫儿山的主体为花岗岩地貌，地质发育古老，周边为紧密相连、典型的石灰岩地貌和丹霞地貌，是桂林峰林地貌边缘向土山地貌的过渡带，为桂林和永州境内喀斯特地貌的形成提供了重要的外源水系。越城岭中植被的垂直带谱发育完整，森林群落、动植物种类繁多，植物区系成分复杂。猫儿山现为国家级自然保护区，已被列为具有国际意义的陆地生物多样性关键地区。

舜皇山位于东安县西部30km的东安、新宁、广西全州三县交界处，史籍载为舜帝南巡驻跸之处，故名。主峰舜皇峰位于东安县境内，海拔1882.4m，森林覆盖率为91.8%，有原始次生林5300hm^2。整个舜皇山山势奇峰高突，怪石嶙峋，坡度大于30°。山上有紫云、舜皇峰等大小100多个山峰。山北有古庙，山麓有舜王庙及多处名人题咏碑刻等人文景观。舜皇山北屏雪峰山，南横越城岭，常年为云雾所笼罩，《湖南一统志》将其列为"湖南第一峰"。舜皇山是各种珍稀动植物富集之地，现为湖南省自然保护区和国家级森林公园。

四明山位于永州市冷水滩区，因其与永州市冷水滩区、祁阳县、邵阳县、东安县等相邻，"四望皆明"而得名。山势陡峻，切割强烈，四明山最高峰海拔1044m，海拔1000m以上的山峰3座，海拔800m以上的有6座。山中现存珍禽异兽如香猫、聋猪、穿山甲、猴鹰、夜鸦等数十种，有珍贵树种如白玉兰、银杏、楠木、青钱柳等10多种。

[1] 张泽槐. 古今永州 [M]. 长沙: 湖南人民出版社, 2003: 23-24, 44-48.

2. 都庞岭—阳明山系

这一带包括江永、宁远、新田、道县、双牌、零陵、祁阳 7 县市区域，面积 718.86 万亩，占全区山区总面积的 48.34%。它横贯全区西、中部广阔地域，山体高大，山势蜿蜒。都庞岭大致成南北走向，虎踞于湘桂边陲。其横贯永州中部的支脉：紫金山、阳明山，将永州分隔为南、北两大盆地。都庞岭—阳明山系蜿蜒 200km 有余，群峰起伏，到处崇山峻岭。海拔在 1000m 以上的山峰有 472 座，其中海拔 1500m 以上的山峰有 35 座。

都庞岭为南岭山脉中五岭之一，位于江永、道县、零陵与广西灌阳、恭城等县交界处，地处南岭山脉中部，赣桂地洼系中段西侧。山体呈联合弧形构造，为一褶断中山，呈侵蚀构造地貌。最高峰韭菜岭，海拔 2009.3m，位于道县境内，为永州境内最高峰。从山顶到山麓，水平距离不及 7km，高差达 1700m。都庞岭东侧，峰高岭峻，河谷深邃，切割强烈，坡度多在 35° 左右。东西两坡沟谷切深多在 700m 以上，谷地下部多呈峡谷，分水岭也多呈刀脊状。都庞岭山脊为长江水系和珠江水系分水岭。

都庞岭现为湖南省自然保护区之一。本区为瑶文化的发源地，也是湖南省西南部的重要水源——湘江水源涵养林区。保护区内有保存完好的森林等自然景观和人文景观，因而在森林生态、动植物遗传和保护以及民族学的研究等方面均具有很高的价值。

阳明山现为国家级自然保护区，位于宁远、新田、桂阳、常宁、双牌、零陵、祁阳等 7 个县市区交界处，潇水之东侧。阳明山境内 70% 的山地海拔在 1000m 以上。双牌县境内的主峰望佛台海拔 1625m。登峰远眺，极目千里，永州古城和蜿蜒潇湘，尽收眼底。阳明山森林茂密，山中珍稀动植物种类繁多，有 7 种国家保护的植物如银杏、银杉、水杉等，有 13 种国家保护的动物如白鹇、灰腹角雉、毛冠鹿等。山上的阳明山寺，又称万寿寺，始建于宋，重建于明。

3. 萌渚岭—九嶷山系

这一带包括江华、蓝山、宁远、道县等 4 县区域，面积 612.32 万亩，占全区山区总面积的 41.66%。萌渚岭及其支脉九嶷山是南岭主山脉的余脉，属南岭山脉纬向构造带，山系群峰高耸，苍山如海。1000m 以上的山峰有 1091 座，其中海拔 1500m 以上的山峰 44 座。

萌渚岭为南岭山脉中五岭之一，是湘粤桂三省区的自然界岭，南段在广西境内，北段在湖南境内，西南—东北走向，是潇水流域（长江水系）与珠江流域（珠江水系）的自然界岭。萌渚岭山势险峻，沟谷发育，森林茂盛，常年流水，一般海拔 800 ~ 1000m，主峰山马塘顶海拔 1787.3m，次高峰姑婆山海拔 1730.9m。

广义上的九嶷山古名苍梧山，为南岭山脉萌渚岭的余脉，位于宁

27

远、蓝山、江华、道县等 4 县交界处。萌渚岭的最高峰畚箕窝海拔
1959.2m……九嶷山上动植物种类繁多，有 11 种国家保护的植物如珙桐、
水杉、银杉等；有 22 种国家保护的动物如金钱豹、蟒、华南虎等。九嶷山
闻名天下是源于司马迁的舜帝"崩于苍梧之野，葬于江南九嶷"（《史记·五
帝本纪》）。由于舜葬九嶷，自夏代开始，历朝历代都不断有帝王拜祭九嶷。
狭义上的九嶷山是指以舜源峰为主峰的九座山峰的总称。

九嶷山现为湖南省自然保护区，国家级森林公园，面积约 53km²，怪
石嶙峋，溶洞众多，奇特秀丽，是森林王国，曾得到世界地貌学鼻祖徐霞
客的赏识，千百年来，文人墨客在此留下了许多珍贵的诗文、碑刻。

今永州地区有宁远九疑山、双牌阳明山、东安舜皇山、江永千家峒、
道县月岩、蓝山板塘、祁阳县金洞等 7 处国家级森林公园；有新田福音山、
双牌溪冲、东安黄金洞（原黄泥洞）等 3 处省级森林公园；有都庞岭、阳
明山 2 处国家级自然保护区；有九嶷山、舜皇山、都庞岭、江永源口和祁
阳小鲵等 5 处省级自然保护区；有祁阳观音滩、双牌泷泊、零陵观音山、
江华大龙山、新田秀峰岭、道县江源等 14 处县级自然保护区。

（三）水系景观特点 [1]

湖南省内长度在 5km 以上的河道有 5341 条，总长度 9 万多公里，其中，
100km 以上的有 50 条，500km 以上的有 7 条。全省境内河网密度为平均
每平方公里河流长度为 1.3km。除少数河道出流邻省外，绝大部分集结于
湘水、资水、沅水、澧水，而后会注洞庭湖，构成一个沟通长江呈扇形
辐聚式的洞庭湖水系。

永州地区溪河纵横、水系发育。全区共有大小河流 733 条，总长
10515km，贯穿两盆地的南北、西东，流经 11 个县市。按长度分，5km 以
上的河流就有 608 条。按流域面积分，10km² 以上的河流就有 607 条。境
内河流可分为三个水系：湘江水系、珠江水系和资江水系。境内的水系具
有明显的地域特征：首先是溪河纵横，呈树枝状分布，其次是河床落差集
中，易涨易涸。由于南岭山地相对高差大，河床落差集中，河道窄而切割深，
因而春末夏初的暴雨期，各河流会出现短期洪汛，而秋冬枯旱时，河流就
会涸浅，甚至会断流。故常有先洪后旱、洪旱交错的灾害出现。水灾以暴
雨山洪形式出现，大多为局部地区，多沿溪河两岸发生，时间较短。旱灾
往往成片出现，历时较长。

1. 湘江

湘江又称湘水，是长江中游南岸重要的支流。主源海洋河，源出广西
临川县海洋乡的龙门界。自东安县渌埠头村流入湖南省后，经 17 县市，

---

[1]　陆大道 . 中国国家地理（中南、西南）[M]. 郑州：大象出版社，2007：24，48.

最后注入洞庭湖。干流全长 856km，流域面积 9.46 万 km²，沿途接纳大小支流 1300 多条，主要支流有潇水、舂陵水、蒸水、耒水等。零陵以上为上游，流经山区，谷窄、流短、水急，雨期多暴雨。零陵至衡阳为中游，沿岸丘陵起伏，红层盆地错落其间，河宽 250～1000m，常年可通航 15～200t 驳轮。衡阳以下进入下游，河宽 500～1000m，常年可通航 15～300t 驳轮。长沙以下为河口段，常年可通航 50～500t 驳轮。

湘江是永州境内最大的过境河，是永州地区最重要的水路交通，也是工农业生产和人民生活用水的源泉。干流自广西进入永州地区后，在零陵萍岛处汇潇水后水量大增。在永州区内流程 227.2km，占总长的 26.1%，自然落差 55.3m，流域面积约为 21491km²，占总流域面积的 22.7%。

永州零陵萍岛以上的湘江上游，沿河多为中、低山地貌，海拔高程 500～1500m，河谷一般呈"V"形，河宽 110～140m，河床纵坡 0.45%～0.9%，滩多水急，水位陡涨陡落。暴雨时期，加上潇水的影响，零陵地区的防洪压力较大。

2. 潇水

潇水，属永州境内内河，是湘江上游最大的支流，是全区生产生活供水的主要水系网络。潇水古名深水（《水经》），又名营水（《说文》）、沱水，东晋以后改名潇水。《水经注·潇水》载："潇者，水清深也。"其干流发源于蓝山县野狗山南麓，流经蓝山等永州南部各县，汇集永明河、宁远河等沿途诸支流，于永州市零陵区萍岛注入湘江。潇水干流长 354km，自然落差 504m，流域地势大致是南高北低，流域面积 12099km²。潇水流域内河网密布，水量丰富，河长在 5km 以上的大小支流共 308 条。

永州历史悠久，区位和交通条件优越。境内地质类型多样，地形起伏很大，气候温和且多样，立体气候明显，水系发达，资源富集，为传统的农林牧渔业的发展提供了优越的自然环境，成为人类早期文明的发祥地之一。

三、永州历史沿革

（一）零陵与永州的得名

古代的永州为何称为零陵，历来众说纷纭。比较流行的说法认为，零陵这一地名的由来与上古五帝之一——虞舜有关。《史记·五帝本纪》载，公元前 2255 年，舜帝出巡岭南经洞庭湖，沿湘水抵达零陵，尔后，置"纳言官"以"明通四方耳目"。相传司马迁为撰写《史记》，追根溯源，曾游历九疑（嶷）。《史记·五帝本纪》又载，舜"践帝位三十九年，南巡狩，崩于苍梧之野，葬于江南九疑，是为零陵。"因此，有人认为零陵得名于舜葬九嶷，零陵，实际上就是舜陵。古时帝王坟墓皆称陵，但为何舜陵要冠以一个"零"字？有人认为零陵得名于虞舜葬地"零山"（海洋山古称

29

零山，亦名阳海山、阳朔山、海阳山；今名海洋山，在九嶷山西面不远处），因山命陵，曰零陵。

有人认为零陵得名于潇水支流的冷水，《水经注》载："冷水南出九疑山"，上古时期"冷"与"零"通用（《汉语大字典》通假字：冷通伶，冷通零，冷通令），"冷水"又作"零水"。舜帝葬于冷（零）水之源，舜陵因水而名，故称"零陵"。

有人认为，把舜陵称为零陵，源于舜的两个妃子娥皇和女英千里寻夫的动人故事，零陵就是舜陵，是舜陵的别称或美称。但是，娥皇、女英最终没有找到舜帝的陵墓，在返回中原的途中，双双投水自尽于洞庭湖。屈原的《九歌·湘夫人》曰："帝子降兮北渚，目渺渺兮愁予，袅袅兮秋风，洞庭波兮木叶下。"汉刘向《烈女传·有虞二妃》曰："舜陟方，死于苍梧，二妃死于江湘之间，俗谓之湘君、湘夫人也。"北魏郦道元《水经注·湘水》："大舜之陟方也，二妃从征，溺于湘江，神游洞庭之渊，出入潇湘之浦。"人们为了纪念娥皇、女英的多情，将舜陵改称为零陵，是对舜陵的别称或美称。秦始皇在此设立零陵县，也有纪念舜帝之意[1]。

有人认为零陵得名于零陵古城东 2.5km 处潇水河心的香零山，香零山盛产香苓草，"零"与"苓"古文通用，故取郡名为零陵郡[2]。

"零陵"作为地名，出现的时间很早，是《中国古代史教学参考地图集》中辑录的我国夏以前就已出现的全国 34 处重要古地名之一，可见，零陵之名极其古老。

永州之名始称于世应在隋朝初年。隋文帝统一中国后，按照"存要去闲，并小为大"的原则，将地方行政区划由原来的州、郡、县三级制，改为州、县二级制，后又改为郡、县二级制。隋开皇九年（589 年），将零陵郡改置为永州总管府。从此，永州之名始称于世，并一直沿用至今。今零陵区南部双牌县城以南 5km 永江乡一带过去有"永水永山"。自永江乡流入潇水的河流称为永江，也叫"永水"，周边的山称为"永山"。清嘉庆十五年（1810 年）的《零陵县志》记载："永（州）南一百余里，永水出焉，汇于潇（水），永州之名由此。"清道光八年《永州府志》载："及（零陵）更名永州，诸书皆曰以县西南百里有'永山'，永水之所出，州因得名（明统志《方舆胜览》)"[2]。

（二）永州历史沿革[3][4]

现代考古研究发现，早在旧石器时代晚期，"潇湘流域"一带已经有人类居住，到新石器时代，这里的人类活动大大增加。

[1] 张泽槐.古今永州 [M].长沙：湖南人民出版社，2003：4-5.
[2] （清）吕思湛，宗绩辰修纂.永州府志·名胜志·零陵.道光八年（1828 年）刻本，同治六年（1867 年）重印本.湖南文库编辑出版委员会，岳麓书社，2008 年，第 131 页.
[3] 张泽槐.古今永州 [M].长沙：湖南人民出版社，2003：6-7.
[4] 湖南省永州市，冷水滩市地方志联合编纂委员会编.零陵县志 [M].北京：中国社会出版社，1992：7-8.

原始社会末期，永州属三苗的江南地。夏分全国为九州，夏商至西周时期，永州属荆州之域。春秋战国时期，永州属楚国南境。

秦始皇统一中国后，实行郡县制，永州属长沙郡。于公元前221年在潇水流域第一次设立零陵县，县治在今广西全州县与兴安县交界处，辖地包括九嶷、潇水流域和湘水上游地区，大致相当于今广西桂林地区、湖南邵阳市及永州市大部分地方（除江永、江华、蓝山县以外）、衡阳市的西北部地区。零陵县的建立，开创了"潇湘流域"经济社会发展的新纪元。

汉高祖五年（前202年）改长沙郡为长沙国，零陵县属长沙国。汉武帝元朔五年，封长沙王刘发之子刘贤为侯，建立泉陵侯国。汉武帝元鼎六年（前111年），析长沙国置零陵郡，郡治在秦之零陵县治，辖7县4侯国。7县是：零陵、营道、泠道、始安、营浦、洮阳、钟武。4侯国是：泉陵、都梁、夫夷、舂陵。泉陵属零陵郡。元封五年（前106年），郡上设州，零陵郡属荆州。西汉末年，王莽篡权建立新朝，自称虞舜后裔，在九嶷山修建"虞帝园"，零陵郡及所属各县多有改名。其中，泉陵改名溥闰（《湖南通志·地理志》），零陵郡改名九疑郡（《汉书·地理志》），零陵县属九疑郡，辖地未变。

东汉时期，改泉陵侯国为泉陵县，九疑郡复名零陵郡，零陵县和泉陵县同属零陵郡。由于当时泉陵县的经济已相当发达，加上泉陵县治南峙九疑，北镇衡岳，潇湘汇流，形成天然屏障，军事地位十分重要，故在东汉光武帝建武年间（25～55年），将零陵郡治由零陵县移至泉陵县，辖区也有所扩大[1]，但零陵县治所却仍然在全州县西南的咸水。从此，泉陵成为零陵郡的政治、经济、文化中心，也是历代兵家必争之地。为避免混淆，历史上将这期间的零陵县称为"小零陵"。东汉末年，荆州牧刘表于建安三年（198年）攻占零陵，零陵郡属刘表势力范围。建安十三年（208年）赤壁之战后，刘备代刘表领荆州牧，零陵郡属刘备势力范围。

三国时，零陵县先属蜀，后属吴。孙吴时期，零陵郡地域开始减小。孙吴先后析出零陵郡的部分属地置始安郡（甘露元年，265年）、营阳郡和昭陵郡（宝鼎元年，266年）。零陵县和泉陵县属零陵郡。

两晋时期，零陵县和泉陵县仍属零陵郡。晋怀帝永嘉元年（307年）析荆、广二州部分属地置湘州，零陵郡属湘州。东晋永和年间（345～356年），析零陵郡复置营阳郡。义熙十二年（417年），零陵、营阳二郡属荆州。南北朝时，零陵郡属南朝地域。

隋朝改前期的州、郡、县三级制为州、县二级制，后又改为郡、县二级制。隋开皇九年（589年），撤零陵、营阳2郡，设永州总管府，谢沐、

---

[1]　除原来的7县3侯国（舂陵侯国并入泠道县）外，还增加了湘乡县（今湘乡、双峰等地）和昭阳（今邵东县地）、烝阳（今衡阳县地）2侯国，共计8县5侯国。

冯乘 2 县从临贺郡划入，区域较零陵、营阳 2 郡有所扩大。改泉陵县为零陵县，将永昌、祁阳、应阳 3 县加入，零陵县归永州总管府管辖。隋大业五年（607 年），永州总管府复称零陵郡，零陵县仍属零陵郡。

唐武德四年（621 年）废零陵郡，分置永州、营州。贞观八年（634 年），改营州为道州。贞观十七年，撤道州并入永州。上元二年（675 年），复置道州。开宝元年（742 年），改永州为永州零陵郡，改道州为道州江华郡。唐开元二十一年（733 年），全国分为 15 道，零陵县属于江南道永州总管府。

五代时期，后唐天成二年（927 年）后，永道二州属马殷楚国势力范围。后周广顺元年（951 年）后，永道二州地入南唐。后周时，分永州的洮阳、湘源、灌阳置全州。至此，永州仅辖零陵、祁阳 2 县，辖区缩小较多。道州仍辖 5 县。

宋雍熙元年（984 年）升东安场（原应阳县地）为东安县。至此，永州辖零陵、东安、祁阳 3 县，道州辖营道、宁远、江华、永明 4 县。

上述历史沿革表明，自汉至宋，永州（零陵）的行政区划与行政等级处于经常的变化之中。总体上说，自三国至宋，辖区由大变小。元朝，原永州零陵郡、道州江华郡分别改称永州路、道州路，隶属湖广行省湖南道。明代改路为府。永州路、道州路分别改称永州府和道州府，隶属湖广行省。洪武九年（1376 年），将道州府降为道州，隶属永州府。同年，改湖广行省为湖广承宣布政使司，永州府属之。崇祯十二年（1639 年），分宁远的新田堡置新田县。至此，永州府辖 1 州 7 县，即零陵、祁阳、东安、道州、江永、宁远、江华、新田。

清顺治元年（1644 年），湖广行省分为左、右布政使司，零陵县属湖广右布政使司永州府。康熙三年，改湖广右布政使司为湖南省，永州府属湖南省衡永郴桂道。

1913 年，道州改为道县。1914 年，衡永郴桂道改为衡阳道，永州属衡阳道。民国 11 年（1922 年），撤销道制，仅存省、县二级。民国 29 年（1940 年），湖南省分为 10 个行政督察区，永州各县属第七行政督察区。到中华人民共和国成立前夕，湖南省第七行政督察区辖祁阳、东安、零陵、道县、江永、宁远、江华、新田等 8 县。

第二节　中国古城选址的生态安全思想

中国古代城市营建思想体现在城市选址、规划建设的各个方面，是一个完整的体系。1995 年，吴庆洲先生就在《中国古代哲学与古城规划》一文中，明确提出了影响中国古代城市规划的三种思想体系：体现"礼制"的思想体系；以《管子》为代表的"重环境求实用"的思想体系；追求"天地人和谐合一"的哲学思想体系[1]。这三个思想体系基本概括了中国古代城市选址和规划建设的指导思想。笔者认为：古代城市建设"重环境求实用"的思想即是古人原始的"生态安全"的思想意识，城市的生态安全环境是影响其选址与可持续发展的决定因素。作为本章研究内容论述的基础，这里先论述中国古城选址注重生态安全的建设思想，以期获得更深的理论支持。

一、城市选址与生态安全的关系

现代的生态安全概念，有广义与狭义两个层面。广义的生态安全以1989 年国际应用系统分析研究所（IASA）提出的定义为代表，即：广义的生态安全是指在人的生活、健康、安乐、基本权利、生活保障来源、必要资源、社会秩序和人类适应环境变化的能力等方面不受威胁的状态，包括自然生态安全、经济生态安全和社会生态安全，组成一个复合人工生态安全系统。狭义的生态安全是指自然和半自然生态系统的安全，包括自然环境系统及其生态保护，要求生态系统的功能是稳定的和可持续的，在受到胁迫时具有自恢复力。广义的生态安全包括自然生态安全、经济生态安全和社会生态安全，体现在环境与生态保护、经济与社会发展、外交与军事，以及意识形态等多个方面。现代社会认为，意识形态安全属于国家安全系统的一个有机组成部分，国家的安全，可以从国家肌体的安全、环境安全和意识形态安全三个方面考察，作为这三个方面的综合，就是发展的安全[2]。其中，意识形态安全包括道德的安全、政治信仰的安全和宗教信仰的安全。

现代城市生态安全，是指城市选址与扩展具备生态安全战略意识、城市居民的生存安全的环境容量具备最低值、战略性自然资源存量的最低人均占有量有保障、重大生态灾害能够得到抑制等一系列要素的总称。城市生态安全具有一定的空间地域性质。当一个地区（大到一个国家，小到一个城市）的自然生态环境状况能够维持其经济、社会可持续发展时，它的生态系统就是安全的；反之，就不安全[3]。

城市生态安全问题始终是可持续发展的核心任务。笔者认为：古代城市建设"重环境求实用"的思想即是古人原始的"生态安全"的思想意识，城市的生态安全环境是影响其选址与可持续发展的决定因素。中国古代城市的安全思想首先体现在其选址方面，其次体现在城市布局、建设及意识形态安全等方面。曹伟教授指出：研究城市的发展、演变、更新、兴衰，不

[1] 吴庆洲. 中国古代哲学与古城规划 [J]. 建筑学报，1995（8）：45-47.
[2] 夏保成. 国家安全论 [M]. 长春：长春出版社，1999：9.
[3] 曹润敏，曹峰. 中国古代城市选址中的生态安全意识 [J]. 规划师，2004（10）：86-89.

得不研究城市的选址问题，而生态安全意识则在城市选址中起着至关重要的作用，"尽管城市的城址在其最先选定时，往往是防卫、生态安全、贸易及交通路线等因素起着较大的作用。但如果从历史长远的观点来看，最终决定城市发展水平的作用，不是一时一地的时事政策、人文条件等，而是取决于城市所在位置及其区域的自然生态演化进程与生态安全格局。""古代城市选址的一些思想蕴育着朴素的自然哲学精神，强调人与环境的安全其实是一种人本主义的思潮使然，同时也是现代城市生态安全理念的萌芽。"[1] 王军教授研究指出：恰当的城市选址是城市得以建立的基础和前提，需要兼顾政治、军事、经济和社会等多方面的发展要求，它们与城市的自然地理环境有着密切的联系。城市选址包括相对位置和城址两个方面。相对位置是城市在全国范围所处的地域（大位置），它是随着国家的社会、政治、经济发展而发生变化的区域地理环境因素，决定了城市的个性和发展前途，但它对城市形态和空间结构并不一定有直接的影响。城址是城市所在的地点（小位置），主要受周围自然地理环境因素的影响，城市的自然地理环境，在影响城市发展的同时，也影响着城市形态和空间结构的变化[2]。

从现代广义的生态安全概念和国家安全系统两个层面上分析，可以说，体现着一种社会制度（宗法制度）和社会秩序（礼制秩序）的中国古代城市，其规划布局所体现的"礼制"的思想体系也包含在生态安全的思想体系之中，属于国家安全系统中的意识形态安全。

二、中国古城选址的生态安全思想

中国古代城市营建思想与理论形成于先秦时期，其生态安全思想突出表现在城市选址对城市规模与环境容量、城乡关系、山水形胜、军事与交通，以及应对胁迫（如自然灾害）的恢复力等方面的考虑。中国古代城市选址及建设上重视"城市生态安全"的思想在中小型城市的规划建设中表现得尤为突出，主要体现在如下几个方面。

（一）丰盈的土地物产

土地的物产能力和容载能力是城市选址需要考虑的重要因素之一。据有关研究资料显示，古希腊时期城堡的选址，既有防御之基本因素，也与乡村密切相连。城堡多是在光秃秃的岩山之岬的高地上，周围是农野或乡村，以保障城堡的防御和生活物资供应，以及奴隶的来源。正如柏拉图在其《法律篇》中所言："我们应为城市选择一个地点，这个地点具有城市所需求的东西，这很容易想象和说明。"

[1] 曹伟. 城市生态安全导论 [M]. 北京：中国建筑工业出版社，2004：43-47.
[2] 王军，朱瑾. 先秦城市选址与规划思想研究 [J]. 建筑师，2004（1）：98-103.

中国古代以农立国，自古就有选址的"相土"思想，即各种营建活动重视对地址的选择和对周围环境的审视。《周礼》之"体国经野"可以看做中国最早的行政区划。按照体国经野体制，国（都）城外围为鄙邑（乡遂），后者是前者依托之近卫基地。因此，需要在大小城邑的外围规划农、林、牧等各种生产基地，形成经济上农村供养城市的国野关系。"百里不贩樵，千里不贩籴"（《史记·货殖列传》）。周武王与成王经营洛邑，不仅是因为"此天下之中，四方入贡道里均"，有被山带河、四塞之固的险要，而且是因为三涂和岳鄙之间伊洛流域的广阔平原是宜于发展生产的地方。周初曾"卜食洛邑"，《周书·洛诰》载，周公卜宅洛邑后向成王呈奏："予惟乙卯，朝至于洛师。我乃卜涧水东，瀍水西，惟洛食。又卜瀍水东，亦惟洛食。"郑玄注云："我以乙卯日至于洛邑之众，观召公所卜之处，皆可长久居民，使服田相食。"后来，古人逐渐形成了"度地"、"辨土"、"相土尝水"的传统。

《礼记·王制》曰："凡居民，量地以制邑，度地以居民，地邑民居必参相得。"春秋战国时期，《管子》继承和发展了"地邑民居必参相得"的城邑规划传统。《管子·乘马》中明确指出了城市密度与土地物产的关系："上地方八十里，万室之国一，千室之都四。中地方百里，万室之国一，千室之都四。下地方二百里，万室之国一，千室之都四。"而关于城及乡村规模与土地物产能力的关系，《管子·八观》曰："夫国城大而田野浅狭者，其野不足以养其民；城域大而人民寡者，其民不足以守其城"，"凡田野万家之众，可食之地，方五十里，可以为足矣。万家以下，则就山泽可矣。万家以上，则去山泽可矣。"战国时期，商鞅也在《商君书·徕民篇》中指出："地方百里者，山陵（又作山林，见算地篇）处什一，薮泽处什一，溪谷流水处什一，都邑蹊道处什一，恶田处什二，良田处什四，以此食作夫五万，其山陵，薮泽，溪谷可以给其材，都邑、蹊道足以处其民，先王制土分民之律也"。说明商鞅时代的城乡布局和土地利用规划，已经考虑到了能源、水源、材料、交通、城乡规模与土地物产能力等生态安全因素，而且有了一定的用地比例分划和一个粗略的定额概念[1]。

（二）形胜的山水格局

中外城市自古都特别重视自然地理地形地势的险固、便利与形胜。如前文所述，西方古代城堡的选址，既有防御之基本因素，也与乡村密切相连。城堡多是在光秃秃的岩山之岬的高地上，周围是农野或乡村，以利防守、物资供应和清洁，同时景观优美。如古代爱琴文化时期的迈锡尼卫城（Mycenae）、泰仑卫城（Tirnys），以及后来古希腊的雅典卫城（Athens）等（图 2-2-1、图 2-2-2）。

---

[1] 周干峙. 中国传统城市规划理念 [J]. 城市发展研究，1997（4）：1-2.

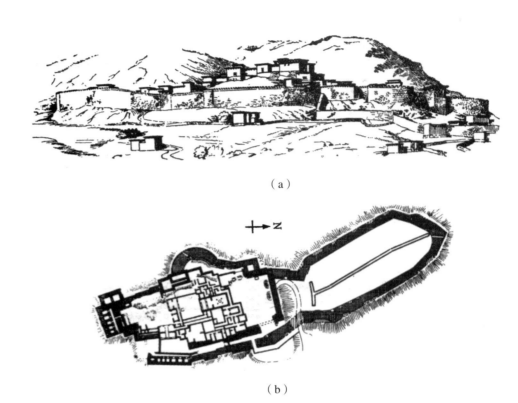

（a）

（b）

图2-2-1　古代爱琴文化时期的城堡

（a）迈锡尼卫城；（b）泰仑卫城

（资料来源：罗小未等．外国建筑历史图说 [M]．上海：同济大学出版社，1986：30）

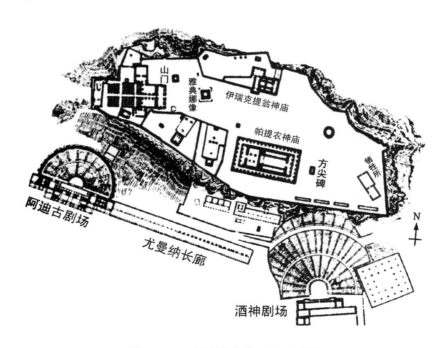

图2-2-2　古希腊雅典卫城地形图

（资料来源：罗小未等．外国建筑历史图说 [M]．上海：同济大学出版社，1986：34）

以雅典卫城为例，雅典卫城建于城内一个陡峭的山岗台地上，地形高爽，山势险要，易守难攻，适应了地中海夏季炎热干旱、冬季温暖潮湿的气候环境，也能更好地防御敌人侵袭。雅典卫城的建筑布局是人们长期的步行观察思考和实践的结果，不是简单的游线关系。建筑群善于利用各种复杂地形和自然景观，构成活泼多姿的建筑群空间构图，各个建筑物处于空间的关键位置上，如同一系列有目的的雕塑。在卫城内可看到周围山峦的秀丽景色，既考虑了置身其中之美，又考虑了从卫城四周仰望时的景观效果，表现出了对于制高点和视控点的强烈偏好。

中国自古就十分注重城乡与自然山水要素的亲和与共生关系，选址时多关注周围山水的自然形态特征，称山川地貌、地形地势优越，便于进行军事防御的山水环境格局为"形胜"。《荀子·强国》云："其固塞险，形势便，山林川谷美，天材之利多，是形胜也。"即将"形胜"环境特征归结为地势险要，交通便利，林水资源充沛，山川风景优美等。"形胜"在 1980 年版的《辞源》中解释为："一是地势优越便利，二是风景优美"；在 1980 年版的《辞海》中解释为："地理形势优越"，"也指山川胜迹"；在 2005 年版的《现代汉语词典》中解释为："地势优越壮美"。与"相土"思想相比，"形胜"思想已将其对地理环境的考察，进一步扩大到宏观的山川形势，并强调形与意的契合境界[1]。

中国古代城乡选址多强调有形美境胜的天然山水环境作为凭恃。古人创建都邑，必取乎形胜，先论形胜而后叙山川。"天时不如地利"。《周易》说："天险，不可升也。地险，山川丘陵也。王公设险，以守其国。"《孙子兵法·计篇》云："天者，阴阳、寒暑、时制也。地者，远近、险易、广狭、生死也。"其《地形篇》又云："夫地形者，兵之助也。"形胜的山水环境格局为城乡的生态安全提供了"天然屏障"，使城乡的军事、生产与生活，以及对胁迫（如自然灾害）的恢复力得以维持。

先秦的"形胜"思想对后世影响很大。秦列名"战国七雄"，东逼六国，正是其居关中形胜之地。《史记·苏秦列传》曰："秦四塞之国，被山带渭，东有关河，西有汉中，南有巴蜀，北有代马，此天府也。以秦士民之众，兵法之教，可以吞天下，称帝而治。"《史记·索隐》注引韦昭云："形胜"即"地形险固、故能胜人也。"西汉建都长安，除了考虑到关中沃野千里、物产丰富和交通便利等条件外，主要就是看中了"秦地被山带河，四塞以为固"，"可与守近，利以攻远"的军事地理条件。《史记·高祖本纪》曰："秦，形胜之国也，带河阻山，县隔千里，持戟百万，秦得百二焉。地势便利，其以下兵于诸侯，譬犹居高屋之上建瓴水也。"《史记·刘敬叔孙通

[1]　单霁翔.浅析城市类文化景观遗产保护 [J]. 中国文化遗产，2010（2）：8-21.

37

列传》曰："且夫秦地被山带河，四塞以为固，卒然有急，百万之众可具也。因秦之故，资甚美膏腴之地，此所谓天府者也。陛下入关而都之，山东虽乱，秦之故地可全而有也。夫与人斗，不扼其亢，拊其背，未能全其胜也。今陛下入关而都，案秦之故地，此亦扼天下之亢而拊其背也。"

魏晋以后，"形胜"思想与从传统的堪舆、形法中独立成形的风水思想一道，影响了城市和村落的选址与建设，"枕山、环水、面屏"是中国古代城市和村落选址的基本模式。历史上，长安、洛阳与南京等城市的选址与建设，均是这一模式选择的结果。

（三）便利的水陆交通

水陆交通条件对传统城址的选择影响也很大。由于水、陆交通是古代主要的交通方式，所以城市选址一般位于水陆交通要冲，一方面满足了生产生活及发展的需要，另一方面也满足了设险防卫的需要。考虑交通、水源、防卫等问题，古代城市往往选择水陆交通要冲。《管子·乘马》提出："凡立国都，非于大山之下，必于广川之上"，即建都于依山傍水之地，这种城址即兼有水陆交通的便利。西汉晁错指出："自京师东西南北，历山川，经郡国，诸殷富大都，无非街衢五通，商贾之所臻，万物之所殖者"（《盐铁论·力耕》）。范蠡谋筑越小城时，提出城址应"处平易之都，据四达之地"。北魏刁雍也提出"城之所，必在水陆之次"（《魏书·刁雍传》）。

历史上，因为水陆交通便利而发展起来的城市很多。如《盐铁论·通有第三》曰："燕之涿蓟，赵之邯郸，魏之温轵，韩之荥阳，齐之临淄……富冠海内，皆为天下名都，非有助之耕其野而田其地者也，居五都之中，跨街衢之路也。"再如：吴之阖闾城（今苏州城），秦之蜀郡成都城，秦末汉初之南越国都城番禺城（今广州城），宋之汴京城（今开封城），历代西安城和洛阳城等城市的选址与持续发展，都与其处于水陆交通要冲之地有关。

（四）地利的建设条件

中国古代城市选址中原始的"生态安全"思想体现在城市的自然生态环境、政治、军事、经济、交通和社会的生产生活等多个方面，可以说既有宏观方面的要求，也有微观方面的思考，是宏观因素与微观因素的综合。

在城市的具体建设上，古人特别强调自然环境的实用性和"地利"的建设条件。如良好的地形和气候条件、充足的生活用水、较少的灾害胁迫、良好的灾害恢复力等。作为城市建设的自然地理环境，在影响城市发展的同时，亦影响城市形态和空间结构的变化。《管子》一书提出了一套较为实用的城市选址和规划思想，突出体现了中国古代城市建设因地制宜、重环境求发展的生态安全思想。如：《管子·乘马》与《管子·宙合》对于城市选址和规划建设的论述，体现了因地制宜的城市建设思想；《管子·度地》重点论述了水利建设，说明国家（或城市）在应对自然灾害时要首先处理好水害;《管子·权修》突出了土地物产在城市建设中的作用;《管子·八观》强调了城市规模与土地物产和人口密度的关系。

　　良好的地形和气候条件、较少的灾害胁迫是城市选址与建设需要考虑的重要因素。考古发现，早在远古时代，人类就已懂得在冬暖夏凉的山坡南面和较少灾害胁迫的地方建造房屋[1]。相对于区域的大气候，良好的气候条件和较少的灾害胁迫可以使城市获得"宜居"的生态安全环境。《管子》一书不仅提出了城市选址的基本原则，而且强调了如何进行城市选址、要依山川形势筑城、要避免自然灾害的发生等问题。反映了我国古代顺乎自然、崇尚自然和利用自然的优良传统，以及因地制宜的重环境求实用的城市建设思想，反映了我国古代注重生态安全的城市建设思想。《管子·度地》中关于五害（即水、旱、风雾雹霜、厉及虫）的论述，即是城市选址时对于气候条件和灾害胁迫的考虑。《管子》的规划思想，完整地体现在齐都临淄城的遗址中（图 2-2-3）。

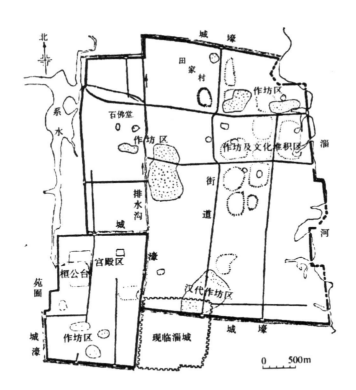

图2-2-3　山东临淄齐古都遗址平面

（资料来源：潘谷西.中国建筑史 [M]. 北京：中国建筑工业出版社，2009：28）

[1]　吴庆洲.中国古城选址与建设的历史经验与借鉴（下）[J].城市规划，2000，24（10）：34-41.

再如，《汉书·晁错传》在论述边城选址时曰："相其阴阳之和，尝其水泉之味，审其土地之宜，观其草木之饶，然后营邑立城，制里割宅，正阡陌之界。"表明地形地貌、小气候、植被、生态、景观、地质、水文等环境条件，是城市选址与建设重要的考察因素，要看环境是否实用和宜人，然后才择其佳处辨方正位，确定建筑规划事宜。

然而，当自然环境不利于城市建设时，古人往往又通过人工的方法加以调整和改造。如，在城市的自然灾害中，水害为最大，因此古人尤其重视城市的防洪规划与建设。吴庆洲先生在其著作《中国古城防洪研究》中，论述并总结了八条中国古代用以指导城市防洪的规划、设计的方法和策略，包括"防、导、蓄、高、坚、护、管、迁"等，体现了古人对于自然环境的调整、改造和适应[1]。

第三节　永州古城选址的自然地理环境特点

中国古代城市选址是综合考虑地区的自然生态环境、当时的政治、军事、经济、交通和社会的生产生活等多个方面要求的结果。吴庆洲先生研究指出：城市选址是综合性的课题，涉及政治、经济、军事、天文、地理、地质、气象、水利、航运、宗教、生态、灾害等多个学科领域；我国古代的城邑分为都城、府（州）城、县城等多个等级，城市又有政治中心、商业都会、军事重镇、手工业城市等不同类型，因此选址时考虑的因素也不尽相同，标准也各有别[2]。

中国古代城市选址首先考虑的应是自然条件，包括形胜的山水格局、良好的气候条件、地利的建设条件、丰足的土地物产、较少的灾害胁迫等。

永州古城选址与建设发展的历史充分体现了地区当时的政治、军事、交通、经济、社会的生产生活等方面的发展特点和要求，是对地区的自然生态环境的良好选择。可以从以下几个层面分析其选址的自然与人文因素特点。

一、交通要塞，楚粤通衢

考虑交通、水源、防卫等问题，古代城市往往选择水陆交通要冲。零陵古城位于湘江与潇水汇合处，位居楚粤要冲，自古水陆交通发达。湘江横穿永州西东，潇水纵贯永州南北，支分细流构成天然水道网络，历史上通航河流有 26 条（段），境内通航总里程达 1257.5km[3]。

[1]　吴庆洲 . 中国古城防洪研究 [M]. 北京：中国建筑工业出版社，2009：476.
[2]　吴庆洲 . 中国军事建筑艺术（上）[M]. 武汉：湖北教育出版社，2006：45.
[3]　零陵地区交通志编纂办公室 . 零陵地区交通志 [M]. 长沙：湖南出版社，1993：163.

　　湘江流域在湖南东南西三面环山，中北部低落，呈向北敞开的马蹄形盆地中央，以山地、丘陵地形为主，是湘桂走廊和湘粤走廊的重要通道。自古中原、楚地与百越的文化交流，正是沿着这条自然交通运输线路。秦时建成的"灵渠"沟通了长江与珠江两大水系。秦汉以来，随着湘江流域的建设与开发，具有流域特点的文化发展走廊逐渐形成。潇水流经的蓝山、江华、江永、道县等地区，属于湘粤走廊北端、五岭北麓地区，自古就是湘粤走廊的交通要道。潇水在西汉时又称"大深水"，在1973年长沙马王堆遗址出土的《长沙国南部地形图》[1]中有明确标注。从长沙国南部的《地形图》和《驻军图》看，潇水流域区是当时防区的关键部位[2]（图2-3-1、图2-3-2）。

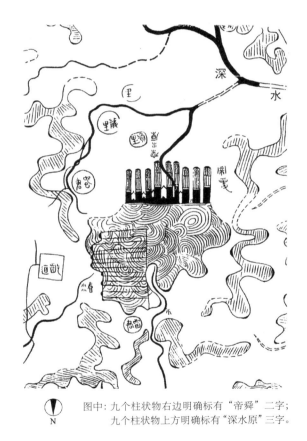

图中：九个柱状物右边明确标有"帝舜"二字；
九个柱状物上方明确标有"深水原"三字。

图2-3-1　马王堆三号墓出土的长沙国南部地形图复原图（局部）
（资料来源：何介钧.马王堆汉墓[M].北京：文物出版社，2004：70）

---

[1]　20世纪70年代，长沙市东郊马王堆相继发掘了三座保存完好的西汉早期墓，在三号汉墓出土了三幅绘在丝帛上的古地图（没有标写图名），三幅地图所绘地域的主区均为湖南零陵地区南部六县今地域。学者们根据地图内容分别把它们命名为《长沙国南部地形图》、《长沙国南部城邑图》、《长沙国南部驻军图》，后来简称之为《地形图》、《城邑图》、《驻军图》。

[2]　何介钧，张维明.马王堆汉墓[M].北京：文物出版社，1982：131-142.

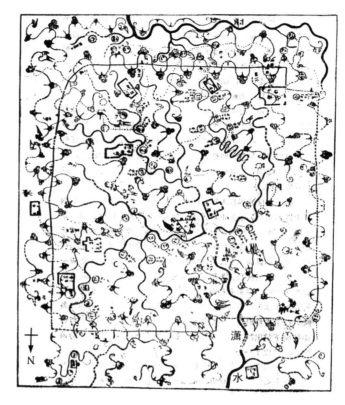

图2-3-2　马王堆三号墓出土的长沙国南部驻军图复原图

（资料来源：何介钧，张维明.马王堆汉墓[M].北京：文物出版社，1982：137）

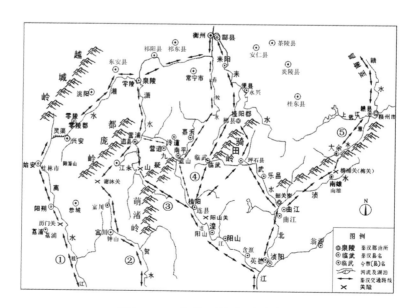

图2-3-3　古代五岭交通示意图

（资料来源：据王元林"秦汉时期南岭交通的开发与南北交流"文中的"秦汉南岭交通示意图"加绘，中国历史地理论丛，2008年第4期第48页）

南岭走廊（包括湘桂走廊、湘粤走廊和赣粤走廊）自古是赣湘粤桂及毗邻地区社会政治、经济、军事、文化等各方面交流发展的中轴线。"在少数一些相关的研究里，岭南走廊也更主要是一条中原、楚地与百越交流的交通要道，这条通道不断被强调为中原文化教化蛮夷之地的重要物质基础。"[1]

如前文所述，永州市位于湖南省马蹄形盆地的南缘，是湖南省唯一与两广接壤的地区，自古便是华中、华东地区通往两广、海南及西南地区的交通要塞和军事要地。境内越城岭与都庞岭之间，以及都庞岭与萌渚岭之间的狭长谷地，过去是通往两广的两条重要的交通和军事走廊，具有重要的军事意义。自秦始皇开通了"灵渠"和攀越五岭的"峤道"之后，汉代又对跨越五岭的峤道屡加开发，永州成为中原到两广的重要通道。汉武帝为讨伐"吕嘉、建德等反"，"元鼎五年秋，卫尉路博德为伏波将军，出桂阳，下汇水；主爵都尉杨仆为楼船将军，出豫章，下横浦；故归义越侯二人为戈船、下厉将军，出零陵，或下离水，或柢苍梧；使驰义侯因巴蜀罪人，发夜郎兵，下牂柯江：咸会番禺。"[2] 这里明确指出了经湖南到达南越的两条航道：西线由湘江而上，经零陵、离水到达西江（郁水）；东线出连江（汇水、洭水）或浈水，到达北江（秦水）。罗庆康先生在《长沙国研究》一书中指出："据考察，长沙国地区至少有四条陆路交通线：一为长沙—巴陵线……四为长沙—南越交通线，长沙国守卫南部边境，其兵员、粮饷的运送均通过此线。"[3]但罗先生在书中并未说明从长沙到南越的具体交通线路。实际上，自秦两次开通攀越五岭的"峤道"后，两汉时期曾有五次新修和改建南岭交通，岭南与内地的联系不断加强[4]。

旧时五岭，不仅指横亘在赣湘粤桂边界的五座大山，也指由五岭入岭南的五条通道：越城岭道、萌渚岭道、零陵—桂阳峤道、骑田岭道和大庾岭道。唐代以前，经过永州地区，跨越五岭山脉到达两广的水陆交通道路主要有前四条，其中前三条交汇于永州零陵古城（图2-3-3）。

（一）越城岭道（湘桂道、灵渠、全桂道）

越城岭道自秦汉以来一直是中原与广西联系的过岭南北交通干线之一，中原人荡舟岭南——"北水南合，北舟逾岭"，主要指这条通道。该道是古代岭南漕运的主干道，由汉水、长江入湘江，逆湘江至全州，经兴安县秦代开凿的"灵渠"入漓江，顺流南下入西江可到广州。其中，只有

[1]　彭兆荣，李春霞，徐新建.岭南走廊：帝国边缘的地理和政治[M].昆明：云南教育出版社，2008：38.
[2]　《史记·南越列传》。
[3]　罗庆康.长沙国研究[M].长沙：湖南人民出版社，1998：137.
[4]　王元林.秦汉时期南岭交通的开发与南北交流[J].中国历史地理论丛，2008，23（4）：45-56.

兴安县严关乡一段十几里长的旱路。此道过永州后，在衡阳，与桂岭道、骑田岭道相会。

除水路外，从零陵向西经全州到桂林，是一个较大的山谷地带，沿途没有大的险阻，地势平坦舒展，又尽可能地利用水路，所以也是历来的官驿大道，在五岭西路交通中保持着重要的地位。

以上水陆两路就是历史上著名的"湘桂走廊"。秦始皇统一中国后，第一次在全州咸水一带设零陵县，原因之一就是这里水陆交通方便，利于管理，利于防守。

（二）萌渚岭道（桂岭道、谢沐关道、潇贺道）

此道沿湘江上溯至永州（零陵）后，与越城岭道分途，再沿潇水上溯，经道县、江永县，越过萌渚岭（又名桂岭）隘口，到达广西贺州，由此沿贺水顺流至广东封开县江口镇，便可顺西江到达广州。此道在道县与桂阳峤道相会，潇水与贺水是其两条重要河流。公元前 213 年，为保证南下进攻岭南军队的给养，应付长期作战的需要，秦朝开辟"新道"，全程170km，它一端连接道州峤道，北通云梦（古荆州地区，也指江汉平原，笔者注），另一端连通临贺古郡，南极苍梧，可出粤港东南亚地区。萌渚岭道自公元前 213 年开通，到公元 716 年张九龄开凿赣粤梅岭驿道前的近1000 年间，是它的全盛时期。南越国赵佗曾在萌渚岭设防，汉高祖刘邦派陆贾两次出使南越游说赵佗，即从萌渚岭取道。汉武帝平定南越时，王义侯田甲一军也取此道"下苍梧"。平定南越以后，在萌渚岭与都庞岭之间的江永县西南设置谢沐县（后称"谢沐关"），目的就是控制这条通道。唐代李靖平定岭南，北宋时潘美统一南汉，岳飞镇压广西少数民族起义，均经谢沐关由此道入岭南。所以，谢沐关在唐宋时代仍被视为"岭口要道"。

近年来，随着史学研究的深入，学者们认为，远在春秋战国时期，楚国的版图已包括南越。如雷州学者蔡山桂先生根据《广东通志》中记载 [1]，认为南越（粤）归属楚地的时间当在春秋时周惠王六年（前 671 年）。著名历史地理学家谭其骧先生认为，在五岭的五条通道中，由全（州）入静（桂林），即越城岭道，由道州入贺州，即萌渚岭道，这两条通道是最主要的，也是开发最早的。另据郭仁成先生考证：早在春秋时代，楚国的版图已延伸到南越境内，主要是两大块：一块为广西全州以南地区，一块为道州以南的苍梧地区。到战国时期，后一块地区扩展较大。而这两块地区正是越城岭道和萌渚岭道之所在，表明至少在战国前期，两条通道即已

---

[1] 《广东通志》中记载："惠王六年，王命楚子熊恽镇南方夷越。楚成王恽元年，初即位，布德施惠，结旧好于诸侯。使人献天子，天子赐胙，曰：镇尔南方夷越之乱，无侵中国，于是楚地千里，南海臣服于楚。"见：蔡山桂. 究竟雷州城始建于何时 [J]. 半岛雷声，2011（3）.

开通[1]。

（三）零陵、桂阳峤道

此道为东汉章帝建初八年（83年），大司农郑弘奏事所开，北段与萌渚岭道相同。在道县与萌渚岭道分途后，在萌渚岭与九嶷山之间穿行，东至汉桂阳县（今广东连州市），再由连江顺流至北江而抵广州。实际上等于把萌渚岭道的北段与"新道"的南段连起来了。唐以前这条路使用最多。由于此道中途的旱路不必横跨过多的南北向溪谷，比骑田岭的新道更便捷，所以后世使用较多。

以上三条入粤通道均交汇于零陵古城。这座古城为历史上当之无愧的"楚粤门户"。零陵城西门外的黄叶古渡（即大西门外浮桥，图2-3-4），就是向西进入"湘桂走廊"的必经之处。此桥系元代造舟而成，取君子平政之义而名"平政桥"。明万历十八年（1590年）知府叶万景在此重建造浮桥，并请郡人户部尚书周希圣作记。城南两里的百家渡，历来为南下道州的重要官渡，时任零陵县丞的南宋诗人杨万里留有《过百家渡四绝句》诗作。

图2-3-4　永州府大西门外黄叶古渡浮桥

如前文论述，至少在战国前期，由楚入粤通道已经开通。灵渠和五岭"峤道"的开通，客观上又加速了古代永州地区的交通与经济社会发展。在交通上，灵渠修成后，"能循崖而上建瓴而下以通南北之舟楫"[2]，为打通大西南提供了便利。"峤道"的修通，一方面使中原和岭南之间有了非常便

[1]　郭仁成. 楚国经济史新论 [M]. 长沙：湖南教育出版社，1990: 171.
[2]　（明）欧大任. 百越先贤志·卷一·史禄 [M].

捷的通道，促进了古代中国南北经济文化的交流，加快了岭南经济社会发展的进程；另一方面使古代永州（零陵）成为中原地区通往岭南的水陆交通要冲，为此后零陵经济的发展创造了有利条件。在经济上，从汉代湖南境内四郡人口比较和唐朝元结的《欸乃曲》诗可见一斑。人口繁衍是封建经济社会发展的具体反映。到汉末，零陵已成为长江以南为数不多的百万人口大郡，据《后汉书·郡国志》记载，东汉顺帝永和五年（140 年）湖南境内四郡总人口 2810000，其中零陵郡人口为 1001578，是桂阳郡的 2 倍、武陵郡的 4 倍，仅比长沙郡少 50000 人。元结的《欸乃曲》描写零陵水路交通繁忙景象云："下泷船似入深渊，上泷船似欲升天。泷南始到九疑郡，应绝高人乘兴船。"元结所写九疑郡即零陵郡[1]。

但是，自张九龄开凿赣粤梅岭新驿道后，尤其是自宋、明以来，楚粤通衢重心东移至江西、福建，永州的交通优势日渐丧失。

（四）骑田岭道（新道、湟溪关、阳山关道）

此道自衡阳沿未水上溯，经未阳县至郴县，由郴县转旱路，西南行经蓝山县，南至汉桂阳县。或南下坪石（今为坪石镇），再西南行，经星子（今为星子镇）也可至广东连州。这段陆路没有崇山峻岭，稍有险阻的地方是九嶷山和骑田岭，进入广东连州后，可利用连江（过去称洭水）、北江水路直下广州。《淮南子·卷一·原道训》曰："九疑之南，陆事寡而水事众"。以前，此地没有道路，是秦朝开辟的"新道"。秦代在洭水沿线尝设湟溪、阳山、洭口三关，赵佗割据时曾派军守阳山关（今广东阳山县北骑田岭口），防汉军南下，后被西汉伏波将军路博德攻破。

1973 年 12 月长沙马王堆汉墓出土的西汉初年三幅古地图，多数学者认为是当年为平南越而制作，其中《长沙国南部地形图》在其主区和邻区范围内标有舂陵、泠道、南平、龁道、营浦、桃阳、观阳、桂阳八个县治和道路水系，前五个县治均在今永州境内[2]，说明西汉初年这里是过岭的主要交通线之一（图 2-3-5）。

（五）大庾岭道（横浦关、梅岭关道）

此道为跨越五岭山脉到达广州的第五条通道。由南昌、吉安、赣州，越大庾岭至南雄、韶关，是维系赣粤的常用通道。此道沿途没有大的险阻，唯赣江上游章水与北江上游浈水之间被大庾岭分隔。江西境内有赣江所资，进入广东后由北江可直下广州。秦始皇曾在此筑横浦关，相传有将军梅绢统兵于此筑城扼岭口，故曰梅岭，汉武帝时，有庾胜将军在此筑关城镇守，

---

[1] 王田葵. 零陵古城记：解读我们心中的舜陵城 [J]. 湖南科技学院学报,2006,27(10)：1-12.
[2] 周九宜先生认为，龁道城即蓝山县大麻乡练兵坪古城址。见：周九宜. 对长沙马王堆西汉墓出土古地图中泠道、龁道、舂陵等城址的考证 [J]. 零陵师专学报，1996 (1-2)：181-183.

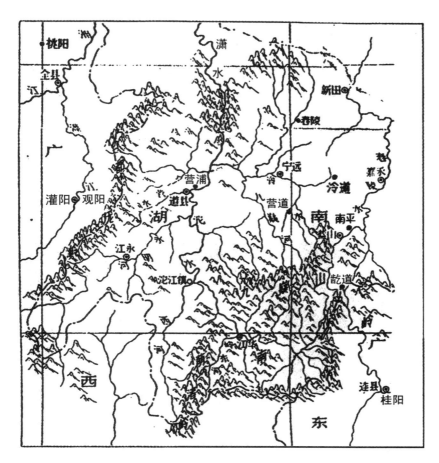

图2-3-5　《长沙国南部地形图》上八个县城在今地图上的位置图

（资料来源：湖南省宁远县地方志编纂委员会．宁远县志[M]．北京：社会科学文献出版社，1993：588）

因名大庾岭，所以大余县西南的"梅关"（横浦关）隘口早就是一条沟通赣南粤北的重要通道。

唐玄宗开元四年（716年）十一月，大庾岭道又经张九龄上奏重修，监督开凿了新路，命道旁多植梅树。北宋仁宗时，又有广南东路转运使蔡抗和江南西路提刑官蔡挺，再次重修大庾岭驿道，置"梅关"，由于道旁多植梅树，所以大庾岭又称"梅岭"。史志有时也称"梅庾"[1]。

[1]　梅庾——大庾岭古称台岭、东峤山、塞上、庾岭、梅岭、寒岭，"五岭"之一，位于江西与广东两省边境，是珠江水系的浈水与赣江水系的章水的分水岭，为岭南、岭北的交通咽喉。因岭上有石如台，古时土著人把它称为"台岭"，或叫"东峤山"。相传，秦末在此设横浦关。汉初高帝以将军梅锅统兵于此城扼岭口，故曰梅岭。汉武帝时，有庾胜将军在此筑关城镇守，因名大庾岭，又曰庾岭。唐张九龄监督开凿新路，命道旁多植梅树，故又名梅岭。五代间驿路荒废。宋元祐间重修，将军蔡挺等"课民植松夹道，以休行者"，在岭上立关，名梅关。《元和郡县志·岭南道·韶州·始兴县》和明朝学者郭篦周的《岭海名胜记·梅岭记》都有记载。

大庾岭新路开通之后，很快取代了原来几条旧路大部分的功能，成为连接长江水系和珠江水系的水陆交通纽带，成为唐代以后沟通中原与岭南的主要通道之一。岭南货物溯北江经韶州，入浈江到达南雄，然后经梅关古道越大庾岭至南安（江西），再沿章水下赣江，出长江。岭北货物也多沿此道下北江至珠江。"大凡从中原往岭南的，大都从长江进入鄱阳湖，溯赣江至赣州，再溯章江至大余，然后走 45km 陆路越过大庾岭到南雄，再顺浈水到广州。"[1]正如清人周礼在《重修梅岭路记》中说："梅岭为江广之襟喉，南北之官辂，商贾之货物，与夫诸夷朝贡，皆取道于斯，则斯路之所系匪小。"（《南安府志·艺文》）

二、山水形胜，战略要地

（一）山水形胜，战略要地

"恰当的选址是城市得以建立的基础和前提，要兼顾政治、军事、经济和社会等多方面的要求，它们与城市的自然环境有着密切的关系。"[2]中国古代城市选址首先考虑的应是自然条件，包括形胜的山水格局、良好的气候条件、地利的建设条件、丰足的土地物产、较少的灾害胁迫等。其中，形胜的山水环境格局为城乡安全提供了"天然屏障"，使城市的军事、生产与生活，以及对胁迫（如自然灾害）的恢复力得以维持。"天时不如地利"，"地者，远近、险易、广狭、生死也……夫地形者，兵之助也。"（《孙子兵法·计篇》）古人创建都邑，必取乎形胜，而且先论形胜，后叙山川。中国自古称山川地貌、地形地势优越，便于进行军事防御的山水环境格局为"形胜"。都城的选址受自然环境、政治、军事、经济、社会和文化基础等诸多因素影响，其中，"自然环境应是形成都城的首要因素，不具备自然环境诸条件，是难于成为城的。所谓自然环境，至少应包括地形、山川、土壤、气候、物产等各项。不同的都城在这些方面应有各自的特色。"[3]马正林先生研究西安城址选择的地理基础时认为：周、秦、汉、隋唐，西安城址的选择和转移过程，完全是优化选择和充分利用地理优势的过程，今西安城恰好位于关中平原地形最开阔、河流最密集、水源最充沛的地区，正是这种精心选择和逐步转移的必然结果[4]。

从自然地理、地形环境方面考察，永州古城处在区域的战略要地。如

[1] 刘纶鑫.论客家先民在江西的南迁 [J].南昌大学学报（哲学社会科学版），1998，29（1）：106-110.

[2] 王军，朱瑾.先秦城市选址与规划思想研究 [J].建筑师，2004（1）：98-102.

[3] 史念海.中国古都形成的因素 [A]// 中国古都研究（第四辑）——中国古都学会第四届年会论文集.杭州：浙江人民出版社，1989：30-31.

[4] 马正林.论西安城址选择的地理基础 [J].陕西师范大学学报（哲学社会科学版），1990（1）：19-24.

果说公元前 124 年县级泉陵侯国选址于此是汉武帝时期国家行政管理的需要，那么，东汉时期在此设零陵郡治，以及后期永州总管府和零陵县治均设于此，主要是出于政治统治、军事安全和经济、社会、文化发展的需要。

永州境内地貌复杂多样，奇峰秀岭逶迤蜿蜒，河川溪涧纵横交错，山岗盆地相间分布。有南北两个半封闭型的山间盆地：北部的零祁盆地和南部的道江盆地，零陵位于零祁盆地南部偏东，零陵古城位于湘江与潇水汇合处，地势优越便利，风景优美，是典型的山水形胜之地，志书多有赞词。

南宋王象在其撰写的《舆地纪胜》中说："（永）州因永水为名。南接九嶷，北接衡岳，面素潇湘，二水所汇，九嶷之麓，环以群山，延以林麓，山水奇秀，殆非中州所有。"唐柳宗元赞美永州山水形胜时说："北之晋，西适豳，东极吴，南至楚越之交，其间名山而州者以百数，永最善。"（柳宗元《永州八记·游黄溪记》）明隆庆五年的《永州府志》记载："永扼水陆之冲，居楚越之要，衡岳镇其后，九疑峙其前，潇水南来，湘江西会，此形胜大都也。乃若群山秀丽，众水清淑，昔贤品第，彩溢缥缃。若零陵则谓其为九疑之零，翠霭遥临，钟奇毓粹。北为祁阳，则祁山祁水，环拱献秀，邑实当之。西为东安，则文璧清溪，著奇南服。南为道州，潇水所自出，夹两山而流，逶迤百里，陆瞰不测之渊，水多错陈之石，一郡金汤，良在于兹。若宁远则九疑三江，永明则都庞瀑带，江华则白芒沱淤。并称壮丽宏演，而永岿然居乎其中，尽据州邑之胜。故以之用兵，则易守难攻，以之利民，则可樵可渔；以之登览，则可以展文人学士之才，发幽人迁客之思……是故先论形胜后叙山川。"[1]

清康熙三十三年《永州府志》更是将永州的山水形胜环境扩大至五岭之一的庾岭："永居楚粤之要踞，水陆之冲，遥控百粤，横接五岭，衡岳镇其后，梅庾护其前，潇水南来，湘江北会，此形胜大都也。乃若群山秀杰，众水清漪，昔贤品第，洋洋巨观……而郡城岿然居中，雄据州邑之胜。故以之用兵，则易守而难攻，以之生聚，则种植樵渔，无所不宜。而揣刚柔，度燥湿，因地兴利，依险设防，在守土者之变通矣。"[2] 因此，史称永州"距水陆之冲，当楚粤之要，遥控百蛮，横连五岭，梅庾绵亘于其前，衡岳镇临于其后"，镇东北可入中原之腹地，据东南握广东海滨之通道，控西南扼广西边陲之咽喉，为历代兵家必争之地，素有"南山通衢"、"湘西南门户"之称。

《读史方舆纪要》曰："（永）府列嶂拥其后，重江绕其前，联粤西之形胜，壮荆土之屏藩，亦形要处也。黄巢乱岭南，高骈谓宜守永州之险。

[1] （明）史朝富，陈良珍修. 永州府志·提封志 [M]，明隆庆五年（1571 年）.
[2] （清）姜承基修. 永州府志·舆地·形胜 [M]，清康熙三十三年（1694 年）.

潘美之平南汉也，由道州进克富州（富州，今广西富川县）。明初，杨璟克永州，乃南攻静江（今桂林市）。魏氏曰：'零陵雄郡，为粤西门户。'允矣。"[1]

永州市是湖南省唯一与两广接壤的地区，"遥控百粤，横接五岭"，自古便是华中、华东地区通往广东、广西、海南及西南地区的交通要塞和军事要地，地理位置特殊。境内越城岭与都庞岭之间，以及都庞岭与萌渚岭之间的狭长谷地，过去是通往两广的两条重要的交通和军事走廊，具有重要的军事意义。《淮南子·人间训》载，秦始皇为了巩固秦之统治，充分利用南越之资，曾发卒五十万镇守五岭和番禺："（秦始皇）又利越之犀角、象齿、翡翠、珠玑，乃使尉屠睢发卒五十万，为五军，一军塞镡城之岭，一军守九疑之塞，一军处番禺之都，一军守南野之界，一军结余干之水。三年不解甲驰弩，使临禄无以转饷。"九疑之塞即在永州境内，镡城岭即今广西北部的越城岭，越城岭道自秦汉以来一直是湖广与广西联系的过岭南北交通干线之一。说明永州一带自古为军事要地。

1973 年马王堆汉墓出土的《长沙国南部驻军图》清楚地标明了当时在潇湘一带的驻军和防务情况。在驻军图上，用黑、田青、红三色清楚地标注了大深水流域的驻军营地、军事工程、指挥部（城堡）、居民地、山脉、河流、防区分界线等内容。图中没有标示当时赵佗的军队和军事内容，说明它是重在防守的军事基地。"总览全图，可以知道当时长沙国南部驻军是采取的凭险固守的态势。图上军事部署之严密，地形利用之巧妙，对各军事因素思虑之详审，都充分说明了由于长期的战争实践，汉初的军事思想和指挥艺术已发展到了一个新的水平。"[2]

由于永州山水格局尽据州邑之胜，易守难攻，可樵可渔，且联粤西之形胜，壮荆土之屏藩，处于重要的战略要地，所以历史上零陵郡城成为军阀和义军的必争之地。

（二）天材之利，利于防守

从宏观的山川形势考察，永州处于区域的山水形胜之地，零陵处于水陆交通要冲，地当楚粤门户。从微观的地形环境考察，零陵古城位于东山西麓，潇水绕城南西北三向环流，周围群山环抱，延以林麓，可谓"山环水抱"，是典型的山水城市。古城北依万石山，以东山为凭，因潇水为池，地势优越壮美，利于防守，是典型的天材之利之地。"凡州郡县，以阴阳名者，必因山水生斯长斯，穷搜编历，故于其支干源流分合、向背、纵横、

[1]　（清）顾祖禹.读史方舆纪要（卷八十一·湖广七）[M].贺次君，施和金点校.北京：中华书局，2005：3795.
[2]　何介钧.马王堆汉墓[M].北京：文物出版社，2004：74.

大小、远近、起讫，详著于编，非曰佳游，实为政者之资也。"[1]南宋末年，参与筑城的教授官吴之道赞美零陵城说："永去天虽远，人蒙厚泽，耕凿相安。自有不塘而高，不池而深，不关而固者。"（吴之道《永州内谯外城记》）北面万石山"怪石耸层"（明永州知府戴浩诗），东山俊秀，东面陡险，西面坡缓，潇水清漪宽阔，皆为天然屏障，零陵古城天造地设，镶嵌其中，易守难攻，实为一座巍峨方城。

三、山环水抱，生态格局

（一）城市选址体现阴阳五行学说

中国传统城市建设的山水环境思想突出表现在城市选址的阴阳五行学说与风水学说方面。

阴阳学说、五行学说和易学都是中国古代哲学的重要组成部分。阴阳观是一种远古质朴的广义相对平衡观，揭示了万物运动过程中矛盾运动的两个方面，认为世界在有秩序的阴阳对立中发生变化，强调有序和变化，以及阴阳互补。五行学说是对世界构成物质及万物发展规律的基本认识，以金、木、水、火、土作为构成世界万物的元素，后来又发展了五行相生相克观点。"易学说是在吸收五行、阴阳思想的基础上，由原始的占卜术发展而来的系统地归纳、解释世界观的理论。"[2]阴阳观认为单数属阳，偶数属阴。《周易》曰"天地之数，阳奇阴偶"。

阴阳理论同堪舆、地理、相宅等理论一样，都是从原始的占卜理论中分离出来的，是中国古代人们通过对天地、日月、昼夜、阴晴、寒暑、水火、男女等自然现象以及贵贱、治乱、兴衰等社会现象的仰观俯察，在商周时期形成的被后世概括为阴阳的一系列对立又互相转化的矛盾范畴。宏观上它们都以《易经》为其判断的逻辑基础，但都有各自的历时性变化，包括其非理性的一面向神秘化的方向上延伸。如"四象，四时也"，"四时者阴阳之所生也。阴阳者神明之所生也。神明者天地之所生也。"（郭店楚简《老子》丙：《太一生水》）"昔者圣人之作易也，将以顺性命之理。是以立天之道曰阴与阳,立地之道曰柔与刚,立人之道曰仁与义。兼三才而两之,故《易》六画而成卦,分阴分阳,迭用柔刚,故《易》六位而成章。"（《周易·说卦传》）"夫天人者与天地合其德，与日月合其明，与四时合其序，与鬼神合其吉凶。"（《周易·乾卦》）"阴阳合德，则刚柔有体。"（《周易·系辞下》）《周易》被儒家定为六经之首，在两千多年的中华文明中，被道、佛诸家接受与弘扬。如老子《道德经》的"万物负阴而抱阳，冲气以为和"，体现的就是世间万

51

---

[1]　（清）李炳耀、李大绪修.邵阳县志·山水[M]，清光绪三年（1877 年）.
[2]　李婧，郭海鞍.中国古代文化对中国古代城市形态的影响[J].建筑知识，2006（1）：15-18.

物对立统一的阴阳法则。

阴阳观念与地形结合，则水之北、山之南为阳，水之南、山之北为阴；与山、水结合，则山为阳（刚），水为阴（柔）。故城市与建筑选址应合乎"负阴而抱阳"，"阴阳合德，则刚柔有体"的总原则。

风水学说以阴阳五行学说为其理论基础。据相关学者研究，至少于西汉时期，风水学已经成为一门独立学科。讲究风水是中国古代城市和建筑的选址与布局的重要思想，是中国传统建筑文化的独特表现，对城市和建筑的选址与布局影响深刻。汪德华先生指出："从狭义讲，风水学是城市规划和建筑的预测学、意象学和环境心理学，也包括极小部分的工程学（如水源涵养、地形选择、某些工程地质学）；广义讲，风水学是城市、建设、园林建筑的理学和美学，它要解决有关社会伦理道德、人的命运等广泛命题。"[1] 英国著名科学史专家李约瑟（Joseph Needham）在其《中国的科学与文明》（Science and Civilisation in China）中认为："风水理论包含着显著的美学成分和深刻哲理，中国的传统建筑法与大自然环境完美和谐的结合，令中国的建筑文化美不胜收。风水理论实际上是地理学、气象学、景观学、生态学、城市建筑学等之一种综合的自然科学。重新来考虑它的本质思想和它研究具体问题的技术，对我们今天来说，是很有意义的。"[2]

传统城市选址，涉及因素众多，阴阳五行理论与风水思想是其重要的理论，历史悠久。周族的祖先公刘在夏末，因避夏桀，由邰迁豳，选址时"逝彼百泉，瞻彼溥原"，"既景乃冈，相其阴阳，观其流泉。其军三单，度其隰原。彻田为粮，度其夕阳。豳居允荒。"（《诗经·大雅·公刘》）"周公卜洛营周，居于洛邑，自古重之久矣"。西汉晁错选择城址"相其阴阳之和"，都是考察城址的地形地貌，看其气候和环境是否宜人。

重庆建筑大学的龙彬教授研究中国古代山水城市时，从山、水、城三者的排列组合关系方面，将古代山水城市格局分为九类，并归纳为两种基本类型：其一，山环水抱，用地平坦；其二，山环水抱，因山为城[3]。永州古城山水格局属于第二种类型，古城依临东山和万石山，潇水从南、西、北三面环城缓行，以山为凭，因水为池，负阴抱阳，周围群山环抱，地势优越壮美。古城虽在东山之西，但东山不高，相对独立，环境优美，城南相对开阔，城址既有"形"的阴阳山水形态，也有"质"的环境文化内涵，体现了中国传统城市建设的山水环境思想和审美情趣，是阴阳五行学说与风水学说在具体环境中的具体体现。

[1] 汪德华. 中国古代城市规划文化思想 [M]. 北京：中国城市出版社，1997：156-157.
[2] 李约瑟. 中国的科学与文明 [M]// 林徽因等. 风生水起：风水方家谭. 张竞无编. 北京：团结出版社，2007：封面.
[3] 龙彬. 风水与城市营建 [M]. 南昌：江西科学技术出版社，2005：90.

（二）山水环境体现生态效应

中国传统"建筑"风水学大体分形势派和理气派，两者都遵循如下三大原则：天地人合一原则；阴阳平衡原则和五行相生相克原则。形势派注重觅龙、察砂、观水、点穴和取向五大形势法（即风水学选址的五大步骤），认为在风水格局中，龙要真、砂要秀、穴要的、水要抱、向要吉。在形势派的所有环绕风水穴的山体中，所谓的"四神砂"最为重要，按风水穴的四个不同方位，分别以青龙、白虎、朱雀和玄武四象与之对应（图2-3-6）。而理气派，注重阴阳、五行、干支、九宫八卦等相生相克理论，《内经》中的"九宫八风"（图2-3-7）是其理论依据。形势派和理气派对"建筑"场中的"穴"都讲究有山环水抱之势，认为"山环水抱必有气"，"山环水抱必有大发者"。

东晋郭璞的《葬经》曰："气乘风则散，界水则止……风水之法，得水为上，藏风次之。"藏风得水是风水环境模式的两个关键性的要求。古人认为，藏风能聚气，气蕴于水中，气随水走，水为生气之源，得水能生气。《管子·水地》曰："水者，何也？万物之本原也"，"水者，地之血气，如盘脉之流通也，故曰水具材也"。《葬经》曰："葬者，藏也，乘生气也。夫阴阳之气，噫而为风，升而为云，降而为雨，行于地中而为生气（图2-3-8）。"这种理想的人居环境主要由山和水构成。《管氏地理指蒙》曰："水随山而行，山界水而止。其界分域，止其逾越，聚其气而施耳。水无山则气散而不附，山无水则气寒而不理……山为实气，水为虚气。土愈高其气

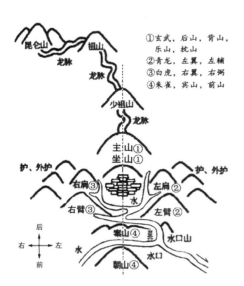

图2-3-6　风水格局中建筑的最佳选址环境

（资料来源：于希贤．法天象地：中国古代人居环境与风水[M]．北京：中国电影出版社，2006：111）

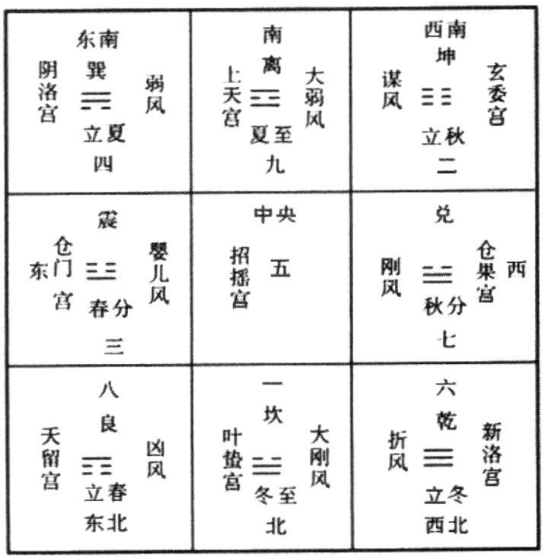

图2-3-7　"九宫八风"图

（资料来源：于希贤．法天象地：中国古代人居环境与风水[M]．北京：中国电影出版社，2006：116）

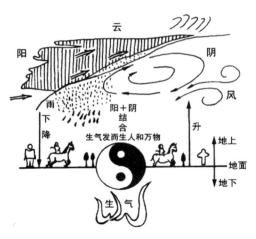

图2-3-8　阴阳二气变化图

（资料来源：于希贤.法天象地：中国古代人居环境与风水 [M]. 北京：中国电影出版社，2006：156）

54

愈厚，水愈深其气愈大。土薄则气微，水浅则气弱。"历代风水理论都认为"地理之道，山水而已"，"吉地不可无水"，所以"寻龙择地须仔细，先须观水势"，"未看山，先看水，有山无水休寻地，有水无山料可载。"（《三元地理水法》）

上述风水环境观，体现在中国传统城市和建筑的选址布局、土地利用、空间结构、营建技术、地理环境等各个方面，体现了中国古代朴素的生态精神，体现了传统哲学观念和生态观念的有机统一。

汪德华先生指出："风水学的理论核心是如何使居住地或墓地环境符合自然界所谓隐藏着的'气数'，以求避免厄运，保佑家庭人才两旺，子孙长久富贵。风水学家认定的'气数'，不外乎是山、水、土地、林木、气候等自然物质。"[1]

黄光宇先生认为，风水是山水城市的思想原型，以藏风聚气为目的的风水，归根结底是气与形的共生关系，只有人居环境与自然环境阴阳和谐，才能达到这种共生关系。

李先逵先生指出：指导中国古典山水城市形成的风水理论具有五大基本特征，即：共生、共存、共荣、共乐、共雅，前三项重在城市的自然属性，后两项重在城市的社会属性；共生思想体现了风水观念的生态关联，其最核心的要旨是建立一个人与自然共生的良好生态环境；具体表现在：山水与城市的共生关系，气候与地形的共生关系，绿化与土壤的共生关系，人与自然的共生关系[2]。

俞孔坚先生认为风水理念中存在四个方面的生态效应：①围合与尺度效应：尺度适宜的围合空间有良好的生态环境，满足了人们对生存空间的安全要求。②边缘效应：多样化的边缘生态环境能为人类提供丰富的生存资源；在景观边缘带上，背依崇山、俯临平原，具有"瞭望—庇护"的便利性。③隔离效应：直接的生境不在大山和平原上，在临近大山而又相对独立的小山丘或孤山上，高度和面积都较小，便于视控全局。④豁口与走

[1]　汪德华.中国古代城市规划文化思想 [M]. 北京：中国城市出版社，1997：149.
[2]　李先逵.风水观念更新与山水城市创造 [J].建筑学报，1994（2）：13-16.

廊效应：豁口和走廊是物质、能量与信息的内外交流通道，利于生存、防御、逃逸、与外界沟通等[1]。

中国古代城市选址首先考虑的应是自然条件。从整体的自然地理环境考察，永州古城位居楚粤要冲，山水形胜，处在区域的战略要地。正如明隆庆五年《永州府志·提封志》载："永扼水陆之冲，居楚越之要，衡岳镇其后，九疑峙其前，潇水南来，湘江西会，此形胜大都也。乃若群山秀丽，众水清淑，昔贤品第，彩溢缥缃……永岿然居乎其中，尽据州邑之胜。"从局部的自然地形地貌方面考察，永州古城的山水格局也是风水理论中典型的共生环境，生态环境优美，选址体现了传统哲学观念和生态观念的有机统一。笔者认为，永州古城选址是传统阴阳学说和风水学说在具体地域空间环境中的具体体现。永州古城山水环境从以下几个方面体现了传统风水理论中的生态要求。

1. 山局满足生存要求

在风水学说的山水格局中，山的位次仅次于水。水为虚气，山为实气，山高则气厚，土薄则气微。从生存的角度考虑，山为人类生存提供了各种生活资源。《尚书·大传》卷五曰："夫山者，岿然高……草木生焉，鸟兽蕃焉，财用殖焉；生财用而无私为，四方皆伐焉，每无私予焉；出云雨以通天地之间，阴阳和合，雨露之泽，万物以成，百姓以餐，此仁者之所以乐于山也。"明缪希雍的《葬经翼·望气》中谈到山之环境、形势与"气"的关系时，云："凡山紫气如盖，苍烟若浮，云蒸蔼蔼，四时弥留，皮无崩蚀，色泽油油，草木繁茂，流泉甘冽，土香而腻，石润而明，如是者，气方钟而未休。"反之，"凡山形势崩伤，其气散绝谓之死"。说明山之环境、形势与"气"的关系十分紧密。植被良好、紫气如盖的山气环境，不但环境优美，能为人类生存提供各种生活资源，而且有利于调节气候，形成宜人的生态循环。

永州的地质构造，在经历了一个漫长、复杂的地质演变过程之后，至第四纪极为发育。第四纪地层主要分布于湘江与潇水流域的两岸——至四级阶地上，呈松散至半固结状态，与下伏地层均呈不整合接触，主要为各色砾石层和砂卵石（砾石）夹黏土层等冲积层，厚度达 30m 以上。从现在的地形地貌看，永州市区附近为老年侵蚀地形，多为圆顶的丘陵区，海拔一般为 200m 左右，相对高差几十至百余米，山坡倾角一般为 5°～ 15°。丘陵一般低矮坡缓，溪沟宽缓弯曲，其中晚古生代灰岩和新生代红层构成南北向的长条形丘陵盆地，沿湘江与潇水两岸形成带状不对称河谷平原，总地势为东西两侧高，湘江与潇水谷地低。正是所谓"地有佳气，随土所生；山有吉气，因方而止。气之聚者，以土沃而佳；山之美者以气止而吉"（《青

---

[1]　俞孔坚.理想景观探源：风水的文化意义 [M]. 北京：商务印书馆，1998：83-86.

乌先生葬经》）的理想居住之地。永州古城位于这样的地形地貌环境中，左依东山，右望西山，潇水绕城环流，周围群山环抱，延以林麓，藏风聚气；阴阳（山阴水阳）、刚柔（山刚水柔）、动静（水动山静）相乘相生，合德、有体；同时土地肥沃，边缘生态环境优美，资源丰富，是理想的居住发展之地（图 2-3-9 ～图 2-3-11）。考古发现的城西 15km 处距今约两万年的人类活动遗迹——零陵石棚，表明这里的山水环境曾是古人生产生活的理想之所。

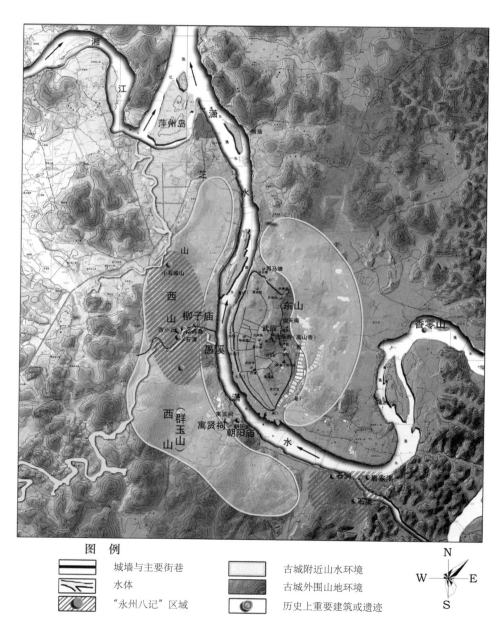

图 2-3-9　永州古城山水环境格局
（资料来源：据永州市零陵区建设局提供的"古城保护规划图"修改；
"城厢图"自：零陵县志 [M]. 北京：中国社会出版社，1992:10）

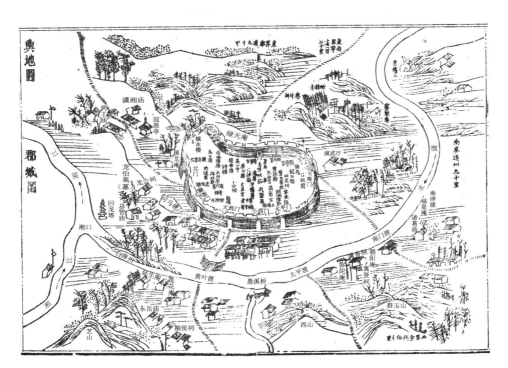

图2-3-10　永州郡城舆地图、郡城图
（资料来源：清道光八年《永州府志·卷一中·舆地图》）

图2-3-11　由潇水西岸看永州古城

2. 水局体现发展要求

在风水学说的山水格局中，水是最重要的元素之一。水为生气之源，得水能生气，"吉地不可无水"。然而，水又分吉凶。风水学说取舍水的标准，主要是以水的源流和形势为依据："然水有大小，有远近，有浅深，不可贸然见水便为吉。当审其形势，察其性情，别其吉凶，以作取舍水之标准"，"水飞走则生气散，水融注则内气聚"，"水深处民多富，浅处民多贫，聚处民多稠，散处民多离"（《水龙经》）。风水学说"认为来水要屈曲，横向水流有环抱之势，流去之水盘桓欲留，汇聚之水清净悠扬者为吉（图2-3-12）；而水有直冲斜撇，峻急激湍，反跳倾泻之势者为不吉。"[1]

凡因灌溉、渔耕、饮用、舟楫之利以及调节小气候，莫不凭借于水。正如清人叶九升在《平洋全书》中所说："依山者甚多，亦须有水可通

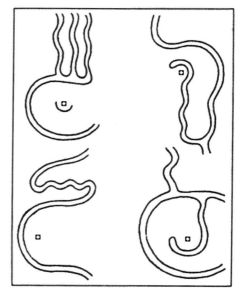

图2-3-12　《水龙经》中的吉水格局示意图
（资料来源：于希贤. 法天象地：中国古代人居环境与风水 [M]. 北京：中国电影出版社，2006：144）

舟楫，而后可建，不然只是堡塞去处。"风水理论中对水的认识除了考虑其实际的用处外，还很注重对水患的避免。

如风水学说的"汭位"建筑观念就是"从探究山与水的运动关系和相互作用规律的实际观察经验中得出的，其目的是尽可能顺应地貌的自然演变，化弊为利，争取堂局不但不被破坏，而且因势利导获得更多的堂局面积，扩大环境容量。"[2]古人认为："大江大河一二十里而来不见回头环顾，中间虽有屈曲，绝不结穴。直至环转回顾之处，方是龙脉止聚。"[3]因河水的浸蚀和淘切，河道会向外扩展。而"汭位"位于河流弯曲成弓形的内侧之处，水流三面环绕基地，河岸（冲积扇）会因泥沙的不断淤积而扩大。这种形势称为"金城环抱"。按五行学说，金象圆，且金生水，水亦为险阴，环抱之水故有"金城"、"水城"之称，是风水水形中的大吉形势，风水理论称其为"冠带水"、"金城水"和"眠弓水"。北京故宫中的金水河、颐和园万寿山前的冠带泊岸，以及众多汭位住宅和建筑前的半月形风水池均由此衍生。城市和建筑选址于汭位，避免了河水的冲刷和浸蚀，有可能在共存中求得更多的发展余地。

中国传统城市和建筑在阴阳、风水等理论的影响下，强调有序和变化，体现了人与自然的和谐发展。

[1]　于希贤. 法天象地：中国古代人居环境与风水 [M]. 北京：中国电影出版社，2006：145.
[2]　李先逵. 风水观念更新与山水城市创造 [J]. 建筑学报，1994（2）：13-16.
[3]　于希贤. 法天象地：中国古代人居环境与风水 [M]. 北京：中国电影出版社，2006：143.

永州古城地处潇水下游末端，潇水河源至今零陵城区（永州古城）约 321km，流经市中心长度约为 11km，河床宽 150～250m，河槽深 10～15m，潇水经零陵萍岛汇入湘江。古城山环水抱，倚山为城，因水为池，是典型的山水城市吉水格局和天材之利之地。古城位于潇水在零陵区的汭位，"金城环抱"，阴阳合德，形意兼备，可谓是"内气萌生，外气成形，内外相乘，风水自成。"（《青乌先生葬经》）避免了河水的浸蚀和冲刷，体现了城市选址对水患的认识和重视，满足了城市土地利用、交通等发展的要求，体现了人与自然的和谐发展。

3. 堂局体现生态效应

在城市和村镇的大格局选址中，其穴常以"区穴"、"堂局"、"明堂"代名之。"形来势止，前亲后倚"，"宾主相登，左右相称"。以今天的观念解释，这里的"区穴"、"堂局"、"明堂"，实为内敛围合的场所。就城市的山水格局而论，风水学理论依山水聚结形势和"堂局"大小来选定和规划城市规模，有大中小三种"聚居"类型："山水大聚之所必结为都会，山水中聚之所必结为市镇，山水小聚之所必结为村落墓地"，"堂局最广阔舒畅者，为藩镇省城，次者为大郡大洲……方圆四五十里，小者亦二三十里……最小者亦必数里。"[1] 这种界定既明确了城镇环境空间容量，也体现了"堂局"对于城镇环境空间的要求，即阴阳平衡，生态平衡，天（自然）地人合一。

风水格局对维持生态系统中各种生态过程良性循环，保障系统平衡的稳定性具有十分重要的作用。按照俞孔坚先生的观点，在风水格局中，城市和村镇的"堂局"至少具有两个方面的生态效应，即围合与尺度效应——围合空间有良好的生态环境；豁口与走廊效应——有利于物质、能量与信息的内外交流，体现了人与自然生态环境的和谐共生。

中国传统阴阳学说与风水学说是建立在古人对"中国"地域自然地理气候认识的基础上的。我国位于北半球，绝大部分处在北温带，太阳多从东偏南升起，由西边落下。冬季，太阳高度角较小，有来自西伯利亚的寒流，夏季，太阳高度角较大，有来自太平洋的凉风，一年四季风向变换不定。甲骨卜辞已有测风的记载。《史记·律书》中明确记载有风向与时令的关系[2]。建筑选址于山之南水之北，坐北朝南，北高南低的地势结构，有利于借助北向的山脉挡住寒流，争取良好的冬季日照和夏季凉风，达到阴阳和谐。同时，藏风聚气的山水格局，容易形成良好的区域小气候，维持良

[1] 李先逵. 风水观念更新与山水城市创造 [J]. 建筑学报，1994（2）：13-16.
[2] 《史记·律书》云："不周风居西北，十月也。广莫风居北方，十一月也。条风居东北，正月也。明庶风居东方，二月也。清明风居东南维，四月也。景风居南方，五月也。凉风居西南维，六月也。阊阖风居西方，九月也。"

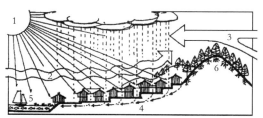

1. 良好日照　2. 接受夏日凉风　3. 屏挡冬日寒流
4. 良好排水　5. 便于水上联系　6. 水土保持调节小气候

图2-3-13　建筑坐北朝南时的生态效应示意图
（资料来源：王其亨．风水理论研究 [M]．天津：天津
大学出版社，1992：28）

好的生态平衡（图 2-3-13）。

永州古城周边的山水格局构成了区域生态系统的安全格局，在区域生态系统中起到了保护性和调和性的作用。永州古城左依东山，右望西山，潇水清漪宽阔，绕城三面环流，周围群山环抱，延以林麓，生态环境优美。基于广义的风水学理论，笔者认为，永州古城选址"相阴阳，揣刚柔，度燥湿，因土兴利，依险设防"，其生态环境系统既体现了中国传统风水学说中的城市山水格局（如阴阳理论、吉水格局等）思想，又适应了当地的地势特征和气候特征，是中国传统阴阳学说与风水理论在具体地域空间环境中的具体运用。

永州市边境距海约 350km，受东亚季风环流的影响较大，属中亚热带大陆性季风湿润气候区，日照充足，雨量充沛，光、热、水资源丰富，三者的高值基本同步，有利于农作物生长。春暖夏热，秋凉冬冷，四季比较分明。春温多变，全市雨水主要集中在春夏两季。夏季潮湿闷热，暑热期长；秋冬多旱，冬季受冷空气影响较大，但为期不长。境内大部分地区年平均气温为 18℃，无霜期长，日最低气温 0℃ 以下的天数一般在 8～15 天。

永州古城所在地山川环境优美，地形复杂，不同季风环流交替影响。冬季霜雪冰冻期较短，夏季炎热，延续时间较长。从今天的零陵地区风玫瑰图看，古城所在地冬季盛行东北风，夏季盛行东南风，春秋两季以偏北风为主。

"堂局"大小决定城镇的规模，尤其是与其范围和风水模式构成的山水环境要素聚结形势相关。越城岭与都庞岭之间，以及都庞岭与萌渚岭之间的狭长谷地，是夏季季风环流的主要通道。永州古城东侧的东山由南向北延伸，成为天然屏障；西山坡缓舒展，林木茂盛，溪流纵横；城北起伏开阔，城南沃野千里，南来的季风很容易吹遍城里每个角落；潇水清漪宽阔，绕城三面环流，生气发育。古城"枕山襟水"，整个"堂局"阴阳和谐，刚柔有体，生态效应明显，适应了当地的地势特征和气候特征，与建筑坐北朝南时具有相同的生态效应，是所谓"而揣刚柔（山水），度燥湿，因地兴利，依险设防，在守土者之变通矣。"体现了人与自然生态环境和谐共生的发展特点，是理想的郡州府城之地，自古乃楚南一大都会。

第四节　永州古城选址的人文地理环境特点

中国古代城市选址中原始的"生态安全"思想体现在城市的自然生态环境、政治、军事、经济、交通和社会的生产生活等多个方面，是自然地理生态环境和人文地理生态环境等多个因素的综合。秦汉时期永州古城选址的人文地理生态环境特点可以从以下两个方面分析。

一、经济发展，可资军需

秦时"灵渠"和五岭"峤道"的开通，为零陵地区经济的发展创造了有利条件，使古代零陵成为中原地区通往岭南的水陆交通要冲，客观上加速了永州地区的交通与经济社会发展，加速了永州境内各民族融合的进程。西汉时县级泉陵侯国、东汉时零陵郡，以及隋朝的永州总管府，治所均设在零陵，这与零陵地区的经济发展是有直接关系的。秦汉时期零陵地区经济发展的主要原因可概述如下：

（1）农业发达，基础较好。永州气候温和、雨水充沛，土地肥沃。道县玉蟾岩出土的距今 1.8 万年的陶片和 1.2 万多年的古稻谷遗存[1]证实，这里是人类开发较早的地方之一（图 2-4-1）。出土的战国时期文物，充分证明了当时永州地区的手工业和农业的发展水平较高，表明永州是全国使用铁制农具较早的地区之一，农业生产水平比较先进。考古学家张修桂经对《长沙国南部地形图》深入研究后认为："秦汉之际，潇水流域已是一个久经开发、人烟稠密的重要经济活动区。"[2]

（a）　　　　　　　　　　　　　　（b）

图2-4-1　道县玉蟾岩遗址
（a）外景；（b）内景

---

[1]　玉蟾岩遗址位于道县西北 12km 的寿雁镇白石寨村，1986 年道县文物管理所首次发现，为岩洞遗址。2004 年 11 月，中美联合考古队对遗址中的陶片进行详细的碳年代测定分析，初步确定陶器碎片的年代距今 1.8 万年。

[2]　王田葵. 零陵古城记——解读我们心中的舜陵城 [J]. 湖南科技学院学报，2006，27(10)：1-12.

（2）移民促进了经济发展。移民有军事移民、政治移民、流徙移民等多种形式。秦始皇征服越族后，为了经营岭南，征发了大批中原居民到岭南定居，当时的零陵一带也在移民定居之列。秦汉时期，各类移民来的中原居民，直接带来的中原文化、生产技术和先进的生产工具，加速了这一地区的民族融合和文化、经济发展。

（3）社会相对稳定。楚汉之争,中国南方相对比较稳定。清人王夫之说：“楚汉争于北，而南方无事”（王夫之《读通鉴论》），相对比较稳定的政治局面给永州地区的经济发展带来了契机。

（4）“休养生息”政策的实施。两汉时期,永州的经济社会得到新的发展。西汉时期,永州属长沙国范围。长沙国分为吴氏（吴芮）长沙国和刘氏（刘发）长沙国，吴氏长沙国五代五传，历 46 年（中间停置 3 年）；刘氏长沙国八代九传，历 175 年。两汉以农立国，统治初年，实行的“轻徭薄赋，与民休息”政策，以及封建租佃关系的发展和部分奴婢的解放，为农业生产的发展提供了条件。刘氏长沙国的人口发展较快，至西汉平帝元始二年（2 年），零陵郡为 21092 户、139378 人（《汉书·卷二十八上·地理志第八上》），占当时湖南辖域内户数和人数的 16.63% 和 19.43%，分别为吴氏长沙国的 5 倍和 6 倍,说明长沙国经济发展较快[1]。至东汉顺帝永和五年(140 年）零陵郡的人口为 1001578 人，约占湖南当时总人口数的 35.6%，居第二位，仅次于长沙郡。人口增长是经济发展的直接反映，说明两汉时期永州一带的经济发展较快。

（5）交通条件的进一步改善。自汉以后，灵渠航路代有疏凿修缮。《广西通志》载：“兴安有灵渠，汉唐历修之”（《广西通志》卷 65）。汉代继续开发跨越五岭的峤道。清道光八年（1828 年）《永州府志》载，东汉章帝建初八年（83 年），“大司农郑宏奏开零陵桂阳峤道，于是夷通至今，遂为常路。”[2]“零陵水陆多因军事而开通”[3]。交通条件的改善,进一步促进了南北经济文化交流，同时地区的军事地位日益重要。

（6）地广土肥，物产丰富。零陵位于零祁盆地南部偏东，地广土肥，四境物产丰富。“赞曰：（永州）跨衡距粤，幅员孔硕。四郊延袤，野无金柝”[4]。永州古城位于湘江与潇水汇合处，周围“群山秀杰，众水清漪”，“以之生聚，则种植樵渔，无所不宜”。东汉末年，“孙刘资之以争天下”便是最好的说明。

[1] 罗庆康.长沙国研究 [M].长沙：湖南人民出版社，1998：52.
[2] （清）吕思湛、宗绩辰修纂.永州府志·事纪略.道光八年(1828 年)刻本,同治六年(1867 年）重印本.湖南文库编辑出版委员会，岳麓书社，2008 年，第 1042 页.
[3] 零陵地区交通志编纂办公室.零陵地区交通志 [M].长沙：湖南出版社，1993：163.
[4] （明）史朝富、陈良珍修.永州府志·提封志 [M].明隆庆五年（1571 年）.

隋文帝时期，对地方行政区划按照"存要去闲，并小为大"的原则，进行了大幅度调整。隋开皇九年（589 年），将零陵郡改置永州总管府，即是零陵经济发展的结果。

二、山水景观如画，人文基础良好

风景如画的潇湘山水景观和基础良好的人文环境也应是零陵郡城选址的重要原因。

风水学说形势派的五大形势法主要是以形观风水，形中寓理；在强调对自然环境的勘察外，也强调形与意的契合境界。例如，三国时期诸葛亮曾感慨南京为："钟阜龙蟠，石头虎踞，真乃帝王之宅也"[1]，反映了风水学说中形、意、理互相关联的丰富内涵。

"永州山水，融'奇、绝、险、秀'与美丽传说于一体，汇自然情趣与历史文化于一身。"[2]向来为人称颂。较早的《礼记》、《尚书》、《楚辞》等史书都有关于零陵风物的记载。唐代以前，永州山水"未著厥名"。自元结的《浯溪铭》和柳宗元的"永州八记"之后，历代文人墨客纷至沓来，或文，或诗，或画，对于宣传永州的山水景观之美起到了重要作用。"画图曾识零陵郡，今日方知画不如"（欧阳修《咏零陵》），"挥毫当得江山助，不到潇湘岂有诗？"（陆游《偶读旧稿有感》）北宋沈括的《梦溪笔谈》中提到的"潇湘八景"，其中的"潇湘夜雨"就是指永州古城北萍洲岛一带的美丽景色。南宋诗人范成大曾以"罗带"喻环城的潇水："一水弯环罗带阔，千古零陵擅风月"（《愚溪在零陵城》），说明零陵山水美如画，古城既有"形"的阴阳山水形态，也有"质"的环境文化内涵，形意契合。自西汉县级泉陵侯国选址于此，零陵一直是各时期郡治、府治和县治之所，应该说与其山水之美有重要关系。

永州地区农耕文化发育较早、较好。距今约 2 万年的零陵石棚和距今约 1.8 万～1.4 万年的道县玉蟾岩稻作遗存（其中陶器碎片距今约 2.1 万～1.4 万）的考古发现表明，潇湘流域的永州是中国南方开发较早的地区之一，也是中国古代文明的重要发祥地之一。永州地区发掘的众多先秦时期聚落遗址表明，商周时期，这里就是人类聚居之地，山地聚落文化发育较早、较好，而且已经出现了城堡式的聚落，如零陵区的水口山镇芮家村商代遗址、东安县的大庙口镇南溪村坐果山商周遗址、宁远县的冷水镇东城乡隔江村山门脚商周遗址等。永州为道德文化的发源地，公元前 2200 多年前

---

[1]　（秦）吕不韦辑.吕氏春秋·卷十七·审分览·知度 [M].中华书局丛书集成初编，1991：485-486.

[2]　唐艳明.以地方传统文化提升大学生人文素质 [J].湖南科技学院学报，2009，30（3）：162-163.

舜帝曾在这里"宣德重教"，司马迁说："天下明德自虞舜始。"由于舜葬九嶷，自夏代开始，历朝历代都有帝王拜祭九嶷，而且逐渐形成了拜祭制度，如明初朱元璋定下规矩：一年一小祭、三年一大祭[1]。以舜为代表的文化形态一直深刻地影响和教化着古代永州的子民，以至"地有舜之遗风，人多淳朴"（宋编《太平寰宇记》）；"俗尚农桑，民知教化"（宋祝穆撰《方舆胜览》）；"家娴礼义而化易孚，地足渔樵而民乐业"，"视中州无所与逊"（南宋杨万里《曹中永州谢表》）。

秦汉时期，各类移民来的中原居民，直接带来的中原文化、生产技术和先进的生产工具，加速了这一地区的民族融合和文化、经济发展。

汉高祖五年（前202年）立长沙国，长沙国分为吴氏长沙国和刘氏长沙国，共历221年，经济发展较快。汉武帝元朔五年（前124年），封长沙王刘发之子刘贤为泉陵侯，置县级泉陵侯国于泉陵，同年，封长沙定王第十三子刘买为舂陵节侯，建舂陵侯国。泉陵立侯国149年，舂陵侯国计建县99年，立侯国79年。泉陵侯国和舂陵侯国的设立，在永州地区建立了良好的人文环境基础。从上文刘氏长沙国与吴氏长沙国的人口发展比较情况，可以看出当时长沙国的经济发展较快。随着长沙国经济的发展，处于楚越交界处水陆交通发达的永州一带经济文化也得到进一步发展。

联系到道县的玉蟾岩遗址中的原始稻作与原始陶作遗存，以及宁远县的舜庙遗址和崇舜之风，有学者甚至提出永州是过去的南岭文化中心论，认为永州是世界稻作农业之源、中国制陶工艺之源、中华道德文明之源、中华人文地理之源，也是中华文明最早的发源地[2]。

上述分析表明，基础良好的社会、人文环境也是后期零陵郡城选址的重要原因之一。

总之，古代零陵处于中原地区通往岭南的水陆交通要冲，古城选址与建设发展的历史发展是多种因素综合的结果，体现了中国古代城市建设、传统文化等多个方面的特点和要求。自然和人文环境满足了封建政权的统治需要，也满足了人们对城市的期望，可谓是"所卜之处，皆可长久居民，使服田相食"。可以说，"灵渠"和五岭"峤道"的开通，正是这种统治需要的抉择，它一度推动了永州地区经济的发展，促进了古代中国南北经济文化的交流和民族融合，加快了岭南地区经济社会发展的进程。

[1] 张泽槐.古今永州[M].长沙：湖南人民出版社，2003：44.
[2] 永州古文化与旅游产业开发研究课题组.关于湖南永州是世界稻作农业之源和中华道德文明之源的考察报告[A]//周永亮，蔡建军.舜帝故乡——永州.珠海：珠海出版社，2003：1.

第五节　永州地区修城的历史脉络与明清城市建设特点

　　永州市现辖零陵（原芝山）、冷水滩两区和祁阳、东安、双牌、道县、宁远、江永（1956 年前称永明县）、江华、新田、蓝山等 9 县。其中，双牌县原分属零陵县和道县，1969 年 12 月 16 日，经国务院批准，设立双牌县。在区域位置上，道县、宁远、江永、江华、新田、蓝山等县位于永州市南部潇水流域；永州古城位于湘江与潇水汇合处；东安县位于湘江上游，与今广西壮族自治区全州县接壤；以永州市为界，祁阳县位于湘江下游，与今湖南省邵阳和衡阳地区相邻。这些城市均位于江河沿岸。

　　潇水流域和湘江上游湘桂段自古分别是湘粤走廊和湘桂走廊的重要通道。自古中原、楚地与百越的文化交流，正是沿着这条自然交通运输线路传播的。秦时建成的"灵渠"沟通了长江与珠江两大水系。秦汉以来，随着湘江流域的建设与开发，具有流域特点的文化发展走廊逐渐形成。南岭走廊自古是赣湘粤桂及毗邻地区社会政治、经济、军事、文化等各方面交流发展的中轴线，也更主要是一条中原、楚地与百越交流的交通要道，这条通道不断被强调为中原文化教化蛮夷之地的重要物质基础[1]。

　　这里，笔者综合比较分析永州地区修城的历史脉络以及明清时期的城市选址与建设特点，意在将永州古城营建研究置于古代荆楚文化与南岭文化特定的地理环境和文化环境中，通过整体研究，揭示永州地区城市建设与发展的历史动因，揭示古代地方城市规划与建设的价值取向与文化特征。

一、永州地区古城建设的历史脉络与明清城池规模

（一）中国古代地方城市筑城情况概述

　　贺业钜先生研究指出，分析古代社会城市兴废的原因，"不外乎出于政治、经济两端"。政治上一般表现为调整地方行政建制，满足政治和军事需求，促进地方治理。而经济因素对城市兴废的影响，也正是政治上一般权衡地方治理需求的体现，但是，"说到底，城市兴废及整个区域规划的城市分布格局，基本上是根据区域经济的发展形势来决定的。"[2] 构成古代城市总体发展基础的有三个主要功能：政治功能、防御功能和经济功能。"战争是政治的继续"，从这个角度考虑，也可以说古代城市主要表现为政治和经济两种功能，战争与经济发展是推动城市后期建设发

65

---

[1]　彭兆荣,李春霞,徐新建.岭南走廊:帝国边缘的地理和政治 [M].昆明:云南教育出版社,
　　2008: 38.
[2]　贺业钜.中国古代城市规划史 [M].北京:中国建筑工业出版社,1996: 427.

展的两个主要原因。

中国古代地方城市筑城的基本情况是:"春秋战国时期,由于战争频繁,军事防御成为城墙的主要功能",所以这一时期各地城墙得到普及。秦和西汉前期,为了巩固边防,加强行政管理,各地城墙同样得到普及,"总体看来,至少汉初地方城市大部分是有城墙的。"[1] 东汉末至南北朝,由于战争频繁,动乱时间长,波及面广,民族矛盾突出,全国城市建设基本上处于起伏动荡的状态中,城市建设就整个阶段而言,比重还是轻微的[2]。唐天宝之前,城市建设活动主要集中在北方和全国经济圈的中心城、副中心城,以及处于当时主要交通干线上的州治城。"在(唐)天宝(742 年)之前,并没有对全国地方城市的城墙进行普遍修筑,修筑的重点区域主要集中在北方和岭南、山南等少数民族较多的地区。天宝之后,由于战乱加剧,全国各地才开始广为筑城,但仍有少量城市没有城墙。总体看来,从唐初至安史之乱的一百多年间,内地城市城墙的修筑被忽略,这是唐代以前没有的现象,是中国历史上不重视地方城市城墙修筑的开端。"[3]

北宋政府为了加强中央集权,削弱地方势力,采取了"强干弱枝"政策,政府不但不鼓励地方修城,而且拆除了地方大量城市的城墙。成一农先生研究指出:"两宋时期,无论面对何等艰巨的内忧外患的局面,两宋政府对地方城市城墙的修筑都不十分积极。""元代除了毁城之外,还长期坚持不修筑城墙的政策。明初虽然修建了 400 多座地方城市的城墙,但修筑的重点在于那些设置卫所的城市,而且自永乐之后,地方城市城墙的修筑又陷于停滞。"[4] 但明代中叶以后直至清末,由于农民起义等内忧外患的增多,各地府州县城逐渐展开了筑城活动,而且几乎没有间断,1949 年以前,地方的砖石城墙几乎都是这一时期修筑的。

秦汉以后,中国地方城邑选址与形态,以及空间结构更多地受到以《管子》为代表的重环境求实用的思想体系和"天人合一"的哲学思想体系的影响,突出表现为在城市选址及建设上重视"城市生态安全"的思想。如本章前面论述中国古代城市选址思想与古泉陵侯国和零陵郡城选址原因时所指出的,中国古代城市建设选址受多种因素影响,如:形美境胜的自然地理、地形、地势,军事与交通条件,政治、经济和文化发展基础,人口发展状况,城乡关系,土地的物产能力和容载能力,地利的建设条件与环境条件(包括理想模式的"风水"环境),以及应对胁迫(如

[1] 成一农. 古代城市形态研究方法新探 [M]. 北京: 社会科学文献出版社, 2009: 171.
[2] 贺业钜. 中国古代城市规划史 [M]. 北京: 中国建筑工业出版社, 1996: 385.
[3] 成一农. 古代城市形态研究方法新探 [M]. 北京: 社会科学文献出版社, 2009: 183.
[4] 成一农. 古代城市形态研究方法新探 [M]. 北京: 社会科学文献出版社, 2009: 197, 226.

自然灾害）的恢复力等。可以说，中国古代城市选址既有宏观方面的要求，也有微观方面的思考，是宏观因素与微观因素的综合，是物质环境与精神环境的综合。

（二）永州地区修城的历史脉络与发展动因概述

随着灵渠、五岭峤道等水陆交通路线的开发，秦汉时期，永州地带的重要性日益显现。《淮南子·人间训》载秦始皇发卒五十万，为五军，镇守五岭和番禺，说明永州一带自古为军事要地。再如，唐《元和郡县志》载，全义县（今兴安县）有"故赵城，在县西南五十里，汉高后时，遣周灶击南越，赵佗据险为城，灶不能逾岭，即此也。"[1] 春秋战国时期，今兴安县境属楚国的疆土，秦属零陵县地，汉隶属零陵郡。说明永州一带自古为进入桂粤的重要通道、边防重地。为了巩固边防，秦汉时期在永州一带修筑了多座县邑城池（表 2-5-1）。1973 年长沙马王堆出土的西汉初期《长沙国南部地形图》上的八个县治中，在今永州境内的就有五个。可以说，秦汉时期多座城邑的建立是这一时期永州一带的军事与交通地位、社会与经济发展状况等因素综合作用的结果。

三国至隋，和全国其他地区相似，永州一带民族矛盾突出，战乱频繁，经济屡遭破坏，很多时候处于萧条状态。城市建设除了调整前期的县邑设置外，没有大的突破。如隋文帝时期，对地方行政区划按照"存要去闲，并小为大"的原则，进行了大幅度调整。隋开皇九年（589 年），将零陵郡改置永州总管府。同时，废原零陵、洮阳、观阳 3 县，置湘源县；将泉陵、永昌、祁阳、应阳 4 县合并，更名零陵县。总体上说，三国至宋代中叶，永州地区的修城情况与当时全国内地其他地区的城池建设的总体情况基本相似。

唐宋时期，永州的社会经济随着生产关系日臻成熟，进入繁荣发展阶段。但是由于"唐天宝之前，城市建设活动主要集中在北方和全国经济圈的中心城、副中心城，以及处于当时主要交通干线上的州治城"；自中唐以后楚粤通衢重心又东移至江西、福建等地，永州的交通优势日渐丧失；唐宋两朝中后期，社会矛盾的加剧和农民战争的爆发，都在一定程度上使永州地区经济遭受破坏[2]；加之自东汉末至唐天宝之前，内地城

---

[1] （唐）李吉甫撰. 元和郡县图志 [M]. 贺次君点校. 北京：中华书局，1983：918.

[2] 特别是唐代宗广德年间（763～764 年），永、道二州曾遭受两次兵患，"焚烧杀掠，几尽而去"（元结《贼退示官吏》）。唐末以蔡结（江华县人）、唐行旻（永州小吏）为领袖的农民武装配合黄巢起义军北伐，先后攻占道州、连州（今广东连县），"盗永州、杀（永州）刺史郑蔚"（《新唐书·邓处讷传》），坚持奋战长达 19 年，经济损失很大。宋朝中后期，朝廷也十分腐败，加上连年战争，导致封建剥削加剧，南方军饷苛重。宋代永州人民反抗斗争见诸文字记载的达 18 次之多，使经济受到压抑而发展缓慢。见：张泽槐. 古今永州 [M]. 长沙：湖南人民出版社，2003：77-79；张泽槐. 永州史话 [M]. 桂林：漓江出版社，1997：54-57.

永州地区古城建设的历史脉络与城池规模 表2-5-1

县名	城址名称	创设年代、城址	城池规模
永州市	泉陵侯国、泉陵县城、零陵郡城	汉武帝元朔五年（前124年），置县级泉陵侯国。东汉光武帝建武年间，改为泉陵县，同时将零陵郡治由广西零陵县移至泉陵县。潇水东岸	古泉陵县城规模推测为：东西南北宽均约为400m，周长约为1600m（见第三章）
	零陵县城、零陵郡城	隋开皇九年（589年），改泉陵县为零陵县。郡治和县治同城至宋代末	宋末以前，零陵郡城规模推测为：东西向长约为1400m，南北向宽约为400m，周长约为3600m（见第三章）
	永州府城	宋末，零陵郡拓城，周1635丈，设正门四，开便门五以通汲水。元明清时期，永州府城在宋末郡城基础上更新，但规模基本没变	明洪武六年（1373年）更新：围9里27步，高3丈，阔1丈4尺，计1644丈5尺，城墙外包砖石，门七。明崇祯年间修城为："城计1670丈，高旧制4尺"。门七。延续至清末
蓝山县	城头岭故城	蓝山县总市乡下坊村东南。秦汉故城	今留有东南西三向土城遗址。东西133m，南北136m；城周538m
	南平故城	蓝山县城东北约3km城腹村，舜水之阳。汉高祖五年（前202年）至南宋绍定年间，南平县、蓝山县治均设于此	今留有方形土城遗迹，城址东西、南北各长约150m；城周约600m
	蓝山县城	南宋绍定间徙今地，舜水北岸。明天顺八年（1464年）始建土城，高1丈3尺，厚8尺，周520丈，土门四	明正德十年（1515年）用石包砌覆之以砖。清咸丰六年（1856年）新之，尽甃以石，周围530丈，高1丈5尺，门四
宁远县	舂陵故城	宁远县城北30km的柏家坪，舂陵河上游的两条支流交汇处南。汉武帝元朔五年（前124年）置，为西汉舂陵侯国城，计建县99年，立侯国79年	今留有方形土城遗址。东西墙均169m，南北墙均135m；城周608m
	泠道故城	宁远县城东偏南11km的冷水镇培泽村南。汉武帝元鼎六年（前111年）置，至南宋乾德二年（964年）县治于此	今留有方形土城遗址。方形土城。南北墙长170m，东西外宽87m；城周514m
	宁远县城	南宋乾德二年，始迁今地，泠江河北岸。三年，县名改为宁远	明洪武二年（1369年）初筑土城，高8尺，厚3尺，周3里。二十九年加高1丈，周4里，门五。明万历二十年（1592年）改以石身

68

续表

县名	城址名称	创设年代、城址	城池规模
道县 （道州）	道州城	秦始皇二十六年（前221年）置营浦县，在营水之滨。隋大业十一年（615年），夹江（潇水）为城。宋淳熙中增筑，砖制，门九	道县在明清时称道州。明洪武二年，迁城于潇水之北，改为石筑，周5里96步，高2丈6尺，宽1丈5尺，门五。今存有南城墙两段
江永县（唐天宝元年，改永阳县为永明县）	谢沐县治遗址	江永县上甘棠村的后山上。自西汉元鼎六年至隋开皇九年，县治于此，山脚谢沐水河	现存故城建筑石墙基。20世纪80年代，在这里发现大量汉代砖瓦、陶瓷及其他古遗址
	江永县城	县治曾多次迁移。宋元祐元年，县治迁至今址，潇水北岸	明天顺八年改土城为砖城。高1丈3尺，延袤360丈，门三。明嘉靖二十五年于学宫前城墙上增设一门
祁阳县	祁阳县城	三国吴置祁阳县，县治在今祁东县金兰桥镇新桥头村。唐武德四年，县治迁至今茅竹镇老山湾村和茶园村一带	明景泰三年为避洪灾迁县治至东北高阜，湘江北岸，今祁阳县城。明成化十年扩城包以石，高1丈5尺，周1512丈有奇，厚1丈2尺，门六
东安县	东安县城	即西晋永熙元年所置应阳县，北宋雍熙元年改称东安县，沿用至今。县治在应水（即芦洪江）北岸	明洪武二十五年始筑土城。明景泰年间加拓，城周350丈。明成化七年，城墙内外砌以砖石，高1丈5尺，门三
江华县	江华县城	唐武德四年析冯乘县置江华县，以治所设"阳华岩之江南"而名。明洪武二十八年析宁远卫置右千户所于此，故又称"江华镇守所城"。明天顺六年，徙县治于黄头岗（今沱江镇，潇水北岸）	"县治迁徙不一，古无城池，环筑土城。"明天顺六年，包砌以石，周360余丈，高1丈5尺，厚8尺，门四。明隆庆二年纯用砖石增广东南面235丈，高2丈。明万历十一年又增广西北面260余丈
新田县	新田县城	明崇祯十二年析宁远县置县，其时境设军屯新田营，故名新田。新田营东南西三面临新田河	明崇祯十二年，于新田营旧址甃石为城，计537丈，广1丈6尺，高1丈5尺，女墙5尺。敌台8座，门四

资料来源:（明）史朝富、陈良珍修.永州府志·创设上[M]，明隆庆五年（1571年）;（清）吕思湛、宗绩辰修纂.永州府志·建置志·城池[M]，清道光八年（1828年）;（清）锺范、胡鹗荐修.蓝山县志·营建志·城池[M]，清同治六年（1867年）.

市的城墙并没有得到普遍修筑，北宋政府不但不鼓励地方修城，而且拆除了地方大量城市的城墙，所以唐至宋代中叶之前，永州地区的筑城活动也并不明显。

宋朝中后期，朝廷荒淫腐败，外患内忧，南方军饷苛重，加上地区灾荒，

69

致使农民起义不断发生。宋代永州人民的反抗斗争见诸文字记载的达 18 次之多。当时广西地区不断爆发少数民族起义，加之南部交趾封建统治势力的崛起，为了加强对广西"蛮夷"的控御，抵抗南侵的蒙古军队，宋代中后期，南方城市，尤其是府州城市加强了城池的防御能力建设。如：当时的桂林城先后有过五次修建和扩建，包括至和间（1054～1056 年）余靖、乾道间（1171～1172 年）李浩、淳熙间（1184～1185 年）詹仪之、绍熙五年（1194 年）朱希颜和南宋末年（1258～1272 年）李曾伯等人的督修，初有城门六座，后增虎蹲门五座[1]。又如长沙城和衡阳城。战国时即建有城邑的"楚汉名城"长沙城，元代以前还是"筑以土墁，覆以甓"，"讫宋元俱仍旧址。明洪武初，守御指挥邱广垒址以石，寻以上至女墙巅以甓。"虽然自唐武德七年（624 年）后，今湘江西岸的城区一直为衡阳辖区的行政中心，但是据史料记载，北宋咸平年之前的 300 多年间，湘江西岸城区还无土筑城墙。北宋咸平年间（998～1003 年）拆除木栅，改为版筑城墙，景定年间又改为石筑城墙。宋朝中后期，永州地区主要有永明（江永）县城、道州城和永州府城得到修建。永州城在南宋嘉定年间（1208 年）得到增修，至景定元年（1260 年）又加筑外城，成为当时荆湖南路，除长沙城外，其他州郡无与伦比的城市。道州城于南宋淳熙中增筑，砖制。

元明清时期，永州的经济与社会发展较为曲折。元明之交，双方在永州展开长达 17 年之久的拉锯式战争，使这一带的生产力遭到了极大的破坏。清初，永州又经历了长达 36 年（1643～1679 年）之久的战争破坏，迫使人口大量逃亡。为了应对战争和抵御四起之流寇的骚扰，加强地方防御，明洪武初年（1368 年）在永州府治西建永州卫，领千户等所，后又在蓝山县建宁溪千户所城，永明县建枇杷千户所城和桃川千户所城，江华县建锦田千户所城和东安县百户所。明初全国以修筑卫所城市为主。从表 2-5-1 可以看出，永州地区大规模的筑城活动在宋代中叶以后，尤其是明代以后，所有城市城墙都改为砖石砌筑。

在水运为古代大宗运输的主要模式下，城市选址于江河岸边对于城市的发展有着显著的意义。实际上，随着湘江和潇水等水路的开发，宋代中叶以后，永州地区的城市就陆续定位湘江、潇水等水系沿岸。永州地区自古农业与手工业发达。随着南北交流与文化传播的深入，清康熙以后，永州地区的货币经济也较快滋长（相对其他地区，永州地区的货币经济发展是晚的），社会相对稳定。清中后期，由于洪灾和农民起义，永州地区的城市主要是重修以前的砖石城墙，没有大的重建。

---

[1] 张益桂．南宋《静江府城池图》简述 [J]．广西地方志，2001（1）：43-47.

永州地区的修城历史表明：古代荆楚边境地区城市建设和发展与当时的政治、军事、交通、社会、经济发展密切相关，尤其与当时的政治与军事的发展密切相关。

历史上，由于地区行政区划与行政等级的调整、军事与交通地位的变化，以及自然灾害（如水灾）的影响，今永州地区的城市除零陵城址历经2000余年不曾迁移外，其他县邑城址均有不同程度的改变。城池规模除明洪武二年（1369年）迁建的道州城和明成化十年（1474年）扩建的祁阳县城较大外，其余县邑城池规模都较小。明清时期，永州府城为围9里27步，高3丈，阔1丈4尺，门七；道州城为周5里96步，高2丈6尺，厚1丈5尺，门五，今存有南城墙两段（图2-5-1、图2-5-2）；祁阳县城为周1512丈有奇，高1丈5尺，厚1丈2尺，门六。其他城池无论是周长，还是城门数都不及这三座城池。

图2-5-1　道县古城墙

图2-5-2　道县古城门

二、明清永州地区城市选址与建设特点初步总结

明清时期，永州地区城市选址与建设特点可初步总结为如下两点。

（一）城址阻江带河，依山而筑

从表2-5-1中可以看出，北宋以后，除道州城、祁阳县城和江华县城在明代有较小的迁徙外（期中，新田县为明崇祯十二年析宁远县后的新置县），今永州地区的其他城址都未改变。宋元明清时期，永州地区城池选址的一大特点是城址"阻江带河"，依山而筑。如北宋乾德二年（964年）宁远县城治始迁今地，泠江河北岸；宋元祐元年（1086年），江永县城治迁至今址，潇水北岸；南宋绍定年间（1128～1233年）蓝山县城治徙今地，舜水北岸；明洪武二年（1369年）以前，道州城为夹江（潇水）之城，洪武二年，迁于潇水之北，改为石筑；明景泰三年（1452年）祁阳县城迁县治于今地，湘江北岸；明天顺六年（1462年），江华县自阳华岩之南徙治于黄头岗（今沱江镇），潇水北岸；明崇祯十二年（1639年），于新田营旧址甃石为新田城，城东南西三面临新田河；东安县自西晋永熙元年（290年），县治即在应水（即芦洪江）北岸；永州府城自汉武帝元朔五年，置县级泉陵侯国时即选址于潇水东岸。明清时期，境内城镇以潇、湘水系为轴，收缩布局，早先多次迁徙的县治，陆续定位湘江、潇水、耒水水系沿岸。自明天顺六年（1462年），江华县治徙于黄头岗（今沱江镇）后，境内各县治城镇走完选址的历程，形成近500年稳定的分布格局。府州县城均处于水陆要塞之地，依山傍水而筑[1]（图2-5-3～图2-5-10）。可以说，山水城市是永州地区古城的一大特色。也如清华大学博士后孙诗萌研究指出的："无论紧临一水、二水交汇或多水环绕，'水抱'之势在永州地区诸府县城选址中是一突出特点。"[2]

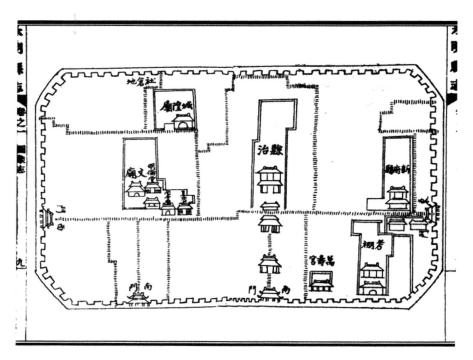

图2-5-3　（道光丙午年）《永明县志》永明县城池图
（资料来源：刘昕，刘志盛.湖南方志图汇编[M].长沙：湖南美术出版社，2009：188）

[1]　零陵地区地方志编纂委员会编.零陵地区志[M].长沙：湖南人民出版社，2001：994.
[2]　孙诗萌.南宋以降地方志中的"形胜"与城市的选址评价：以永州地区为例[A]//王贵祥，贺从容.中国建筑史论汇刊（第八辑）.北京：中国建筑工业出版社，2013：430.

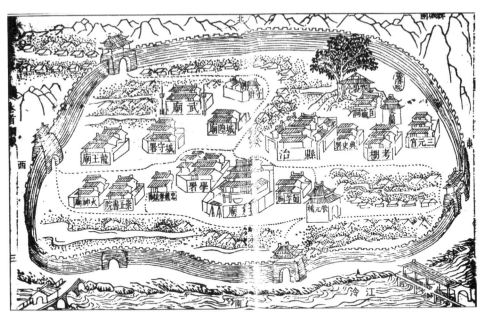

图2-5-4　（嘉庆）《宁远县志》宁远县城池图

（资料来源：刘昕，刘志盛.湖南方志图汇编 [M].长沙：湖南美术出版社，2009：184）

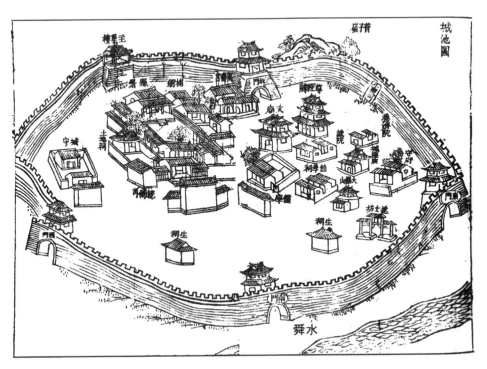

图2-5-5　（嘉庆）《蓝山县志》蓝山县城池图

（资料来源：刘昕，刘志盛.湖南方志图汇编 [M].长沙：湖南美术出版社，2009：340）

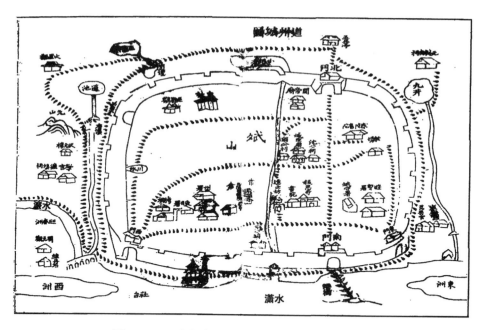

图2-5-6　（光绪）《道州县志》道州城池图
（资料来源：刘昕，刘志盛.湖南方志图汇编 [M].长沙：湖南美术出版社，2009：180）

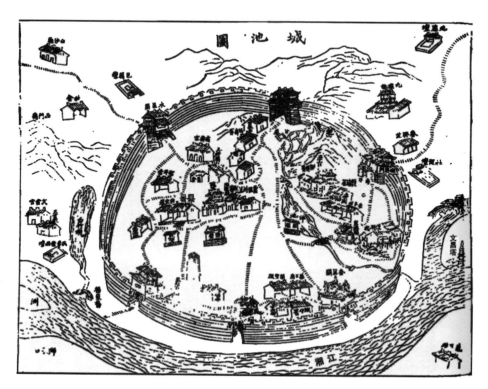

图2-5-7　（同治）《祁阳县志》祁阳县城池图
（资料来源：刘昕，刘志盛.湖南方志图汇编 [M].长沙：湖南美术出版社，2009：176）

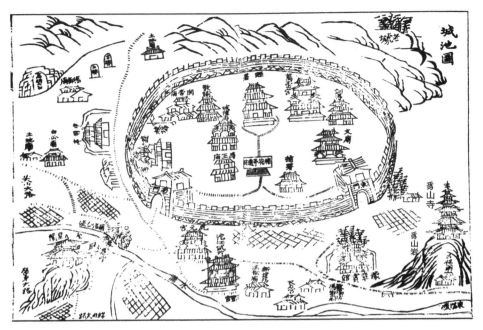

图2-5-8　（同治）《江华县志》江华县城池图

（资料来源：刘昕，刘志盛.湖南方志图汇编 [M].长沙：湖南美术出版社，2009：190）

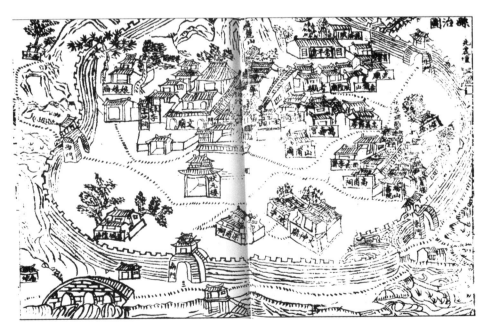

图2-5-9　（嘉庆壬申年）《新田县志》新田县城池图

（资料来源：刘昕，刘志盛.湖南方志图汇编 [M].长沙：湖南美术出版社，2009：198）

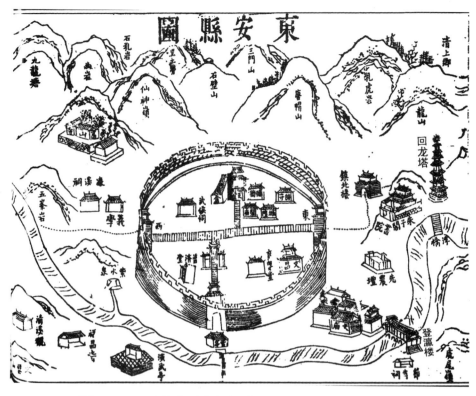

图2-5-10 （乾隆壬申年）《东安县志》东安县城池图
（资料来源：刘昕，刘志盛.湖南方志图汇编 [M].长沙：湖南美术出版社，2009：179）

（二）城池形态与门制结合地形及安全需要

宋元明清时期，永州地区城市一方面选址于湘江、潇水、耒水等水系沿岸，城址"阻江带河"，依山而筑；另一方面，在传统"重环境求实用"等思想的影响下，城池建设结合地形与安全需要，如军事安全和抵御灾害需要，因地制宜，灵活布局，突出表现在城池形态与门制等方面。

明清时期，永州地区的府州县城，均处于水陆要塞之地，依山傍水而筑，城址形态除永明（江永）县城较为方正外，其他城池多呈不规则形状；城墙沿山脊，临江河，因江河为堑，其他各向环以人工濠池，利用山水天然屏障，构成防御体系；城内布局除官府建筑有严格的形制和规定外，其他公舍、秩祀、居住、商肆、作坊、仓储等皆混杂相处；道路除永州府城较规整、布局较方正外，其他城市皆随地形而伸展[1]。城门数量充分结合地形与安全需要，按"需"而设。如：较为方正的永明（江永）县城，明天顺八年改土城为砖城时，设门三，至明嘉靖二十五年兵巡道陈仕贤临邑诣学谓学（宫）前不宜掩蔽，乃命在学宫前城墙上增设一门。宁远县城，明

[1] 零陵地区地方志编纂委员会编.零陵地区志 [M].长沙：湖南人民出版社，2001：994.

洪武二年初筑时,设门五,至清康熙中因小南门有事堙塞,不复启。道州城,明洪武二年,迁城于潇水之北时,有门五,但"小西门自王和尚之变遂闭塞",不复启。又如:明天顺六年,徙县治于黄头岗的江华县城,初有门四,明成化间,因"居民稀少,瑶贼时发,故塞西北二门。"明景泰三年迁县治于今址的祁阳县城,初有门六,清康熙初年,"以潇湘门有碍风水闭塞",不复启[1]。南宋绍定年间徙今地的蓝山县城,为门四。"明隆庆元年,知县吴国器以北门当县治、学宫后,直枕路径,形家皆言不便,东南二门,舜水冲击,各增筑月城,并城楼各一座。"[2] 又据清同治六年《蓝山县志》记载,城东北向旧有小东门,相传门辟多虎患,故壅塞之。东安县城自明洪武二十五年始筑土城时即根据地形地势在东南西三向各设门一,一直延续至清末。

永州地区古城选址与建设特点从一个侧面表明,中国古代地方城市建设主要受自然环境、军事地位、交通条件、经济水平、应对胁迫(如自然灾害)的恢复力、"风水思想"等多种因素影响。结合全国其他地方城市的建设特点,如上文提到的桂林城、长沙城和衡阳城,我们完全可以说,虽然构成古代城市总体发展基础的有三个主要功能:政治功能、防御功能和经济功能,但中国古代城市的城墙始终作为政治和军事之城而出现,非经济之城。正如张驭寰先生所言:中国古代城市并不是"经济起飞"的产物,而始终是作为政治与军事中心产生和发展的[3]。作为地方的政治统治中心——地方之城,始终为自守之城,非盛民之城——所谓"城者,所以自守也"(《墨子·七患》)。

[1] (清)吕思湛,宗绩辰修纂.永州府志·建置志·城池[M],清道光八年(1828年).
[2] (清)锺范,胡鹄荐修.蓝山县志·营建志·城池[M],清同治六年(1867年).
[3] 张驭寰.中国城池史[M].天津:百花文艺出版社,2003:299.

第三章 永州古城营建之城市形态变迁研究

  "城市形态是城市整体的物质形状和文化内涵双方面特征和过程的综合表现。"[1] 城市形态演变研究是城市营建史研究的重点内容之一，瑞士著名建筑史学家西格弗里德·吉迪翁（S.Giedion）说，只有城市形态才能准确地体现一个时代的建筑成就及其在那个时代人们组织自己生活能力所达到的水平[2]。城市营建的驱动力研究是城市营建史研究的主要内容之一[3]。城市形态演变的规律研究，主要是动力机制研究。研究古代城市形态及其发展规律，就是为了发掘出城市形态表层背后暗藏的深层结构，突出城市形态演变发展的动力机制，存留城市形态的文脉意蕴，指导当今的城市规划和城市建设。在前一章关于永州古城选址的自然、社会和人文等环境特点研究的基础上，本章运用要素类比法和历史地理的溯源法，进行逻辑推理，重点分析历史分期阶段永州古城形态的演变特点，探索南宋以前的西汉泉陵城和汉唐零陵郡城的形制与规模。并通过比较明清时期湘江流域府州城市：岳阳城、长沙城和衡阳城的空间形态演变特点，从区域整体性层面分析永州古城形态演变的动力机制和明清时期永州城发展滞后的原因。本章研究突出的是城市发展中"文化审美"中观层面的地方古城规划建设的文化内涵、价值取向和发展动因研究，研究有助于永州历史文化名城的保护和规划建设。

第一节 永州地区城市营建的历史分期及方志史概况

  中国古代社会的历史分期研究，不同学者根据不同的分类标准和参照系，已有了多种不同分期界说。如：四川大学何一民教授认为，根据生产力和生产技术的变革而产生的三次革命高潮，可以将中国城市史研究划分为农业时代、工业时代、信息时代三个时期[4]。华中师范大学的张全明教

[1] 周霞. 广州城市形态演进 [M]. 北京：中国建筑工业出版社，2005.
[2] Sigfried Giedion.Space，Time and Architecture[M].Cambridge: Harvard University Press, 1941.
[3] 吴庆洲. 总序 [M]// 吴庆洲主编. 中国城市营建史研究书系. 北京：中国建筑工业出版社，2010.
[4] 何一民. 农业·工业·信息：中国城市历史的三个分期 [J]. 学术月刊，2009 (10)：139-145.

授根据"城"与"市"漫长的历史发展过程及其功能特点，认为从城市萌芽到形成，即城与市有机地结合为真正意义上的城市诞生，主要经历了三个阶段：大约从原始社会末期到夏朝初期，城的作用主要表现为军事和其他防御功能的乡村式城堡阶段；大致从夏初到西周前期，城的政治功能等与市的经济功能等是各自分离、独立的阶段；从西周开始，城、市结合一体化阶段，此后城市的集合性特点与综合性功能日益显现[1]。考古学家徐苹芳先生在研究中国古代城市时认为，根据城市规划布局的不同和演变特点，可以将中国古代城市发展分为先秦、秦汉、魏晋南北朝隋唐和宋元明清四个阶段[2]。

根据永州地区历史时期社会经济形态、社会关系形态和社会意识形态发展的特点，永州的历史沿革、地区各时期文化景观建设变化的特点，以及其他学者关于永州地区古代文化发展研究的成果[3]，并参照其他古城研究的历史分期特点，本书将永州古城形态演变研究的历史划分为如下四个时期。

一、永州地区城市营建的历史分期

（一）萌芽时期——夏商周至战国，城堡式聚落时期

距今约 2 万年的零陵石棚和距今约 1.8 万～ 1.4 万年的道县玉蟾岩稻作遗存（其中陶器碎片距今约 2.1 万～ 1.4 万年）的考古发现表明，潇湘流域是中国南方开发较早的地区之一，也是中国古代文明的重要发祥地之一，反映了过渡时期的经济形态和人类生活面貌，也从一个侧面说明了永州在新旧石器过渡时期的重要地位。

公元前 21 世纪前后，潇湘流域同全国历史进程大体一致，逐步由原始社会向奴隶社会过渡。

近几年在永州地区发掘的众多先秦时期遗址，如：零陵区的水口山镇芮家村商代遗址、菱角塘商周遗址、福田乡老江桥村红岭遗址、马子江乡马子江村寨山岭商周遗址、凼底乡望子岗商周遗址，东安县的大庙口镇南溪村坐果山商周遗址、塘复乡弄田湾村大寨山石城商代遗址，宁远县的冷水镇东城乡隔江村山门脚商周遗址、水市镇柴家坝村柴家坝商周遗址，蓝山县竹管寺镇竹管寺村横江咀商周遗址，江永县上江圩镇浩塘山商周遗址，新田县石羊乡宋家村后龙山商周遗址，道县桥头乡坦口村唐明洞商周遗址，

[1] 张全明. 论中国古代城市形成的三个阶段 [J]. 华中师范大学学报（人文社会科学版），1998，37（1）：80-86.
[2] 许宏，吕世浩. 学者徐苹芳的古代城市探索 [J]. 中国文化遗产，2010（3）：96-103.
[3] 尤慎. 从零陵先民看零陵文化的演变和分期 [J]. 零陵师范高等专科学校学报，1999，20（4）：80-84.

双牌县城关镇义村寨子岭商周遗址等[1]，都有完整的聚落形态，其选址与规划营建符合中国南部典型的"山地文化"，即"湖熟文化"[2]特征。其中，水口山镇芮家村商代聚居遗址15000m²，为区内最早形成的自然村落。聚落是随着农业的出现而形成的固定居民点，以地缘关系为基础，以家族血缘关系为生存纽带。永州地区发掘的先秦时期聚落遗址表明，商周时期，这里就是人类聚居之地，山地聚落文化发育较早，而且已经出现了城堡式的聚落，如大寨山石城商代遗址的山体四周曾筑有数米高的石墙——占山成寨，据险为堡，防御特征明显。已发掘的位于现在零陵区鹞子岭（在古泉陵侯城东北2km左右）战国古墓中的出土文物，充分证明当时此地区的手工业有了很大的发展，同时也说明此地区的山地聚落文化发育较早、较好，因此，笔者在第二章中认为，地方经济、文化发育较早、较好也是泉陵侯城选址于此的原因之一。

（二）雏形时期——秦至西汉，地方城市初建时期

春秋战国时期，永州一带已经成为楚国南境的重要军事防地，封建生产关系开始产生。秦统一中国以后，为加强统治，取消分封制，在全国实行郡县制，于公元前221年首次在潇湘流域的全州咸水一带设立零陵县。

零陵县城的出现，标示着潇湘流域政治统治秩序的建立。虽然，关于城市的起源及功能问题，国内外学者有不同的解释，如：防御说、社会分工说、私有制说、阶级说、地利说、集市说[3]、宗教说[4]等，但是，在"古代城市的起源结构中，习染极深的是战争和统治，而决非和平与合作。"[5]政治统治和军事防御是城市产生的两个主要原因，"战争是政治的继续"，从这个角度考虑，可以说城市是因"政治"发展的需要而出现的。秦时零陵县城的选址与建设，正是战争和政治统治需要抉择的结果，它开创了潇湘流域经济社会发展的新纪元，曾是攻打岭南百越族的军事基地。其标志意义非常明显——随着潇湘流域政治统治秩序的建立，地区城市文化景观建设从自发转为自觉，从相对无序走向有序。

自秦时全州零陵县城之后，潇湘流域迎来了城市建设的春天。秦至西

[1] 零陵地区地方志编纂委员会编.零陵地区志[M].长沙：湖南人民出版社，2001：1012，1465-1466.

[2] "湖熟文化"为中国东南地区史前青铜时代文化，遗址主要分布在南京、镇江以及太湖流域，其存在时间相当于中原地区的商朝、周朝。因1951年在江苏省江宁县湖熟镇首次发现，因而得名。该文化遗址大都位于河湖沿岸的土墩山丘上，因而称作台形遗址。

[3] 朱铁臻.城市发展学[M].石家庄：河北教育出版社，2010.

[4] （美）刘易斯·芒福德.城市发展史——起源、演变和前景[M].倪文彦等译.北京：中国建筑工业出版社，1989：27.

[5] （美）刘易斯·芒福德.城市发展史——起源、演变和前景[M].倪文彦等译.北京：中国建筑工业出版社，1989：34.

汉，在今永州地区先后建有营浦城（今道县内，前 221 年），南平城（今蓝山县内，前 202 年），春陵城（今宁远县内，前 124 年）和泉陵城（今零陵区，前 124 年），泠道城（今宁远县内，前 111 年），龁道城等城池。此后，随着中国朝代的更替和地区行政区划的调整，这些早期城市大都淹没于历史的长河中，只剩下遗址可考，唯有泉陵城由于地理位置重要，持续发展 2000 多年，但它们毕竟是地方政治、军事、经济与文化发展的标志。正如恩格斯所说："在新的设防城市的周围屹立着高峻的城墙并非无故，它们的沟壕深陷为氏族制度的墓穴，而它们的城楼已经耸入文明时代了。"[1]

（三）发展时期——东汉至宋，城厢格局形成时期

关于永州城市建设的志书，目前能见到的时间最早的为明代洪武年间的《永州府志》，但洪武年间的《永州府志》未曾描述前朝的零陵古城概况。明代以前的永州城市建设，只能从明隆庆五年（1571 年）及以后的《永州府志》中有所查观，此书辑录了南宋某年，参与筑城的教授官吴之道在《永州内谯外城记》中对于宋城修筑的记述，相对比较详细，《永州内谯外城记》也未曾描述前朝的零陵古城概况，但从此记中我们可以察觉，南宋嘉定年以前，零陵古城还只是单城——嘉定年间"赵侯善谥始增修其里城焉，外城犹未暇。及开庆己未（1259 年），鞑从南来……提刑黄公梦桂于庚申（景定元年，1260 年）秋拥节兼郡，议筑外城"。因此，本书对于南宋以前的零陵古城的研究采用要素类比法和溯源法，即以现有最早记载的城市形态及构成要素为基础，结合其他史料，以及地区的社会、经济等历史发展特点，利用历史地理的溯源法，由近及远，通过分析比较同时期其他相同级别古城的建设特点，推测出零陵古城在南宋以前的城市发展特点。

如贺业钜先生所指出的，分析古代社会城市兴废的原因，"不外乎出于政治、经济两端"。政治上一般表现为调整地方行政建制，满足政治和军事需求，促进地方治理。而经济因素对城市兴废的影响，也正是政治上一般权衡地方治理需求的体现，但是，"说到底，城市兴废及整个区域规划的城市分布格局，基本上是取决于区域经济的发展形势来决定的。"[2] 纵观古代社会，战争与经济发展是推动后期城市建设发展的两个主要原因。一方面，战争给社会经济发展、城市建设带来重大破坏，另一方面也可视为"除旧布新"的彻底行为，大的战争之后，往往带来经济与城市建设新的大的发展。

东汉末至南北朝，由于战争频繁，动乱时间长，波及面广，民族矛盾突出，全国城市建设基本上处于起伏动荡的状态中，城市建设就整个阶段

[1] （德）恩格斯. 家庭、私有制和国家的起源 [M]. 北京：人民出版社，1962: 162.
[2] 贺业钜. 中国古代城市规划史 [M]. 北京：中国建筑工业出版社，1996: 427.

而言，比重还是轻微的；进入唐代，城市建设跨入大发展历程，但自安史之乱以来，又出现逆转局势[1]。唐天宝之前，城市建设活动主要集中在北方和全国经济圈的中心城、副中心城，以及处于当时主要交通干线上的州治城（图 3-1-1）。但"天宝之前，并没有对全国地方城市的城墙进行普遍修筑，修筑的重点区域主要集中在北方和岭南、山南等少数民族较多的地区……总体看来，从唐初至安史之乱的一百多年间，内地城市城墙的修筑被忽略，这是唐代以前没有的现象，是中国历史上不重视地方城市城墙修筑的开端。"[2]

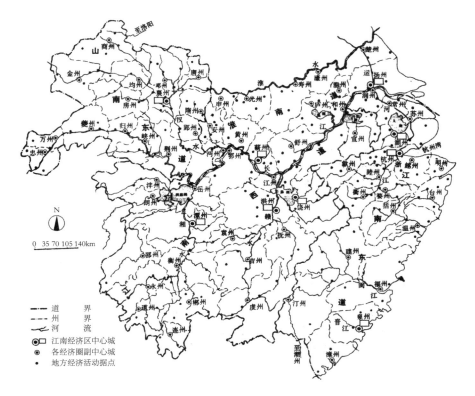

图3-1-1　唐代江南经济区城市群体网络体系概貌图
（资料来源：贺业钜. 中国古代城市规划史 [M]. 北京：中国建筑工业出版社，1996：422）

　　为了加强中央集权，北宋政府削弱地方势力，国家采取了"强干弱枝"政策。政府不但不鼓励地方修城，而且拆除了地方大量城市的城墙。到南宋，"南宋政府对内地城市城墙的修筑依然很不积极，许多城市仍无城墙，这在仅存的几部宋代方志中体现得极为明显。"[3]成一农先生研究认为："唐

[1]　贺业钜. 中国古代城市规划史 [M]. 北京：中国建筑工业出版社，1996：385.
[2]　成一农. 古代城市形态研究方法新探 [M]. 北京：社会科学文献出版社，2009：183.
[3]　成一农. 古代城市形态研究方法新探 [M]. 北京：社会科学文献出版社，2009：193.

宋元时，县级行政体制没有发生根本性的变化，地方结构比较单一，基本上围绕县衙布局"，"至少从唐代到明代中期，城墙并不是中国古代地方城市的必要组成部分，就这一时期的城市而言，'城墙'仅仅是'可选项'"[1]。考察清人顾祖禹的《读史方舆纪要》，明代中期以前，许多地方城市确实没有城墙，如古巴郡相如县，自梁至明初无城："明初省县入州"，"州旧无城，天顺(1457～1464年)中始筑城立栅。弘治中始甃以砖石，今城周四里有奇，门四。"[2] 又如长沙城和衡阳城，战国时即建有城邑的"楚汉名城"长沙城，元代以前还是"筑以土墁，覆以甓"，"讫宋元俱仍旧址。明洪武初，守御指挥邱广垒址以石，寻以上至女墙巅以甓。"虽然自唐武德七年（624年）后，今湘江西岸的城区一直为衡阳辖区内的政治、经济与文化中心，但是据史料记载，北宋咸平年之前的300多年间，湘江西岸城区还无土筑城墙。"衡州府城，唐以前无考，周显德间，始立木栅。宋咸平、绍兴版筑，工未毕。景定中，知州赵兴说始成之。"[3]

　　自东汉光武帝建武年间，零陵郡治所由全州咸水的零陵县移至泉陵县后，城池不断增修，防御能力增强。但笔者认为，历经东汉至南宋中叶以前，零陵城的城墙规模应该一直没有大的突破，可从多方面分析：

　　首先，自东汉至宋初，永州地区的社会相对稳定，大的战争较少，即使是三国鼎立至南北朝时期，在零陵城的战争对城墙破坏也较小。西晋书《三国志·吴书·吕蒙传》载：建安二十年（215年），孙权派吕蒙率两万兵士去攻取长沙、零陵、桂阳三郡，吕蒙传檄长沙、桂阳，二郡望风归附，惟零陵太守郝普凭险守城不降。吕蒙遂在城北二里筑"吕蒙城"[4]守候。后通过郝普好友邓玄之以谎言诱骗郝出降。郝普出城前，吕蒙预先令四将，各选百人，待郝普出城，马上抢入，守住四个城门。吕蒙夺取零陵后，留下孙河、孙皎，委以后事。表明三国时，零陵城是"四门"之城，同时也说明此次战争对城墙破坏较小。

　　其次，零陵虽然处在通往岭南的交通要道上，但自中唐以后，由于江南经济的迅速发展及闽粤经济与对外贸易的发展，楚粤通衢重心东移至江西、福建，永州的交通优势日渐丧失。虽然从总体上讲，唐宋时期永州的经济比过去有了很大的进步，社会相对安定，但是，在唐宋两朝中后期，由于社会矛盾的加剧和农民战争的发生，都在一定程度上使经济遭受了破坏。加上零陵此时已处于"内地"城市，修城的可能性就更小了。

[1]　成一农. 古代城市形态研究方法新探 [M]. 北京：社会科学文献出版社，2009：16，34.
[2]　（清）顾祖禹. 读史方舆纪要（卷六十八·四川三）[M]. 贺次君，施和金点校. 北京：中华书局，2005：3235.
[3]　（清）饶栓修，旷敏本纂.（乾隆二十八年）衡州府志 [M]. 清光绪元年补刻重印. 长沙：岳麓书社，2008：72.
[4]　（明）史朝富，陈良珍修. 永州府志·地理志·古迹 [M]，明隆庆五年（1571年）.

再次，自汉至宋，永州（零陵）的行政区划与行政等级处于经常的变化之中，总体上说，自三国至宋，辖区由大变小。据 1992 年的《零陵县志》载：隋文帝废原零陵县，改泉陵县为零陵县时，零陵县的境域面积约为 12000km²；唐、五代十国时，零陵县的境域面积约为 7500km²；宋、元、明、清及民国时期，零陵县的境域面积约为 5400km² [1]。明隆庆五年《永州府志·郡邑纪》载："零陵县本汉泉陵县，隶零陵郡，东汉郡治于此。晋后因之，隋改泉陵为零陵，以应阳、永昌、祁阳省入，隶永州。自唐李靖奏复祁阳自为县，而应阳、永昌为零陵地，历宋元至。国朝因之，编户二十五里，县附府。"加上城墙并不是这一时期地方城市的必要组成部分，所以，这一时期零陵城除了内、外的建设，城墙规模应该没有太大变化。

"理论上，子城在地方城市中的产生必须具备三个条件，即军事防御的需要、中央集权衰落和地方权力的扩张、城市中地方官员组成的相对稳定。"[2] 西汉初年，第一次在永州设泉陵县，是当时的军事与政治发展的结果，零陵一带是西汉初年长沙国南境的重要军事防御基地。唐宋时期，由于中国统一的多民族国家的形成和发展，处于"内地"的零陵城，由秦汉时期征服南越的军事要邑逐渐变为潇湘流域封建政权统治的中心，但其行政区划与行政等级处于经常的变化之中，而且总体上说辖区由大变小，地方权力始终没有持续地扩张。分析南宋以前的零陵古城的军事、政治、经济发展情况，其建设子城的可能性很小。

综合以上分析，笔者认为，虽然志书对于南宋以前的零陵古城建设情况没有明确记载，但是，采用要素类比法和历史地理的溯源法，由近及远，完全可以推测：自零陵郡治所移至泉陵县后，历经两晋南北朝的经略，到宋代末叶以前，零陵城的城池格局基本一致：方形，正门四（详见下文）；城厢格局在地区经济的发展中逐步形成。由唐至宋，永州及周边地区的城乡发展也较快，清康熙九年（1670 年）和康熙三十三年（1694 年）的《永州府志》均详细记载了这一变化。唐代，零陵城最大的特点是城外出现了山寺园林——东山公园，唐代贞观年间建有法华寺（即今高山寺），唐天佑三年（906 年）建有永宁寺，为永州辖区内最早的园林。

（四）成熟时期——宋末至明清，城郭拓展定型时期

虽然唐宋政府不重视地方城市城墙的修筑，甚至拆除了地方上许多县级城市的城墙，但自唐中叶以来，一方面社会经济发展较快，另一方面社会的动荡局面加剧，唐末五代十国割据政权的建立正是这种经济发展较快与社会动乱加剧的表现。在这种情况下，地方政府为了应对战乱，抵御盗贼，

[1] 湖南省永州市，冷水滩市地方志联合编纂委员会编.零陵县志 [M]. 北京：中国社会出版社，1992：12.
[2] 成一农.古代城市形态研究方法新探 [M]. 北京：社会科学文献出版社，2009：113.

保护城民，又开始纷纷议筑城墙。如"安史之乱以前不是重点筑城地区的内地，也就是今天的浙江、江苏、安徽、湖南、湖北等地也开始了大规模的筑城。"[1]

南宋末年，零陵里城与外城的修筑，也正是上述社会形势发展的结果。宋代永州人民反抗斗争见诸文字记载的达 18 次之多。"绍兴年间（1131～1162 年），曹成诸寇，棹鞅径入，至嘉定而又有李元砺之涫洞，赵侯善谧始增修其里城焉，外城犹未暇。及开庆己未（1259 年），鞑从南来，永当上流门户，受害尤毒。强民无知，怙乱焚劫，公廨民庐，荡为一烬。提刑黄公梦桂于庚申（景定元年，1260 年）秋拥节兼郡，议筑外城，周围一千六百三十五丈，储费均役，规模井如也……鸠工于癸亥之秋，而讫工于甲子之夏。"[2]

南宋景定元年（1259 年）开始的这次大规模筑城，历时五年之久，于景定五年（1264 年）结束。比较明清时期与南宋末年的永州城规模、形态，南宋景定年间的这次筑城基本上奠定了明清永州城的规模与形态格局。明、清时期虽有几次重修，城郭有所拓展，终未能从整体上突破宋城主体规模——南宋吴之道的《永州内谯外城记》记载：宋景定五年外城，周围一千六百三十五丈；清人徐松（1781～1848 年）辑录的《宋会要辑稿·方域九》载：明洪武六年更新外城，周围九里二十七步，计一千六百四十四丈五尺；清康熙九年（1670 年）的《永州府志·艺文一·碑》[3]载明零陵郡绅蒋向荣撰明崇祯五年至崇祯八年（1632～1635 年）修城碑："城计一千六百七十丈，高旧制四尺"。

宋明时期，今永州区域内大规模筑城的还有道州（即今道县）城，《读史方舆纪要》载："（道）州城，宋淳熙中筑，元废。明初改筑于潇江北，弘治五年增修。周五里有奇，门五。"[4]清道光八年（1828 年）《永州府志·建置志·城池》载：秦始皇二十六年置营浦县（即今道县），在营水之滨。隋大业十一年，夹江（潇水）为城。宋淳熙中增筑，砖制，门九。明洪武二年，迁城于潇水之北，改为石筑，周 5 里 96 步，高 2 丈 6 尺，宽 1 丈 5 尺，门五。

元明清三朝，是永州经济由相对繁荣走向相对衰落的时期。自宋明以来，楚粤通衢重心东移至江西、福建，加之境内频繁的拉锯式战争（元

85

[1] 成一农.古代城市形态研究方法新探 [M].北京：社会科学文献出版社，2009：180.
[2] （南宋）吴之道.永州内谯外城记 [M]//（明）史朝富，陈良珍修.永州府志·创设下，明隆庆五年（1571 年）.
[3] （清）刘道著修.（康熙九年）永州府志 [M].钱邦芑纂.重刊书名为：日本藏中国罕见地方志丛刊（康熙）永州府志 [M].北京：书目文献出版社，1992.
[4] （清）顾祖禹.读史方舆纪要（卷八十一·湖广七）[M].贺次君，施和金点校.北京：中华书局，2005：3802.

明之交，战争长达 17 年；清初，战争长达 36 年）和天灾等因素影响，永州的生产力遭到了极大的破坏，经济、文化发展放慢。但是，明清时期，永州境内各县治城镇走完了选址的历程，形成近 500 年稳定的分布格局。境内城镇以潇湘水系为轴，收缩布局，早先多次迁移的县治，先后定位湘江、潇水、耒水水系沿岸。境内"府州县城，均处于水陆要塞之地，依山傍水而筑，城址布局多呈不规矩的圆形，城墙沿山脊，临江河，利用山水天然屏障，构成防御体系。城墙高大，城门庄严，城外有廊。城内布局除官府建筑有严格的形制、规定外，其他公舍、商肆、秩祀、坊额、仓储、作坊、居住等皆混杂相处。道路除零陵县城较规整、布局较方正外，余皆随地形而伸展。城外临河房舍，前门临街，后门沿河，水上或近水部分均作吊脚楼。"[1]

历史发展表明，南宋中叶以后，是永州地方城郭选址、拓展定型时期。

二、永州方志史概况

明代以前，永州地方记事以"图经志书录传记"为主，明以后，方志体裁开始出现[2][3]。洪武十六年（1383 年），首部《永州府志》刻本问世，由时任永州府知府虞自铭修，府学教授胡琏纂。以后永州府志与零陵县志逐渐增多。据清光绪《湖南通志·艺文志》和有关史籍记载，整个永州府范围内修志书始于晋，至清代共有方志 20 部（表 3-1-1）。另据清光绪《湖南通志·艺文志》、光绪《零陵县志》（1876 年）和有关史籍记载，"（零陵）县志自康熙初年始有专书"[4]。在此之前，"郡城一木一石皆县地"，零陵县情都笼统地记载在永州府志中。清代共修县志 7 部（表 3-1-2）。

		永州地区修志源流概况			表3-1-1
志书名	朝代	修纂者	志书名	朝代	修纂者
《零陵先贤传》	晋	—	《（永州）风俗记》	宋	柳拱辰纂
《零陵录》	唐大中年间	韦宙纂	《（永州）旧经》	宋	佚名纂
《零陵总记》15 卷	宋	陶岳纂	《（永州）图经》	宋	—

[1]　零陵地区地方志编纂委员会编 . 零陵地区志 [M]. 长沙：湖南人民出版社，2001：994.
[2]　李龙如 . 零陵地区方志源流考 [J]. 零陵师专学报，1983（1）.
[3]　汤军 . 明清六部《永州府志》的编纂及文本比较 [J]. 湖南农业大学学报（社科版），2013，14（3）：88-93.
[4]　（清）嵇有庆，徐保龄修，刘沛纂 . 零陵县志·凡例 [M]，光绪二年（1876 年）.

志书名	朝代	修纂者	志书名	朝代	修纂者
《零陵志》	宋	佚名纂	（嘉靖）《永州府志》5 册	明嘉靖三十四年（1555 年）	戴维师监修
（淳熙）《零陵志》10 卷	宋	张埏纂	（隆庆）《永州府志》17 卷	明隆庆五年（1571 年）	史朝富、陈良珍纂修
（嘉定）《零陵志》10 卷	宋	徐自明纂	（万历）《永州府志》20 卷	明万历年间	福清等修，陈祯纂
《永州志》	宋	佚名纂	（康熙）《永州府志》24 卷	清康熙九年（1670 年）	刘道著修，钱邦芑纂
（延祐）《永州路志》	元	邓桂贤纂	（康熙）《永州府志》24 卷	清康熙三十三年（1694 年）	姜承基修，常在等纂
《零陵山水志》	明	易三接纂	（道光）《永州府志》18 卷	清道光八年（1828 年）	吕恩湛修，宗绩辰纂
（洪武）《永州府志》12 卷	明洪武十六年（1383 年）	虞自铭修，胡琏纂	（道光）《永州府志》18 卷	清同治六年重校重刻	廷桂修，何茂才纂
（弘治）《永州府志》10 卷	明弘治七年（1494 年）	姚昺纂修			

资料来源：（清）吕思湛修，宗绩辰纂.道光八年《永州府志》，同治六年重校重刻本，湖南文库编辑出版委员会，岳麓书社，2008 年版前言。

历史上，整个永州府范围内所修志书虽较多，但今天能见到的永州府志仅有明代的（洪武）《永州府志》、（弘治）《永州府志》、（隆庆）《永州府志》和清代的 3 部，其余 14 部，全都佚失。相对而言，零陵县志保存较好 [清康熙七年（1668 年）的《零陵县志》后来遇火焚，未得流传]。但县志记事删繁就简，对零陵古城的记述不是很详。本章写作的主要依据是明清以来的永州府志、零陵县志、清乾隆四十年（1775 年）的文渊阁四库全书本《湖广通志》、光绪十一年（1885 年）成书的《湖南通志》、他人传记，以及其他学者的研究成果。

零陵县修志源流概况　　　　　　　　表3-1-2

志书名	朝代	修纂者	志书名	朝代	修纂者
《零陵县志》	清康熙七年（1668年）	李如涝，吴志灏等撰修	《零陵县志》15卷，附补遗一卷	清嘉庆二十三年（1818年）	嵇有庆，徐保龄修纂
《零陵县志》4卷	清康熙二十三年（1684年）	王元弼，黄佳色等编纂	《零陵县志》15卷	清光绪二年（1876年）	嵇有庆，徐保龄修，刘沛纂
《零陵县志》16卷	清嘉庆十五年（1810年）	武占熊，刘方濬等编纂	《零陵县乡土志》	民国7年（1918年）	蒋元龙主编
《零志补零》3卷	清嘉庆二十二年（1817年）	宗霈修纂	增补光绪二年《零陵县志》	民国20年（1931年）	郑桂芳增补

资料来源：湖南省永州市，冷水滩市地方志联合编纂委员会编.零陵县志 [M].北京：中国社会出版社，1992：704.

第二节　宋末以前永州古城形态与规模推测

宋末以前的西汉泉陵城和汉唐零陵郡城的形制与规模，史书记载不详，前人研究尚未涉足。基于前节的分析，本节对于宋末以前的永州古城形态研究主要采用要素类比法和历史地理的溯源法。

一、宋末以前永州城池形制推测

上一节从零陵外城修筑时间，以及地方城市中子城产生必须具备的条件分析推测，南宋嘉定年以前，零陵古城还只是郡治与县治同城的四门单城。这里完善五点依据：

首先，《三国志·吴书·吕蒙传》载，吴将吕蒙攻夺零陵城，零陵太守郝普守城不降，后通过郝普好友邓玄之以谎言诱骗郝出降。郝普出城前，"蒙豫敕四将，各选百人，普出，便入守城门。"吕蒙预先选四将抢入，守住城门，表明三国时零陵城是"四门"之城。

其次，目前还无史料显示南宋景定年以前零陵郡城有外城。南宋时期，参与筑城的教授官吴之道在《永州内谯外城记》中对于宋城修筑的记述为："绍兴间（1131～1162年），曹成诸寇，棹鞅径入，至嘉定（1208年）而又有李元砺之顶洞，赵侯善谥始增修其里城焉，外城犹未暇。及开庆已未

（1259 年），轺从南来……提刑黄公梦桂于庚申（景定元年，1260 年）秋拥节兼郡，议筑外城……鸠工于癸亥之秋，而讫工于甲子（1264 年）之夏。"而且，自明洪武以来，永州修志没有间断。明隆庆五年的《永州府志·创设上》载："郡城创于宋咸淳癸亥，元因其旧，洪武六年，本卫官更新之。"清康熙九年和康熙三十三年的《永州府志·建置志·公署》载："永州府治在城中近北倚山，唐宋遗址"；"零陵县治在府城南门内，宋县令吕行中建。"据清同治年间的《黄县志》载，吕行中随宋高宗南迁后，"绍兴二十九年（1159年）知零陵县，孝宗乾道七年（1171 年）知德安县。"清道光八年的《永州府志·建置志·城池》载："今之城池即汉零陵郡城，创于武帝元鼎六年，至宋绍兴中赵善谧增修里城，开庆咸淳（即开庆至咸淳）增筑二郭，元因其旧。洪武六年，永州卫指挥更拓之。"

相比之下，清道光八年的《永州府志》是现存《永州府志》中最好的一部。2008 年，由湖南文库编辑出版委员会编辑，岳麓书社出版的据清道光八年（1828 年）刻本，同治六年的（1867 年）重印的《永州府志》的"前言"中这样评价该志的价值：是志不但远胜于康熙九年的《永州府志》，即与康熙三十三年的《永州府志》相比较亦优越多矣，是现存《永州府志》中最好的一部。其特点有四，第一是所绘诸图，靡不详尽；第二是考证确凿，有根有据；第三是编排合理，详略得体；第四是订讹纠错，史料可信。清道光八年的《永州府志》中记载的永州外城修筑的时间与吴之道的《永州内谯外城记》中记载的基本相同。

虽然，宋末《方舆胜览》卷之二十五永州篇有："东岩，在州治东子城外。南池，在子城外。万石亭，在子城北"[1] 的记述，但不如道光八年的《永州府志》中记述详尽，如《方舆胜览》对南池的记述没有对前人的记述进行比较；对万石亭的记述，省去了柳宗元作传记的时间；对东岩的记述，只有"旧有湍流，相传牧守流觞此水"一句，而道光八年的《永州府志》中就不再记述东岩。

康熙九年的《永州府志·建置志》记述："万石亭在府治后，唐刺史崔能建，今废"；其《山川志》记述："瑞莲池在城东，即南池"。道光八年的《永州府志·名胜志》中的记述"万石亭"位于府治后的万石山上，而"南池"的位置在不同的志书中表述不同，有多种说法，大概均位于汉唐零陵郡治东边，零陵县学宫前，即宋末外城扩建后的东门内。笔者比较清道光八年的《永州府志》和清康熙九年的《永州府志》中对于"南池"和"万石亭"的记述，以及各《永州府志》中关于永州外城修筑时间的记载，考

[1]　（宋）祝穆撰，祝洙增订. 方舆胜览·卷25·湖南路·永州 [M]. 施和金点校. 北京：中华书局，2003：455-459.

虑《方舆胜览》出版的过程，并结合后人对于它的评价[1]，认为《方舆胜览》中记载的"子城"即为南宋末年外城扩建后的内城，因为祝洙增补重订的《方舆胜览》在宋末永州外城扩建之后。目前不见有史书关于西汉时零陵（泉陵）拓城，以及汉唐零陵郡城的记载，也不见有考古关于南宋以前零陵城墙遗址的记述。唐大历元年（766 年），道州刺史元结，"自春陵诣都使计兵"（《朝阳岩铭》序），乘船路过零陵，发现"朝阳岩"，并题写《朝阳岩铭》和《朝阳岩》诗，刻于石壁上。其铭曰"……况郡城并邑，岩洞相对……"，表明唐代零陵城是郡治与县治同城。因此，笔者推测，南宋以前，零陵县治与零陵郡治同城。

第三，秦汉时代多数郡县城并不另建外郭。贺业钜先生结合考古资料，进行对比研究后认为：秦汉时期郡县城市规划格局基本上是继承战国革新传统的产物，这一时期多数郡县城并不另建外郭，城市道路仍采用经纬涂制：

> 至于郡县城的形制与规模，秦汉均无明确规定，都是视实际情况而定。大抵作为郡（国）的城市，规模都较大，形制则不一，县的规模则较小。发达地区与不发达地区因具体条件与要求不同，故城的规模亦有明显的大小差别。这两代除了营建部分新城外，大部分郡（国）县城多系继承前代旧城加以改造而成的。城的规划结构，基本上仍秉承春秋战国时代的革新传统，适当作些调整、补充、提高。考察秦汉时代多数郡县城并不另建外郭，故城之规划基本上采取综合城郭分工传统的结构形式，将城市划分为政治活动与经济活动两个综合区。这种综合区便是以相关的功能分区为基础，组合而成的。城市道路仍采用经纬涂制。道路网布局、道路数量、等级等，均视实际交通功能要求来安排，南方水乡城市，尚须布置城市水上交通[2]。

第四，古城地形险固，凭险固守，建设外郭城的可能性小。"内为之城，城外为之郭"。"郭"既可指一个城市的外城墙，也可指郊区。"在两周及秦汉时还存在着两种形式的郭，一种是亦筑有城墙的郭，一般称作郭城，一种是以天然山水为屏障而未筑城墙的郭，一般可称郭区。"[3]"永去天虽

［1］ 百度网——《方舆胜览》：（宋）祝穆撰《方舆胜览》，于宋理宗嘉熙年间（1237～1240 年）刊印。后其子祝洙又加以重订，并增补 500 余条内容，于度宗咸淳年间（1265～1274 年）重新刊行于世。清《四库全书总目提要》说：《方舆胜览》"盖为登临题咏而设，不为考证而设，名为地证，实则类书也。"
［2］ 贺业钜．中国古代城市规划史 [M]．北京：中国建筑工业出版社，1996：331-333．
［3］ 杨琮．崇安汉代闽越国故城布局结构的探讨 [J]．文博，1992（3）：48-55．

远，人蒙厚泽，耕凿相安。自有不塘而高，不池而深，不关而固者。"[1] 零陵郡城东依东山，西临潇水，"天时不如地利"，因天然屏障作为阻固，形成自然郭区，已经相当安全，而且"秦汉时代多数郡县城并不另建外郭"。加之自汉至宋，永州（零陵）的行政区划与行政等级处于经常的变化之中，总体上说，自三国至宋，辖区由大变小，地方权力始终没有持续地扩张。如：三国时，蜀昭烈帝章武三年（223 年），刘备病故，零陵郡地入东吴。孙吴时期，零陵郡地域开始减小，地方权力相对削弱。总体看来，唐代修城重点区域主要集中在北方和岭南、山南等少数民族较多的地区，从唐初至安史之乱的一百多年间，内地城市城墙的修筑被忽略。"唐宋元时，县级行政体制没有发生根本性的变化，地方结构比较单一，基本上围绕县衙布局。"[2] 所以，笔者推测，南宋末年加筑外城之前，零陵郡城外并无郭城，是自然的郭区。也正如前文所述，唐代，零陵城最大的特点是城外出现了山寺园林——东山公园，建有法华寺（即今高山寺）和永宁寺，为永州辖区内最早的园林。

第五，零陵郡治由零陵县（今广西全州咸水）移至泉陵县后，城邑规模较泉陵县城有所扩大[3]。周长山先生研究汉代城市认为，汉代的地方城市"一般来说，普通县城的城郭周长为 1000 ~ 3000m；郡治所在的县城规模要稍大一些，为 3000 ~ 5000m。"[4] 周先生总结考古所见的汉代郡城城址周长大多为 5000m 以上，最长的接近 8000m，只有个别城址周长小于2000m，如辽西郡城城址周长约为 1600m（表 3-2-1）。泉陵为汉武帝元朔五年（前 124 年）封长沙定王子刘贤为泉陵侯国驻地（《史记·建元以来王子侯者年表》）。王文楚先生研究认为："泉陵乃侯国，非大邑，不足以当郡治。"[5] 可见，自东汉光武帝建武年间，零陵郡治由广西全州零陵县移至泉陵县后，零陵郡城规模较泉陵侯国城有所扩大（详见下文秦汉时期该地区古城形制规模比较）。

综合以上史料记载和秦汉至两宋时期多数郡县城的营建特点，笔者认为，南宋以前，零陵县治与零陵郡治同城，零陵古城为四门方形单城。

[1] （南宋）吴之道. 永州内谯外城记 [M] // （明）史朝富，陈良珍修. 永州府志·创设下，明隆庆五年（1571 年）.
[2] 成一农. 古代城市形态研究方法新探 [M]. 北京：社会科学文献出版社，2009：16.
[3] 王田葵. 零陵古城记——解读我们心中的舜陵城 [J]. 湖南科技学院学报，2006，27（10）：1-12.
[4] 周长山. 汉代城市研究 [M]. 北京：人民出版社，2001：36.
[5] 王文楚. 关于《中国历史地图集》第二册西汉图几个郡国治所问题——答香港刘福注先生 [A] // 王文楚. 古代交通地理丛考. 北京：中华书局，1996：343.

考古所见汉代部分郡城城址的形制与规模   表3-2-1

序号	古郡名	郡治所	今址	形制与规模（m）	出典
1	右北平郡	平刚县	内蒙古自治区宁城县头道营子	方形。内城：东西750，南北500；外罗城：东西1800，南北800；城周5200。大城包小城，小城位于大城北部	考古，1982（2）；社会科学战线，1983（1）
2	辽西郡	阳乐县	辽宁省锦州凌海市白台子乡大王家窝铺村	方形。南北约500，东西宽300；城周1600。城址西北部有约20m² 土台	辽宁日报，2011-03-17（B09）（推测）
3	玄菟郡迁徙后的郡治（推测）	高句丽县	辽宁省新宾县永陵镇	方形。东残长455，西残长375，南残长215	考古，1989（1）
4	定襄郡	成乐县	内蒙古和林格尔县北部	方形。汉魏时东西670，南北655；城周2650	文物，1961（9）
5	上谷郡	沮阳县	河北省怀来县东南30里处	方形。大小城并列；城周5000	考古通讯，1995（3）
6	常山郡	元氏县	河北省元氏县古城村	方形。东西1100，南北1100；城周4400	文物参考丛刊1
7	河东郡	安邑县	山西省夏县北	方形。有大中小三城，中城系秦汉河东郡治所，周长6500	文物，1962（4、5）；考古，1963（9）
8	济南郡	东平陵县	山东省章丘西	四方均长1900；城周7600	考古学集刊11
9	北海郡	营陵县	山东省昌乐县东南50里处	方形。城周6600	齐鲁名物博览
10	广陵郡	广陵县	江苏省扬州市区	近似方形。东城：东1900，北残存900	文物，1979（9）；考古，1990（1）
11	江夏郡	安陆县	湖北省云梦县城关	近似方形。东西1900，南北1800；周7400。有中垣	文物，1994（4）；考古，1991（1）
12	广汉郡	东汉雒县	四川省广汉县城关	近似方形。东西2400，南北1800；城周7350	中国考古学会第五次年会论文集1985年

资料来源：周长山著．汉代城市研究[M]．北京：人民出版社，2001：46-54．

二、宋末以前永州城池范围推测

由于没有直接的文献资料，很难准确推断东汉时期零陵郡治与泉陵县治的位置关系，以及南宋以前零陵郡城的范围，笔者基于下列史料与理论分析推测泉陵县城和零陵郡城的范围。

1. 史书记载

明隆庆五年《永州府志·郡邑纪》载："零陵县本汉泉陵县，隶零陵郡，东汉郡治于此。晋后因之，隋改泉陵为零陵……国朝因之，编户二十五里，县附府。"其《创设上》载："郡城创于宋咸淳癸亥，元因其旧，洪武六年，本卫官更新之"。其《地理志·山》载："零陵城内东为高山……北为万石山"。其《地理志·古迹》又载："泉陵城在县北二里，晋应阳县地，惠帝分灌阳县，置泉陵县，隋省入零陵，今废"。即泉陵城在明代零陵县治所北二里。

清康熙九年《永州府志·建置志·公署》载：永州"府治在城中近北倚山（即万石山），唐宋遗址。洪武十四年知府余彦诚修，正德十三年知府何诏重修。"清康熙三十三年《永州府志·建置志·公署》载：永州"府治在城中近北倚山（即万石山），唐宋遗址。洪武十四年知府余彦诚修，正德十三年知府何诏重修，崇祯间知府孙顺复修。"清道光八年《永州府志·建置志·公署》载：永州"府署在城中近北倚万石山，唐宋遗址。明洪武间知府余彦诚修，正德间知府何诏重修，崇祯间知府孙顺复修。"其《名胜志·零陵篇》曰："城西北隅府署所倚曰'万石山'，多怪石。"在柳宗元写于唐元和十年（815年）的《永州崔中丞万石亭记》中，万石山为城外荒野之地，御史中丞崔能登之需"伐竹披奥，欹侧以入"。宋末《方舆胜览·卷二十五·永州篇》有："东岩，在州治东子城外。南池，在子城外。万石亭，在子城北。"（自上文分析可知："子城"为南宋末年外城扩建后的内城）清嘉庆十五年《零陵县志·城池》亦曰："泉陵县城在零陵县北二里"。据此可知，南宋末年加筑外城以前零陵郡、县城东凭东山，北倚万石山，距零陵县衙北二里。

1992年出版的《零陵县志》："据清嘉庆《零陵县志》载：'泉陵县城在零陵县北二里'，即今东风大桥东段、自北而南至大西门地段的泉陵街一带。隋改泉陵县为零陵县，县治所设零陵郡城南门内。""民国11年，撤销府（州）一级机构，县署迁至府署。"[1] 据此可知，泉陵县城在今永州城中的大概位置，且古零陵郡、县同城。

---

[1]　湖南省永州市，冷水滩市地方志联合编纂委员会编.零陵县志[M].北京：中国社会出版社，1992：8.

2001年出版的《零陵地区志》这样描述东汉零陵郡城的选址与形制："东汉零陵郡城傍泉陵侯城址，坐东朝西，东凭东山，西临潇水，依地形呈封闭型不规则长方形，设四边城门，城内道路以南北为轴成十字相交，直通城门与渡桥[1]，郡署位于中轴线南部，坐北朝南。自此，郡治、府治、州治名称随朝代更替而变换，但零陵城址历千余年而不变，是境内规划建设最早（之一，笔者注），城址唯一不曾迁徙的城市。"[2] 据此可知汉至宋零陵郡城南墙的大致位置。

2. 风水地形

从今天的零陵区地形看，古城自东山山顶至大西门是重要的东西向轴线。就今天的格局来看，这条轴线始于东山制高点武庙、高山寺，由陡坎而下至大西门，涉河至西山南麓柳子街。泉陵县城和零陵郡治所位于这条轴线北部，东凭东山，北倚万石山，潇水从南、西、北三面环城缓行，是古代城池选址的最佳地点，它符合古代城市选址的军事学和风水学理论要求。据相关学者研究，风水学至少在西汉时期已经成为一门独立学科。讲究风水是中国古代城市和建筑的选址与布局的重要思想，对城市和建筑的选址与布局影响深刻。城池选址于此，以万石山和东山为凭，因潇水为池；建筑坐北朝南，南向相对开阔，潇水自南向蜿蜒而来；左东山（青龙）邻城高俊，右西山（白虎）远城矮秀，符合藏风聚气、来水聚财、青龙昂首、白虎低头的风水学观点。"一水弯环罗带阔，千古零陵擅风月"（范成大《愚溪在零陵城》），古城既有"形"的阴阳山水形态，也有"质"的环境文化内涵，形意契合。据此也可推知汉至宋零陵郡城南墙的大致位置。

3. 主要建筑和街道位置

分析比较明清以来的《永州府志》和《零陵县志》中的城厢图及记载，尤其是清光绪二年《零陵县志》中的城厢图（图3-2-1）和1992年《零陵县志》中的零陵县城平面图（包括中华民国35年零陵县城厢图和1982年零陵县城平面图（图3-2-2））中的主要建筑位置和城市街道特点，结合零陵城的地形与1992年版《零陵县志》和2001年版《零陵地区志》对于东汉零陵郡城的描述，以中华民国35年（1946年）零陵县城厢图为参考，并结合古代城市与建筑的选址理论，笔者推测南宋以前，零陵郡县城池在民国35年零陵县城厢图中的大致范围为：以大西门正街（今新街）为东西轴线，东至钟楼街（今中山路），西至鼓楼街—正大街（今正大街），南至七层坡路（今七层坡路），北至万石山（今东风大桥东段）。而城墙的相对位置还

---

[1] 渡桥，即大西门外潇水上的浮桥，始建于元代，也称黄叶渡浮桥。

[2] 零陵地区地方志编纂委员会编. 零陵地区志[M]. 长沙：湖南人民出版社，2001：994.

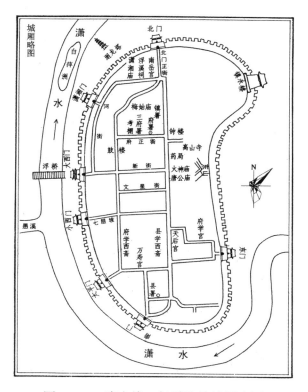

图3-2-1 清光绪二年零陵县城厢略图

（资料来源:永州市、冷水滩市地方志联合编纂委员会.零陵县志[M].北京:中国社会出版社,1992:9）

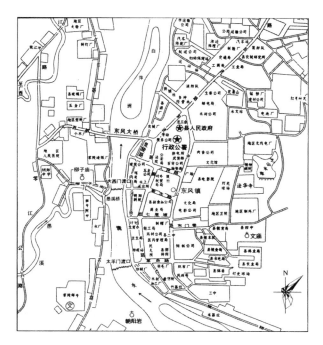

图3-2-2 1982年零陵县城平面图（局部）

（资料来源:永州市、冷水滩市地方志联合编纂委员会.零陵县志[M].北京:中国社会出版社,
1992:11）

需结合城池规模、地形、主要建筑和后期街道位置进行溯源推测。本文择
其要者分述如下。

(1) 府署与县署位置

考察明清以来的史志记载，可以发现，永州府署自东汉至明清，其位
置一直没有变动，而南宋以前，零陵郡治所与零陵县署同城。

明隆庆五年的《永州府志·郡邑纪》载："零陵县本汉泉陵县，隶零陵
郡，东汉郡治于此。晋后因之，隋改泉陵为零陵，以应阳、永昌、祁阳省
入，隶永州。自唐李靖奏复祁阳自为县，而应阳、永昌为零陵地，历宋元至。
国朝因之，编户二十五里，县附府。"其《地理志·古迹》载："泉陵城在
县北二里……今废。"

清康熙九年的《永州府志·建置志·公署》载："永州府治在城中近
北倚山（即万石山），唐宋遗址。洪武十四年知府余彦诚修，正德十三
年知府何诏重修。""零陵县治在府城南门内，宋县令吕行中建。"清康
熙三十三年的《永州府志·建置志·公署》载："永州府治在城中近北
倚山（即万石山），唐宋遗址。洪武十四年知府余彦诚修，正德十三年
知府何诏重修。崇祯间知府孙顺复修。""零陵县治在府城南门内，宋县
令吕行中建。"清乾隆四十年的《湖广通志·城池志》载："永州府城即
汉零陵郡城，至五代仍旧，宋咸淳中始扩而增焉。"清道光八年的《永
州府志·建置志·公署》也载："永州府署在城中近北倚万石山，唐宋
遗址。明洪武间知府余彦诚修，正德间知府何诏重修，崇祯间知府孙顺
复修。"清嘉庆十五年的《零陵县志·城池》曰："泉陵县城在零陵县北
二里。"

(2) 学宫位置

由于年代久远及史志不详，唐代以前永州学宫建于何处，已经无法考
证。清康熙九年的《永州府志·学校·学宫》载，永州学宫，建于唐大中
年间（公元 847 ~ 859 年），由当时的永州刺史韦宙创建，宫址在今零陵
区潇水西岸红旗渠旁。后来迁往愚溪，宋庆历（1041 ~ 1048 年）年中因"诏
天下皆立学"柳拱辰移建于郡东高山之麓，宋嘉定间郡守赵善谧徙而下之
（今零陵宾馆内）。后又几经重修，民国 31 年（1942 年），学宫被日本侵略
军飞机炸毁。又据明隆庆五年的《永州府志·创设上》载："零陵县学，宋
嘉定（1208 ~ 1224 年）初在黄叶渡（大西门外渡桥）西，后又移至城东。"
表明宋代中叶以前，永州学宫还是位于城外。

(3) 后期街道位置

考察中华民国 35 年的"零陵县城厢略图"与清光绪二年的《零陵县志》
中的"零陵县城厢略图"，可以发现它们的道路网是一脉相承的。民国时
的钟楼街—南司街（今中山路），即为清时的后街（府署钟楼至县署）；民

国时的考棚后街—正大街—五通街（今正大街—府学西路），即为清时的前街（府署鼓楼至太平门）；民国时的大西门正街—新街（今新街），即为清时的新街。城区地形呈长方形，汉泉陵城所在地段，从东山西麓今中山路到潇水河边，距离约为450m；今人民路即为前期的府正街（府署南门前），连接中山路与泉陵路和内河街，全长约398m。

（4）吕虎井位置

吕虎井又名观音井，在今永州市第二中医院内，方形，井壁为大卵石砌筑，无栏。据《三国志·吴书·吕蒙传》载，吴将吕蒙攻夺零陵城，零陵太守郝普守城不降，后通过郝普好友邓玄之以谎言诱骗郝出降。明隆庆五年的《永州府志·地理志·古迹》载："吕蒙城在城北二里，吴吕蒙攻，潇湘零陵太守郝普城守。不下，蒙因筑城守之，今废。"笔者认为此处"城北"应为"永州府城北"。相传吕蒙驻兵零陵时，经常在东山练兵。一个炎炎夏日，马渴人饥，吕蒙跳下马背，拔剑掘土，泉水奔涌，后人用石围砌，取名"吕虎井"。吕虎井之名虽为民间传说，但它记载了古城历史，表明此井位于城外，是古城景观人文内涵的体现。清康熙九年的《永州府志·山川》载："吕虎井在永宁寺前，吴孙权遣吕蒙取荆州驻兵于此，插剑涌泉，谓其有力如虎也。"清康熙九年的《永州府志·外志·寺观》载："永宁寺在城东山，唐天祐三年建，宋太平五年（980年）赐额。"

永州市第二中医院位于现在的零陵区中山路东边。而据上面的推断，今天的中山路即是民国时的钟楼街至南司街，也即为清朝时期的后街（府署钟楼至县署）。吕虎井既然是吕蒙"插剑涌泉"处，必然位于三国时零陵郡城（明永州府城）外。由此也可以推断三国时零陵郡城墙不会超过清朝时期的后街（具体为钟楼街）。

据以上零陵郡城的地形、主要建筑和后期街道位置进行溯源推测，可以推断南宋以前，零陵郡县城池的大概位置范围。

三、宋末以前永州城池规模推测

据上文论述可知，南宋以前永州城的形制为：自泉陵县始至宋代中叶永州城的城池格局基本一致，零陵郡城在前期的泉陵县城的基础上有所拓展，为正门四的方形单城。

实际上，对照同时期这一地区其他城池的形制与规模，我们也是很容易类比推论的。这里拟以秦汉时期零陵及周边地区古城的形制与规模为例，考察和探讨南宋以前零陵郡县城的形制与规模。

（1）蓝山县南平西汉故城：位于蓝山县城东北约3km许城腹村的东南角，舜水之阳，自汉高祖五年（前202年）至宋绍定年间，南平县、蓝山

97

县治均设于此。北宋时的《太平寰宇记》载，蓝山县"本汉南平县也，今县东七里有南平故城存"，清同治六年（1867 年）的《蓝山县志》载："县旧治在南平乡，名古城；后徙凤感乡，曰古城；宋迁今治。"[1] 今留有方形土城遗址，东西、南北各长约 150m。考古发现墙基内有大量秦汉绳纹筒瓦、板瓦、汉砖瓦和陶坛罐残片，还有战国铜矛[2]。除表层发现部分唐代陶瓷外，大部分是秦汉时期的遗物。故城城址东北面、北面、西面的黄土丘冈上，分布汉代古墓较多。

（2）宁远县西汉舂陵侯故城：位于宁远县城北柏家坪镇与柏家村之间，地处舂陵河上游的两条支流交汇处南。汉武帝元朔五年（前 124 年）置，长沙定王封第十三子刘买为舂陵节侯，建舂陵侯国，计立侯国 79 年，建县 99 年。遗址四周夯土城墙犹存，四角高出城墙成城堡状（图 3-2-3、图 3-2-4）。现存东西城墙长 169m，南北城墙均长 135m。城墙残高 2.5 ～ 3m，城墙宽 3 ～ 3.5m。城略呈方形，坐北朝南，城门对开，城中有十字街道。城址中发现有绳纹筒瓦、板瓦和米格纹、方格纹陶片等[3]。城墙夯土层次分明，西、东、北墙有城门遗址，四周有护城河。现为全国重点文物保护单位。

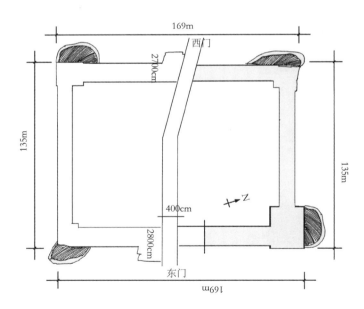

图 3-2-3　舂陵侯城遗址平面图
（资料来源：永州市文物管理处提供）

[1]　（清）锺范，胡鹗荐修．蓝山县志·营建志·城池 [M]，清同治六年（1867 年）．
[2]　刘跃兵．蓝山发现汉代南平故城遗址 [N]．湖南日报，2014-09-09（5）．
[3]　零陵地区地方志编纂委员会编．零陵地区志 [M]．长沙：湖南人民出版社，2001：1467．

图3-2-4　舂陵侯城遗址全貌
（资料来源：永州市文物管理处提供）

（3）宁远县泠道西汉故城：位于宁远县城东偏南11km处的泠水镇培泽村南，下胡家村北，西面为泠江河。汉武帝元鼎六年（前111年）置，经历西汉至宋乾德二年（964年）。宋乾德二年县城徙今地，乾德三年改县名为宁远县，泠道故城始废。泠道故城遗址呈梯形，坐北朝南，城门对开，城中有十字街道（图3-2-5）。夯土北墙、西墙及东北段保存较高，东墙南段及南墙大部分被挖掉，但城墙宽度仍清楚可见，约3～5m，四角城雉似城堡，残高5～8m。现存城墙南北外长170m，东西外宽87m；城内长140m，宽74m。城墙外护城河仍清楚可见，宽17～25m，深2.5～3.0m。城址中出土大量西汉时期的绳纹板瓦、筒瓦、瓦当，以及印纹砖和印纹硬陶坛、罐片等[1]。城址附近有长达十余里之古墓群，并有聚落遗址，文化遗存丰富，对于研究秦汉以来的历史、政治、经济具有重要价值。泠道故城为马王堆汉墓出土的《长沙国南部地形图》所标城邑之一。现为全国重点文物保护单位。

99

图3-2-5　泠道县城遗址

[1]　张泽槐. 古今永州 [M]. 长沙：湖南人民出版社，2003：76.

（4）蓝山县城头岭故城：为秦汉故城，黄土夯筑，位于蓝山县总市乡下坑村南。"城址呈长方形，黄土夯筑，南北长 136m，东西宽 133m，城高 4m，四角筑有城堡，东、南、西三向墙迹残存，1987 年文物普查时在城址内发现有筒瓦、绳纹板瓦、米格纹陶等秦汉遗物。"[1]

城头岭故城所在地域处于春水与泠水之间，距春水近泠水远。周九宜先生根据长沙马王堆汉墓出土的《长沙国南部地形图》绘记，以及古"营道县"历史等，研究认为蓝山县总市乡下坑村城头岭古城址，即马王堆三号汉墓古地图所绘泠道城。所辖地域应为今湖南省宁远县、蓝山县、新田县的一部分[2]。

（5）全州县建安司故城：位于全州县凤凰乡和平村建安司自然村后面。遗址距湘江南岸 233m。城址略呈方形，南段长 127m，北段长 130m，东段长 124.5m，西段长 120m。四周城墙用泥土夯筑而成，保存较好，残高 2～4m，宽 5～10m。城四角有较明显的角楼建筑痕迹，残存城墙基脚长约 19m。城内地势平坦，南、北各开一城门。城外四周有宽约 10m 的护城壕。从筑城的方法、发现的遗物来看，该城址应为汉代城址。城南左家坪一带有汉代古墓葬群，占地超过 10km²[3][4]。

（6）全州县洮阳故城：《汉书·王子侯表》载，武帝元朔五年（前 124年）六月，封长沙定王发之子狩燕为洮阳侯。故城遗址在今广西全州县北 15km 处的永岁乡梅潭村后山岗上。洮阳城是座山城，依山势形态用泥土夯筑而成。城址坐东朝西，南临湘江，东、西、北三面位于山上，居高临下，高出湘江水面约 20m。平面磬折作多角形，正中有六边形台面，东西两翼略低，类似郭城，东西各开一门，凡转角处都有角楼。内城（正中部分）东西长约 300m，南北宽约 200m，现存版筑城墙残高 2～3m，宽 5～10m；外城（东侧临湘江部分）东西长约 300m，南北宽 230m，城墙高与内城同。城址内散布大量方格纹和米字组合纹陶片，以及细绳纹大瓦、筒瓦等遗物[5]（图 3-2-6）。《长沙国南部地形图》中标有洮阳县的方位，在长沙西汉前期墓中出土有"洮阳长印"和"洮阳令印"[6]。1981 年洮阳故城遗址被列为广西壮族自治区重点文物保护单位。

[1] 零陵地区地方志编纂委员会编.零陵地区志 [M].长沙：湖南人民出版社，2001：1467.
[2] 周九宜.对长沙马王堆西汉墓出土古地图中泠道、岹道、春陵等城址的考证 [J].零陵师专学报，1996（1～2）：181-183.
[3] 全州县志编纂委员会编.全州县志·第二十五卷·第八章·遗址 [M].南宁：广西人民出版社，1998.
[4] 李珍.汉零陵县治考 [J].广西民族研究，2004（2）：108-110.
[5] 全州县志编纂委员会编.全州县志·第二十五卷·第八章·遗址 [M].南宁：广西人民出版社，1998.
[6] 蒋廷瑜.湘桂走廊考古发现琐记 [A]// 吕余生.桂北文化研究.南宁：广西人民出版社，1999：104-116.

（7）灌阳县观阳故城：位于广西灌阳县新街乡灌江西岸邓家村旁边的古城岗上，东临灌江，背靠群山，是一座依山傍水的山城。古城遗址坐北朝南，南北长约200m，东西宽195m。东有城门通向居民区，西有城门通向城外山（练兵场）。城北面和西北面有护城壕，东面及东南面为护城河，与灌江相通。西南面为陡坡，西面地势较平坦。城墙为泥土夯筑，依山势自山腰作台阶式

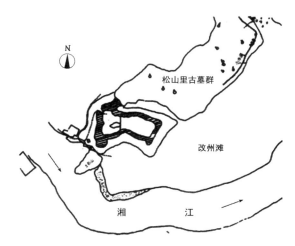

图3-2-6　广西全州县洮阳故城遗址测绘图
（资料来源：蒋廷瑜.桂北地区的"秦汉古城"[N].
南国早报，2008-02-05（037））

向山顶延伸，最高点距灌江水面约20m，城垣四周高耸，高出地面4～10m，城墙基脚墙宽8～15m。城墙转角处有城堡式土台，东西城墙对称位置各有瞭望台2个，高出墙体约3m，城北面和西北面有护城壕，与灌江相通。城内地势东南偏低，西北面高；靠西北中央地带有一高于四周2～3m的长方形台基，地面平整，上有数处石柱础。城外西北面约100m处有汉、晋、唐、宋墓葬群，东北角有战国墓。现城垣完好，古城范围尚存有大量汉代陶器碎片、板、筒瓦以及瓦当残片。遗址为长沙马王堆三号墓出土的地形图上标明的观阳县位置，与今灌阳县地理位置相同，属西汉长沙国管辖之地[1][2]（图3-2-7）。1981年观阳故城遗址被列为广西壮族自治区重点文物保护单位。

（8）兴安县城子山故城：位于兴安县界首镇城东村城子山屯北约5m处。城址东临湘江，距湘江最近处约30m，南紧靠城子山屯，西南被一条称为沙江的小溪所环绕，北为平坦的田地。城为长方形，南北向，南北长约300m，东西宽约240m，占地面积约66000m²。城墙为黄土夯筑而成，现今四周尚可见其痕迹，其中西、南城垣保存较好；东城垣只存南段长约100余米；北城垣保存最差，被毁严重，仅存西端和中部一小段。城墙现存高1～3m，宽5～10m。城址四角较高、墙体宽厚，可能原建有防御性的楼橹建筑。城西、北墙有缺口，可能为城门。城内地

[1]　灌阳县志编委办公室编.灌阳县志·第五篇·第四十七章·文物[M].北京：新华出版社，1995.

[2]　高东辉.岭南地区秦汉城邑试探[EB/OL].江门市博物馆网 http：//www.jmbwg.cn/gb/xsyj.asp?ArticleId=196.

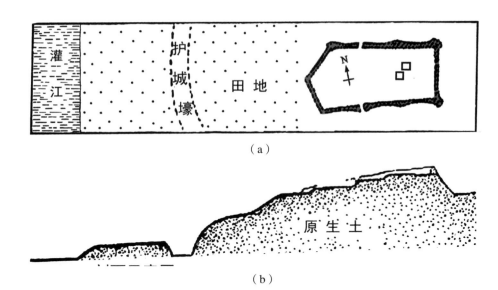

图3-2-7 广西灌阳县观阳故城遗址示意图
（a）平面示意图；（b）剖面示意图
（资料来源：高东辉. 岭南地区秦汉城邑试探 [EB/OL]. 江门市博物馆网，2014-10-25.
http://www.jmbwg.com/Research_View.aspx?id=326）

势较为平坦，不见明显的夯土台基，现已全部被辟为稻田。西垣外可见一道宽约12m的护城壕，东垣外也可见到城壕痕迹，南、北护城壕不见。在城址处可采集到大量的绳纹瓦片。在城子山古城址附近发现有10多处墓葬群。广西壮族自治区文物工作队的李珍和覃玉东等同志根据史书关于汉零陵县、零陵郡的记载，并结合区域的地理位置状况和考古发现，认为古零陵县、郡城方位大致在今全州县南部与兴安县北部交界地带，与城子山古城址的位置基本吻合，认为城子山故城应为西汉零陵郡、县治所[1]。

（9）兴安县七里圩故城：位于兴安县城西南20km处的溶江镇七里圩村南端约200m处，是广西建筑年代较早、保存较好的"秦城遗址"中保存最完整的城址。当地群众称此城为"王城"。城四周地势平坦，大溶江从城址的北部绕城西而流经城址的南面。城址东墙长164m，西墙长149m，南墙长257m，北墙长214m。墙高约3m，顶宽约10m，墙基宽约15m。城门一座，开在北墙偏东处。城内地势平坦，有五处高1m左右的夯土建筑台基。城外四周有宽10～20m、深约2.5m的护城壕，护城壕在城东北变开阔，折向东南与大溶江相通。城壕外为挖土而成的外城墙。王城城址在建筑形制、出土器物等方面均显示出浓厚的汉代特征，广西壮族

[1] 李珍. 汉代零陵县治考 [J]. 广西民族研究，2004（2）：108-110.

自治区文物工作队勘察研究认为，王城始建于西汉中期，在东汉时曾进行过一次加筑，魏晋时期废弃[1]（图3-2-8）。

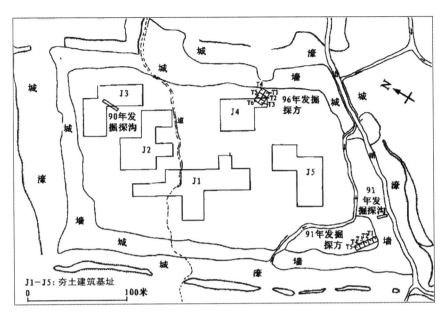

图3-2-8　广西兴安县秦城遗址七里圩王城城址平面图
（资料来源：广西壮族自治区文物工作队，兴安县博物馆．广西兴安县秦城遗址七里圩王城城址的勘探与发掘 [J]. 考古，1998（11）：36）

　　上面列举的同时期县级城郭规模与城墙宽度（厚度）有所不同，笔者认为可以从城市行政等级、政治、军事、经济与交通发展四个层面解释。

　　城市的行政等级是影响城郭规模的重要因素。周长山先生研究汉代城市认为，汉代的地方城市“一般来说，普通县城的城郭周长为 1000～3000m；郡治所在的县城规模要稍大一些，为 3000～5000m”[2]。只有个别城址周长小于 2000m，如辽西郡城城址周长约为 1600m。舂陵故城和洮阳故城同为地方侯国城，所以城郭规模自然要比其他一般县级城郭规模大。

　　政治与军事是中国古代城市的两个基本功能，不过各有侧重。“战争是政治的继续”。位于交通要塞处的地方城市，在军事上的战略位置更加突出，其军事功能要大于一般意义上的政治功能。建安司故城、洮阳故城、观阳故城和城子山故城都是位于秦汉时经湖南到达岭南的交通要道上，汉武帝元鼎五年秋讨伐“吕嘉、建德等反”时的四路大军中的一路即经由湘

[1]　广西壮族自治区文物工作队，兴安县博物馆．广西兴安县秦城遗址七里圩王城城址的勘探与发掘 [J]. 考古，1998（11）：34-47.
[2]　周长山．汉代城市研究 [M]. 北京：人民出版社，2001：36.

江而上，经零陵、离水到达西江（郁水）。建安司故城和城子山故城都位于湘江边缘，为秦零陵驰道、汉零陵峤道（即今湘桂夹道、湘桂古道）的中部支点，战略位置也极其重要。洮阳故城位于越城岭古道南岭山脉南麓，背靠南岭天险，面临湘江，防戍上是长沙国南疆防御的第一道屏障，进攻上保障了越城岭古道南岭山脉的交通。此城可攻可守，战略位置极其重要。观阳故城位于秦初修建的都庞岭古道南岭山脉南侧，与湖南道县分别扼守都庞岭两侧，汉代属长沙国，其军事作用与洮阳古城异曲同工。所以，这四座城都较一般县城的规模大，城墙宽厚，便于驻军和防守。

地方城池建设，一方面是政治统治与军事战略的需要，另一方面也是地方经济与社会形势发展的体现，其城郭规模与形制受多种因素影响。鲁西奇先生认为，一个治所城郭的规模和形制，受城市行政等级、发展历史、微观地形地貌、交通条件、地方经济发展特别是商业发展甚至风水等多个因素的影响[1]。南平西汉故城和七里圩故城的城郭规模与城墙厚度较大，笔者认为与当时的经济社会发展，以及后期的加筑有关。南平西汉故城始建于汉高祖五年，至宋绍定年间，县治均在此，城郭规模与城墙厚度较大，与唐宋时期的加筑有关[2]。七里圩故城始建于西汉中期，这一时期，地区的经济经秦及西汉早期的开发，发展较快，《汉书·卷二十八上·地理志第八上》记载零陵郡的户数和人口的情况反映了这一变化。加上东汉时的加筑，所以其城郭规模与城墙厚度都较大。魏晋南北朝时期，地区战乱频繁（包括永州一带），户口大幅度减少，经济遭破坏严重，很多时候处于萧条状态，同时由于隋唐以后地方行政区划的不断调整，七里圩故城逐渐废弃。

另外，过去永州周边古城址还有兴安县的通济城址、贺州市贺街镇的临贺故城址（包括"旧县肚"古城址、洲尾城址和河西城址三处）和高寨故城址等，形制均为方形。其中，"旧县肚"故城和高寨故城的城址周长在1000m以下，通济城、洲尾城和河西城的城址的周长超过2000m。广西的秦城又称越城，是秦始皇戍五岭时所筑。通济城址是"秦城遗址"中规模最宏大的，其战略位置突出，所以规模较大。洲尾城和河西城均与后期的发展有关，洲尾城为西汉后期所建，河西城历经东汉至宋。李珍研究认为：通济城为汉初南越国赵佗所筑的军事城堡——越城；临贺故城址的三处城址相距不远，都位于临贺两江交汇处附近，应当都是临贺县的故址……由于西汉后期，旧县肚城址屡遭水淹，于是将县城迁移至长利村南的洲尾；

[1] 鲁西奇.城墙内外：明清时期汉水下游地区府、州、县城的形态与结构 [A]// 陈锋主编.明清以来长江流域社会发展史论.武汉：武汉大学出版社，2006：285.
[2] （清）顾祖禹.读史方舆纪要·卷六十八·四川三 [M].贺次君，施和金点校.北京：中华书局，2005：3792.

东汉时期，临贺县城又迁移到了贺街镇河西街[1]。根据李珍的研究，我们可以看出，临贺故城中洲尾城址和河西城址的周长较大，也是两汉时期当地的经济发展与临贺县的地理交通位置影响的结果。

上述秦汉时期零陵及周边地区古城址的形态与规模，见表3-2-2。

考察秦汉时期零陵地区及周边古城遗址，其形制与规模有如下的基本特征：

（1）平面布局依地形，以长方形为主；城的四角大部分外突并设有角楼（城堡）；城墙外有宽而深的护城河或护城壕。

（2）城池规模依城市性质不同，地方侯国城和郡治所在的县城规模要大于一般的县城规模；战略位置重要的军事城堡规模大于郡县治所的城池规模。如宁远县春陵西汉故城、全州县洮阳故城、灌阳县观阳故城、兴安县城子山故城等。

（3）城池规模受地理交通状况和当时的经济发展状况影响，位于交通要道上的城池规模较腹地城池规模大，西汉中期以后新建的城池规模大于前期的城池规模。如全州县洮阳故城、灌阳县观阳故城、兴安县城子山故城、贺州市贺街镇洲尾城址、贺街镇河西城址等。

（4）总体上，本地区的秦汉古城规模较小，尤其是西汉前期城市，其城址周长只有1000m左右。

相比之下，秦汉时期，其他地区的郡治城址周长多超过3000m，县级治所城址周长多为1000m以上。周长山先生总结考古所见的汉代地方普通县城的城郭周长为1000～3000m，而郡城城址周长大多为5000m以上，最长的接近8000m，只有个别城址周长在2000m左右，如辽西郡城城址周长约为1600m，汉魏时定襄郡城址周长2650m，见表3-2-1。这里再列举几个其他地方考古发现的秦汉郡县城，以资佐证。

如：据考古调查，战国、秦汉、魏晋时期的荥阳郡故城的城垣略呈正方形，大部分尚存。故城南北长约2000m，东西宽约1500m，周长7000余米。残存城墙最高处约20m，上宽10m，基宽30m。西汉河南郡城（今洛阳），平面接近方形，墙基宽6m以上，残高0.4～2.4m，周长5400余米[2]。秦蜀郡成都城周长12里，高7丈，汉代城址周长达22km[3]。江苏盱眙发现的秦东阳县城，土筑城垣大部分保存完整，内外城东西并列相连，总面积

[1] 李珍，章玉东.广西汉代城址初探[A]//广西博物馆编.西博物馆文集第二辑.南宁：广西人民出版社，2005：50-56.
[2] 中国社会科学院考古研究所编著.新中国的考古发现和研究[M].北京：文物出版社，1984：398.
[3] 陈昌文.汉代城市的布局及其发展趋势[J].江西师范大学学报（哲学社会科学版），1998（1）：57.

秦汉时期零陵及周边地区古城址的形制与规模　　　　　　表3-2-2

序号	城址名称	建设年代	形制与规模（m）
1	蓝山县南平西汉故城	自汉高祖五年（前202年）至宋绍定年间，县治在此	方形土城。城址东西、南北各长约150；城周约600
2	宁远县春陵西汉故城	汉武帝元朔五年（前124年）置，为西汉春陵侯国城，计建县99年，立侯国79年	方形土城。东西墙均169，南北墙均135；城周608
3	宁远县泠道西汉故城	汉武帝元鼎六年（前111年）置，至宋乾德二年（964年）	方形土城。南北墙长170，东西外墙宽87；城周514
4	蓝山县城头岭故城	秦汉故城	方形土城。东西133，南北136；城周538
5	全州县建安司故城	汉代故城	方形土城。南墙127，北墙130，东墙124.5，西墙120；城周502
6	全州县洮阳故城	汉武帝元朔四年（前125年）封狩燕为洮阳侯时置	方形土城，内城东西约300，南北约200；外城（临湘江）东西约300，南北230；城周1630
7	灌阳县观阳故城	西汉故城	方形土城。南北约200，东西宽195；城周790。城内西北中央有长方形台基，上有数石柱
8	兴安县城子山故城	西汉故城。考古认为是西汉元鼎六年（前111年）置零陵郡治所	方形土城。南北约300，东西约240；城周1080
9	兴安县七里圩故城（王城）	建于西汉中期，东汉时曾加筑，魏晋时期废弃	方形土城。北墙214，南墙257，东墙164，西墙149；城周784。城内有五处高1左右夯土台基
10	兴安县通济城	汉代故城	方形土城。长约880，宽约410。城内有三处较高的台地；城周2580
11	贺州市铺门镇高寨故城	汉代故城	方形土城。南北200，东西180；城周760
12	贺州市贺街镇"旧县肚"城址	西汉故城	方形土城。东西150，南北180；城周660
13	贺州市贺街镇洲尾城址	西汉后期故城	方形土城。边长纵横约1000；城周4000
14	贺州市贺街镇河西城址	东汉至宋	方形土城。东墙840，南墙784，西墙630，北墙280；城周2530

资料来源：据表前相关介绍古城的参考文献整理绘制。

达 1.5km²，周长 5000m 左右[1]。考古发现，长城沿线的秦汉边寨单城（不设子城），一般每边长 420～600m，内蒙古的布隆淖城址、喀喇沁城址、沙巴营子城址、河北省康保县的兰城子城址等属于这种形式。沙巴营子城址现存东西北三垣，每边长 450m 左右。而设子城的边寨外城垣每边长为 1000m 左右，内蒙古的呼塔布秃、陶升井、三顶帐房、城梁村、麻池乡等古城遗址属于这种形式[2]。总的看来，秦汉时期长城沿线边寨城的形制与内地郡县城基本相类似[3]。

再如：城址年代在汉高祖五年（前 202 年）以后至汉武帝元封元年（前 110 年）的福建省崇安县城村闽越国故城，宫城平面近似长方形，南北城墙长约 860m，东西宽约 550m，周长 2896m。城的面积约 480000m²[4]。秦汉时期南海郡治所，即南越国都城——番禺城，北宋郑熊的《番禺杂志》曰：旧番禺县，"为越城，周十里"。宋·乐史的《太平寰宇记》载："按其城周十里，初尉佗筑，后为骘修之，晚为黄巢所焚。"明代学者黄佐亦称其城"周十里"。今天的考古工作基本确定南越国都城城垣"平面略近方形，周长约 5km"[5]。若按方形周长 5km 记，番禺城的面积不到 2km²，与同列为都会的北方城市，如燕下都、齐临淄、赵邯郸等战国故城相比，南越国都城城垣实在太小。《史记·货殖列传》载：燕下都、齐临淄、赵邯郸等战国故城，其遗址面积分别为 32、21、21km²。对此，陈泽泓先生认为：方圆十里的赵佗城，只能是南越国都城的宫城，考古发现表明，在赵佗城外围，有一个更大的番禺城[6]。

同为县级治所，秦汉时期零陵地区及周边古城遗址的规模仅相当于中原地区同期县城的四分之一，也小于长城沿线的秦汉边寨单城（不设子城）。如汉代河南县城边长在 1000m 左右，内蒙古沙巴营子城边长为 450m 左右，而秦汉时期零陵地区及周边古城遗址的边长一般在 200m 左右，最长也仅 300m。

综合对照上述秦汉时期零陵及周边地区古城址的形制、等级、规模特点和考古所见的汉代郡城城址周长特点，结合前文对于零陵郡形制的论述，以及零陵郡城的区位特点与地区的社会政治、经济等历史发展特点，根据《永州内谯外城记》中对于宋城修筑的记述，以及明清以来的《永州府志》对于零陵郡城的记载，考虑到古泉陵县为侯国治所，且位于秦汉时期经湖

[1]　文物编辑委员会编.文物考古工作三十年（1949—1979）[M].北京：文物出版社，1979：204.

[2]　中国社会科学院考古研究所编著.新中国的考古发现和研究[M].北京：文物出版社，1984：404.

[3]　贺业钜.中国古代城市规划史[M].北京：中国建筑工业出版社，1996：339.

[4]　杨琮.崇安汉代闽越国故城布局结构的探讨[J].文博，1992（3）：48-55.

[5]　麦英豪.广州城始建年代及其他[A]//中国考古学会.中国考古学会第五次年会论文集（1985）.北京：文物出版社，1988：79-92.

[6]　陈泽泓.南越国番禺城析论[J].香港中文大学中国文化研究所学报，2009（49）：319-332.

南到达岭南的交通要道上，军事战略位置重要，运用要素类比法，笔者认为：古泉陵县城池规模比春陵故城和观阳故城的规模要大，应与洮阳故城和城子山故城规模相当，城池周长在1000m以上。因为在行政等级与地理位置上，古泉陵县城与洮阳城和城子山城相当：春陵故城虽为侯国城，但其位于南岭以北的"腹地"；洮阳故城为侯国城且位于交通要道上；今天的考古推测城子山故城应为西汉零陵郡县治所；但是，由于西汉中后期以来，泉陵县的经济发展较快，古泉陵县的军事与政治地位也日益突出，故东汉光武帝建武年间（25～55年），将零陵郡治由零陵县（今广西全州咸水）移至泉陵县后，城池规模较泉陵县城有所扩大，应与全国其他地区的郡城规模相当，即城池周长应在2000m以上。

综合以上要素，如史书记载、地理位置、城市性质与等级、城市规模的区位特点、地形特点、主要建筑和后期街道位置等，运用要素类比法和历史地理的溯源法，笔者推测：

（1）古泉陵县城池在民国35年零陵县城厢图中的大致范围为：北倚万石山（今东风大桥东段），东起钟楼街（今中山路），西至鼓楼街，南在水晶巷（今水晶巷）。

（2）南宋嘉定年以前的零陵郡、县城池在民国35年零陵县城厢图中的大致范围为：以大西门正街（今新街）为东西轴线，北倚万石山（今东风大桥东段），东起钟楼街（今中山路），西至鼓楼街—正大街（今正大街），南至七层坡路（今七层坡路）。

（3）据今地形，从东山西麓今中山路到潇水河边，距离约为450m；连接中山路与泉陵路和内河街的今人民路全长约为398m。所以笔者推测：古泉陵县城东西南北宽均约为400m，周长约为1600m；而南宋以前的零陵郡城东西向长约为1400m，南北向宽约为400m，周长约为3600m，为中等规模的郡城，"依地形呈封闭型不规则长方形，设四边城门"[1]（图3-2-9）。

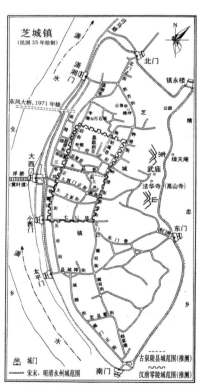

图3-2-9 古泉陵县城池与宋末以前零陵郡城池范围（推测）

（资料来源：据零陵县志[M].北京：中国社会出版社，1992：10.中"民国卅五年零陵县城厢图"绘制）

---

[1] 零陵地区地方志编纂委员会编.零陵地区志[M].长沙：湖南人民出版社，2001：994.

第三节　宋末至明清永州城形态特点

一、宋末内外双城布局

（一）宋末永州加筑外城原因

在"古代城市的起源结构中，习染极深的是战争和统治"。作为一种文化和历史现象，中国城市早在夏商时期就已经出现。《吕氏春秋·君守》、《淮南子·原道训》和《吴越春秋》均有"夏鲧作城"的记载。"鲧筑城以卫君，造郭以居人，此城郭之始也。"表明早期城市建造是以战争防御为主要目的，城市一方面要保卫王君，另一方面也要保护为王君服务的百姓。城与郭的位置依地形有两种布局方式。如齐临淄城、赵邯郸城和韩故都的郭，是附于城的一侧，位于城南的明北京城外城加筑于明嘉靖三十二年；而吴阖闾城（今苏州城）、曲阜鲁城、明南京城和清南阳城的郭包于城之外。《管子·度地》云："内为之城，城外为之郭，郭外为之土阆。"各个朝代赋予城、郭的名称不一，郭城数量因城市等级不同而不同。2000 年版的《中国历史大辞典》（下卷）载："郭城是城市最外一层城墙内的区域……内外城称呼，有子城、罗城；内城、外城；阙城、国城等。一般京城有三道城墙：宫城（大内、紫禁城）、皇城（内城）、外城（郭城），府城有两道城墙：子城、罗城。"明南京城与明清北京城有四重城墙。城外建郭加强了城池的防御能力。

古代社会城市兴废的原因，"不外乎出于政治、经济两端"。政治上一般表现为调整地方行政建制，满足政治和军事需求，促进地方治理。而经济因素对城市兴废的影响，也正是政治上一般权衡地方治理需求的体现。战争是政治的继续，从这个角度讲，可以说，战争与经济发展是推动城市后期建设发展的两个主要原因。虽然唐宋政府不重视地方城市城墙的修筑，甚至拆除了地方上许多县级城市的城墙，但自唐中叶以来，一方面社会经济发展较快，另一方面社会的动荡局面加剧，地方政府为了应对战乱，抵御盗贼，保护城民，又开始纷纷议筑城墙。南宋末年，永州里城与外城的修筑，是当时社会政治、经济形势发展和区域战乱发展的结果。

唐宋两朝中后期，由于社会矛盾的加剧和农民战争的发生，都在一定程度上使永州的经济遭受了破坏。宋朝中后期，朝廷荒淫腐败，外患内忧，外有金国困扰，内有异党纷争，各地统治阶级横征暴敛，苛赋重税，南方军饷苛重，加上地区灾荒，致使农民起义不断发生。如：宋庆历三年（1043年），桂阳、常宁及蓝山、临武等县的瑶民因无力购买昂贵的官盐，被迫聚众起义；宣和七年（1125 年）道州爆发瑶民起义；绍兴元年（1131 年）

戍卒曹成等起义，攻入道州城；绍兴九年（1139 年）宜章瑶民起义；乾道二年（1166 年）宜章人李金领导农民大举起义；淳熙六年（1179 年）宜章陈峒领导农民起义；嘉定元年（1208 年）、二年，以罗世传、李元砺为首的瑶汉饥民在今湖南桂东西南黑风洞起义；嘉定十七年（1224 年）江华人苏师军（《永州府志》作苏师师）发动起义，因"连年灾伤，饥民从之者多"；淳祐四年（1244 年）七月，东安人蒋时选父子聚众起义；宝祐五年（1257 年）八月，东安寨丁邓义华、蒋宣等举事，攻衙门，烧县城等。郭沫若考察的南宋时期的人民起义战争地图清晰地反映了当时中国南方战争路线（图 3-3-1、图 3-3-2）。

据张泽槐先生统计，宋代永州人民反抗斗争见诸文字记载的达 18 次之多，南宋时期，外地农民起义的烈火曾多次蔓延到道州和永州 [1]。同时，由于赋税与军饷苛重，加上地区连年灾伤，流寇四起，当地民众也因此怙乱焚劫。"宋二税之制，视唐增至七倍"（《宋史·林勋传》）。"鄂兵岁用米四十五万余石，于永州……道州科拨"，"调绢、绸、布、丝、绵以供军需……永州市平绝以供服用及岁时之赐与"（《宋史·食货》）。"建炎（1127 ～ 1130 年）之后，江浙湖湘闽广，西北流寓之人遍满"（宋·庄季裕撰《鸡肋篇》卷上）。在这种情况下，景定元年（1260 年）秋，永州提刑黄梦桂拥节兼郡，议筑外城，以加强城池的防御能力。

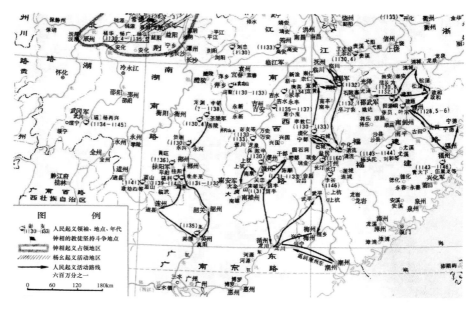

图3-3-1　南宋前期湘粤赣等地区人民起义战争线路图
（资料来源：郭沫若. 中国史稿地图集（下册）[M]. 北京：中国地图出版社，1990：54）

[1]　张泽槐. 永州史话 [M]. 桂林：漓江出版社，1997：55-57.

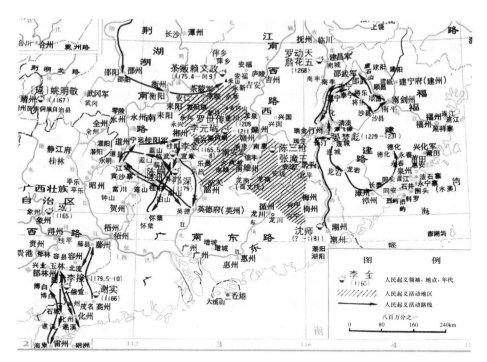

图3-3-2　南宋后期湘粤赣等地区人民起义战争线路图

（资料来源：郭沫若．中国史稿地图集（下册）[M]．北京：中国地图出版社，1990：57）

（二）宋末永州城的形制与规模

南宋时期，参与筑城的教授官吴之道在《永州内谯外城记》中较为详细地记述了宋代的筑城情况。现摘录如下：

天子制地千里，以待诸侯，正为民也，非为诸侯也。以千里之民寄之抚牧，维藩维翰，苟得其人，非民社福乎？矧永为佳山水郡，我艺祖皇帝肇基于兹，郡以永名，惟王万年，子子孙孙永保民之义也。永去天虽远，人蒙厚泽，耕凿相安，自有不墉而高、不池而深、不关而固者。绍兴间（1131～1162年），曹成诸寇，棹鞅径入，至嘉定（1208年）而又有李元砺之颒洞，赵侯善谧始增修其里城焉，外城犹未暇。及开庆己未（1259年），鞑从南来，永当上流门户，受害尤毒。强民无知，怙乱焚劫，公廨民庐，荡为一烬。提刑黄公梦桂于庚申（景定元年，1260年）秋拥节兼郡，议筑外城，周围一千六百三十五丈，储费均役，规模井如也。公未几免去，丘侯骍䩇秘丞而知郡事者一年有半，张侯远猷以道倅（道州参军）而摄郡事者又半期，陶览甓砌，仅及西南二隅。太府寺丞谢侯（名奕信，字愈信）来领郡寄，首登城历览，且曰："掌固之职，城郭为先，然潢池之牛犊幸安，而中泽之鸿雁粗集，予将劳民，宁无病民乎？"僚属曰："劳民特暂尔，实遗民无穷之逸。"侯曰："今为民病者，得非科敛之不一，调差之不公欤，吾则弛科敛调差而使之乐其劳。得非扉屦之不给、禀食之不充欤，吾则增扉屦、丰禀食而使之忘其劳。"揭而晓之，闻者应募。于是埏土为甓，风石为灰，材用足，畚锸具，杵筑之声与歌声相和，运甓之力与日力俱进。鸠工于癸亥之秋，而讫工于甲子（1264 年）之夏。正门四：东曰和丰，西曰肃清，南曰镇南，北曰朝京。开便门五以通汲水。女墙云矗，雉堞天峻，真可以为侯国之眉目、邦人之嵩华。侯复曰：外城坚则坚矣，里城重谯，犹自露立，甚非龙藩气象。乃搏浮费，致工师，鼎而新之。不三月而落成，楼观翚飞，严严翼翼，视外有加。环永之民，万口交诵，莫不曰维岳生申，实为周翰。侯，今之申者也。钦奉王命，式是南国，有俶其城，皆申之功。诗人不独美其于蕃，盖美其能于宣也。申之心在乎蕃宣，岂有心诗人之美哉！之道拱而进曰：宋有天下三百余年，而后方有斯城，况侯又贤于城者，乌可无以纪之？侯曰：纪实足矣，揄扬则不可。之道敬抚舆言之实而寿于石，庶来者可考云。侯名奕信，字愈信。咸淳乙丑（1265 年）正月望日记。[1]

《永州内谯外城记》对永州府城修城始末及城池规模记述备详：府城增修的原因是由于当时湘粤桂边区农民起义（尤其是瑶民起义）多次蔓延至永州，以及当地无知强民恃乱焚劫，城市频遭战乱，破坏惨重；内城增修于南宋嘉定元年（1208 年），外城修筑于南宋末景定元年至五年（1260 ～ 1264 年），城墙埏土为甓，风石为灰，为杵筑土墙；内城卫君，外郭护民；外城周围 1635 丈，城门四座，正东为和丰门（明清曰东门）、正西为肃清门（明曰西门，清曰大西门）、正南为镇南门（明清曰南门）、正北为朝京门（明清曰北门），开有五道便门，以利交通及取水；外城"女墙云矗，雉堞天峻"；里城楼观翚飞，严严翼翼，视外有加，俨然南国都会气象，所谓"宋有天下三百余年，而后方有斯城"。

在古代，城市是与政治和战争联系在一起的，战争是政治的继续。宋末永州城便是典型的例子，宋末为抵御流寇和外敌，永州城先后增修内城和加筑外城，形成了内外双城格局。城市主要承担的还是防卫功能，其城门的命名也反映了城墙的功能和人们对于和平的渴望。从吴之道的记述中，我们可以看出，永州宋城的主体结构还是沿用了中国早期城市的"井田制"规划布局，其"规模井如"，一方面说明全城略成方形，另一方面也表明城市布局如井田形式。

宋末永州城的规模，在当时的荆湖南路，除长沙城外，其他州郡无与伦比。明朝隆庆五年（1571 年）《永州府志·创设上》载："郡城始创于宋

---

[1] （南宋）吴之道.永州内谯外城记 [M]// （明）史朝富，陈良珍修.永州府志·创设下，明隆庆五年（1571 年）.

咸淳癸亥，元因其旧。洪武六年（1373 年），本卫官更新之，围 9 里 27 步，高 3 丈，阔 1 丈 4 尺。"清康熙九年《永州府志·艺文一·碑》载明零陵郡绅蒋向荣撰明崇祯五年至崇祯八年（1632 ～ 1635 年）修城碑文曰："城计 1670 丈，高旧制 4 尺"。清康熙九年和康熙三十三年的《永州府志·建置志·城池》载："今之城池，即汉零陵郡城，创于武帝元鼎六年，至宋咸淳始扩而增之，元因其旧。洪武六年永州卫指挥史新之，围 9 里 27 步，高 3 丈，阔 1 丈 4 尺 5 寸。"清人徐松（1781 ～ 1848 年）辑录的《宋会要辑稿·方域九》载："府城始创于宋咸淳癸亥，历元因之。洪武元年恢复以来，屡加修葺。六年，本卫官撤旧而更新之，周围 9 里 27 步，计 1644 丈 5 尺，高 3 丈。"据清乾隆四十年（1775 年）《钦定四库全书》之《湖广通志·城池志》载，直到 100 年后的明洪武年间，宝庆府城（今湖南省邵阳市）才达到周长 1529 丈；岳州府城周长 1498 丈，计 7 里；常德府城周长 1733 丈；而衡州府城在零陵宋城两百年后的明成化年间才增扩到周长 1270 丈 8 尺，合 7 里 30 步。长沙府城在明洪武初年为 2639 丈 5 尺，计 14 里有奇。足见永州城地理位置的重要性。

自宋末永州大规模拓城后，明、清时期又有几次重修，城郭有所拓展，但终未能从整体上突破宋城主体规模。

二、明清瓮城格局

明王朝建国前，为巩固占领区和继续发展壮大势力，朱元璋采纳了谋士朱升"高筑墙、广积粮、缓称王"（《明史·朱升传》）的建议。当全国统一后，他便命令各府县普遍筑城——主要是有卫所的城市。

"高筑墙"造就了明清时期的城墙文化。明朝不仅全国各州府县的城墙都修筑得十分坚固，全部用砖包砌，而且在北部边界修筑了长城。为了防御蒙古、女真等游牧民族的扰掠，朱元璋制订了"修葺城池，严为守备"，"来则御之，去勿穷追，斯为上策"[1] 的国防战略。清朝从建国之初，就内忧外患不断，所以地方城市一开始就重视城墙的修筑。永州城垣正是在这个建城的热潮中得到巩固与加强的。

政治与军事是中国古代城市的两个基本功能，各有侧重。"战争是政治的继续"。"地从于城，城从于民，民从于贤。故贤主得贤者而民得，民得而城得，城得而地得。"[2]"永州当五岭百粤之交，盖边郡也"。"'保境安民'是中国古代城市建设的一个基本指导思想。"[3] 为了巩固边郡，抵御四起之

[1] 北京大学图书馆藏书——《明太祖实录》卷78。
[2] （战国）吕不韦著. 吕氏春秋新校释·卷十六·先识览·先识 [M]. 陈奇猷校释. 上海：上海古籍出版社，2002.
[3] 蒋高宸. 建水古城的历史记忆：起源·功能·象征 [M]. 北京：科学出版社，2001：57.

流寇的骚扰，加强地方防御，明洪武初年在府治西建永州卫[1]，并于洪武六年由永州卫指挥更新了城池。

明清以来，历次《永州府志》和《宋会要辑稿》，对于永州城池修筑的记载都基本相同，只是城郭规模略有不同（表3-3-1）：府城始创于宋咸淳癸亥，正门四，历元因之；洪武元年以来，屡加更新与修葺；"壕则洪武元年以来屡加开浚"，西濒潇水，其余各向因地势凿土为壕；明洪武六年后有城门七座，门上各建重楼，门外建半月形子城，形成瓮城格局。明隆庆五年《永州府志·创设上》载明嘉靖四十一年（1562年）重修城门楼、瓮城情况：

（明嘉靖壬戌年，1562年）重修城楼（永安门）恭讓（王）张勉学记：我昭代之制，凡天下城郭，当其门，必设子城蔽其外，岑楼跨其端，中州皆然，况边郡乎。然楼特壮形势，供瞭望而已。乃若子城无事，可以御水火，其有事则又屯军伍防卫突击，礮石所系尤重。永州当五岭百粤之交，盖边郡也，城凡七门，门各有楼，有子城。而永安门……以子城独缺……遂构岑楼以复旧观，而各门之圮坏者，亦拆旧修葺。由是栋宇并揭以齐云，重门环供而偃月[2]。

114

宋末以后志书记载永州城修城概况一览表　　　　　表3-3-1

朝代	年号	主持者	修城概况	出典
南宋	嘉定元年（1208年）	赵善谧	始增修其里城	宋末《永州内谯外城记》
南宋	景定元年至五年（1260～1264年）	提刑官黄梦桂	增筑外城，周围1635丈。正门四：东曰和丰，西曰肃清，南曰镇南，北曰朝京。开便门五以通汲水。女墙云矗，雉堞天峻	宋末《永州内谯外城记》
明	洪武六年（1373年）	永州卫指挥史	城周围9里27步，高3丈，阔1丈4尺。门七：正南、正北、正东、正西、永安、太平、潇湘，各建楼，其上敌楼35，雉堞2942，铺76。有串楼1396。城西以潇水为池；由西南而东，堤水为池，深1丈，阔10丈；自东至于北隅，凿土为壕，深1丈8尺，阔4丈5尺；自北至西隅，联属为池，深1丈5尺，阔15丈，水常不涸。其高下远近，一因地势	明隆庆五年（1571年）《永州府志·创设上》

[1]　（清）顾祖禹.读史方舆纪要·卷八十一·湖广七[M].贺次君，施和金点校.北京：中华书局，2005：3801：永州卫，在府治西。洪武初建，领千户等所。又守镇东安百户所，在东安县治西。洪武二十九年建，隶永州卫。今亦置永州卫。

[2]　（明）史朝富，陈良珍修.永州府志·创设上[M]，隆庆五年（1571年）.

续表

朝代	年号	主持者	修城概况	出典
明	洪武六年 (1373 年)	永州卫指挥史	城周围 9 里 27 步，高 3 丈，阔 1 丈 4 尺 5 寸。门七（同明隆庆五年志）。各建楼其上，复增得胜、望江、鹞子岭、五间楼凡四座。雉堞 2942，铺舍 76。有敌楼 35 间，串楼 1396 间	清康熙九年（1670 年）《永州府志·建置志·城池》
			撤旧更新，周围 9 里 27 步，计 1644 丈 5 尺，高 3 丈。城门凡七（同明隆庆五年志）……门上各建重楼，复增得胜、望江、鹞子岭及五间楼凡四座，通计 11 楼，周环串楼凡 1396，雉堞凡 2942，铺凡 76。壕则洪武元年以来屡加开浚……其高下远近，并因地势	清人徐松(1781～1848 年)辑录《宋会要辑稿·方域九》
	嘉靖四十一年 (1562 年)	—	重修城楼恭让王张勉学记：重修永安门子城，构岑楼以复旧观，而各门之圮坏者，亦拆旧修葺。由是栋宇并揭以齐云，重门环供而偃月	明隆庆五年《永州府志·创设上》
	崇祯五年至八年 (1632～1635 年)	郡守金维基等	明零陵郡绅蒋向荣撰修城碑："城计一千六百七十丈，高旧制四尺"	清康熙九年《永州府志·艺文一·碑》
清	清顺治四年 (1647 年)	—	明洪武六年永州卫指挥更新之。周 9 里 27 步，高 3 丈，广 1 丈 4 尺 5 寸。东北池深 2 丈，阔如之；西阻潇水；西南至东，堤水为池。门七（同明隆庆五年志），各有楼。皇清顺治四年(1647 年) 渐次增修	清乾隆四十年（1775 年）编文渊阁四库全书《湖广通志·城池志》
	康熙五十三年 (1714 年)	县令朱尔介	邑令朱尔介修府城记：康熙甲午孟冬兴作，不数旬，而楼雉并焕	道光八年《永州府志·城池》
	乾隆二年 (1737 年)	县令王钦命	知县宗霈撰补修府城记：乾隆二年原址重修	道光八年《永州府志·城池》
	乾隆五十九年 (1794 年)	县令丛之钟	知县宗霈撰补修府城记：乾隆五十九年大水后原址重修："县之主拖渠轴冈，保郭孔利"	道光八年《永州府志·城池》
	嘉庆二十二年 (1817 年)	知县宗霈	知县宗霈撰补修府城记：饬其颓，补其敝，增其楼之垣瓦，而新其谯门	道光八年《永州府志·城池》
	道光二十六年 (1846 年)	知县俞舜钦	原址补修	清光绪二年《零陵县志》
	咸丰十年 (1860 年)	知府杨翰	咸丰十年建营屋 58 间，次年建敌台 6 座	清光绪二年《零陵县志》
	光绪元年 (1875 年)	知县嵇有庆	修葺城堞 130 丈；修缮北城望江楼城身及北门之就圮者；正南起敌台 1 座；更筑各城门扇	清光绪二年《零陵县志》

资料来源：据表中相关志书记载绘制。

115

考察明清以来的历次《永州府志》、《零陵县志》和《宋会要辑稿》对于永州城池修筑的记载及其城郭图，其七门七楼的形制、位置、城厢范围与民国35年（1946年）绘制的零陵县城厢图是基本一致的，只是楼名前后有些更改。比较明清时期的永州城与宋末永州城规模：宋代，取1丈（合今3.072m），宋末永州外城"周围一千六百三十五丈"（合今5022.72m）；明代，取1丈（合今3.110m）[1]，明崇祯年间修城，"城计一千六百七十丈，高旧制四尺"（合今5193.7m）。可见，宋末大规模拓城奠定了明清时期永州城的规模，明清时期的城墙基本上是在宋末永州城的基础上更新的。笔者认为，宋明城郭规模略有不

图3-3-3　永州现存的宋（上）
明（下）两代东城门

同，是由于明时增建外城门，形成瓮城格局，从而增大了城墙周长。今天，我们还能在东城门处见到当年的瓮城倩影。

现在永州古城只有东部保留有宋代和明代两个城门（图3-3-3）。内城门为宋代所建，坐西朝东，砖石结构，离地面1m用青石条砌筑，1m以上是宋代典型的纸薄小青砖砌就，两侧用长方形青石条砌筑以加固城门，城门拱券顶高4m，门洞宽4.3m，进深5.3m。外城门为明代增建，坐西北朝东南，与内城门不在同一条轴线上，内外城门朝向夹角约为80°，两者相距约为21m。外城门全部用长方形青石条砌筑，又分内外两段，总进深为11.5m。内侧拱券顶高3.5m，宽3.5m，进深5m；外侧拱券顶高2.6m，宽2.9m，进深5.5m。如今在外城门两侧还可见当年城墙外砌的砖石。它们浓缩了永州古城池建筑的沿革历史，又形成比照，是极其珍贵的古城门建筑的实物例证，对于研究和展示永州古城的历史风貌，有着十分重要的价值。2003年被公布为永州市级文物保护单位。

[1]　吴承洛 . 中国度量衡史 [M]. 上海：上海书店出版，1984：66.

第四节　明清时期永州城发展滞后的原因

城市营建的驱动力研究是城市营建史研究的主要内容之一，动力机制研究是城市形态演变规律研究的主要内容。古代城市形态演变研究应在"时间"和"空间"两个维度上展开。时间维度上，以个体城市为研究对象，揭示其景观形态演变的特点和发展动因。空间维度上，以区域城市体系为研究对象，整体研究区域古代城市形态特征和功能结构发展演变特点，探索区域城市体系发展与地理位置、交通条件、经济形态、技术水平、社会环境、城市职能、文化传统等因素发展变化的关系，整理其历史脉络，探寻其演化的动力机制。基于这样的研究理念，本节将永州古城形态演变的动力机制研究置于湘江流域"城市体系"中主要城市的空间形态演变研究中，通过分析明清时期湘江流域其他府州城市：岳阳城、长沙城和衡阳城的空间形态演变特点，从区域整体性层面分析永州古城形态演变的动力机制和明清时期永州城发展滞后的原因。

一、明清湘江流域其他府州城市空间形态演变特点

纵观中国古代城市发展史，构成城市总体发展基础的主要有三种功能，即政治功能、防御功能和经济功能。但它们又不是绝对分开的，如强调政治功能的都城，尤其强调防御功能；强调防御功能的城市，也需要突出其政治功能；强调经济功能的地方城市，也需要强调防御功能。原始社会的聚落及早期城市在强调防御功能的同时，也特别重视仪典，可以说是城市政治功能的早期表现。对应于城市的三种主要功能，城市形态演变也有三种主要模式，即仪典模式、防御模式、市场模式[1]。政治功能——仪典模式主要体现在皇城和郡州府城中的政府机构的建筑布局中，如各地的内城布局；防御功能——防御模式主要体现在各类城市的外城结构布局中；经济功能——市场模式主要体现在商品经济发达的地方城市结构布局中。

仪典模式和防御模式是唐中叶以前城市空间布局的主要特征，城市以政治与防御功能为主，城市布局形态突出表现为规整的城市街道规划、轴线的建筑布局和封闭的坊市空间。唐中叶以后，由于商品经济的发展，社会经济因素在城市发展中地位的提高，中国城市尤其是地方城市建设，因地制宜，表现为灵活的城市空间形态，从总体上打破了以前的封闭空间格局，突出表现为里坊制的取消和城市商业街道空间的发展。唐中叶以后，

---

[1]　（德）阿尔弗雷德·申茨.幻方：中国古代的城市[M].梅青译.北京：中国建筑工业出版社，2009：455-468.

中国南方各经济圈的中心城市，以及其他处于水陆交通节点的城市，其城市总体规划结构中，明显突出了城市的经济功能，许多城市空间结构形态表现为以市为主体的市场模式特征，即开放的市场街道模式。如唐代江南经济区的中心城——扬州城的规划布局（图 3-4-1）。唐代扬州城继承传统的城郭分工体制，在前代经营的基础上，一方面将郭城向南展延，另一方面，为发展大运河航运之利，使郭城又向东推进。各种官署、府库、府第及官吏居里等，集中在前代有经营基础的内城区。南向的郭城规划为经济活动区，集中有手工业作坊、邸肆、仓库以及工商业者居住的里坊，乃至茶楼、酒肆等。城郭用地比例悬殊，郭城的用地面积远远大于内城的用地面积，说明扬州城是以市为中心，城市的总体规划结构突出了以市为主体的功能分区规划特点。凭依纵贯郭城的大运河及横穿的邗沟，晚唐以后，

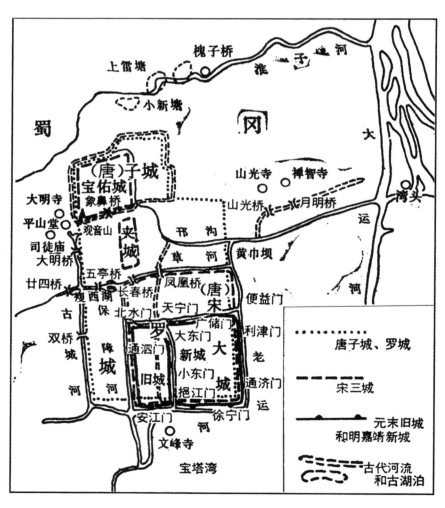

图3-4-1 扬州城址变迁示意图

（资料来源：陈桥驿. 中国历史名城 [M]. 北京：中国青年出版社，1986：104）

随着城市经济的日益活跃和城市里坊制的解体，扬州城逐渐形成了"十里长街市井连，月明桥上看神仙"（唐·张祜《纵游淮南》）和"夜市千灯照碧空，高楼红袖客纷纷"（唐·王建《夜看扬州市》）的繁华景象[1]。

中国历史上，因水路交通与市场发展而兴盛起来的市镇很多，如苏州、汉口、广州、乐山、天津、南昌、宁波、上海、景德镇等，城市利用江河，"行舟楫之便"，主要商业区沿河分布，发展了"一种或许可称为'梳式'系统的街道体系"，即主要市场街道（一条或数条）平行于江河堤岸，次街和众多的巷道垂直于主要市场街道，直接与堤岸边的码头联系，担当商品运输功能（图3-4-2）。市场街道是乡村商业化的产物，在中国南方，从南宋就已经开始有了，并贯穿明代持续发展，到了19世纪，它获得了日益增长的力量，并为增长的人口提供了生计[2]。南宋苏州城"也许应被认为是市场街道沿运河发展最为古老的实例，是许多中国南方城市聚落的范本。"[3]

随着水路交通的开发和地区经济的发展，唐代中叶特别是南宋以后，全国的经济中心基本上完全转移到了江南尤其是长江流域的下游地区。唐代将江南经济区划分为四个经济圈（或分区）：江淮经济圈、浙东经济圈、浙赣经济圈和荆湘经济圈。这四个经济圈都比较发达，尤以浙东及荆湘地区更是当时全国重要的产粮区。其中，荆湘经济圈中，以潭州（今长沙）为经济圈中心城，荆州、襄州、岳州、衡州、郴州、永州等为经济圈副中心城[4]。

119

明清时期，湘江流域府州城市中，除永州城外，其他城市在体现府城建设特点的同时，同样体现了水路交通与市场发展对于城市空间形态发展的促进作用，城市的经济功能明显，"城、市"功能分区明确，发展了市场街道体系。

（一）明清岳阳城市空间形态演变特点

1. 地理位置与历史沿革

岳阳古称巴丘、巴陵、岳州，民国年间更名为岳阳，位于湖南省东北部，湘江下游，与湖北、江西两省相邻，东倚幕阜山，西抱洞庭湖，北枕长江，为历代州府县治所在地。1988年，岳阳成为湖南省首批公布的四大历史文化名城之一，1994年成为国务院第三批公布的国家历史文化名城之一。

夏商时期，岳阳属荆州之域，土著三苗族出现分化，其中的一支古

［1］　贺业钜. 中国古代城市规划史 [M]. 北京：中国建筑工业出版社，1996：526.
［2］　（德）阿尔弗雷德·申茨. 幻方：中国古代的城市 [M]. 梅青译. 北京：中国建筑工业出版社，2009：397.
［3］　（德）阿尔弗雷德·申茨. 幻方：中国古代的城市 [M]. 梅青译. 北京：中国建筑工业出版社，2009：278.
［4］　贺业钜. 中国古代城市规划史 [M]. 北京：中国建筑工业出版社，1996：420-422.

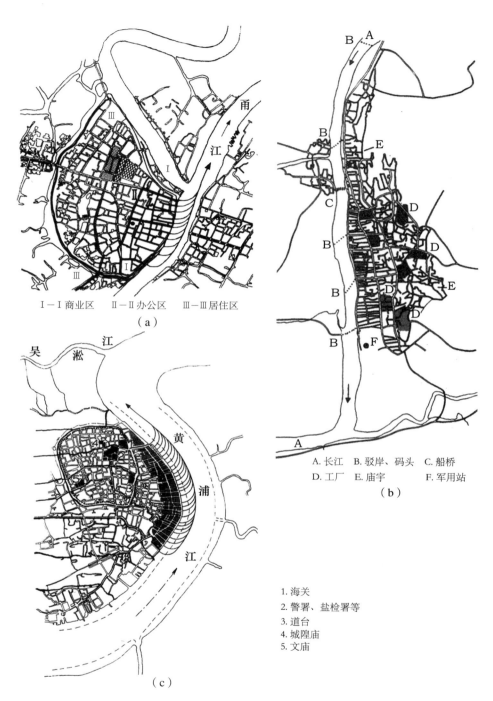

Ⅰ-Ⅰ商业区　　Ⅱ-Ⅱ办公区　　Ⅲ-Ⅲ居住区
（a）

A. 长江　　B. 驳岸、码头　　C. 船桥
D. 工厂　　E. 庙宇　　　　　F. 军用站
（b）

1. 海关
2. 警署、盐检署等
3. 道台
4. 城隍庙
5. 文庙

（c）

图3-4-2　历史上因交通与市场发展而兴盛的市镇例举
（a）明清宁波城；（b）明清景德镇；（c）明清上海城
（资料来源：（德）阿尔弗雷德·申茨. 幻方：中国古代的城市 [M]. 梅青译. 北京：中国建筑
工业出版社，2009：236，258，260）

越族在此繁衍生息。商周时期在距今市中心西南 30 多公里的铜鼓山建立起了具有军事战略意义的要塞城堡——"大彭城"[1]。东周时期在今岳阳县龙湾、箬口一带先后筑有东、西糜城[2]。东汉时期三国东吴鲁肃镇守巴丘，筑巴丘城。西晋武帝太康元年（280 年），分下隽县西部始设巴陵县，属长沙郡，从此确立了巴丘城作为区域政治经济中心的地位，此后，岳阳城市一直是郡（府、州）和县治所在地。

宋代以前岳阳城修城情况和城市的形态，史书记载不多，目前发现最早记载岳阳城址环境和城市形态的为北宋时期范致明的《岳阳风土记》引北魏郦道元的《水经注》中关于古巴陵县（郡）城的记述[3]。从《岳阳风土记》的记述中，我们可以看出，古巴陵县（郡）城选址在"三江"[4]交汇处的高地上，城中有山："城跨冈岭，滨阳三江"，城池因地制宜，沿江湖堤岸灵活布局，为不规则的"扁担"形态。

随着交通地位的确立和地区经济的发展，岳阳城市规模不断扩大，城池形态不断完善。明代以前，岳阳城为版筑的土城，城西临洞庭湖，其他三面并无城壕。明洪武四年，拓城基用砖石筑之。到明洪武"二十五年指挥音亮重加甃砌，周七里，高二丈六尺有奇，雉堞千三百六十有五，高四尺。为门六。"并于六个城门外建"子城"，形成瓮城格局，又在城外东南北三向开凿便河，"蓄水卫城"。到清乾隆五年重修城池后，城周计六里三分，较明初时，城池规模缩小了[5]。城壕的开凿，说明岳阳城加强了政治与军事功能。历史上，由于洪涝灾害和战争等原因，岳阳城多次重修。"岳阳地处军事要塞，历史上战火不息，城市屡遭破坏。"[6]明清时期岳阳城有具体文字记载的城池重修有 20 余次，足以说明岳阳城在地区政治、军事和经济发展中的地位。明清时期，岳阳城内空间结

121

[1]　一说"大彭城"在距今岳阳市东北15km的城陵矶，但多数学者认同铜鼓山说。见：陈湘源.岳阳三千四百年前古城——彭城探微[J].岳阳职业技术学院学报，2005，20（1）：33-35.

[2]　徐镇元.岳阳发展简史[M].北京：华文出版社，2004：15.

[3]　《岳阳风土记》引北魏郦道元的《水经注》云："巴陵山有湖水，岸上有巴陵，本吴之邸阁城也。城郭殊隘迫，所容不过数万人，而官舍民居在其内。州地客山高，主山隐伏，不甚利土人，而侨居多兴葺者，俗谓之扁担州。""晋太康元年，立巴陵县于此，后置建昌郡。宋元嘉十六年（439年），立巴陵郡，城跨冈岭，滨阳三江。"

[4]　"《地志》：'巴陵城对三江口'是也。大江（长江）自蜀东流，入荆州界出三峡，至枝江分为诸洲，凡数十处，盘布川中，至江津戌而后合为一，故江津为荆南之要会。又东过石首县北，通谓之荆江。又东入岳州府界至城陵矶，而洞庭之水汇于大江，水势益盛，谓之荆江口，亦谓之西江口，亦谓之三江口。三江者，岷江为西江，澧江谓中江，湘江为南江，俱至岳州城而回合也。"见：（清）顾祖禹.读史方舆纪要·卷七十五·湖广一[M].贺次君，施和金点校.北京：中华书局，2005：3515.

[5]　（清）姚诗德，郑桂星修.巴陵县志·建置志·城池[M].杜桂墀编纂.清光绪十七年刊.

[6]　岳阳市地方志编纂委员会.岳阳市志·第八册·城乡建设卷[M].北京：中央文献出版社，2004：252.

构、建筑布局严谨，如郡（府、州、县）署、试院以及文庙等，均处于城市的中心位置，且都有要道相连，干道与次街"丁"字相交于府署等重要建筑前，形成了仪典所需的城市空间，体现着封建礼制等级体系[1]（图3-4-3）。

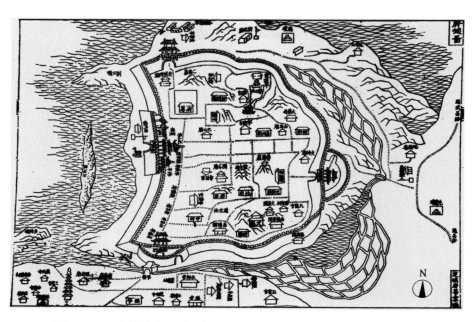

图3-4-3　清乾隆十一年《岳州府志》（卷一）中的岳州府城图
（资料来源：刘昕，刘志盛．湖南方志图汇编 [M]．长沙：湖南美术出版社，2009：223）

2. 明清岳阳城市空间形态演变特点

明代以前，岳州府城南门外已经有了街衢、学校、祠庙、仓廒等建筑。明弘治中，为了保护南关一带的县治、市井、庙学、仓廒、寺观等建筑，在南门外环巴陵县治加筑土城，设土门多处，至此，岳阳城形成了城郭相依的"子母城"格局[2]。内城主要为官家署衙与士绅居所、庙学卫所等建筑，外城为市井、庙学、作坊、仓廒、寺观等建筑。在光绪十七年《巴陵县志》的岳州府城街道图上，清晰可见城南梅溪桥处的南关门楼，府城与南厢郭城隔于绕府城之便河，由迎薰门（南门）处吊桥联系（图3-4-4）。

[1] 张河清．湘江沿岸城市发展与社会变迁研究（17世纪中期～20世纪初期）[D]．成都：四川大学博士论文，2007：86-87.

[2] 清光绪十七年《巴陵县志·建置志·城池》载："方舆纪要：'巴陵县治旧在府城外，弘治中，始筑土城环之，周一里有奇．'戊申府志：'弘治四年（1491年），贼入境，分巡张金事创土城于县署左右，又于街河口、梅溪桥、全家巷沿堤诸处各创土门．'丙寅府志：'是时，隐有拓城之意。今迁县入城，土城虽废，然南关一带地势宽平，人烟稠密，且庙学、仓廒仍依故址，诚拓城南而并包之，使庐舍有卫，则富庶益增，而守御所资，居然巨镇，或亦绸缪之一策．'"

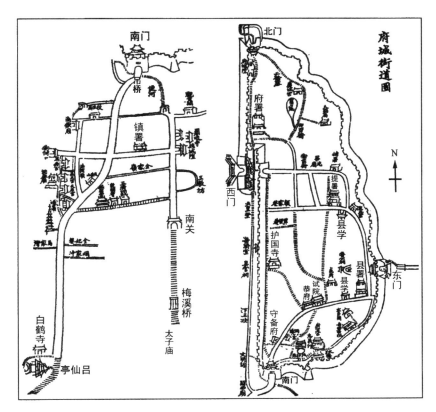

图3-4-4　清光绪十七年《巴陵县志》中的岳州府城街道图

（资料来源：（清）姚诗德，郑桂星修．巴陵县志·舆地志·图说[M]．杜桂墀编纂．清光绪十七年刊）

总之，中唐以后，随着水路交通的开发，以及地区经济的发展和人口的增加，岳阳城的政治、军事的战略地位凸显，以至明洪武四年，拓城基用砖石筑之，到明洪武二十五年又在城外东南北三向开凿便河，"蓄水卫城"。同时，由于城南关厢地段发展较快，至明弘治中，又在南门外环巴陵县治加筑土城，形成城郭相依的"子母城"格局。明清时期，岳阳"城"、"市"功能分区明确，城市的政治功能与经济功能在空间格局上基本分开，内城空间结构形态的政治功能——仪典模式特征明显，城南关厢地区发展为府城守御所资之商业重镇。

（二）明清长沙城市空间形态演变特点

1. 地理位置与历史沿革

长沙位于湖南省东部偏北，湘江下游，洞庭湖平原的南端向湘中丘陵盆地过渡地带。地貌北、西、南缘为山地，东南以丘陵为主，东北以岗地为主（图3-4-5）。湘江为市区内主要河流，境内长度约75km。据《逸周书·王会》记载，周公营雒告成，成王大会诸侯，各方贡物中有"长沙鳖"，这是"长沙"一名见于史籍的最早记载，可见周初已有长沙之名。两千多年以来，长沙城址、城名一直未变，一直是郡、州、府、路、省治所在地。1982年长沙成为国务院公布的首批国家历史文化名城之一。

图3-4-5　明崇祯十二年《长沙府志》（卷一）中的长沙府舆地图
（资料来源：刘昕，刘志盛.湖南方志图汇编 [M].长沙：湖南美术出版社，2009：41）

　　长沙地理位置优越，《读史方舆纪要》曰："（长沙）弹压上游，左振群蛮，右驰瓯越，控交、广之户牖，拟吴蜀之咽喉，翼张四隅，襟束万里。"[1] 建城历史较早，战国时即建有城邑，素有"楚汉名城"之称。据考古发掘及相关研究资料，战国时长沙城范围东西长约 680m，南北宽约 580m，大约东在今黄兴路和蔡锷路之间，西临今下河街，南起今坡子街一带，北至今五一路与中山路之间[2]（图 3-4-6）。西汉长沙国都城为临湘，后人称之为"临湘故城"。《水经注·湘水》："汉高祖五年以封吴芮为长沙王，是城即芮所筑也。""临湘故城，在府城南，今善化县界……汉高祖以封吴芮，是城即芮筑。"[3] 汉长沙城略呈方形，东至今落星田、东庆街一带，西至今福胜街，南在今樊西巷稍南，北在今五一路与中山路之间[4]。

[1]　（清）顾祖禹.读史方舆纪要·卷八十·湖广六[M].贺次君，施和金点校.北京：中华书局，2005：3747.
[2]　温福钰主编.长沙 [M].北京：中国建筑工业出版社，1989：36.
[3]　（清）刘采邦，张延珂等.长沙县志（疆域志）[M].同治十年（1871 年）刊.
[4]　尹长林.长沙市城市空间形态演变及动态模拟研究 [D].长沙：中南大学博士论文，2008：20.

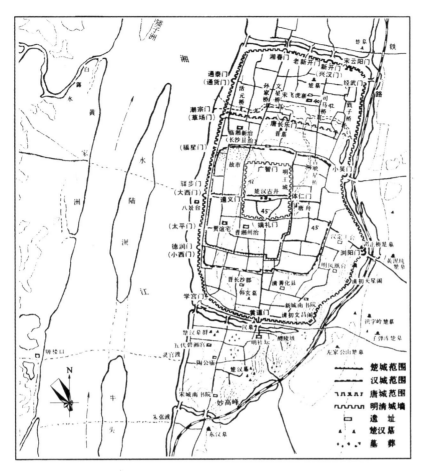

图3-4-6 长沙城历代空间形态变化示意图
（资料来源：温福钰．长沙 [M]．北京：中国建筑工业出版社，1989：36）

　　隋、唐、五代时长沙城规模基本一致，东城垣约在今小吴门、浏阳门一带，西城垣约至今小西门、大西门附近，南城垣约在今碧湘街南门门口处，北城垣约至潮宗街与营盘街一带，青少年宫的六堆子处。城市形状呈东西窄、南北长的方形。唐五代时长沙有城门六座：东有浏阳门、醴陵门，西有济川门（今大西门），南有碧湘门（今南门口），北有长乐门（约今六堆子）、清泰门。东城墙外有护城河桥一座：顺星桥。北城墙外有活源桥、文星桥、司马桥、戥子桥、孙家桥五座护城河桥，这五座桥名至今仍为长沙市开福区街名[1]。

　　经唐五代的开发建设，至宋代，长沙城规模已扩大数倍，历经明清直到民国初年拆除城墙时，虽屡经兴废，但城池范围基本没有改变，只是不

[1]　陈小恒．从长沙地名看长沙城市文化的变迁 [D]．长沙：湖南师范大学硕士论文，2006：28.

断地加固和完善。宋元明清时期，长沙城范围为：东在龙伏山脊（今建湘路），西临湘江（今沿江大道），南起城南路、西湖路，北至湘春路，整个城市负山面江[1]。

自宋元符元年（1089 年）起，长沙城出现了郡、县（两县）二级三套官衙建制，即城中有长沙郡治、善化县治和长沙县治。到清康熙三年，城中又有湖南省治，于是长沙城中省、府、县（两县）三级四套官衙共存[2]。从清同治十年的《长沙县志》和清光绪三年的《善化县志》中的"省城图"上可以明确地看出，明清长沙府治位于城中央偏北的汉时临湘县城址，善化县治位于城之东南隅，长沙县治位于城之西北隅[3]（图 3-4-7）。两县的界线大致为今五一大道，即驿步门（大西门）往东，以北属长沙县，以南属善化县（清同治十年的《长沙县志》和清光绪三年的《善化县志》中都有明确记载）。长沙城内两县分治的情况延续了 823 年，直到 1912 年才合而为一。

元代以前，长沙城"筑以土堘，覆以甓"。"讫宋元俱仍旧址。明洪武初，守御指挥邱广垒址以石，寻以上至女墙巅以甓。址广三丈，巅四（分）之一，高二丈四尺，周二千六百三十九丈五尺，计一十四里有奇，女墙四千六百七十九堞，堞崇二尺。池深一丈九尺，广亦如之。"明清长沙城有城门九座，各门建有城楼，并于东南西北四门建月城，城西以湘江为堑，其他三向环以深池[4][5]。

2. 明清长沙城市空间形态演变特点

长沙地理位置优越，周围山环水绕，可谓形胜之地。古城西临湘江，东依龙伏山，自楚汉以来，城址均无改变。受地形地势的影响和限制，城池的主要扩展方向只能为南北方向。历代城池均呈东西窄、南北长的不规则方形。发展到宋代，城墙的占地大小和形状格局已完全确定，明清时期只是不断地加固和完善，城墙范围基本没有改变。明清时期城市主要街巷走向和名称、主要建筑布局等也基本一致。

---

[1] 尹长林. 长沙市城市空间形态演变及动态模拟研究 [D]. 长沙：中南大学博士论文，2008：20.

[2] 清乾隆四十年（1775 年）钦定的文渊阁四库全书《湖广通志·城池志》曰："长沙府城，汉长沙王吴芮筑，讫宋元俱仍旧址。"同治十年（1871 年）的《长沙县志·疆域》曰："隋书地理志：'长沙旧曰临湘，隋平陈大业三年改名长沙'。一统志：'汉时临湘县城为长沙郡（临湘故城），治者在今城之南'。而今之长沙县治即水经所谓临湘新治（魏晋新治），南北朝、宋所徙，本在城外，隋唐时包入城中，宋又移县治于城东定王台，明洪武初移建北门内西偏，十一年改建于内门外，万历二十四年复今所（北门内西偏）。"

[3] 陈先枢著. 长沙老街 [M]. 长沙：湖南文艺出版社，1999：254.

[4] 清乾隆四十年（1775 年）钦定的文渊阁四库全书《湖广通志·城池志》。

[5] （清）刘采邦，张延珂等. 长沙县志·疆域志 [M]. 同治十年（1871 年）刊.

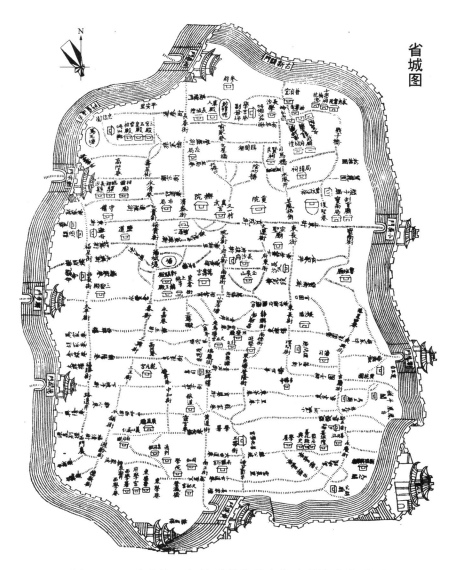

图3-4-7　清光绪三年的《善化县志》中的湖南省城图

（资料来源：陈先枢著．长沙老街[M]．长沙：湖南文艺出版社，1999：254）

　　上文研究指出，南宋以后，南方沿水城市利用江河，"行舟楫之便"，发展了"一种或许可称为'梳式'系统的街道体系"，出现了市场街道体系。明清时期，长沙城在体现府城建设特点的同时，同样体现了水路交通与市场发展对于城市空间形态发展的促进作用，其城市空间形态演变的特点突出体现在如下两个方面。

　　（1）方城直街，城外延厢

　　明代长沙城为王府城，设有城门九座。明崇祯十二年（1639年）的《长沙府志》记载：长沙府城西临湘江，略呈方形，设九门。明代长沙城先后建有潭王府（明洪武三年建）、谷王府（明永乐二年建）、襄王府、吉王府。

明宪宗成化十四年，英宗第七子见浚就藩长沙，将潭王府旧址改建为吉王府。吉王凡四传（定王、端王、宣王和宣王孙由栋），吉王府（后改为万寿宫）在长沙存在的时间最久，所以占地最大（图3-4-8）。吉王府位居城中央，周以城垣，四方各一门，南为端礼门，北为广智门，东为体仁门，西为遵义门。"《湘城访古录》（清人陈运溶在1893年辑录）说，考明藩邸制，五殿三宫，设山川社稷庙于城内，城垣周以四门，堂库等室在焉。总宫殿房屋八百间有奇，故全城几为藩府占其七八。"[1] 明清时期，长沙城内大小街巷150余条，方正成网，构成了整个城市的骨架。街道多呈"十"字、"井"

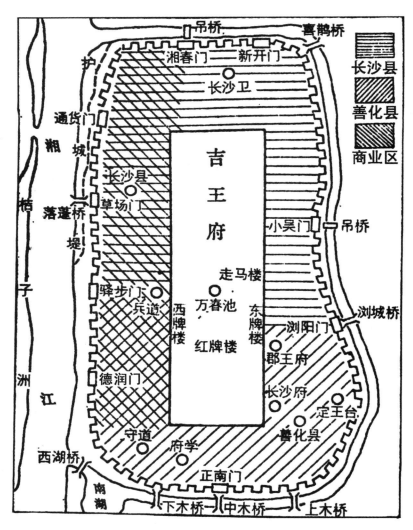

图3-4-8　明长沙城布局示意图

（资料来源：陈桥驿. 中国历史名城 [M]. 北京：中国青年出版社，1986：296）

---

[1]　王果，陈士溉，陈士镜. 长沙史话 [M]. 长沙：湖南人民出版社，1980：84.

字、"丁"字形。主街直接与城门联系，"城内有正东街、浏正街、南正街、北正街、西正街等正街通向各城门。城门外有金鸡桥、灯笼桥、浏城桥、螃蟹桥、北门吊桥等。清末，在城墙之东北、西南向增开经武门、学宫门，在太平街、西长街外增开太平门、福星门，全城共有 13 门。"[1]

作为郡、王府城，明清时期长沙城的建筑布局具有中国皇城和郡州府城权力空间结构形态的基本模式，即"政治功能——仪典模式"。"方城直街、城外延厢"，空间方正，城内部空间布局整体感较强。城中街巷名称基本上是南北称街，东西称巷。郡、王府居城中偏北，善化县署和长沙县署分别位于城中东南隅和西北隅。自王府前到黄道门（南门）是一条约 2km 的御街千步廊，突出了郡、王府治在城中的位置。省、府、县（两县）的衙署，以及藩司、臬司、学政等政治、文教、祀典类建筑的空间布局具有明显的轴线对称关系。

明清时期，地方城市为保一方平安，多在城外设社稷坛、山川坛和厉坛，在城内设城隍庙等祀典建筑。清初谷应泰（1620 ~ 1690 年）编撰的《明史纪事本末·更定祀典》曰："至尊莫大于天地，至亲莫大于祖宗……尊天地，故有郊社。郊坛于南，社坛于北，本其气也。日月风雷、山海岳渎随焉，从其类也。"而长沙府城的祀典建筑位置与此有些不同。据清乾隆四十年（1775 年）编的文渊阁四库全书《湖广通志·祀典志》："长沙府，社稷坛在府城北，风云雷雨山川坛在府城内，先农坛在北门外雍正四年奉……城隍庙在府城北，郡厉坛在府城内，里社乡厉二坛在府城内。"对此，笔者认为，原因之一可能与长沙自古为王国之城有关。西汉吴氏（吴芮）长沙国五代五传，刘氏（刘发）长沙国八代九传，共历 231 年。西晋武帝封六子司马乂为长沙王，因参加"八王之乱"，最后被杀，追谥厉王。南宋武帝封弟道邻为长沙王，谥号景王。南齐高帝封子晃为长沙王，谥号威王。五代十国时，楚踞湖南，以长沙府为国都，历 23 年（马殷在位 35 年）。明代长沙诸王前后共历 273 年。为了保证祀典时诸王的安全，故"设山川社稷庙于城内（王府内），城垣周以四门"（《湘城访古录》）。原因之二可能与长沙城的地形环境有关。长沙城西临湘江，东枕龙伏山，受地形地势的限制，只能向南北方向发展城池，自然地将祀典建筑圈入城内。清末，在南门（黄道门）外增有社稷坛。

（2）街巷"梳式"发展，商业聚类成街

唐代中叶以后，中国南方城市商品经济发展迅速。北宋时，取消里坊制，开始以街巷划分城市居住空间，城市聚居制度体现了从以社会政治功能为基础向以社会经济功能为基础转变，城市的商业街市开始繁荣。

129

---

[1]　沈绍尧. 访古问今走长沙 [M]. 北京：气象出版社，1993：135.

陈先枢等人的研究表明，至唐代，长沙成为中国南方农副产品重要的集散地和交换中心，沿湘江一带已有了一些集市，已初步形成了一座商业城市[1]。明清时期，随着地区经济和商业的进一步发展，长沙城市空间形态发展的一个显著特点是城市经济功能街道取代了部分政治功能仪典街道，城西靠湘江一侧（包括城内和城外）发展了"梳式"商业街道系统，商业按类聚集成区，形成了许多繁华的商业街区，城市空间结构形态的经济功能——市场模式的特点明显。

城市的交通条件、经济形态影响其空间结构布局。长沙地貌北、西、南缘为山地，东南以丘陵为主，东北以岗地为主，城区处于湘江和浏阳河交汇的河谷台地，周围为地势较高的山丘，对外联络，大多"拥舟楫之便"[2]，取水道出长江——"东通江淮，西接巴蜀，南极粤桂，北达中原"[3]。湖南自古农业和手工业经济发达，1986 年在道县玉蟾岩遗址中发现有距今 1.2 万多年稻壳，1995 年在澧县梦溪乡八十垱的遗址中曾出土了极丰富的距今 8000 多年的稻作农业资料，包括稻谷和大米等[4]。1970 年代马王堆出土物中也有稻麦黍粟等数以百计的食物，其中稻谷就有籼黏粳糯等众多品种。《史记》载："长沙，楚之粟也。"东汉时长沙推广铁制农具和牛耕技术，北宋时开始种双季水稻。清雍正四年（1726 年），由藩司发帖，长沙共开设各类牙行 35 户，其中粮行占了 24 户，长沙米市正式形成，成为中国"四大米市"之首，以至清乾隆皇帝欲将"湖广熟，天下足"改为"湖南熟，天下足"[5]。清代中叶以后，长沙成为湖南粮食的主要集散市场之一，曾出现有"仓库侟比，米袋塞途"[6]现象。西汉以后，长沙手工业发展较快，如陶器、铜器、瓷器、刺绣、鞭炮等都在全国久负盛名。唐代，长沙窑生产的瓷器曾随当时的丝绸、茶叶一起畅销海内外。农业、手工业和商业的发展，带来了长沙经济的繁荣和城市的繁华。明代，长沙已成为人口密集、工商业繁荣、全省主要商品集散之地。明崇祯十二年的《长沙府志·风俗志》载：长沙"民物丰盈，百货鳞集，商贾并联，亦繁盛矣。"和唐宋时代一样，明清时期长沙城内主要的街市仍集中在沿江的西半城，特别是集中在德润门（小西门）、驿步门（大西门）和潮宗门（草场门）附近的南北二街：福星街—西长街—太平街—福胜街、接贵街—三泰街—三兴街—三王街—衣铺街，东西三街：潮宗街、永

[1] 陈先枢，黄启昌．长沙经贸史记 [M]．长沙：湖南文艺出版社，1997：54．
[2] 长沙市志编纂委员会．长沙市志第十卷：商贸志 [M]．长沙：湖南人民出版社，1999：387．
[3] 长沙市地方志编纂委员会．长沙市志第九卷：交通邮电卷 [M]．长沙：湖南人民出版社，1998：243．
[4] 张文绪．澧县梦溪乡八十垱出土稻谷的研究 [J]．文物，1997（1）：36-41．
[5] 沈绍尧．访古问今走长沙 [M]．北京：气象出版社，1993：13-14．
[6] 张人价．湖南省经济调查所丛刊——湖南之谷米 [M]．长沙：湖南省经济调查所，1936：39．

丰街—万寿街—万福街、下坡子街—上坡子街，以及诸多巷道。这一带西邻湘江，是唐宋以来的老商贸区，商业区选择这里，正是为了"行舟楫之便"。

明清时期，长沙城内的"梳式"市场街道系统以上面的南北二街为主要商业街道，众多东西街巷与其垂直分布。城外是一条沿湘江堤岸的主要商业街道，众多的巷道垂直于主要商业街道，直接与堤岸边的码头联系。清末，在城墙之东北、西南向增开经武门、学宫门，在太平街、西长街外增开太平门、福星门，正是为了方便城中的商品运输（图3-4-9、图3-4-10）。

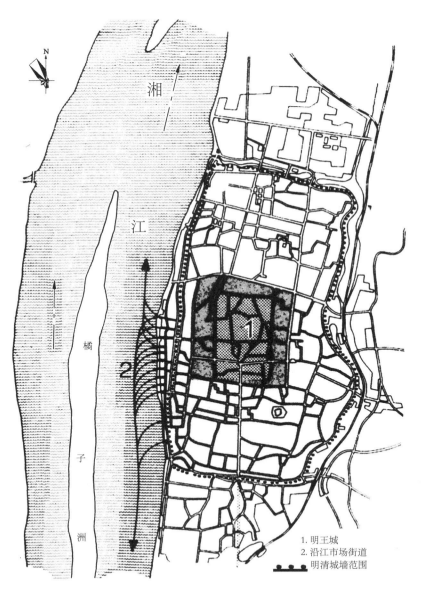

1. 明王城
2. 沿江市场街道
　明清城墙范围

图3-4-9　明清长沙城西"梳式"街道系统示意

（资料来源：（德）阿尔弗雷德·申茨. 幻方：中国古代的城市 [M]. 梅青译.
北京：中国建筑工业出版社，2009：343）

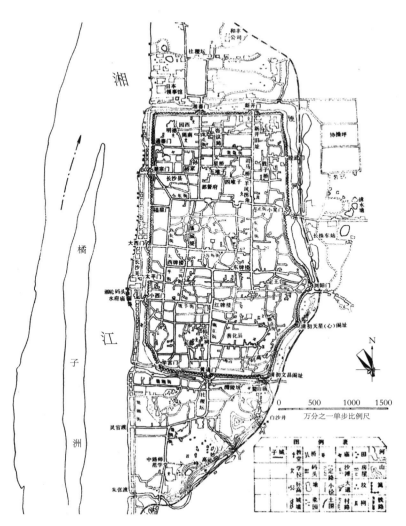

图3-4-10　民国2年的湖南省城图
（资料来源：温福钰．长沙[M]．北京：中国建筑工业出版社，1989：39）

　　张研研究清代的社区时指出："各城市中，清人在长期的生产生活中又自然形成了不同区域……各区当中，长期以来各行各铺依行业比户而居，构成了街巷。有的一街一行，街名就是行名。"[1] 长沙城自清雍正四年开设牙行以后，城内的商业和手工业同样出现了按行业类别或商品类型聚集成区的现象，并逐渐形成了许多繁华的商业街区，街巷以行业类型或商品名称命名。如"香铺巷、线铺巷、书铺巷、衣铺巷、当铺巷、肉铺巷、油铺街、钟表巷、灯笼街、扇子巷、鞋铺巷、面馆巷、茶馆巷、铜铺巷、草药铺巷、炮竹铺巷等。"[2] 清代中叶以后，长沙成为中国"四

[1]　张研.试论清代的社区[J].清史研究，1997（2）：1-11.
[2]　沈绍尧.访古问今走长沙[M].北京：气象出版社，1993：139.

大米市"之首，成为湖南省粮食的主要集散市场之一。长沙城的米市主要分布在黄道门（南门）至潮宗门（草场门）一带，尤以潮宗门内的潮宗街最多，所以潮宗街也被称之为"米街"。

总之，明清时期的长沙，"城市"功能明显，行政中心与市场区域结合发展，既是政治意义上的"城"，又是经济意义上的"市"，政治功能——仪典模式和经济功能——市场模式两种空间结构形态共存。城市空间布局体现了对自然地形环境的重视和利用；体现了"王权"的严肃性和"礼乐"的和谐性；体现了交通条件、经济形态及其发展状况对城市空间发展的要求。

（三）明清衡阳城市空间形态演变特点

1.地理位置与历史沿革

衡阳，位于湖南省中南部，湘江中游，东邻广东、江西两省，西南界永州市。因地处南岳衡山之南而得名，相传"北雁南飞，至此歇翅停回"，栖息于市区回雁峰，故雅称"雁城"。衡阳古城位于衡阳盆地中部，四周山、丘环绕，为古老宕层形成断续环带的岭脊山地。湘江由南向北穿城而过，耒水、蒸水在古城北与湘江交汇。古城山水形胜，风景秀丽，素有"寰中佳丽"之称（图3-4-11）。

133

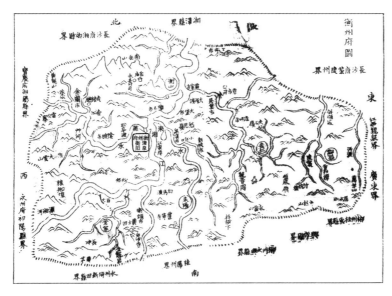

图3-4-11　衡州府舆地图
（资料来源：（清）饶佺修，旷敏本纂.（乾隆）衡州府志·卷三·舆图 [M].
清乾隆二十八年刊印，清光绪元年补刻重印）

汉高祖五年（前202年），在衡阳境内湘江东岸置酃县和承阳县，为衡阳境内首次设县。酃县县城在今市郊江（湘江）东酃湖东岸，承阳县城在今衡阳县金兰寺，属长沙国。"考古发现，江（湘江）东酃湖附近有古酃县县城遗址。城址呈椭圆形，城墙用黄土夯筑，城垣残址高4m，宽5m。东西两面正中有城门遗迹，城北角有一大型建筑遗址，并发现大量汉瓦及战国时期印纹陶器残片，城址周围山上出土墓葬有战国时期器物。"[1] 220年，孙吴于长沙郡东南置湘东郡，郡治设在今酃县；于长沙郡西部置衡阳郡，郡治设在今湘乡。东晋孝武帝太元二十年（395年），划酃县入临蒸县，移临蒸县治于湘江东岸原址，属湘东郡，以临蒸县城为湘东郡治。隋大业年间，改郡为州，废湘东、衡阳郡，设衡州，将临蒸县改为衡阳县，这是历史上第一次出现衡阳县。州城、县城均在湘江东岸。唐武德七年（624年），衡州州治及临蒸县城移至湘江西岸。唐天宝年间（742～755年）改称衡阳郡，唐乾元元年（758年）复称衡州。宋朝复为衡阳郡。元朝改为衡州路。明洪武二年改为衡州府。清康熙三年（1664年）置衡永郴道，驻衡州府。清雍正十年（1732年）增领桂阳州，更名衡永郴桂道。清乾隆二十一年（1756年），以"路当要冲，事繁难治"为由析衡阳县东南境置清泉县，与衡阳县治同城，属衡州（据清编《湖南通志·卷一百二十三·职官十四》）[2]。1988年衡阳市成为湖南省首批公布的四大历史文化名城之一。

衡阳，"扼两广，锁荆吴"，战略地位十分重要，历来是兵家必争之地，《读史方舆纪要》有明确记载[3]。今衡阳城所在地自古为交通枢纽、物资集散中心和湖南重镇，经济发展较早。随着水陆交通的开发、地区经济的发展和人口的增长，以及唐代中叶以后南方社会战乱局面的加剧，衡阳在湘南的战略地位逐渐提升。唐至德二年（757年）在此设衡州防御史，领衡州、郴州、永州等八州军事。宋代以后，衡阳城已成为湘南政治、经济、文化中心和军事重镇。明洪武初年，在衡州城设衡州卫。由于衡阳城地理位置优越，军事地位重要，清康熙十七年（1678年），吴三桂在衡阳称帝，国号"大周"，年号"昭武"，设六部，改衡州府为"定天府"，以衡州州署为皇宫，改鼓楼为五凤楼，回雁门为正阳门，大街为棋盘街。1679年清军覆衡阳，回复清制。

2. 明清衡阳城市空间形态演变特点

虽然自唐武德七年后，今湘江西岸的城区一直为衡阳辖区的政治、经济和文化中心，但是，据史料记载，北宋咸平年之前，湘江西岸城区还无

[1] 衡阳市建设志编纂委员会. 衡阳市建设志 [M]. 长沙：湖南出版社，1995：29.
[2] （清）饶栓修，旷敏本纂. （乾隆二十八年）衡州府志 [M]. 清光绪元年补刻重印. 长沙：岳麓书社，2008：前言.
[3] "（衡州）府襟带荆湖，控引交、广，衡山蟠其后，潇、湘绕其前，湖右奥区也。且自岭而北，取道湖南者，必以衡州为冲要，由宜春而取道粤西，衡州又其要膂也。南服有事，绸缪可不蚤欤？"见：（清）顾祖禹. 读史方舆纪要·卷八十·湖广六 [M]. 贺次君，施和金点校. 北京：中华书局，2005：3780-3781.

土筑城墙。五代后周显德二年（955 年），湘江西岸城区才开始修建木栅，为城区第一代"城墙"。北宋咸平年间（998 ～ 1003 年）拆除木栅，改为版筑城墙。南宋绍兴年间（1131 ～ 1162 年）又加以版筑，但未完工。南宋末，版筑城墙年久失修，大部分被毁。宋景定年间（1260 ～ 1264 年），知州赵兴说采石筑城，衡州城墙始具规模。元泰定年间（1324 ～ 1327 年），环城修建石郭[1]。清（乾隆）《衡州府志·城池》载："衡州府城，唐以前无考，周显德间，始立木栅。宋咸平、绍兴版筑，工未毕。景定中，知州赵兴说始成之。"[2] 清乾隆四十年编文渊阁四库全书《湖广通志·城池志》载："明洪武初，指挥庞虎大缮修；成化年间，知府何珣增饰。"这一记载也印证了成一农先生的研究观点："唐代不重视地方城市城墙修筑"、"明初地方城市城墙修筑的重点在于那些设置卫所的城市"。同时也说明，衡州府在宋代以前，还只是湘南地区的政治、经济和文化中心，军事地位还不是十分突出。

　　和全国其他许多地方城池在明代拓城并改为砖筑城墙一样，衡州城在明成化年间（1465 ～ 1487 年）拓城时，即采用砖石砌筑。城墙高 2 丈 5 尺，周长 1270 丈 8 尺，设城门 7 座，合 7 里 30 步。城墙上"荫以串屋"，城门上各建城楼。到明末崇祯十五年（1642 年），复兴城工，增高 5 尺，培厚 6 尺，又在城外自南门向西至北门加修护城壕，长 826 丈，深 4 尺，宽 13 丈。但这次修城，未完工，第二年即被张献忠领导的农民起义攻陷，城楼俱毁。到清顺治十八年（1661 年），衡州府巡抚、知府和通判相继修城，其后，又有清康熙八年至二十年、雍正七年、乾隆二十六年、道光末年、咸丰二年和六年重修城池。志书记载[3][4][5]，清咸丰二年（1852 年）以前的历次重修，城池规模与明代相同，周长 1270 丈 8 尺。城内自南门东至北门，计 670 丈，属清泉县经管；自南门西至北门，计 663 丈 8 尺，属衡阳县经管。

　　地区经济发展的一个突出表现就是人口的增长。明中叶以后，衡阳地区的人口无论在数量上还是在密度上都位于湖南省前列（表 3-4-1）。尤其是清中叶以后，衡阳地区的经济和人口增长较快。"明清时期，衡阳境内集镇发展较快，有的镇由于地处交通要道以及商业繁荣而兴盛；有的由于开发矿业而发展为集镇；有的由于成为政治中心人口增多而成为集镇。"[6]

[1] 衡阳市建设志编纂委员会. 衡阳市建设志 [M]. 长沙：湖南出版社，1995：30.
[2] （清）饶栓修，旷敏本纂.（乾隆二十八年）衡州府志 [M]. 清光绪元年补刻重印. 长沙：岳麓书社，2008：72.
[3] （清）饶栓修，旷敏本纂.（乾隆二十八年）衡州府志 [M]. 清光绪元年补刻重印. 长沙：岳麓书社，2008：72.
[4] （清）乾隆四十年（1775 年）编文渊阁四库全书《湖广通志·城池志》。
[5] （清）彭玉麟修.（同治十一年）衡阳县图志 [M]. 殷家俊，罗庆芗纂. 长沙：岳麓书社，2010：99.
[6] 衡阳市建设志编纂委员会. 衡阳市建设志 [M]. 长沙：湖南出版社，1995：33.

1578~1917年湖南人口区域分布　　　　　表3-4-1

府州名称	明万历六年 (1578 年)			清嘉庆二十一年 (1816 年)			民国 6 年 (1917 年)		
	面积 (km²)	人口总数	人口密度（人/km²）	面积 (km²)	人口总数	人口密度（人/km²）	面积 (km²)	人口总数	人口密度（人/km²）
长沙府	41894.9	427164	10.20	41837.4	4290086	102.54	41837.4	7047510	168.45
衡州府	22397.6	358916	16.02	17167.2	2321431	135.22	17167.2	3916310	228.71
岳州府①	28848.9	275142	9.54	12605.3	1709497	135.62	12605.3	2173028	172.39
宝庆府	21559.7	221207	10.26	22329.3	1624155	72.74	22329.3	4127759	180.38
永州府	22907.3	141633	6.13	23409.8	1629946	69.63	23409.8	3262623	139.37
常德府	9180.5	144540	15.74	11945.0	1219755	102.11	11945.0	2225831	186.34
辰州府	23863.1	156724	6.56	12845.3	898954	69.98	12845.3	2117841	164.87
郴州	13695.7	94390	6.89	13445.6	997021	74.15	13445.6	1677876	124.79
靖州	9904.1	81066	8.18	9904.1	608463	61.44	9904.1	934353	94.34
桂阳州	—②	—	—	6902.9	773353	112.03	6902.9	753590	109.17
沅州府	—	—	—	7623.2	537396	70.49	7623.2	813167	106.67
永顺府	—	—	—	13565.5	643095	47.41	13565.5	893966	65.90
澧州	—	—	—	15606.5	1033980	66.25	15606.5	2036648	130.50
四厅	—	—	—	5902.4	192722	32.65	5902.4	327583	55.50
合计				215089.5	18479854	85.91	215089.5	32308085	150.21

注：① 当时岳州府包括澧州在内。② 未统计。

（资料来源：表中 1578 年、1816 年数据来自：毛况生主编 . 中国人口·湖南分册 [M]. 北京：中国财政经济出版社，1987：52，57；1917 年数据来自：湖南省志编撰委员会编 . 湖南近百年大事记述 [M]. 长沙：湖南人民出版社，1979：387-389.）

　　表3-4-1说明，清代中叶以后，衡阳地区经济发展较快。持续的经济发展，带来了城池建设的繁荣。到清咸丰二年修城时又增高垣雉 3 尺。咸丰六年修城时增建炮台 14 座，并在南门外增筑外城，将南门外的花药山、接龙山、回雁峰等制高点圈入城中，形成明显的城郭结构。外城周长 720 余丈，建炮台 15 座。咸丰九年疏通并加深城壕至近 1 丈，在内城西北向又开三门，并于门前城壕上各建桥以满足城内外交通。至清同治十一年（1872 年）修城，外城与内城等高，高 2 丈 5 尺，厚 1 丈 6 尺，下基 3 丈，周长 2255 步，东西最远者 400 步，南北 850 步，垛口 938 个。内外城共有城门 17 座，其中，内城对外有 6 座，外城对外有 10 座，内外城之间以回雁门相通。凸显了衡州府在明清时期的政治、军事地位，以及经济发展情况（图 3-4-12、图 3-4-13）。

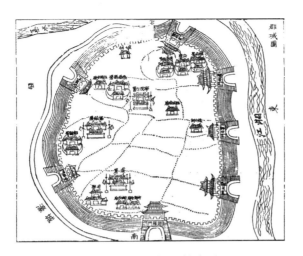

图3-4-12 衡州郡城图

（资料来源：（清）饶佺修，旷敏本纂.（乾隆）衡州府志·卷三·舆图 [M].
清乾隆二十八年刊印，清光绪元年补刻重印）

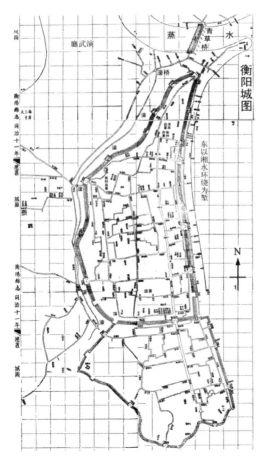

图3-4-13 清同治十一年《衡阳县图志》中的衡阳城图

（资料来源：（清）彭玉麟修.衡阳县图志·卷四·建置·城图 [M].殷家俊，罗庆芗纂.清同
治十一年刊）

明清时期，衡阳城市空间形态演变的特点主要体现在如下两个方面。

（1）"城、郭"结构明显，"城、市"分区明确

自五代后周显德二年在湘江西岸首次筑城后，历经宋、元两朝的改建和扩建，衡阳城池规模逐渐扩大。加之优越的地理条件，衡阳城的军事地位逐渐受到重视，以致明清时期多次修城和加筑。明清时期，衡阳城池空间形态的变化有两大特点：一是用砖石拓建城墙，加高城墙，开挖护城壕；二是在城南加建与内城等高的外城，形成明显的"城—郭"结构，且外城面积较大，超过内城面积一半。

清咸丰六年增筑外城后，衡阳城的功能分区更加明确，表现为"城"与"市"明显分开，城墙的防御功能更加突出。内城道路相对规整，主要为府署、县署、道署、庙学、城守、会馆等建筑，外城道路因地制宜，主要为普通市民的聚居地和贸易场所。据 1995 年编的《衡阳市建设志》考察清同治十一年的《清泉县治·衡阳建置图》载：清咸丰六年，衡阳城墙在历史上进行最后一次修葺。此时全城有街 26 条，巷 33 条，人口 6 万余人。城区面积为 4.2km²（内城 2.2km²，外城 1.2km²，江东河边 0.8km²），分为三个商业区、两个行政区、两个文化区等七个功能区，大致是南北正街为中心商业区，北门为中心行政区，石鼓书院、船山书院为文化区。街道布局为四纵七横方格形网络。街道长度一般为 0.7 ～ 2.5km，宽度为 1.5 ～ 6.5m[1]。

（2）城内空间体现"礼制"思想，城外街巷"梳式"发展

如第二章所述，中国古代城市规划主要受三种思想体系影响，地方城市受以《管子》为代表的体现因地制宜、重环境求实用的城市规划建设思想影响最大。历史上，衡阳城的规划建设在体现因地制宜、重环境求实用和天人合一思想的同时，城市空间结构也突出体现了"礼制"的营建思想。从清乾隆二十八年（1763 年）刊印的"衡州郡城图"上，我们可以清楚地看出，衡州城内街道布局因地制宜，为三纵七横方格形道路系统，在三条南北向道路的北段分别为府署、县署和学院行署，即三条纵向的主道在城内主要建筑前形成"丁"字相交。府署前的道路，直通回雁门（南门）。这种"丁"字形街道创造了城市仪典时所需要的空间环境，是规划建设体现"礼制"思想的具体表现。在清宣统元年（1909 年）的"衡阳城区图"上，街道系统更加具体、直观，为四纵七横方格形。府署、县署等重要建筑同样位于前期三条纵向主道的北端，府署前的大街为全城的主要大道，最宽，通过南门一直延伸到外城的南部。内城道路相对规整，外城道路因地制宜，多为不规则的曲线形。城中主要街道多以周边建筑命名，如布政街、司前街、司后街、道前街、道后街、文运街、福星街、书院街等，同样体现了政治

[1]　衡阳市建设志编纂委员会.衡阳市建设志 [M].长沙：湖南出版社，1995：30，34，61.

统治与礼制教化的功能。

明清时期，衡阳城市发展的一大特色是在沿水地段发展了"梳式"市场街道。"市场街道是乡村商业化的产物"，为持续增长的人口提供了生计。清中叶以后，由于地区经济和人口的持续发展，加上衡阳城历来就为交通枢纽和物资集散中心，所以城市周边的商业繁荣更快。至清咸丰六年加筑外城时，一方面根据地形特点，将南门外的花药山、接龙山、回雁峰等制高点圈入城中，并于内城增建炮台14座，外城建炮台15座，以加强城池的防御能力；另一方面将内城中本为中心商业区的府署至回雁门（南门）的南北正街延伸至外城南部，并将南门外湘江沿岸的大河街（上河街）圈入城中加以保护，所以外城在内城南部东边突出一段。在大河街两端的城墙上开城门，北端为康衢门，南端为向阳门，并于沿江一段城墙上开城门三座，加强了外城与江边码头的联系。此次筑城不仅突出了城池的防御能力建设，而且体现了经济建设在城市发展中的作用，是衡阳城市发展的一大特色。

与长沙城的"梳式"市场街道系统不同的是，衡阳城的"梳式"市场街道只是位于城外湘江和蒸水两岸，城内市场通过沿江的九道城门与城外市场街道和码头联系（图3-4-14、图3-4-15）。清末以前，"市民代步工具，陆地坐轿骑马，水路乘船行舟"。衡阳城位于湘江、蒸水和耒水的交汇处，水路交通自古发达，所以城区湘江和蒸水两岸码头较多。"清末，衡阳城区的湘江西岸，就有五码头、泰梓、大码头、铁炉门、柴埠门、潇湘门、北门、杨泗等码头，东岸有粟家、丁家、王家、盐店、唐家、廖家等码头，均为石阶简易民用码头。"[1] 发达的水路交通和乡村商业化的发展，促进了衡阳城沿水"梳式"市场街道的发育。在清同治十一年的"衡阳城图"

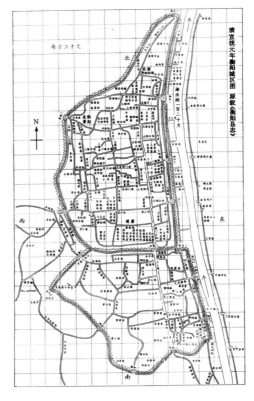

图3-4-14 清宣统元年衡阳城区图

（资料来源：衡阳市建设志编纂委员会编.衡阳市建设志[M].长沙：湖南出版社，1995）

[1] 衡阳市建设志编纂委员会.衡阳市建设志[M].长沙：湖南出版社，1995：111.

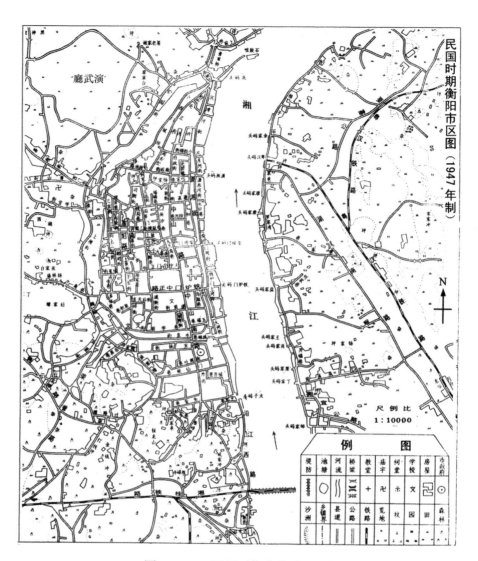

图3-4-15　民国时期衡阳市区图

（资料来源：衡阳市建设志编纂委员会编. 衡阳市建设志 [M]. 长沙：湖南出版社，1995）

和清宣统元年的"衡阳城区图"上，都清楚地标明了湘江西岸的街巷走向和名称：以城外平行于湘江的河街为主街，众多的巷道垂直于河街，直接通往江边的码头。清末民初，衡阳城周边乡村商业化发展较快，在宣统元年的"衡阳城区图"上，外城以南又发展了多条"城南新街"。

总之，明清时期的衡阳城，已成为湘南政治、经济、文化中心和军事重镇，城市主要沿湘江扩展，不仅突出了城池的防御能力建设，而且也体现了经济建设在城市发展中的作用。城市建设城壕并重，城郭共存，"城"、"市"功能分区明确，城市的政治功能与经济功能在空间格局上基本分开。内城道路相对规整，空间结构形态体现了"礼制"的营建思想，体现着政治功能——仪典模式的特征；外城道路和城门因地制宜，适应了商贸活动需要，空间结构形态体现着经济功能——市场模式的特征。

二、湘江流域府州城市形态演变动力机制初步总结

众多的研究表明，世界各地早期城市产生的原因主要为两种类型：一是由于政治统治和军事防御的需要而兴建城市，是早期城市产生的主要原因；二是由于地区经济要素聚集和发展带来人口的集聚，从而形成城市，是后期地方城市产生的重要原因。

历史上，岳阳、长沙、衡阳、永州等府州城市通过湘江这一天然的纽带有机地联系在一起，是湘江流域"城市体系"中的主要城市，它们的形成和发展是受多种因素综合影响的结果。在后期的发展过程中，地区的社会生产力的发展是城市（镇）持续发展的根本动力。

考察湘江流域府州城市的形成与发展特点，笔者总结其形成与发展的动力机制主要体现在如下两个方面。

1. 政治统治与军事防御是城市形成的原动力

湖南地区城市出现的时间较早，如专家认为是我国目前所知年代最早的史前城址——今澧县城头山古城，再如今岳阳市城陵矶的商代大彭城、今岳阳县龙湾、筻口一带东周时期的麋子国城、今汨罗市城关镇西北的春秋中期的罗子国城、春秋晚期的长沙城和楚王城（今桃源县境内）等。如果说秦统一中国以前，中国各地为按分封制建城和按需要自行建城的话，那么秦统一中国以后，为加强统治，取消分封诸侯制，在全国实行中央集权的郡县制，中国金字塔式的城市体系就正式形成。湘江流域的城市体系也正是在这一时期正式形成的。

长沙城地理位置优越，建城历史较早，素有"楚汉名城"之称。战国时期长沙城邑已颇具规模。秦统一中国以后，在此设长沙郡，辖今天湖南的岳阳、长沙、株洲、湘潭、娄底、邵阳、衡阳、郴州、永州等 9 地市以及今江西的萍乡、宜春，今广东连县，今广西全州等地。此后，长沙一直是郡、州、府、路、省治所在地。到两汉时期，中国郡县制的城市体系更加细化：郡城的数目增加，郡下设县，县下设乡、亭、里等。两汉时期，今湖南地区设有长沙国、武陵郡、桂阳郡、零陵郡和苍梧郡。西汉长沙国辖长沙、豫章、桂林、南海及象郡，东汉复置长沙郡，足见当时长沙在全国的政治与军事地位。

汉武帝元朔五年（前 124 年），封长沙王刘发之子刘贤为泉陵侯，置县级泉陵侯国于泉陵，辖今零陵（芝山）区、冷水滩区、祁阳县、祁东县、东安县及双牌县的一部分。西汉初年，为了巩固统治地位，一方面实行削藩，强化中央集权制度，另一方面，加强了对周边地区少数民族的防范和

征讨。汉武帝元鼎五年（前 112 年）秋，汉武帝调遣被赦的罪人和江淮以南的水兵共 10 万人，兵分五路进攻南越。经过一年的征战，汉军于次年的冬天取得了战争的胜利。汉武帝征服南越以后，为了加强对南越地区的统治，随即在这一带建立起西汉中央政府领导的地方政权。汉武帝元鼎六年置零陵郡，郡治设在秦之零陵县治，即今广西全州咸水一带，辖 7 县 4 侯国。东汉光武帝建武年间（25 ～ 55 年），由于当时泉陵县的经济已相当发达，加上泉陵县治南峙九疑，北镇衡岳，潇湘汇流，形成天然屏障，军事地位日益重要，故在东汉光武帝建武年间，将零陵郡治由秦之零陵县移至泉陵县，即隋以后的零陵郡、永州府。

岳阳自古为军事战略要地。商周时期在此建有军事战略意义的要塞城堡——"大彭城"，东周时期在此建有麋子国城，东汉时期三国东吴鲁肃镇守巴丘，筑巴丘城。至西晋武帝太康元年，始设巴陵县。巴陵县的设立，确立了巴丘城作为地区级城市和政治经济中心的地位，使得巴丘城从单纯军事据点转变为军事和政治据点。南北朝刘宋文帝元嘉十六年（439 年），分长沙郡北部立巴陵郡，因吴旧址增筑巴陵郡城。隋文帝开皇九年(589 年)，改巴陵郡为巴州，巴陵县属巴州，十一年又改巴州为岳州，遂将巴陵城改称岳州城。在此后一千多年的发展历程中，岳阳城市作为郡（府、州）和县治所在地的地位从未动摇过。

唐代以前，衡阳郡（州）治曾有多次迁移。唐武德七年（624 年），衡州州治及临蒸县城移至湘江西岸今址，成为衡阳辖区的行政中心。但是，据史料记载，北宋咸平年之前，湘江西岸城区还无土筑城墙。据清乾隆《衡州府志·城池》载，五代后周显德二年（955 年），湘江西岸城区才开始修建木栅，为城区第一代"城墙"。宋朝中后期，外患内忧，南方农民起义不断发生。为了加强政治统治和军事防御功能，北宋咸平年间（998 ～ 1003 年)拆除木栅,改为版筑城墙。南宋绍兴年间(1131 ～ 1162 年) 又加以版筑，但未完工。景定年间（1260 ～ 1264 年），知州赵兴说采石筑城，衡州城墙始具规模。至明成化年间衡州城得以拓展，并全部采用砖石砌筑城墙。

上述长沙、永州、岳阳和衡阳等府州城市的形成与发展过程清楚地表明，城市是体现和维护政治权力的工具，政治统治和军事防御是其产生的两个主要原因。战争（军事）是政治的继续，从这个角度考察，可以说古代湘江流域府州城市的产生主要出于政治统治（权力表达）的需要，政治统治是城市形成的原动力。

2. 交通地位提高与经济发展是城市空间拓展的主动力

城市的交通地位、经济形态影响其空间结构形态和布局。考察湘江流域府州城市，城市的交通地位变化和经济发展在城市空间结构形态演变中均起到了决定性的作用，交通地位提高和经济的持续发展是其城市空间拓展的主动力。

"城市是自然的产物，而尤其是人类属性的产物"，城市的发展同其居民们的各种重要活动密切地联系在一起。唐代中叶以后，随着交通地位的确立和地区经济的发展，岳阳城和衡阳城的政治、军事战略地位逐渐得到提高。明清时期，随着水陆交通的持续开发和地区商品经济、人口的持续发展，岳阳城和衡阳城在加强城池军事防御能力的同时，城市空间也得到进一步拓展，形成了明显的"城、郭"空间结构和明确的"城、市"功能分区。清代中叶以后，衡阳城外沿湘江和蒸水两岸发展了"梳式"市场街道。

长沙城位于湘江下游，"弹压上游……控交、广之户牖，拟吴蜀之咽喉"[1]，地理位置优越，自古农业、手工业和商业发达。至唐代，长沙已成为中国南方农副产品重要的集散地和交换中心，沿湘江一带已有了一些集市，初步形成了一座商业城市。明代，长沙已成为人口密集、工商业繁荣、全省主要商品集散之地。明清时期，随着地区经济和商业的进一步发展，长沙城市空间形态发展的一个显著特点是：建筑布局在保留中国皇城和郡州府城权力空间结构形态的基本模式，即"政治功能——仪典模式"的基础上，在城西靠湘江一侧（包括城内和城外）发展了"梳式"市场街道系统——众多东西街巷与两条南北主要商业街道垂直分布，商业按类聚集成区，形成了许多繁华的商业街区，城市空间结构形态具有明显的经济功能——市场模式的特点。

永州地当楚粤门户，"遥控百粤，横接五岭"。虽然永州城在汉武帝元朔五年即为泉陵侯国城，东汉光武帝建武年后又为零陵郡治所在地，但由于中唐以后，江南经济的迅速发展及闽粤经济与对外贸易的发展，楚粤通衢重心东移至江西、福建等地，永州的交通优势日渐丧失，在全国的区域地位逐渐下降。加之唐宋时期，地区的社会形势相对稳定，所以南宋以前，零陵郡城的规模和形态几乎没有变化（见上文分析推测），直到南宋以后，由于"内忧外患"的影响，才开始增修其"里城"和加筑"外城"。元明清三朝，是永州经济由相对繁荣走向相对衰落的时期，加之元明之交和清初，境内拉锯式战争、天灾等因素影响，永州的生产力遭到了极大的破坏，经济文化发展放慢，尤其是商品经济发展较慢，所以城郭在宋末基础上虽有几次重修和拓展，但终未能从整体上突破宋末城池的主体规模。

总之，政治统治与军事防御是古代湘江流域府州城市形成的原动力，交通地位提高、经济和人口的持续增长是湘江流域府州城市空间拓展的主动力。政治统治和军事防御是古代城市的两大基本功能。明清时期，湘江

143

---

[1]（清）顾祖禹. 读史方舆纪要·卷八十·湖广六 [M]. 贺次君，施和金点校. 北京：中华书局，2005：3747.

流域府州城市的空间结构形态演变特点，一方面体现了城市的交通地位、经济形态及其发展状况对城市发展的要求，另一方面也体现了中国古代城市的政治统治与军事防御两大基本功能特点。

三、明清永州城发展滞后的原因

上文分析永州城形态演变时指出，宋末大规模拓城基本上奠定了明清时期永州城的规模和形态格局，明清时期永州城墙虽有几次重修，城郭有所拓展，终未能从整体上突破宋城主体规模。究其原因，我们可以从当时国家的政治经济政策调整、永州城在全国的区域地位变化，以及永州地区社会经济发展状况等方面找到答案。

"中国城市的发展史不可能离开中国大地的地理和自然条件、古代最大的交通工程、经济中心的转移、封建时代的行政体制和经济政策，以及航海事业和海禁政策等因素的重大影响。"[1] 城市的相对位置是城市在全国范围内所处的地域（大位置），它是随着国家的社会、政治、经济发展而发生变化的区域地理环境因素，决定了城市的个性和发展前途[2]。唐代中叶的安史之乱使黄河流域经济遭到严重破坏，同时由于南方商品经济的迅速发展，导致全国的经济中心基本上完全转移到了长江流域的下游地区。唐代末叶以前，城市也基本完成了以社会政治功能为基础向以社会经济功能为基础的转变，突出表现为城市里坊制的突破。到北宋时城市已取消了夜禁和里坊制，城市居住区以街巷划分空间，里坊制发展为坊巷制[3]。商品经济的发展，推进了城市职能的转变。北宋末叶之后，中国的文化中心和政治中心则是转移到了江南地区，经济发展格局发生重大调整，地方传统的政治性城市逐渐向商业化城市发展。在这种形势下，随着中唐以后楚粤通衢重心的东移至江西、福建等地，以及国家宏观政策和经济结构的调整、国家文化中心和政治中心的转移、城市职能的转变、对外贸易和航海事业的发展（图 3-4-16），地当楚粤门户的永州的交通优势逐渐丧失，加之元明之交和清初，境内拉锯式战争、天灾等因素影响，生产力遭到了极大的破坏，所以，虽然明朝中叶以后，永州地区的人口增长较快（见表 3-4-1），但地区的社会经济、文化发展放慢，逐步拉开了与其他地区的距离，以致明清时期永州府城的城市形态和空间结构也未能得到进一步扩展。

[1] 傅崇兰，白晨曦，曹文明等.中国城市发展史 [M].北京：社会科学文献出版社，2009：28.
[2] 王军，朱瑾.先秦城市选址与规划思想研究 [J].建筑师，2004（1）：98-103.
[3] 刘临安.中国古代城市中聚居制度的演变及特点 [J].西安建筑科技大学学报，1996，28（1）：24-27.

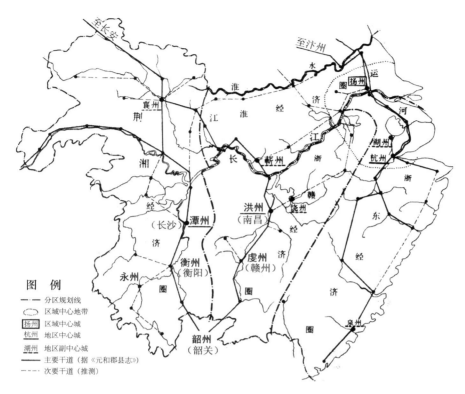

图3-4-16　唐代江南经济区区域总体规划轮廓图

（资料来源：贺业钜. 中国古代城市规划史 [M]. 北京：中国建筑工业出版社，1996：429）

对比于明清时期湘江流域其他府州城市的空间形态演变特点，可以发现：

（1）受城市在全国区域地位的下降，以及城市自然地形地貌环境的影响，明清时期永州府城中的"礼制"秩序空间——衙署建筑的景观空间发展是缓慢的（详见第五章）。明清时期，岳阳城、长沙城、衡阳城的空间布局都明显加强了府署（或王府）在城中的位置。

（2）明清时期，永州城由于仍然没有独立的经济体系，商品交换极不发达，作为经济中心的地位和功能还不突出，还只是区域的政治中心和文化中心[1]，所以这一时期，永州城池建设还明显体现了其作为历史边郡城市的政治和军事双重功能和特点。

（3）唐代中叶以后，永州在全国的交通枢纽位置下降，加之明清时期地区的灾荒、社会矛盾和斗争不断出现、地区的经济发展缓慢，明清时期，永州城的商贸建筑景观空间发展与湘江流域其他府州城相比是最慢的（详

---

[1]　张河清. 湘江沿岸城市发展与社会变迁研究（17 世纪中期～ 20 世纪初期）[D]. 成都：四川大学，2007：139-140.

见第五章），以致城内布局除官府建筑有严格的形制和规定外，其他公舍、秩祀、居住、商肆、作坊、仓储等还是皆混杂相处。

相反，唐代中叶以后，随着交通地位的确立和地区经济与人口的持续发展，处于湘江流域的岳阳城、长沙城和衡阳城，在进一步提升其政治和军事战略地位的同时，城市的社会经济功能也得到了明确体现。明清时期，岳阳和衡阳的城市空间得到进一步拓展，形成明显的"城、郭"空间结构和明确的"城、市"功能分区，长沙城在城西靠湘江一侧（包括城内和城外）发展了"梳式"市场街道系统，衡阳城外沿湘江和蒸水两岸发展了"梳式"市场街道。

第四章　明清永州城营建之防御体系分析

齐康院士指出："城市形态是内含的，可变的，它就是构成城市所表现的发展变化着的空间形式的特征，这种发展变化是城市这个'有机体'内外矛盾的结果。"[1] 地方古城形态演变研究属于地域文化景观研究，除了要分析城市地理条件、选址及其营建思想，以及城池形态、城市规模与布局的演变特点，还要重点分析诸如城墙、街道、衙署、庙宇（如坛庙、城隍庙、文庙、武庙等）、学校（如府学、县学、书院）、坊、市、馆所、园林，以及城市防御自然灾害所形成的各类人文景观构成要素在城市中的建设、发展特点。它们是古城形态演变的主要影响因素，体现了古城历史发展的脉络，既是古城形态研究的主要内容，也是体现古城特色的主要方面。通过研究与解读，有助于我们深入了解古城形态演变的历史特征、演化机制及城市内部的运行机制，发掘暗藏在城市形态表层背后的深层意义、存留城市形态的文脉意蕴，突出其地域特色，指导当今的城市规划、建设和管理。

前一章研究表明：政治与军事是中国古代城市的两个基本功能，战争与经济发展是推动城市后期建设的两个主要原因；明清时期，永州城池建设还明显体现了其作为历史边郡城市的政治和军事双重功能和特点，其城市形态发展表明，军事防御还是这一时期城市的主要任务。本章重点分析明清时期永州府营建在城墙、城壕、道路、兵防以及御旱防洪措施等物质防御体系中的建设特点，其城市形态构成要素的其他方面，如衙署、庙宇、学校、商贸、居住等文化景观的发展特点将在下一章论述。这两章研究突出的是城市发展中"文化审美"微观层面的地方古城形态主要构成要素的建设与发展特点。

第一节　因地制宜的军事防御体系

明清时期，永州府城的军事防御体系主要体现在如下三个方面。

---

[1]　齐康. 城市的形态（研究提纲初稿）[J]. 东南大学学报（自然科学版），1982（3）：16-25.

一、因地制宜，整体防御

中国古代城池防御体系大致可以分为两个发展阶段：第一阶段为冷兵器时代的城池；第二阶段为火器出现后的热兵器时代的城池。在中国，由于热兵器出现后，冷兵器仍在继续使用，因此，第二阶段为冷兵器和热兵器共用时代的城池[1]。

在冷兵器时代，城墙与城壕是古代城池外围防御的重要设施。1997年4月21日在湖南省澧县梦溪乡八十垱的遗址中，发现了中国最早的环绕原始村落的壕沟和围墙，围墙南北长120m，东西宽110m，专家普遍认为这是古代"城"的雏形[2]。1995年在八十垱的遗址中还出土了极丰富的距今8000多年的稻作农业资料，包括稻谷和大米等[3]。考古发现，距今7000～6500年左右的新石器时代古城遗址——湖南澧县城头山古城址（图4-1-1），平面呈相当规整的圆形，由护城河、夯土城墙、夯土台基和道路组成，城墙有东、西、南、北四个城门。城墙外径325～340m，内径314～324m，城内面积约76000m²，城墙下宽26.8m，城外护城河至今宽度尚达35～50m，深度在4m左右[4]。专家认为，它是我国目前所知年代最早的史前城址。距今约5300～4800年之间的郑州西山仰韶文化城址，平面近似圆形，推测原来最大直径约200m，城内面积约31000m²。城墙夯土版筑，现存有西城门和北城门。"城垣现存高度保存最好的一段，残高约3m，宽约5～6m，城墙折角加宽至8m，西北角城垣基底宽约11m，城墙外有壕沟环绕，宽5～7.5m，深4m。"[5]距今约3000年历史的常州市武进区淹城遗址（图

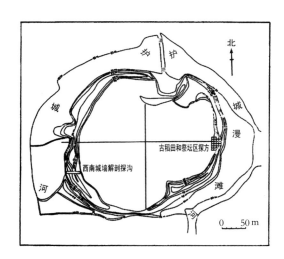

图4-1-1　澧县城头山古城遗址
（资料来源：湖南省文物考古研究所.澧县城头山古城址1997—1998年度发掘简报[J].文物，1999（6）：5）

[1]　吴庆洲.中国军事建筑艺术（上）[M].武汉：湖北教育出版社，2006：130.
[2]　原载《三湘都市报》1997年4月22日，引自：罗庆康.长沙国研究[M].长沙：湖南人民出版社，1998：133.
[3]　张文绪.澧县梦溪乡八十垱出土稻谷的研究[J].文物，1997（1）：36-41.
[4]　孙伟，杨庆山，刘捷.尊重史实——城头山遗址展示设计构思[J].低温建筑技术，2011（1）：26-27.
[5]　马世之.郑州西山仰韶文化城址浅析[J].中州学刊，1997（4）：136-140.

4-1-2)，为三城三河相套形制，子城呈方形，周长约 500m；内城也呈方形，周长约 1500m；外城呈椭圆形，周长约 2500m。每圈城墙只有一道城门，各城门均不相同。内城壕与外城壕宽约 45～50m，深约 9m，常年有水。三道城墙基宽均在 25m 左右，为泥土夯筑而成。据说，淹城是世界上仅有的三城三河形制的古城遗址。

再如距今 5300～4200 年前江苏省武进县良渚文化的寺墩古城，虽然考古没有发现城墙遗址，但在其中心圆丘形祭坛的四周有两层河道环绕，两层河道分别环以王室贵族墓地和居住区，祭坛的东西南北各有一条正方向的河道，连通内河与外河，将墓地和居住区分割成四个象限（图 4-1-3）。城墙与城壕的修筑与开挖加强了城池外围的整体防御能力。

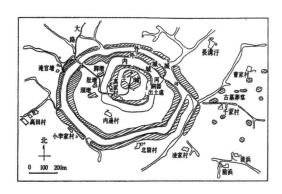

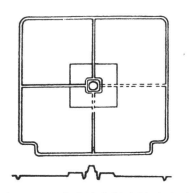

图4-1-2　常州市武进区淹城遗址

（资料来源：吴庆洲.中国军事建筑艺术（上）[M].武汉：湖北教育出版社,2006:62.原载：阮仪三《古城留迹》）

图4-1-3　武进县寺墩古城遗址示意图

（资料来源：车广锦.玉琮与寺墩遗址[N].中国文物报，1995-12-31（第3版））

宋末永州城的修城打破了以前的单城制，形成了内外双城格局。"庇我聚落，增我贰廓，画地以守，克严锁钥。"[1] 体现了古代城外建郭的目的："筑城以卫君，造郭以守民"。内城为唐宋零陵郡城遗址，主要为府治之所。外城主要为零陵县治之所、商业店铺和富商、行会居所。外城依地形之险要，"相阴阳，揣刚柔，度燥湿，因土兴利，依险设防"[2]。城西以潇水为堑，其他各向凿土为濠，联水为池，高下远近，一因地势。宋末与明清时期，永州城建设突出了城池的整体防御能力建设。

（一）城郭因地制宜，依险修筑

虽然《考工记·匠人营国》中有关于中国古代都城规划布局的记述，

[1]　（明）史朝富，陈良珍修.永州府志·地理志·景观[M]，隆庆五年（1571年）.
[2]　（清）刘道著修.（康熙九年）永州府志·舆地·形势[M].钱邦芑纂.重刊书名为：日本藏中国罕见地方志丛刊（康熙）永州府志[M].北京：书目文献出版社，1992.

且被历代循礼复古的儒者们所推崇，但事实上至今还未发现一处都城完全符合这种布局模式，更多的是体现了以《管子》为代表的重环境求实用的思想："因天材，就地利，故城郭不必中规矩，道路不必中准绳。"(《管子·乘马》) 可以说，因地制宜，依险设防，注重环境求实用是中国古代城市规划布局的最大特点。吴庆洲先生在《中国军事建筑艺术》一书中从军事防御角度出发，系统论述了中国古代城池的形态与地形环境特点和建设指导思想的关系，指出："城池的形态是城池规划布局中的一个重要的问题，它对军事防御有直接的影响。"城池的形态可以划分为规则和不规则两大类。地方城池和皇城的外郭为加强防卫，多依地形构筑，呈不规则形态，指导思想是管子主张的注重环境求实用的体系，而宫城、皇城为中轴对称、规则方正的构图，是以礼制思想和天人合一思想为指导 [1]。

明南京城是上述规划思想的典型代表，其城郭因地形环境特点和建设指导思想不同表现出不同的形态，充分体现了管子主张的注重环境求实用的思想。南京地处江湖山丘交汇之处，地形复杂。明南京城宫殿周围有四重城墙：宫城、皇城、都城和外郭。宫城、皇城以龙广山（今富贵山）作为中轴线的基准点向南展开，形态规则、方正。都城城墙于1373年建成，城墙依照江河、湖泊、山丘等地形特点，从防御要求出发修建，将北部南唐旧城的空旷地带以及沿江战略高地如清凉山、鸡笼山（今北极阁）、卢龙山（今狮子山）等包括在内，西北临长江，南依秦淮河，故呈不规则状。都城周长记载为96里，实测为33.68km，高14～21m，顶部平坦，宽4～10m。城墙以石条为基，上筑夯土，外砌城砖，以糯米汁石灰浆砌筑、灌缝，墙顶用桐油和土的拌合砂浆结顶，以防雨水渗入墙身。城墙上设垛口13616个，窝铺200余座。13座城门，都设有瓮城。全城将南唐的金陵城、六朝的建康都城及东府城全部包括在内，充分考虑对旧城的利用和对地形的顺应，依险设防，特色明显。为了把京城周围的山丘制高点纳入城内，以加强城市外围的整体防御能力，从洪武二十三年（1390年）起，开始修建外郭。外郭西北直达江边，东包钟山，南过聚宝山，利用丘陵岗阜的有利地势，以构筑土墙为主（图4-1-4）。城周记载为180里，实测为60km，在险要地方设城门16座，城门两侧用砖砌筑，派部队守卫[2]。在外城与都城之间，仍为耕地及村落，说明外郭只是城市外围的防御工程设施。吴庆洲先生比

---

[1] 吴庆洲. 中国军事建筑艺术（上）[M]. 武汉：湖北教育出版社，2006：62-63.

[2] （清）顾祖禹. 读史方舆纪要·卷二十·应天府 [M]. 贺次君，施和金点校. 北京：中华书局，2005：928-929："明初建为京师，更新城阙，乃益郭而大之，东尽钟山之麓，西阻石头之固。《志》云：自杨吴以来，城西皆据石头冈阜之脊。明初亦因其制。北控湖山，南临长干，而秦淮贯其中，横缩纡徐，周九十六里，内则皇城奠焉。""其外郭，西北则依山带江，东南则阻山控野，周一百八十里。有门十六，东面之门凡六……山川环列，气象宏伟，诚东南都会也。"

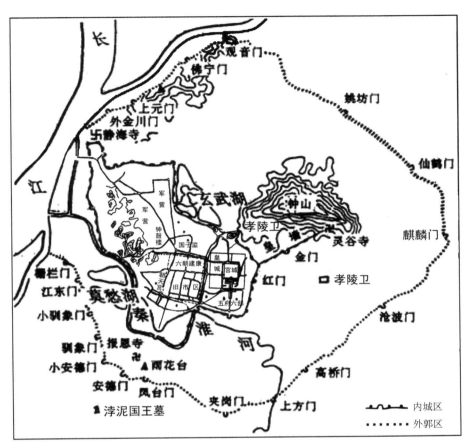

图4-1-4　明南京城内城外郭示意图

（资料来源：郭湖生．明南京（兼论明中都）[J]．建筑师，1997，8（77）：39）

较研究认为，纵观历代都城城池防御体系，惟明南京城才可以称得上是集军事建筑艺术之集大成者，它不仅是中国古代最大的设防城市，也是世界古代最大的设防城市[1]。

　　如前一章论述，宋末修城奠定了明清时期永州城的规模，明清时期的永州城基本上是在宋城的基础上修筑的。宋末永州城，城墙埏土为壂，风石为灰，为杵筑土墙，建有东、南、西、北四座正门，并开设五条便门，以利交通及取水。外城墙依地形之险要而筑，增强了永州城的防御能力。可能由于应对战争之急，此次修城没有开挖城壕，目前还未见史书记载宋末永州城壕的修筑情况。明清以来的《永州府志》均载有外城壕的开挖情况，表明永州城外城壕的开挖始于明初。清人徐松（1781～1848年）在其辑录的《宋会要辑稿·方域九》中记载永州府城的修筑情况为：

[1]　吴庆洲．明南京城池的军事防御体系研究[J]．建筑师，2005（2）：86-91.

（永州）府城始创于宋咸淳癸亥，历元因之。洪武元年恢复以来，屡加修葺。六年，本卫官撤旧而更新之，周围九里二十七步，计一千六百四十四丈五尺，高三丈……壕则洪武元年以来屡加开浚……其高下远近，并因地势。

志书对永州府城的记载表明，永州府城的外城壕开挖于明洪武元年，因地制宜，依险修筑设防，可谓是"因天材，就地利"。清康熙三十三年《永州府志》载："永居楚粤之要踞，水陆之冲，遥控百粤……而揣刚柔，度燥湿，因地兴利，依险设防，在守土者之变通矣。"[1] 清道光八年《永州府志·名胜志》零陵篇云："今府城地形高下起伏，冈阜缪绕郁然耸城之中者，高山为最，联亘于城东隅，故又名东山。"虽然宋末永州府城图目前已无从考，但从明隆庆五年以来的《永州府志》中的府城图可以看出：外城将汉唐郡城周边的制高点，如千秋岭、东山、万石山和鹞子岭都圈入城中，掌握了全城的制高点，类似于明南京城外郭的修筑。清康熙九年《永州府志·艺文一·碑》载明零陵郡绅蒋向荣撰明崇祯五年至崇祯八年（1632～1635 年）修城碑文曰："永僻楚极南，官舍民间，皆依山而立，藉山之高者为城，人登山之最高处，内外可相望。一有不虞，则矢石相加，一如相望，噫，危矣……公乃与郡守邑吏庀工鸠石，卑者使高，塌者使新，且缓急中乎宜调停得其法。"明清以来的《永州府志》记载基本相同：城西以潇水为池，沿潇水并筑城墙，其他各向，或因水筑堤砌墙；或凿土为濠筑城；或联属为池筑城。城门由宋时四门改为七门，门上各建重楼，城门也由宋时的单门改为两进的瓮城格局。城墙上建有敌楼三十五间，雉堞二千九百四十有二个。

明隆庆五年《永州府志·创设上》载洪武六年修城情况：

郡城始创于宋咸淳癸亥，元因其旧。洪武六年，本卫官更新之，围九里二十七步，高三丈，阔一丈四尺。门七：曰正南，曰正北，曰正东，曰正西，曰永安，曰太平，曰潇湘，各建楼，其上敌楼三十有五。雉堞二千九百四十有二，铺七十有六。千百户，分掌之。无事则专修葺，有事坐为信地，故有串楼一千三百九十六，今废。城西以潇水为池；由西南而东，堤水为池，深一丈，阔一十丈；自东至于北隅，凿土为濠，深一丈八尺，阔四丈五尺；自北至西隅，联属为池，深一丈五尺，阔一十五丈，水常不涸。其高下远近，一因地势。

清初，永州府以明朝的城墙为依托，主要是疏浚明洪武年以来的城壕，

[1] （清）姜承基修．永州府志·舆地·形胜[M]，清康熙三十三年（1694 年）．

修复城门并新建敌楼七间。清康熙九年和康熙三十三年的《永州府志·建置志·城池》载：

今之城池，即汉零陵郡城，创于武帝元鼎六年，至宋咸淳（1265～1274年）始扩而增之，元因其旧。洪武六年本卫官更新之（康熙三十三年《永州府志》为：永州卫指挥史更新之），围九里二十七步，高三丈，阔一丈四尺五寸。门七：曰正东门，曰正南门，曰正西门，曰正北门，曰太平门，曰永安门，曰潇湘门，各建楼于其上，复增得胜楼、望江楼、镇永楼、五间楼，雉堞二千九百四十有二，铺舍七十六。以千百户官分守之，无事则专修葺，有事坐为信地（康熙三十三年《永州府志》为：汛地，道光八年《永州府志·建置志·城池》改为：讯地），故有敌楼三十五间，串楼一千三百九十六，后俱毁废。国朝新建敌楼七间。城西以潇水为濠堑，由南而东，堤水为池，自东至于北隅，凿土为濠，自北至西隅，联属为池，水常不涸，其高下远近，一因其地势。

清乾隆四十年（1775年）编文渊阁四库全书《湖广通志·城池志》载：

永州府城即汉零陵郡城，至五代仍旧，宋咸淳中始扩而增焉。明洪武六年永州卫指挥更新之。周九里二十七步，高三丈，广一丈四尺五寸。东北池深二丈，阔如之；西阻潇水；西南至东，堤水为池。门七……各有楼。皇清顺治四年（1647年）渐次增修。

从宋末《永州内谯外城记》和明清以来的志书记载中，我们可以看出，明清时期的永州府城墙的防御体系突出了其外围整体防御能力建设。城墙因地制宜，因险修筑，依险设防，并于城外开挖护城壕，增强了城池外围的整体防御能力。清咸丰九年（1859年）三月初二日，太平天国军肖华部抵永州城外，逼城而垒，展开攻城。永州知府杨翰、总兵侯光裕闭城固守，数日相持不下，直至刘长祐等援军赶到，杨翰用火箭、火弹攻击太平军的兵营，太平天国军才败退，足见永州城墙的坚固。此次战争后，咸丰十年，知府杨翰集邑绅捐赀建营屋58间，十一年建敌台6座，移营管守之[1]。

（二）街道因地制宜，突出防御

分析明清时期的永州城规划建设特点，笔者认为，虽然永州当五岭百粤之交，永州城位于湘江与潇水汇合处，自古水陆交通发达，有"楚越通衢"、"湘西南门户"之称，但明清时期城市总体规划结构还表现为明显的

---

[1] （清）稽有庆,徐保龄修.零陵县志·建置志·城池[M].刘沛纂,清光绪二年（1876年）.

政治功能和防御特征，突出表现在城市的道路交通组织与城市形态的构成要素建设中。这里重点分析永州府城的街道特点。

在清光绪二年的《零陵县志》中的"清代零陵县城厢略图"和民国三十五年绘制的"民国时期零陵县城厢略图"上，城中街道以周边建筑命名，道路规划整齐，有四种不同类型的街道：城市主要街道、城市次要街道、市场街道和居住巷道，表明明清时期的永州城道路规划井然有序。城内重要街道依地形按"两纵八横"布局。两纵轴分别沿东山西麓和潇水布置，而八横轴与两纵轴呈"丁"字形相交，城中除沿潇水的潇湘门、大西门、小西门和太平门四座城门前的道路相对较直外，其余三座城门前的道路都不是直通城门，而是在城门处有转折，尤其是门外为陆路的南门和北门，道路在城门处分支较多，南门内的道路还形成了一个迂回。笔者认为，这样的道路布局，一方面顺应了地形和地势，另一方面也是为了加强城内的防御能力，是其政治功能和军事防御需要选择的结果。

中国古代城市道路规划，虽然《考工记·匠人营国》中有"国中九经九纬，经途九轨"的记述，但据已知考古资料，目前只有山东曲阜鲁故都与之比较相近[1]（图4-1-5）。相反，《管子·乘马》中的"因天材，就地利，故城郭不必中规矩，道路不必中准绳"的注重环境求实用思想对后期的城市规划影响很大。

"丁"字形街道在中国的都城中出现较早较多，如西周至西汉时期的曲阜鲁故都的宫城前就有一条笔直的"丁"字形街道，西汉长安城和东汉洛阳城，以及后来的元大都城、明清北京城，都既有许多"十"字形街道，也有许多"丁"字形街道。丁字形街道的出现，在都城中有其物质与精神两方面的意义。物质方面，它适应了地区的气候特点和城市的地形特点，有利于阻挡北向的寒流和组织城市交通，同时有利于组织城市防卫。中国早期都城大都位于北方，丁字形街道有利于阻挡北向寒流的"长驱直入"。如北宋时改扩建的山西太原城，几条大街均为丁字街，城内没有直通的大道，所有的主要街道以尽端结束，或者在一个建筑物前结束。这种丁字街布局历经明清，一直延续到新中国成立初期。李晋宏认为：丁字形街道是人为营造的一种半封闭式城市空间，它重重遮挡，曲折勾连，能起到阻止风沙侵袭的效果[2]。从军事角度出发，丁字形街道布局，易于迷惑外来敌人，能有效地降低与破城后敌军正面冲撞，有利于组织巷战，消灭敌人。从军事防御角度考察，可以认为，太原城的丁字街布局，与太原是北边重镇，

[1] 潘谷西. 中国建筑史 [M]. 第六版. 北京：中国建筑工业出版社，2009：55.
[2] 李晋宏. 太原老城丁字街风水思想新探 [J]. 太原师范学院学报（社会科学版），2010，9（5）：33-35.

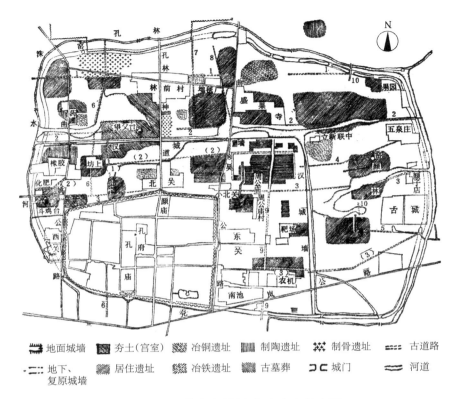

图例：

🔳 地面城墙　　◼ 夯土(宫室)　　▨ 冶铜遗址　　▥ 制陶遗址　　✕ 制骨遗址　　⋯⋯ 古道路

▪⋯ 地下、　　▨ 居住遗址　　▨ 冶铁遗址　　▨ 古墓葬　　⊐⊏ 城门　　〰 河道
复原城墙

图4-1-5 曲阜鲁故城遗址遗迹分布图

（资料来源：贺业钜．中国古代城市规划史 [M]．北京：中国建筑工业出版社，1996：201）

处于防御辽、西夏两个对峙政权的前沿阵地有关[1]。

精神方面，丁字形街道容易形成仪典所需要的城市空间。位于都城中宫殿前的丁字形街道，较长而且最宽，被称为"御道"或"驰道"，如西汉长安城中间的街道宽约45m，隋唐长安城，皇城前的直街宽150m（皇城与宫城间的横街宽200m）。由于丁字形街道形成了对称的城市空间，长而且最宽，使位于丁字形街道北向的壮丽且威严的宫殿，位置与形象更加突出，在国民的精神意识中的"感染力"也更加具体和突出，这样，皇帝的合法、正统的敬畏气氛得到强化，权威和至尊无上的地位得到强调。城中的御道是专供皇帝使用的，连皇太子也不敢横绝。班固《汉书·成帝纪第十》中有汉成帝为太子时被元帝急召入宫不敢横绝驰道的记载："（太子）初居桂宫，上尝急召，太子出龙楼门，不敢绝驰道，西至直城门，得绝乃度，还入作室门。上迟之，问其故，以状对。上大说，乃著令，令太子得

[1] 郝树侯编著．太原史话 [M]．太原：山西人民出版社，1961：25：五代十国时期，太原先后为后唐、后晋、后汉三代的发祥地和别都，仍称为"北京"，后又为北汉的国都，故又有"龙城"的称号。传说北宋不修十字街，只修丁字街，是为了钉破"龙脉"，因为"丁"与"钉"同音。

绝驰道云。""一般认为坊市制解体后，原来用于分割坊的十字形街道布局，逐渐被开放式的长巷式或者丁字形街道布局所代替。"[1]

在地方城市中，丁字形街道更是结合地形，重环境求实用思想发展的结果，尤其表现在防御模式和市场模式的城市中。丁字形街道对于城市防御有其独特的优点。如上文所述，丁字形街道布局，易于迷惑外来敌人，能有效地降低与破城后敌军正面冲撞，有利于组织巷战，消灭敌人。城门处迂回曲折的道路更是设陷迷惑外来敌人，组织巷战的重要手段。南宋陈规的《守城录》对于城门处设陷迷敌有详尽的记述。现摘录两处如下：

> "自有马面墙，两边皆见城外脚下，于墙头之上，下害敌之物。当敌人初到城下，观其攻械，势恐难遏，宜便于城里脚下取土为深阔里壕，去壕数丈，再筑里城一重。对旧城门，更不作门，却于新筑城下缘里壕入三二里地新城上开门，使人入得大城，直行不得，须于里壕垠上新城脚下缭绕行三二里，方始入门。"
>
> "城门宜迂回曲折，移向里百余步置。不独敌人矢石不入，其旧作门楼处，行入一步向里，便是敌人落于阱。何谓落阱？盖百步内两壁城上，下临敌人，应敌之具皆可设施。又于旧门前横筑护门墙，高丈余，两头遮过门三二丈。城门启闭，人马出入，壕外人皆不见，孰敢窥伺？"[2]

此处的"于新筑城下缘里壕入三二里地新城上开门，使人入得大城，直行不得，须于里壕垠上新城脚下缭绕行三二里，方始入门。"和"城门宜迂回曲折，移向里百余步置。"即可理解为在敌人攻城时增设"丁"字形道路以迷惑敌人，达到"攻其不备，出其不意"的御敌效果。

古代处于军事重镇的边郡城市或其他防御型城市都很强调其防御功能。"永州当五岭百粤之交，盖边郡也"。明清时期永州城内规划有序的丁字形街道和迂回曲折的城门处道路，笔者认为它一方面顺应了城内的地形和地势，另一方面也是为了加强城内的防御能力，与其发展的政治功能相适应。正如明隆庆五年的《永州府志·提封志》中记述的："庇我聚落，增我二郭，画地以守，克严锁钥。"（喻边防要地，锁钥喻重要关键。笔者注）

二、因地兴利，重点防御

古代城市在加强整体防御的同时，尤其重视城墙重点部位的防御能力建设。吴庆洲先生在《中国军事建筑艺术》一书中系统总结了火器出现前

---

[1] 成一农. 古代城市形态研究方法新探 [M]. 北京：社会科学文献出版社，2009：55.
[2] （南宋）陈规. 守城录·靖康朝野佥言后序 [M].

城池防御体系发展的技术措施，包括城墙由一重演变为二重、三重、城门外加筑瓮城、减小城墙外侧面的倾斜度、城墙中增建敌台、城门前护城河上建吊桥、增设羊马城、城墙上方增设女墙、城隅设置角楼、城门设闸门或木栅、城外建弩台、以砖石包砌城墙、建设具有排水和军事防御双重功用的排水道口等十二个方面。并通过引用《守城录·守城机要》关于改造城池防御体系，介绍了火器出现后城池防御体系发展的技术措施[1]。

明清时期永州城在加强外围整体防御的同时，城墙部位的重点防御主要体现在以下几个方面。

（一）以砖石包砌城墙

宋代热兵器（如火箭、火炮）虽然已普遍应用于战争和攻城，如宋代陈规的《守城录》中多处述及防御火炮攻城的方法，但城墙的防御作用依然十分显见。

明朝，由于全国砖瓦业的发展迅速，砖瓦已普遍应用于重要建筑物，并普及到民居建筑。明以后，随着火箭、火炮等热兵器的广泛使用，以及受明初"高筑墙、广积粮、缓称王"、"修葺城池，严为守备"的防御思想的影响，全国各地的城墙多采用外包砖石砌筑。

永州地区自古制陶技术发达，考古发现的许多商周时期聚落遗址中都有陶器碎片，而道县玉蟾岩遗址中发现的陶器碎片的年代距今约 2.1 万年～1.4 万年——比世界其他任何地方发现的陶片都要早几千年。南宋以前，永州地区的城墙以土石夯筑为主。据明隆庆五年（1571 年）《永州府志·创设下》载，宋末，参与筑城的教授官吴之道在《永州内谯外城记》中记述的"里城重谯"之一的"谯楼"："在府治西二百步许，筑土，如城门刻'芝城'二字。"从《永州内谯外城记》中看，宋末永州外城主要为土石夯筑的土墙，是否局部采用砖石外包城墙已无从可考。明代，因境内砖瓦业的发展，城墙也改用砖石外包砌筑，墙内夯土，境内的道县现存有明朝时古城墙一段。明洪武六年（1373 年）更新的永州外城墙，即改为外包砖石形式。城墙高三丈，阔一丈四尺。1923 年出生并成长于永州（零陵）城的李茵在她的《永州旧事》一书中这样描述了永州古城墙：永州是座古老的山城，不知是在哪个朝代修了一座坚固的城墙，特别坚固，它用的是永州出产的那种夹泥烧出的大块灰色火砖……砌的技术和材料都是头等的[2]。砖石包砌城墙提高了城墙的耐久性，加强了城池的防御能力。

（二）城门外加筑瓮城

城门是城池防御体系的薄弱环节之一。为了加强城门处的防卫，常在

[1]　吴庆洲. 中国军事建筑艺术（上）[M]. 武汉：湖北教育出版社，2006：97-141.
[2]　李茵. 永州旧事 [M]. 北京：东方出版社，2005：1.

157

城门外建敌台或瓮城。敌台，又称为马面，是在主城墙外和城门外突出墙体的矩形或半圆形墩台，因其外观狭长如马面下垂，故又名马面，可以从侧面射击敌人。位于城门两侧的敌台，古时也称为城台，很可能是由城门两侧的阙发展而来。《风俗通义》云："鲁昭公设两观于门，是谓之阙，从门，阙声。"敌台、城台及其上的敌楼具有战时御敌，平时观景的作用，同时城台还有"别自卑"的功能。《说文》云："阙，门观也。"《释名》云："阙，阙也，在门两旁，中央阙然为道也。观，观也，于上观望也。"《白虎通》云："门必有阙者何？阙者，所以饰门，别自卑也。"城台实例最早见于山东曲阜鲁故城。明南京城曾建敌台98座，上面都建有驻兵的敌楼。

瓮城是加设在主城门外的矩形或半圆形小城，又称月城、曲池、子城。瓮城者，顾名思义，一旦敌人进入此处，就会遭到四面围攻，犹如"瓮中之鳖"而被歼灭。瓮城在春秋时就已出现，《诗·郑风·出其东门》有"出其闉闍"之句，毛注云："闉，曲城也；闍，城台也。"徐锴《说文解字系传》云："若今门外瓮城门也。""在汉代鸡鹿塞遗址上已发现在城门外加筑曲尺形护门墙，唐代开始在边防城市中的城门外面加筑瓮城，宋代在都城的城门外面也砌筑瓮城，以加强都城的防卫。"[1]

瓮城的门道，大多置于侧面，与主城门曲折相通，以有利防守。而都城主要城门与其瓮城门，通常位于同一轴线上，以便于皇室车马迅速通行。虽然陈规在《守城录·守城机要》中说："若遇敌人大炮，则不可用。须是除去瓮城，止于城门前离城五丈以来，横筑护门墙"，以阻隔敌军视线，但明清时期很多城市城墙都加筑了瓮城，如明南京城、明清北京城、南阳梅花城等。明南京城的聚宝门（今中华门）瓮城（图4-1-6），采取了三层重叠的布置方式，其东西宽128m，南北深129m，并于城墙内辟有屯留兵卒和贮放军需的券洞27个，门券上方又有防御火攻的蓄水槽、注水孔及多道可阻敌的闸门。这些，都是为了进一步加强城门的防卫措施[2]。

明洪武六年更新外城后，有城门七座，门上各建重楼，门外加建了半月形子城，形成瓮城格局。明隆庆五年（1571年）《永州府志·创设上》记载有明嘉靖四十一年（1562年）恭讓王张勉学重修永安门子城（瓮城）与各城门门楼和瓮城情况——"而永安门……以子城独缺……遂构岑楼以复旧观，而各门之圮坏者，亦拆旧修葺。由是栋宇并揭以齐云，重门环供而偃月。"与许多其他地方城市的瓮城门与内城门也不是位于同一条轴线上一样，如南阳梅花城、永州城的瓮城门与内城门也不是位于同一条轴线上。从现存的东门形制看，内外城门朝向夹角约为80°，两者相距约为

---

[1] 《建筑大辞典》编辑委员会.建筑大辞典[M].北京：地震出版社，1992：68.
[2] 吴庆洲.明南京城池的军事防御体系研究[J].建筑师，2005（2）：86-91.

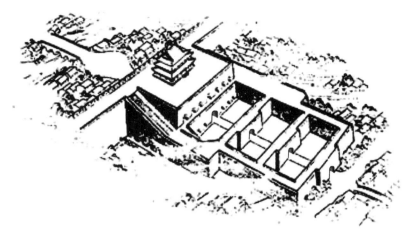

图4-1-6　明南京城的聚宝门（今中华门）

（资料来源：郭湖生.明南京（兼论明中都）[J].建筑师，1997，8（77）：35）

21m，瓮城门的进深比内城门的进深大，但门洞的高度和宽度都比内城门要小很多。虽然目前仅存东门可考，但从李茵的《永州旧事》书中，我们可见明清永州城门的规模与形制之一斑[1]。说明清末永州城的城门还多保留有内外两层。

清末民初，永州城区保持历代增修的城池格局。永州的古城墙，大部分都是在新中国成立以后才拆除的。1936 年，因为湘桂公路延伸到了零陵，拆除了北门。1949 年新中国成立时，古城墙基本完好。1950 年 6 月，拆除太平门城门、城墙。1953 年，拆除大西门城墙。1955 年，拆除小西门。1956 年，拆除南门至小西门一带的城墙[2]。

（三）在城墙外凸处及制高点建敌楼

城墙上的敌楼一般建于城台、敌台、角台（建于城墙转角处，平面和立面均凸出墙体的方形或圆形墩台）之上。《墨子·备城门》第五十二云："城四面四隅皆为高磨襳，使重室子居其上候适，视其态状与其进退、左右所移处，失候斩。"这里的高磨襳，即高楼，磨，为楼之异名。《周礼·地官》中有："遂师及芟抱磨。"《史记·乐毅列传》中有："故鼎反乎磨适。"《字汇补》云："磨室，燕宫名。"即城的四面和四隅都建高楼，以观敌和御敌。位于角台之上的敌楼称角楼，功能与敌台相仿，战时御敌，平时观景。

[1]　《永州旧事》载："永州有七座城门，南门到北门是三里三分；东门到西门也有三里多。潇湘门、小西门、太平门都相隔两三里路远，这些城门都是用大石头坨子起了城门洞，城楼子。城门洞有两层的。""北门，因为它是北路的要道。第一道城门关了，中间有几间铺子。有几家人家住在城门洞里。再进城又是一座城楼子，大城门都是用石坨子砌起来的。"见：李茵.永州旧事 [M].北京：东方出版社，2005：1.

[2]　湖南省永州市，冷水滩市地方志联合编纂委员会编.零陵县志 [M].北京：中国社会出版社，1992：353-354.

城角易于多面受敌，也是防卫的薄弱环节之一。史前古城即已注重城角的防卫，如郑州西山古城加厚了城角处的厚度，并加宽了城角外濠池的宽度；登封王城岗城墙转角处向外鼓出约2.5m。角楼在《周礼·考工记》中称为"隅"："王室门阿之制五雉，宫隅之制七雉，城隅之制九雉。"可见，至少在春秋战国时期，已专门加高了宫隅和城隅。春秋战国后，各种攻城器械的出现（如临车是可以观察城中军情和发射箭矢掩护攻城人员攀登城墙的高架战车），使得对城角的威胁增大(图4-1-7)。受"周王城图"的影响，秦汉以后，中国都城的城池多为方形格局。这种方形格局城池的城角在各种攻城器械，尤其是火器（如火箭、火炮）出现后，更不利于防守。陈规在

图4-1-7　临车图

（资料来源：中国军事史编写组．中国军事史·第六卷·兵垒 [M]．北京：解放军出版社，1991:38）

《守城录·守城机要》中具体分析了旧制方城城角在火器出现后不利于防守的原因，提出"须是将城角少缩向里"，以减少城角的受敌面，从而有利于城池的防守[1]。

收缩易受炮击的城池城角的做法适应了当时攻城技术的发展，增强了城邑的防御能力。宋孝宗乾道八年(1172年)，曾诏刻陈规的《德安守城录》，颁行天下，让各地守城将领效法，在当时产生了很大影响。

永州城池防御最大的特点是因地制宜，依险设防。城池依地形呈不规则形状，并根据地形特点，在城墙外凸和地势最高处建敌楼，以加强城池重点部位的防御能力。据清人徐松辑录的《宋会要辑稿·方域九》载，永州城"壕则洪武元年以来屡加开浚"，明洪武六年更新宋末永州外城时，因地势高下远近筑城，设城门七座，门上各建重楼，复增得胜楼、望江楼、鹞子岭（后称镇永楼）和五间楼四座敌楼，通计一十一楼，周环串楼

---

[1] 陈规在《守城录·守城机要》中云："城身，旧制多是四方，攻城者往往先务攻角，以其易为力也。城角上皆有敌楼、战棚，盖是先为堤备（防备）。苟不改更，攻城者终是得利。且以城之东南角言之，若直是（一直是从）东南角攻，则无足恨。炮石力小，则为敌楼、战棚所隔；炮石力大，则必过入城里。若攻城人于城东立炮，则城上东西数十步，人必不能立；又于城南添一炮，则城上南北数十步，人亦不能立，便可（于城角）进上城之具。此城角不可依旧制也。须是将城角少缩向里。若攻东城，即便近北立炮；若攻南城，则须近西立炮，城上皆可用炮倒击（反击）其后（背）。若正东南角立炮，则城上无敌楼、战棚，不可下手。将城角缩向里为利，甚不可忽也！"

共一千三百九十六间,雉堞共两千九百四十二个。比较 1992 年《零陵县志》中民国 35 年 (1946 年) 绘制的"零陵县城厢略图"和明隆庆五年 (1571 年)《永州府志》中的"府城图",可以发现,明初复增得胜、望江、鹞子岭和五间楼四座敌楼均位于城墙四处明显外凸处。但是,到明中后期,这些串楼都已经毁废。明隆庆五年《永州府志·创设上》载:"郡城始创于宋咸淳癸亥,元因其旧。洪武六年,本卫官更新之,围九里二十七步…… 门七……各建楼,其上敌楼三十有五。雉堞两千九百四十有二,铺七十有六。千百户,分掌之。无事则专修葺,有事坐为信地,故有串楼一千三百九十六,今废。"清朝,永州府以明朝的城墙为依托,主要是疏浚明洪武年以来的城壕,修复城门上敌楼并新建七间敌楼。从清朝历次《永州府志》城厢图中只能看出,位于城墙之上的敌楼只有明时的七门城楼和镇永楼,故笔者推测,清初新建的七间敌楼应依附于原来的七门城楼和镇永楼。

　　如前所述,敌楼具有战时御敌,平时观景的作用。永州山水景色秀美,唐代时城外就建有东山公园,为永州辖区内最早的园林。明初永州城所建七门城楼和新增城墙外凸处的四个敌楼,在满足防卫的同时,也满足了山城人民观光赏景的需要。敌楼"以千百户官分守之,无事则专修葺,有事坐为信地。"新增四个敌楼均位于城墙周围地形险要处和地势最高处。登临其上,极目远眺,周围山光水色尽收眼底。如明隆庆五年《永州府志·创设下》载,镇永楼在府东北,城上旧名鹞子楼,孤远幽僻。嘉靖乙巳年 (1545 年) 知府彭时济始加修,拓肖玄帝像以镇之,更名为今"镇永楼"。楼势高爽,登之则郡城形胜一览无遗,遂为登眺佳境。潇湘楼在子城西,潇湘二水合流于前。望江楼在潇湘楼之右,俯瞰萍洲,潇湘二水尽收眼底。清道光八年《永州府志·名胜志》零陵篇曰:"鹞子岭昔人因其势为城,而筑层楼于其上,名镇永。有事可以观敌十里之外,无事极目纵眺群山众壑,交集如屏障,故号芝城第一山也。"

　　(四) 城墙上方设女墙

　　女墙是筑于城墙顶部外侧的连续凹凸的齿形矮墙,可以遮蔽守军的行动和遮挡敌军发来的箭矢。《释名·释宫室》云:"城,盛也,盛受国都也。郭,廓也,廓落在城外也。城上垣曰睥睨,言于孔中睥睨非常也;亦曰陴,言陴助城之高也;亦曰女墙,言其卑小,比之于城,若女子之于丈夫也。"这里的睥睨、陴在现代字典中都有解释为城上的矮墙一条,其中睥睨为"城墙上锯齿形的短墙",陴为"城上有孔穴的矮墙"。女墙又称为堞、雉堞。堞是城墙上齿状的矮墙,通过堞口,可以观察城下敌情和放箭御敌。《文选·左思·魏都赋》云:"于是崇墉浚洫,婴堞带涘。"李善注:"堞,城上女墙也。"《古今论》云:"女墙者,城上小墙也,一名睥睨,言于城上窥人也。"雉是中国古代计算城墙面积的单位。高一丈、长三丈为一雉。《礼记·坊

161

记》引《诗》云："民之贪乱，宁为荼毒。故制国不过千乘，都城不过百雉，家富不过百乘。"郑玄注："雉，度名也。高一丈，长三丈为雉。百雉为长三百丈。"后来，雉与堞连用，雉堞指女墙。

宋代以前永州府城有无女墙已无可考。据宋末《永州内谯外城记》载，宋末永州府外城虽然为杵筑土墙，但已是"女墙云矗，雉堞天峻"的侯国气象。明初拓城以后，永州府外城有"雉堞凡两千九百四十有二"，《宋会要辑稿·方域九》、明隆庆五年《永州府志·创设上》和道光八年《永州府志·城池》对此都有明确记载。清光绪二年《零陵县志》载：光绪元年（1875年），知县嵇有庆修葺城堞130丈。

"史前古城无女墙。后世出现女墙，是防卫功能的又一发展。"[1] 宋末以来，永州城墙上女墙的设立，说明永州府加强了城池的防卫功能。

（五）附城墙建敌台

如上文所述，敌台，又称为马面，是附在主城墙外和城门外突出墙体的矩形或半圆形墩台，可以从侧面射击敌人，增强了城墙的防卫能力。清末，太平天国军曾多次抵永州城外逼城而垒。为了加强城墙的防卫能力，清咸丰十年（1860年），知府杨翰集邑绅捐赀建营屋58间，十一年建敌台6座，移营管守之。清光绪元年（1875年），知县嵇有庆修葺城堞130丈；修缮北城望江楼城身及北门之就圮者；正南起敌台1座；更筑各城门扇[2]。

三、兵防森严，戍守有序

明朝，各地在加强城池防卫能力建设的同时，其军事防御体系建设的另一特点是实行卫所制，即在地方行政中心、边防要地及动乱较多的地区设立军事机构——卫所，"明制，府州县要害之处皆立卫所，又于总会之处立为都指挥使司以统之。"[3] 按明代的卫所制，卫统兵5600人，置卫指挥使；下设5个千户所，每千户所有兵1120人，指挥官称千户[4]。早在明朝正式成立以前，朱元璋所领导的吴政权就已经在湖南地区设立卫所，如长沙卫[5]、衡州卫和永州卫。

湖南南邻两粤，西南接云贵，且西部和南部地区少数民族众多，明朝在此设立卫所，加强对地方行政中心和少数民族军事行动的军事控制，具有重要的军事意义。

---

[1] 吴庆洲. 中国军事建筑艺术（上）[M]. 武汉：湖北教育出版社，2006：100.

[2] （清）嵇有庆，徐保龄修. 零陵县志·建置志·城池 [M]. 刘沛纂，清光绪二年（1876年）.

[3] （清）吕恩湛修. 永州府志·武备志 [M]. 宗绩辰纂，清道光八年（1828年）.

[4] 《明史·兵二·卫所》："大率五千六百人为卫，千一百二十人为千户所，百十有二人为百户所。"

[5] 长沙卫原名潭州卫，"在元为帅府，国朝甲辰年（1364年）三月内归附，始立潭州卫，命指挥丘广领焉。洪武五年七月改潭州卫为长沙卫。"见：明嘉靖《长沙府志·兵防纪》。

洪武初期，湘南地区主要有永州卫（吴二年，1365 年）、道州千户所（洪武元年，即 1368 年）、郴州所千户所（洪武二年）和衡州卫（洪武六年）。之后，由于"有贼出没"、"猺蛮劫掠"、"猺寇猖獗，边落不靖"而"守御兵远"，又在少数民族出入的地形要道的关隘之区，设立规模较小的千户所或者营堡、寨，派卫所官兵戍守。如洪武二十四年、二十五年，分别在永州府属内建有桃川千户所和枇杷千户所，洪武二十九年，又在永州府属内建有宁远左千户所、江华右千户所和锦田千户所等。道光八年《永州府志·武备志》载：明朝永州府境内设有营堡 98 个 [1]，兵寨 55 个：分设在永明 12 寨、锦田所 34 寨、新田所 9 寨。

永州居楚粤之要踞，水陆之冲，遥控百粤，横接五岭，衡岳镇其后，地势险要之处多，历来为兵家必争之地，所谓"汉以来史见永道（永州和道州）间数数被兵"，但"唐宋间永州镇戍寨兵兴革不一，见于史者甚少。"[2] 目前关于永州地区的兵制，自元朝以后均可详见于各时期《永州府志》的《武备志》。现自清道光八年《永州府志·武备志》中摘录明清时期永州府城的兵制情况如下：

元世祖二十五年（1288 年），"置永州乌符屯军，民五百户。顺帝至元初（1241 年）令湖南道宣慰使司兼都元帅府领所辖路，分镇守万户军马。"

明朝，布政使和按察使不仅设于省级城市（总会之处），而且在府州县城市中设有布政分司和按察分司。明代在永州府即设有布政分司和按察分司，并在永州府设湖南道和分守道，"镇守湖广总兵官平蛮将军所属永道守备一人"。"永州卫指挥镇抚千户百户共一百二十六员，卫兵五千八百零一名。轮流边戍在卫差操。"

"明时以永为近边地，永宁两卫屯军不运粮、不京操，惟分戍要害以防猺獞 [3]，又招募民间丁壮，谓之杀手（民兵），散布各营。正德以后建立营堡。"

"嘉靖丙午岁（1546 年）始设分守道兵备。驻永州带标兵弹压，设中军守备领之，先是俱委署。崇祯时，始部推印部外委一员，民兵三百名。"

明朝卫所制下的官兵实行世袭制，家属随军。明初即实行大规模的军屯，作为世军制的经济基础。平时生产和操练，战时打仗。如，明万历二年（1574 年），为了防宁远东北瑶獞，在宁远县境东北置"新田营"，明崇祯十二年（1639 年）永州知府晏日曙以其地山峦层复，民染瑶俗，奏请分宁远东北部部分地区，桂阳州西部部分地区置县，即今新田县。

163

---

[1]　98 个营堡分设在永州卫 1 个、祁阳 4 个、东安 2 个、道州 8 个、宁远 13 个、永明 8 个、江华 21 个、桃川 17 个、锦田 17 个、枇杷 7 个。

[2]　（清）吕思湛修. 永州府志·武备志 [M]. 宗绩辰纂，清道光八年（1828 年）——下文未注明出处者，均自清道光八年《永州府志·武备志》。

[3]　猺，旧时对我国瑶族的侮辱性称谓；獞，古籍中对我国少数民族壮族的侮辱性称谓。

清朝，兵防制对明兵备进行了一番裁并。在各省险要处仍有兵勇营留屯，称为防军，"以慎巡守，备征调"。清朝主要为募兵制，实行薪给制。康熙九年《永州府志·武备志》载："国朝改卫设流，增置城守，因时制宜，称尽善矣……其官奉兵饷俱于本省布政司领给。"

道光八年《永州府志·武备志》载："（清）顺治四年克永州，设城守参将一员，中军守备一员，千总一员，把总两员，统领马步官兵一千名，驻扎府城防守，并分拨千总驻防东安县，把总驻防祁阳县。"……至道光年间，"设永州镇总兵官一员，中左右游击三员，守备三员，千总六员，把总十一员，外委千把总十二员，额外外委四员，马兵一百八十八名，战兵三百三十七名，守兵一千零七十五名。官例马八十匹，骑操马二百零四匹。中营驻扎永州府城者总兵中军游击守备。城守右哨千总游巡西南陆路，左哨头司把总游巡东北陆路，右哨贰司把总签差护解，右哨头司把总协防差遣左右哨。头贰司额外外委存城兵丁二百九十一名，分防者则有：驻零陵县属冷水滩讯左哨头司、外委千总，领防卒二十八名；驻零陵县属土马铺讯右哨头司、外委把总，领防兵四十四名……"并在城之东西南北四向陆路和水路设置了与邻近交接县的防讯会哨。

"（清）康熙二十七年，屯田悉归并卫属州县。""我朝鉴其（明朝卫所屯田制）流弊，恐训练不专，战守难恃，改屯成为募卒，世弁为流官。以一镇帅总三营，辖外七营。屹然为重镇，当此边陲，无事教以仁义，养其精锐。一军著威千里之内，望风而肃。"

从明清各时期《永州府志》的记载中，我们可以看出，永州府的兵防是何等的森严和有序。在明隆庆五年《永州府志·图景》的"府境图"上，湖南道、布政分司、永州卫、分守道、察院从东到西分设在永州府周围，习仪所位于县治和王府附近。在道光八年《永州府志》的"舆地图（郡城图）"上，城守署、守备署、游击署和武库位于府城中部，钟楼和鼓楼分别位于府署左右（东西），守兵操练之所位于南门外，设有演武厅（见图2-3-10）。

第二节　适应地区气候的御旱防洪措施

一、永州地区旱灾与水灾特点 [1]

如第二章论述，永州市域四周群山环绕，地势西南高东北低，自南向北，

---

[1]　零陵地区水利水电志编纂办公室编. 零陵地区水利水电志 [M]. 湖南省冷水滩市印刷包装有限公司，1995: 1-23，51-61，68-73.

由西向东,逐渐递降。境内河流纵横、水系发育,有湘江水系、珠江水系和资江水系三个水系。各级河流具有较大落差,加之雨量充沛,地下水量大且埋藏不深,分布较广,水能资源极为丰富,在全省仅次于怀化、郴州,位居第三。湘江是永州境内最大的过境河,在永州区内流程 227.2km,占总长的 26.1%,自然落差 55.3m,流域面积 21491km²,占总流域面积的 22.7%;境内最大内河潇水,是湘江上游最大的支流,流向自南向北,干流长 354km,自然落差 504m,流域面积 12099km²,多年平均总径流量 108.8 亿 m³,是全市生产生活供水的主要水系网络,在永州市零陵区萍岛汇入湘江。

永州地区"旱洪灾害自古频繁,向有先洪后旱、洪旱交加的特征"。永州境内属中亚热带大陆性季风湿润气候区,严寒期短,夏热期长,日照充足,雨量充沛,春夏多雨,秋冬多旱,四季分明。夏季由于太平洋副热带高压控制,晴热少雨,是全省三大少雨区之一,素有干旱走廊之称。因受季风气候和地形地貌等因素影响,降雨时空分布不均匀,一般 4 ～ 6 月降雨量占全年降雨量的一半,且多暴雨,加之天气炎热高温,故常有先洪后旱、洪旱交错的灾害出现。旱灾往往成片出现,历时较长。水灾以暴雨山洪形式出现,大多为局部地区,多沿溪河两岸发生,时间较短,俗语称:"洪水一条线,旱灾一大片"。历年水旱灾害,史不绝书。据记载,境内自清嘉庆五年(1800 年)至 1991 年的 191 年中出现旱灾 70 年次,旱灾损失远大于洪灾损失。

受地区地形地势及气候影响,永州地区的旱灾是其主要的自然灾害,水灾仅次于旱灾和虫灾,是全区第三大自然灾害。旱灾的受灾范围、危害程度和灾害次数,均在水、风、虫、雹等自然灾害之上。据统计,从清嘉庆五年至民国末年(1800 ～ 1949 年),永州地区共发生较大水灾 40 年次,干旱 28 年次。从 1949 年至 1991 年,全区有特大干旱 5 年次,大旱年 13 年次,全区 11 个县市均受旱者 23 年次,10 个县市受旱者 13 年次,9 个县市受旱者仅 1 年次,基本正常年只有 4 年;这一时期,除 1988 年无水灾外,其余年年有水灾,其中 11 个县市同时成灾者 8 年次,10 个县市同时成灾者 9 年次,9 个县市成灾者 4 年次,8 个县市成灾者 6 年次。1800 ～ 1991 年,永州地区发生旱洪交侵 49 年次,占旱洪灾害总年次的 32.2%。《零陵地区水利水电志》(1995 年)中的统计资料显示,由于受季风气候、地理差异和水利设施发展不平衡等各方面因素的影响,永州地区的旱灾表现为严重性、连续性、季节性和区域性的特点,水灾表现为严重性、连续性和季节性的特点。《零陵县志》(1992 年)中大事记显示,三国时期,零陵县曾连续 3 年(276 ～ 278 年)水灾;晋太元十九、二十年连续 2 年水灾;宋淳熙七年(1180 年),连续 5 个月不雨,旱、虫灾交织,饥荒严重;元顺帝元统二年(1334

年）连续干旱 7 个月；清乾隆五十九年（1794 年）大水，零陵城中水深丈余，县衙被淹没，沿河商店多被冲塌。

二、永州古城御旱措施

零陵县地处潇水末端，受湘江和潇水等河流自然落差大、地区季风气候等因素的影响，同时期零陵县及周边县市的水旱灾害较境内其他地区更为严重，"干旱多于洪涝，旱灾重于水灾"。故历代农田水利建设均采取"依涧为田，沿溪为渠，平地处以塘坝为资，高处以井泉流灌，远溪田丘砌坝润灌，近河田丘安装水车、筒车"的灌溉方法。明清时期，主要是兴建山塘蓄水抗旱，其次是修筑小河坝，开凿水井，开挖水圳抗旱。民国时期，除兴建小型山塘外，着重水坝建设和灌溉工程的改良。据《湖南通志》载，清光绪年间，零陵县修建山塘 75 口，民国 31 年（1942 年），新建山塘 107 口，整修续修 616 口。1949 年以前，虽然历代兴修了一些水利工程，但基本上是"靠天吃饭"[1]。

历史上永州城的抗旱主要是依靠城西的潇水、城东的芝山水库（东山东麓，今怀素公园内）、城东门外的汴河塘、北门外的司马塘[2]和城南门内的东湖（由碧云池和甘雨池组成，湖边有碧云庵），以及城内诸多的水井等。"唐代零陵县修司马塘，塘在县北关外（今永州市体育场）。"[3]司马塘为永州"境内最早的山平塘"。"三国时，永州修吕虎井，此井为湖南三国时的四处水利工程之一。"清光绪二年（1876 年）《零陵县志》载："吕虎井在东山上，即今观音井（注：今永州市第二中医院内），相传吴孙遣吕蒙取荆州曾驻兵于此，插剑泉涌。"清康熙九年《永州府志·山川志》载"永州九井"：紫岩井、智泉井、春泉井、吕虎井、撒珠井、朝京井、杨清井、惠爱井和发珍井。另外，还有诸如霭士井（位于霭士井巷入口，今存）等。清道光八年《永州府志·名胜志·零陵篇》载，永州城内有"古井九，存者八"。"城内沿河居民，历来饮用河水，离河较远居民则饮用井水，1949 年前城内有水井 20 余口。"[4]1949 年以后，因为城市建设的需要，惠爱井、朝京井、智泉井和杨清井均被填没。另外，城内主要建筑前均有自己的蓄水池，如镇署前有饮马池，绿天庵前有墨池，龙王

[1] 湖南省永州市，冷水滩市地方志联合编纂委员会编．零陵县志 [M]．北京：中国社会出版社，1992：295-296．
[2] （清）刘道著修．永州府志·山川志 [M]．钱邦芑纂．康熙九年："在北门外，柳司马（柳宗元）常游此，故名。"
[3] 零陵地区水利水电志编纂办公室编．零陵地区水利水电志 [M]．湖南省冷水滩市印刷包装有限公司，1995：8．
[4] 湖南省永州市，冷水滩市地方志联合编纂委员会编．零陵县志 [M]．北京：中国社会出版社，1992：356．

庙前有放海池，群玉书院前有陈公池，零陵县学宫前有瑞莲池（即南池）等蓄水设施。

三、永州古城防洪措施

相对于旱灾，水害破坏更为严重，因此历代城市都很重视防洪体系建设。《管子·度地》重点论述了水利建设，认为：善为国者，必先除其五害（即水、旱、风雾雹霜、厉及虫）；五害之属，水最为大；水利建设"大者为之堤，小者为之防，夹水四道"[1]。再如《管子·小匡》云："渠弥于沟渚"，《老子·道德经》云："天下莫柔弱于水，而攻坚强者莫之能胜，以其无以易之"等。这些都是中国古代城市防洪的系统学说，说明国家（或城市）在应对自然灾害时要首先处理好水害。吴庆洲先生在其著作《中国古城防洪研究》中，论述并总结了八条中国古代用以指导城市防洪的规划、设计的方法和策略，包括"防、导、蓄、高、坚、护、管、迁"等，体现了古人对于自然环境的调整、改造和适应[2]。这些具体的城市防洪措施在历代的洛阳城、吴阖闾城（今苏州城）、宋至明清的赣州城、金元及明清时的北京城等城市的规划建设中都有明显体现，其防洪设施也成为了古代城市重要的景观要素。

宋末永州加筑外城以前，永州府城的地势相对较高，但也经常遭到水淹。如唐开成三年（838年），秋水泛滥成灾，宋初太平兴国二年（977年），零陵淫雨，平地水深数尺[3]。宋末扩建后的外城，"揣刚柔，度燥湿，因地兴利，依险设防"，城西以潇水为池，沿潇水并筑城墙，其他各向，或因水筑堤砌墙；或凿土为濠筑城；或联属为池筑城，城池的防汛任务加重。明清时期，永州城的防洪主要有以下措施。

（一）砖石城墙与加筑瓮城的障水系统

中国古代城市防洪体系由障水系统、排水系统、调蓄系统、交通系统共四个系统组成。障水系统由城墙、护城的堤防、海塘、门闸等组成，主要是防御外部洪水入城；排水系统由城壕、城内河渠、排水沟管、涵洞等组成，主要是排出城内渍水；调蓄系统由城市水系的河渠湖池组成，主要

---

[1]　《管子·度地》说："圣人之处国者，必于不倾之地，而择地形之肥饶者，乡山左右，经水若泽，内为落渠之泻，因大川而注焉……内为之城，城外为之郭，郭外为之土阆，地高则沟之，下则堤之，命之曰金城……故善为国者，必先除其五害（即水、旱、风雾雹霜、厉及虫），人乃终身无患害而孝慈焉。""五害之属，水最为大。五害已除，人乃可治。"因此，《度地》篇重点论述了水利建设，如"大者为之堤，小者为之防，夹水四道"。

[2]　吴庆洲. 中国古城防洪研究 [M]. 北京：中国建筑工业出版社，2009：476.

[3]　湖南省永州市，冷水滩市地方志联合编纂委员会编. 零陵县志 [M]. 北京：中国社会出版社，1992：666.

是调蓄城内洪水；交通系统由城内外河渠和桥、路组成，主要是保证汛期交通顺畅，使抗洪抢险、人和物迁移能顺利经行[1]。永州古城位于潇水东岸，东山西麓，河塘位于城市外围，古城的防洪体系主要由障水系统和排水系统组成，其障水系统主要有城墙和城门外的瓮城。

"城墙既是城市的军事防御工程，又是城市的防洪设施。"宋末永州加筑的外城主要为土石夯筑的土城墙。明以后，随着火箭、火炮等热兵器的广泛使用，以及受明初"高筑墙、广积粮、缓称王"、"修葺城池，严为守备"的防御思想的影响，加之境内砖瓦业的发展，明初永州外城"因地兴利，依险设防"，明洪武六年更新后的外城墙即改用砖石外包砌筑。砖石砌筑城墙，在提高军事防御能力的同时，也明显提高了城市的防洪能力。

同时，在各城门外加筑了瓮城。瓮城不仅加强了城池的军事防御能力，也加强了城门的防洪能力，因为它使城门由一重变为二重，使洪水不易进入城内。如："鸡泽县城池：……明成化十八年知县谭肃增筑瓮城以御水。""宿州城池：……门四，外筑月城以固堤防。"[2]从现存的永州古城东门形制看，瓮城门与内城门不在同一条轴线上，内外城门朝向夹角约为80°，两者相距约为21m，瓮城门的进深比内城门的进深大，但门洞的高度和宽度都比内城门要小很多。这样的瓮城形制明显增强了城门处的军事防御能力和防洪能力，"乃若子城无事，可以御水火，其有事则又屯军伍防卫突击，礛石所系尤重"[3]。一方面，瓮城的城墙宽厚，门洞较窄较低，防御能力增强，减少了进城的洪水量，另一方面，由于瓮城门与内城门不在同一条轴线上，使洪水进入瓮城后在瓮城内形成涡流，降低了洪水对内城门的直接冲击力，有利于保护内城门处的抗洪设施。

（二）修筑排水沟管的排水系统

由于永州城位于潇水与东山之间，半边是山，半边是城，自古号称"不塘而高，不池而深，不关而固"。平时城内排水比较容易，不易形成积水，故到明清时期，永州城内的排水系统还是比较简单的，以明沟和涵管排水为主。街道和建筑一侧多设明沟，而在城墙等处理以涵管。传说当年张飞扎兵接履桥（地名，在潇水西侧），从城墙下的下水道爬进城里偷袭才成功夺城。永州城内面积较大的池塘不多，城中的东湖、瑞莲池等池塘通过排水沟渠与汴河塘和潇水相连。明清时期，永州城墙外因地势开挖护城壕，或凿土为壕，或联属为池，城西以潇水为池，沿潇水并筑城墙。护城壕一方面加强了城池的军事防御能力，另一方面在洪灾时也起到了良好的排水

[1] 吴庆洲. 中国古城防洪研究 [M]. 北京：中国建筑工业出版社，2009：494.
[2] 古今图书集成·考工典·城池 [M]// 吴庆洲. 中国古城防洪研究 [M]. 北京：中国建筑工业出版社，2009：496.
[3] （明）史朝富，陈良珍修. 永州府志·创设上 [M]，明隆庆五年（1571年）.

作用。清道光八年《永州府志·建置志·城池·零陵篇》载，乾隆五十九年大水后，县令丛之钟重修县城（城墙），"县之主拖渠轴冈，保郭孔利"，即在山冈的枢要部位开挖沟渠，并保障其空洞沟涵畅通。清末、民国时期，街巷排水设施有明沟和暗沟，以明沟为主[1]。永州市域内城镇排水设施建设始于清末，清宣统三年（1911 年），零陵县在正大街建城高 0.8m，宽 0.6m，长 450m 的石板箱形下水道，为活动式青石盖板。之后零陵县城的排水设施以暗沟为主[2]。

另外，城外东山东麓的芝山水库、城东门外的汴河塘、北门外的司马塘和城南门内的东湖，是城市的蓄水设施，有利于城市抗旱，在洪灾时也是城市的蓄洪区，属于城市防洪体系中调蓄系统的组成部分。

第三节　避祸祈福的心理安防体系

中国古代城市的安全防御体系不仅体现在物质防御方面，也体现在精神防卫方面，即通过营造心理安防意境与建造各种"符号化"的建筑来建立完备的心理安防系统。精神防卫主要从"人"的心理感受出发，通过"物"的意境创造，加以安全理想的精神寄托，从而实现避祸祈福的心理需求。

中国古代城市心理安防的意境创造首先体现在"礼制"的规划思想方面。众所周知，"礼制"是周人营国制度的基础。为了提高和强化王权，周人在总结前代的政权建设经验和都邑建设经验的基础上，建立了以"嫡长子继承制"为核心的宗法制度，以及严格的礼制统治秩序，尊卑有别，突出"尊尊"。无论是都邑建设体制、规划制度，还是其营建制度，处处都体现了尊卑有别的礼制精神，例如城市的规模，便是按照封国的爵位尊卑而定的[3]。礼制思想在春秋战国时期得到了发扬和强化，成为以后中国两千多年封建社会的正统思想，从各个方面影响和制约着人们的言行举止和饮食起居，上至天子，下至臣民。从心理安防角度考察，体现着一种社会制度（宗法制度）和社会秩序（礼制秩序）的中国古代城市，其规划布局所体现的礼制的思想体系体现了城市空间精神环境的创造，是城市（国家）意识形态安全思想的体现。

其次：在城乡的具体规划布局上，古人往往借助各种"形态图式"理论，

[1]　湖南省永州市，冷水滩市地方志联合编纂委员会编 . 零陵县志 [M]. 北京：中国社会出版社，1992：357.
[2]　零陵地区地方志编纂委员会编 . 零陵地区志 [M]. 长沙：湖南人民出版社，2001：1001.
[3]　贺业钜 . 中国古代城市规划史 [M]. 北京：中国建筑工业出版社，1996：22.

如太阳宇宙图式、北辰宇宙图式、太极八卦图式、风水环境图式、人体图式等——"象天法地、仿生象物",使城乡的布局形态或空间结构符合人们的心理需求,达到"天人合一"的境界。吴庆洲先生在《建筑哲理、意匠与文化》和《中国军事建筑艺术(上)》两本书中通过大量的史料和图片详细论述了中国古代城市、园林、村镇、建筑及器物象天法地与仿生象物的营造意匠。如:体现象天法地营造意匠的实例有:体现天圆地方的太阳神话宇宙图式的江苏省武进县良渚文化的"寺墩古城"、历代的明堂、福建诏安的在田楼;体现北辰天宫模式的周王城;体现北辰宇宙模式的西汉长安城;体现北辰太极宇宙模式的隋唐长安城;体现天国宇宙模式的秦都咸阳城、隋唐东都洛阳城、元大都城;体现天国宇宙模式和阴阳五行思想的明清北京城,等等。体现仿生象物营造意匠的实例有:体现神龟八卦模式的吴之阖闾城(今苏州城)、楚国都城鄢郢城及龟形城市东魏邺城南城、平遥古城、成都古城、九江古城;体现人体内景图式的颐和园;体现人体外景图式的客家围龙屋;体现鲤鱼形态的福建泉州府城和龙岩县城;体现梅花形态的河南南阳城;体现琵琶形态的四川梁末古巴州城;体现牛形的安徽宏村;体现凤鸟图腾崇拜的北京故宫午门,等等。

王绚在其博士论文《传统堡寨聚落研究——兼以秦晋地区为例》中,将聚落防御机能分为"物质硬防卫"与"精神软防卫"两种,并指出心理学层面的精神软防卫具有"防卫虚像效应"[1]。说明心理安防的意境创造是城乡安全防御体系的重要组成部分。

从文化心理学角度分析,笔者认为,古代宽阔的城壕、高大的城墙及其附属设施,以及城市各种"符号化"的建筑景观,如衙署、城隍庙、佛道寺观、学宫书院、文庙、武庙、风水塔等,也都可以认为是城市物质防御功能的补充,是城市精神防卫体系的组成部分。以城墙为例,董鉴泓先生研究认为,古代的城墙文化已成为一种城市文化,"高大的城墙建筑,不仅出于居住者的安全考虑,而且它的雄伟气势已成为吉祥的象征。"[2]据清朝李光庭《乡言解颐·卷二·城池篇》载:宝坻城(现为天津市宝坻区)在乾隆三十三年重修时,"较旧城低三尺,识者以为泄城内之气,故有城头高运气高,城头低运气低之语"[3]。说明高大的城墙已成为一种"符号",在人们的心中具有避祸趋利的作用,成为古代城市"符号化"的景观要素之一。上文关于古城中"丁"字形街道的作用与意义的论述,同样表明,

[1] 王绚.传统堡寨聚落研究——兼以秦晋地区为例 [D].天津:天津大学博士论文,2004:20.

[2] 董鉴泓.古代城市二十讲 [M].北京:中国建筑工业出版社,2009:182.

[3] (清)李光庭撰.乡言解颐 [M].石继昌点校.北京:中华书局,1982.石继昌点校说明:"李光庭,宝坻人,世居宝坻林亭口"。宝坻为汉代渔阳郡泉州县故址,现为天津市宝坻区。

城中的丁字形街道，有其物质防御和精神防御两方面的意义。

明清永州府在加强城池、兵防及御旱防洪等物质防御能力建设的同时，也尤其重视城市的精神防卫环境的营建，体现了物质防御体系与精神防卫体系的统一。其精神防卫体系主要体现在城市的心理安防意境营造与各种"符号化"的建筑景观环境建造方面，体现了地区经济、文化和社会的发展特点。除上文论述的永州古城的城墙和城壕等建设环境外，这里补充永州古城祭祀建筑和风水塔建筑的发展特点，以示例证：

据张泽槐先生统计，清康熙年间，永州各地寺观庵庙发展到 306 处（注：参考原文为 356 处），其中寺 127 处，观 93 处，庵 56 处，庙 30 处。大部分寺观庵庙都处在城市及其周边地区，仅永州城内的寺观庵庙就有 36 处。到清光绪年间，永州境内的寺庵发展到 476 座，道观发展到 500 余座。1949 年以前，永州境内尚有寺观 200 余处[1][2]。

永州早在唐代就有造塔镇灾的传统。"文化大革命"期间拆除的毕方塔就是一例。"毕方塔坐落在大西门右侧城垣中，高约 4m。塔脚嵌有柳宗元《逐毕方文》石碑。此塔俗名'火鸟塔'。传说唐元和年间，永州城有'火鸟'作怪，多火灾。后来，柳子厚为民除害，捉住火鸟，镇压于塔下。自此，每年农历六月十三日，城内居民到塔前烧香化纸，口念《逐毕方文》以防火灾。此俗延至民国，始逐渐停止。'文化大革命'期间……拆除时发现塔下有大铁锅一口，锅下罩有神符锡皮纸等物，传为罩'火鸟'的神器。"[3]与毕方塔镇压火灾的作用相同，明万历十二年（1584 年），由邑人右佥都御史吕藿为镇水患而建的回龙塔也是实例之一。历史上，零陵地区水灾频繁，潇水两岸经常"洪峰瀚漫，白浪滔天"，永州古城多次遭洪水淹没，老百姓苦不堪言，求神拜佛都无济于事。唐元和年间，贬谪永州的柳宗元曾写《愬螭文》，以图缓解灾情。永州人民认为是孽龙兴风作浪。明万历十二年，邑人右佥都御史吕藿，捐金在城北二里许，临近潇、湘二水汇合处的潇水东岸建造了回龙塔，以期"回"住孽龙，镇住水患。据《永州府志》和《零陵县志》记载，镇水患正是回龙塔创建的渊源。

总之，中国古代城乡各种"形态图式"理论、规划思想、布局结构，以及各种"符号化"的建筑景观等共同构成了一个完备的心理安防系统，是中国古代城乡规划建设的特色体现。明清时期，永州城的防御体系也是物质防御体系与精神防卫体系的统一体。

[1]　张泽槐. 古今永州 [M]. 长沙：湖南人民出版社，2003：199-202.
[2]　张泽槐. 永州史话 [M]. 桂林：漓江出版社，1997：93.
[3]　湖南省永州市，冷水滩市地方志联合编纂委员会编. 零陵县志 [M]. 北京：中国社会出版社，1992：531.

第五章　明清永州城营建之建筑景观发展特点研究

向岚麟等人研究指出，目前，文化景观研究的重点不再是景观的物质外在形态，重点转入了对景观"意义之源"的探究；景观研究的客体出现多样化，如何"文化"地去观，即"景观的观念"正成为研究的目的与视角[1]。王云才等人的研究指出：目前我国地域文化景观的研究热点和研究的发展趋势应是加强地域文化景观的空间特征与形成机理研究；加强对地域文化景观的地方性特色与现代综合价值研究；建立地域文化景观传承与创新的理论与政策体系，建构地域文化景观保护的一体化途径[2][3]。

古代城市营建的历史特征集中体现在城市形态构成要素的建设发展上，城市形态的发展变化是城市这个"有机体"内外矛盾的结果。地方古城形态演变研究属于地域文化景观研究，城市的城墙、街道、衙署、庙宇、学校、坊市、馆所、园林，以及城市御灾所形成的人文景观是城市形态构成要素的主要内容。"永州当五岭百粤之交，盖边郡也"，属于"边远地区"，故历来城市在加强政治和军事统治的同时，尤其强调思想文化建设与发展。宋末大规模拓城后，城市的文化内容更加丰富，景观建设力度加大，突出表现在城市形态构成要素的建设上。这一方面是中国传统城市建设发展的特点，另一方面也是地区经济、文化发展的体现。

明代以前永州城建筑景观发展的特点，志书中记载不甚详细，而且目前城市中的传统建筑大部分已经不在，有的只存遗址（图5-0-1）。基于广义的城市形态构成要素研究和地方古城形态演变研究需要突出的主要影响因素，体现地方古城景观建设特色和地域空间特征的研究理念，在第三章论述历史分期阶段永州古城形态的演变特点、动力机制和第四章分析明清时期永州府营建在城墙、城壕、道路、兵防以及御旱防洪措施等物质防御体系的建设特点的基础上，本章将永州古城形态构成要素的发展特点研究置于古代荆楚文化与南岭文化特定的地理和文化 环境中，重点论述明清永

[1]　向岚麟,吕斌.新文化地理学视角下的文化景观研究进展[J].人文地理,2010（6）:7-13.
[2]　王云才,石忆邵,陈田.传统地域文化景观研究进展与展望[J].同济大学学报（社会科学版）,2009,20（1）:18-24.
[3]　王云才,史欣.传统地域文化景观空间特征及形成机理[J].同济大学学报（社会科学版）,2010,21（1）:31-38.

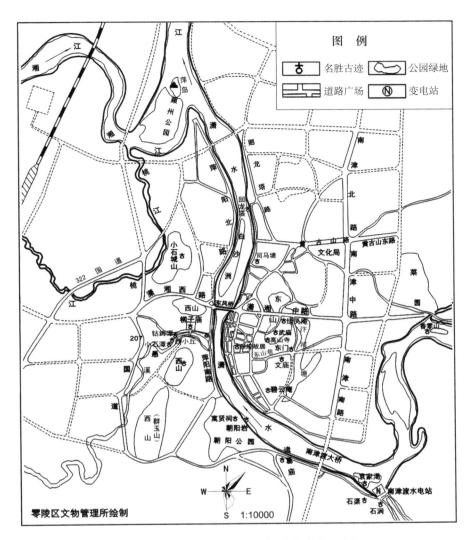

图5-0-1　永州古城附近名胜古迹位置图
（资料来源：永州市零陵区文物管理所提供）

州府衙署建筑、学校建筑、祭祀建筑、居住与商贸建筑、城市塔建筑等建筑景观的建设与发展特点，研究中突出的是城市发展中"文化审美"微观层面地区古城现存传统建筑景观的文化内涵和地域特征。本章研究是对第三章"永州古城营建之城市形态变迁研究"的深化。

第一节　衙署建筑空间的发展特点

以政治功能为主的城市，一个重要特点是都设有等级森严的"礼制"建筑空间。礼制是周人营国制度的基础。成书于春秋战国之际的《周礼·考工记》记述了关于周代王城建设的空间布局形制和建设制度，以及不同级别的城市，如"都"、"王城"和"诸侯城"在用地面积、城门数目、城墙高度、道路宽度等方面的级别差异。

考古发现，殷墟甲骨文卜辞中，已有明确的五方观念[1]。殷人用五方划分空间和方位，把商朝的领域称为"中商"，"中商——大邑商居土中"，与"东土"、"南土"、"西土"、"北土"四方并列。商朝的五方观点，在周代又有所发展。

周人总结商人的城邑建设经验，以中央方位为最尊，左、右次之。《象传》释履卦曰："刚中正，履帝位而不疚，光明也。"《荀子·大略》曰："欲近四旁莫如中央，故王者必居天下之中，礼也。"商周社会，"国之大事，在祀与戎，祀有执膰，戎有受脤，神之大节也"（《春秋左传·成公十三年》）。所以，宫殿与宗庙是都城的中心建筑，占据都城的核心区域。王城采取以宫殿为中心的中轴线空间布局，"左祖右社，面朝后市"，突出宫城的尊位。"沿主轴线对称地将外朝、市、宗庙及社稷，分别布列在宫的周围。宫置于外朝之北，贵族及卿大夫府邸则分布在近宫地带，城之四隅便划为一般闾里区。整个城的布局，中心突出，井然有序，充分显示了严谨的礼制规划秩序。"[2]其他诸侯国都及卿大夫采邑城，也按礼制等级营建制度，参照这个模式设计。考古发现，在河南偃师二里头商城、偃师尸乡沟商城、郑州商城，以及湖北黄陂盘龙商城的总体布局中，宫殿与宗庙建筑都位于都城的核心区域，而且地势较高；规划布局突出了中轴线的主导作用；宫殿与宗庙四周散布族邑[3]。

永州由于地处"楚粤之要踞，水陆之冲，遥控百粤"，山水形胜，又具有良好的生态格局，自西汉汉武帝元朔五年（前124年）置泉陵县，东汉光武帝建武年以后，一直作为郡治、府治、县治所在地，且府治与县治同城。清康熙九年和道光八年的《永州府志》都明确记载：永州府治为唐宋旧址，位于城中偏北部，北依万石山；零陵县治在府城南门内，宋县令吕行中建；永州府治和零陵县治均为对称布局，空间结构严谨。

虽然明清时期永州城的道路规划井然有序，府署在城中近北倚万石山，坐北朝南，体现了中国古代"以中为尊"的思想，而且志书对于永州府署和零陵县署的记载都为对称的空间，空间布局也符合中国古代郡州府城中的政府机构的建筑布局特征。但笔者认为，对比于湘江流域其他府州城中明清时期衙署建筑的景观空间，永州府城中的"礼制"建筑空间——衙署建筑的景观空间发展是缓慢的。明清时期，湘江流域其他府州城市（岳阳城、长沙城

---

[1] "从甲骨文看，殷人已有了五方的观念，卜辞中就有东南西北四土受年的记载。'四土'加上'中商'就是'五方'。五方观念大约在西周初年开始演化为'五色'的观念，以'五色'显示'五方'。"见：王剑.论中华民族共同先祖的确认——兼及"羲黄文化"[J].中南民族大学学报（人文社科版），2003，23（6）.

[2] 贺业钜.中国古代城市规划史[M].北京：中国建筑工业出版社，1996：134.

[3] 贺业钜.中国古代城市规划史[M].北京：中国建筑工业出版社，1996：427.

和衡阳城）的空间布局都明显加强了府署（或王府）在城中的位置，如：府署（或王府）前都有一条"通长"的南北主干道，其他次街多为"丁"字相交于府署（或王府）前的主干道，城中道路空间结构突出体现了"礼制"的营建思想，满足了城市政治功能——仪典模式的需要（详见第三章）。但是，明清时期永州城的道路空间格局并没有突出府署在城中的位置，府署建筑虽坐北朝南布局，但府署前并没有一条"通长"的南北主干道与其联系。这一点从清光绪二年的《零陵县志》中"零陵县城厢略图"和民国35年绘制的"零陵县城厢略图"上都可以明确地看出。究其原因，笔者认为与永州城在全国区域地位的下降（详见第三章），以及城市自然地形地貌环境有关。

永州城东凭东山，北依万石山，潇水绕城南、西、北三向环行，过去只有南北两个方向的陆路，其中，北门为"要道"，是官员离任和新官上任的必经之路。南宋末年参与筑城的教授官吴之道的《永州内谯外城记》明确记载了当时永州城的形制与城门名称，其中，正北为朝京门。明清时期，永州城继承了前期的规划布局，"府署在城中近北倚万石山，唐宋遗址"，县署设府城南门内，沿用宋县令吕行中建的零陵县治所。城中道路较为规整、布局较为方正。重要街道依地形按"两纵八横"布局，八横轴与两纵轴呈"丁"字形相交，城中除沿潇水的潇湘门、大西门、小西门和太平门四座城门前的道路相对较直外，其余三座城门前的道路都不是直通城门。新官上任或其他仪典活动时，只能通过北门进入府署两侧的纵向道路，再进入府正街，即府署前的横街。而且，明清时期，永州城内布局除官府建筑有严格的形制和规定外，其他公舍、秩祀、商肆、作坊、居住等皆混杂相处。由此可见，明清时期永州城的道路空间格局虽然顺应了地形和地势，但是并没有突出府署在城中的位置，没有突出府城仪典时所体现的空间特点，中国传统城市的"礼制"秩序空间在永州府城中的发展是缓慢的。

175

第二节　学校建筑的发展特点

一、古代永州学校建筑类型与教育发展

永州古代办学有学宫、书院、社学和义学四种形式[1][2]。

（一）学宫

学宫为古代官办教育机构。"湖南的州、县官学大都创办于宋代，而永、

---

[1]　张泽槐.古今永州[M].长沙：湖南人民出版社，2003：246-248.

[2]　张泽槐.永州史话[M].桂林：漓江出版社，1997：99-101.

道二州的学宫则建于唐代。"[1] 由于年代久远及史志不详,唐代以前永州学宫建于何处,已经无法考证。清康熙九年(1670 年)的《永州府志·学校·学宫》载,永州学宫,建于唐大中年间(847 ～ 859 年),由当时的永州刺史韦宙创建,宫址在今零陵区潇水西岸红旗渠旁。后来迁往愚溪,宋庆历(1041 ～ 1048 年)年中因"诏天下皆立学"柳拱辰移建于郡东高山之麓,宋嘉定间郡守赵善谥徙而下之(今零陵宾馆内)。后又几经重修,民国 31 年(1942 年),学宫被日本侵略军飞机炸毁。

《道州志》称:道州学宫始设于城东,唐元和九年(814 年),刺史薛伯高迁建于城西营川门外(今道州宾馆所在地),柳宗元为之记,是永州境内见诸文字记载的第一所官办学宫。后多次维修,日臻完善。至明崇祯末,毁于兵,无一存者。清同治八年州同知冯洪英沿唐代旧基重建先师殿,十三年知州高攀龙复建东西两庑及棂门。今仅存清代石雕盘龙、鱼丹墀(图 5-2-1)。永明、宁远、江华 3 县县学也建于唐代;零陵、祁阳、东安 3 县学宫兴建于宋代;新田县学宫则建于明末。到明代,永州境内有府学宫、州学宫各 1 处,县学宫 7 处。"随着社会发展的需要,到清乾隆以后,(学宫内)教授生员的任务逐步移至书院,府、州、县学形同虚设,学宫仅为祭孔的文庙。"[2]

图5-2-1　道州州学先师殿前的石雕盘龙、鱼丹墀

(二)书院

书院亦称"精舍"、"精庐"、"书堂",是中国古代官方(或半官方)、私人所办讲学肄业之所。"书院"一名始于唐代,原为国家藏书校典之所,

---

[1]　张泽槐.永州史话 [M].桂林:漓江出版社,1997:51.
[2]　张泽槐.永州史话 [M].桂林:漓江出版社,1997:100.

宋代变为藏书讲学之处，清末改学堂[1]。李国钧先生认为：从事教学活动又具有学校性质的书院始建于唐代，至少在唐德宗贞元（785～805年）至唐宪宗元和（806～820年）年间就有具有学校性质的书院的记载[2]。

　　湖南境内创办最早的书院应为衡阳的石鼓书院[3]。石鼓书院原为寻真观，唐宪宗元和年间，衡州人李宽（一说李宽中、李宽之）在石鼓山山巅寻真观旁结庐读书。到北宋至道年间(995～997年)邑人李士贞拓展其院，作为衡州学者讲学之所。上报朝廷，至宋景祐二年（1035年）准旨，并赐额"石鼓书院"。长沙岳麓书院建立于北宋开宝九年（976年）。

　　永州境内的书院"胎息于唐，发育于宋，泛滥于元明"[4]，多为私人创办，或半官方学校。宋代，永道二州境内建有五处书院，其中永州两处：永州东丘书院，建于宋元丰四年（1081年），院址太平寺，另有芝山的顾尚书院。道州三处：道州濂溪书院（濂溪祠）始建于宋绍兴二十九年（1159年），位于道州学宫西面（今道县教委所在地，现仅存仰濂楼）。景定年间（1260～1264年），宋理宗御书"道州濂溪书院"题额。还有道州的甘泉书院，宁远县的濂溪书院等。元明清时期，书院有了很大发展。明代，由于王守仁（即王阳明，1472～1529年）等大力倡导，私人书院大增，当时永州的书院共有十七所。清乾隆以后，教授生员全由书院承担，书院发展更快。到清光绪年间，永州境内共有各类书院四十六所。清朝时期，永州城内建有濂溪书院（1656年）和群玉书院（1778年)，城外建有白萍书院（1739年，位于今东风大桥附近潇水中的白萍洲上）和萍洲书院（1884年）。书院办学经费来源主要有：一是地方官吏大户捐助；二是改寺院为书院，将原来的寺院财产转为书院资产；三是书院基金，由祠、庙、会公产捐助；四是将绝户田地充作书院资产；五是官府补助。但绝大部分是由私人出资修建的，其中名气较大的除道州濂溪书院外，就是零陵的萍洲书院和宁远县的泠南书院[5]。其他书院如：祁阳县的浯溪书院（1337年），东安县的紫溪书院（原名清溪书院，明嘉靖初知县陈祥麟改清溪寺而成），蓝山县的崇正

177

[1]　沈绍尧. 访古问今走长沙 [M]. 北京：气象出版社，1993：71.
[2]　李国钧等. 中国书院史 [M]. 长沙：湖南教育出版社，1994：13.
[3]　朱熹在《石鼓书院记》中称："石鼓据蒸湘之会，江流环带，最为一郡佳处，故有书院，起唐元和间，州人李宽之所为。"清《同治衡州府志》载"石鼓书院在石鼓山，旧为寻真观，唐刺史齐映建合江亭于山之右麓。元和间，士人李宽结庐读书其上，刺史吕温尝访之，有《同恭日题寻真观李宽中秀才书院诗》。"清末郭嵩焘在《新建金鹗书院记》中说："书院之始，当唐元和时，而莫先于衡州之石鼓。"
[4]　张官妹. 永州古代书院考略 [M]// 吕国康，张伟，雷运福. 千古之谜 潇湘奇观. 杭州：浙江工商大学出版社，2011：212.
[5]　萍洲书院位于潇湘二水合流处的萍洲岛上，由江华人王德榜、东安人席宝田以及黎宜轩、何子安等出巨资，于清光绪十年（1884年）修建。宁远县城南门外的泠南书院，由本县绅士刘元堃、田登仕于清光绪二年（1876年）创建。

书院（1573 年），祁阳县的文昌书院（1584 年），新田县的榜山书院（1727 年），江华县的秀峰书院（1744 年）、三宿书院（1773 年）、凝香书院（1829 年）等。以上书院后期都已毁废，原貌只能见之于部分县志中。2010 年永州市政府在原址上开始重建萍洲书院，2010 年道县县政府在原址上开始重建道州濂溪书院（濂溪祠）。

学宫和书院的建立，扩大了教育范围，提高了教育质量。唐宋时期永、道二州科举成绩领先湖南各州[1]，说明唐宋时期，永、道二州是当时湖南教育最发达的地区之一。唐代李郃（807～873 年），延唐（今宁远县）人，唐大和元年（827 年）状元，是今湖南境内在唐代唯一的状元，也是两湖两广地区的第一个状元[2]。宁远县湾井镇下灌村至今存留"李氏宗祠"、"状元楼"等古建筑（图5-2-2、图5-2-3）。

元明清时期，永、道二州进士人数呈下降趋势，在湖南进士中的比例也大幅下降[3]，说明元朝以后，永、道二州教育逐步落后于湖南教育的发展步伐。

图5-2-2　宁远县湾井镇下灌村"李氏宗祠"入口内侧戏台

---

[1] 据《湖南通志·选举志》载，从唐初至清光绪九年（1883 年）的 1200 多年，湖南共考取进士（包括特科）2305 人，其中永州 487 人，占 21.3%；状元 11 人，其中永州 4 人，均居湖南各州前列。在历代科举考试中，永、道二州举子曾二十届囊括湖南全部进士名额，曾于南宋绍兴四年（1134 年）一届考取进士 10 人。宋代永明（今江永）人周尧卿子侄孙三代连续出了 14 名进士，是今永州境内连续三代进士最多的家庭。

[2] 湖北、广东、广西等地最早的状元为：湖北杜陟唐大和五年（831 年）状元及第；广东莫宣卿唐大中五年（851 年）钦点状元；广西赵观文唐乾宁二年（895 年）考中状元。见：康学伟，王志刚，苏君.中国历代状元录 [M]. 沈阳：沈阳出版社，1993.

[3] 分朝代看，唐宋时期，湖南共考取进士 966 人，其中永、道二州为 384 人，占 39.75%；元明清时期湖南共考取进士 1339 人，其中永、道二州 103 人，只占 7.27%。

图5-2-3　宁远县湾井镇下灌村"状元楼"

（三）社学与义学

社学是元明清时期的地方小校，始设于元至元二十三年（1286年）。元制50家为一社，每社设学校一所。明清时期的乡村社学带有义学性质。明代永州府共有社学14所，清道光年间，永州有府社学1所，县社学15所。

义学也称"义塾"，是一种免费私塾，授课对象多为贫寒子弟。永州境内的义学兴办于明末，盛行于清代中叶。"到清道光三年（1823年），永州境内有府、州、县义学14处，其中府义学1处，州义学6处，县义学7处。值得一提的是，道州有2所新义馆（学），1所在马江瑶丰村，1所在顾村，专授瑶族生徒，为永州境内最早见诸文字记载的瑶族学校。"[1]

二、古代永州学校建筑兴盛的原因

（一）儒家思想和理学的影响

儒家思想是中国整个封建社会占统治地位的思想。追根溯源，儒家思想的源头在舜。最先举起舜文化大旗的是孔子，孔子把舜确立的伦理道德思想作为一种统治制度，即无为而治。"无为而治者，其舜也与。夫何为哉，恭己正南面而已矣。"（《论语·卫灵公》）后经孟子、韩非等人的称颂、补充和完善，舜帝的人格、作为及其伦理道德思想成了儒家思想的源头，也成为中华民族精神文明的源头。自汉武帝采纳董仲舒"罢黜百家，独尊儒术"的建议后，以舜文化为源头的儒家思想被尊为统治阶级的正统思想，儒学正式列为官学。

---

[1]　张泽槐. 古今永州 [M]. 长沙：湖南人民出版社，2003：248.

对古代永州影响最大、最深的也是儒家思想。先秦时期，儒家思想对永州的影响记载不详。

永州自古有帝乡之称，夏商周三代在九嶷山即建有"大庙"祭祀[1]。司马迁的舜"南巡狩，崩于苍梧之野，葬于江南九疑"，在客观上加强了儒家思想对古代永州的影响。舜作为中华民族的人文始祖，在中华民族发展史上处于十分重要的地位，有着十分重要的作用，历代帝王无不推崇。为了"法先王"，他们或在都城遥祭舜帝，或遣使到九嶷山朝拜舜帝。新莽时期，王莽在九疑山修建"虞帝园"，把零陵郡改名"九疑郡"，把营道县（今宁远县）改名"九疑亭"，举的就是舜的后裔和儒家思想这两块牌子，从此以后，对舜帝的祭祀逐步形成制度。永州地区及周边各地祭舜遗迹和舜庙遗址，充分说明舜文化对本区域的影响至深至广。

目前经考古发掘证实，在全国尚属首次发现的时代最早的舜帝陵庙遗址，位于永州市宁远县城东南约34km处九嶷山核心区北部玉琯岩的山间盆地中，为秦汉至宋元祭祀舜帝陵庙遗址[2]，遗址占地超过32000m²（图5-2-4）。

舜帝的伦理道德观念、清明政治思想、爱民勤政行为与和睦礼让情操，以及自强不息、不断追求、宽容仁慈、乐于助人的精神，在当地人民中间产生了深刻影响。逐步形成了勤劳古朴、心地善良、知书好学、和睦礼让、热情好客的气质特征。唐·刘禹锡《送周鲁儒序》说："潇湘间无土山，无浊水，民乘是气，往往清慧而文"；柳宗元《道州庙学记》说，永州"人无争讼"；《宋史·地理志》称，永州"人多淳朴"；宋编《太平寰宇记》云："地有舜之遗风，人多淳朴"；宋《方舆胜览》说：

图5-2-4　宋代舜帝庙遗址
（资料来源：新华网.新华社记者明星摄）

---

[1] （清）吴祖传撰《九嶷山志》云："舜庙在太阳溪白鹤观前，盖三代时祀于此，土人呼为大庙，土坑犹存。秦时迁于九嶷山中，立于玉官岩前百步。洪武四年（1371年），翰林院编修雷燧奉旨祭祀，迁于舜源峰下。"

[2] 经专家们推断，整个舜庙遗址正殿在不同时代总是在同一个地方，正殿建筑基址与后殿建筑基址呈"吕"字状，面积5142㎡。但不同时代的面积和方位都不太一样，两晋到三国期间，正殿坐南朝北，唐宋时期，正殿是坐东朝西。目前初步勘测发现，在舜帝陵庙遗址中，唐宋时期的正殿现存面积最广，达到了1500㎡，现存部分长43.8m，宽29.8m，规模可与北京故宫太和殿相媲美。

"俗尚农桑，民知教化"；南宋诗人杨万里在《曹中永州谢表》称永州："家娴礼义而化易孚，地足渔樵而民乐业"，"视中州无所与逊"；清·李逢时在《东安县志序》中说，东安"民雍容而好礼"。历代帝王在永州对舜帝的各类祭祀活动，以及历代文人墨客对舜帝的大力称颂，又在一定程度上强化了这种影响。

北宋以后，作为继承与发展儒家思想而成的理学迅速兴起。理学的主要创始人之一周敦颐是今道县楼田村人。他所创办的理学和濂溪书堂，对当时和后世的书院建设影响很大，促进了书院教育的发展。周敦颐哲学体系的核心是"立人极"的人性论，认为做人就要力做"圣人"，做官先做人[1]。他说："圣希天，贤希圣，士希贤"(《通书·志第十》，即"圣人仰慕上天，贤人仰慕圣人，士人仰慕贤人")，"圣，诚而已矣。诚，五常之本，百行之原也"(《通书·诚下第二》)。认为士、贤、圣为教学目标的三个等级，可以通过学习和修养逐级提高。可以说，周敦颐所创立的理学与他的书院教育实践，从宏观上看，是开辟了书院发展的新时期[2]。元代的吴澄在《鳌溪书院记》中认为：北宋中叶以前，地方教育很多是由私家书院承担；北宋中叶以后，由于书院与理学结合，所以地方官学（州学、县学）兴起；宋室南迁之后，书院逐渐增多，是因为时人"讲求为己有用之学"，以表异于当时郡邑之学，有补于官学之不足[3]。

周敦颐大力办学兴学思想经后人（如胡安国与胡宏父子）的传播和实践，促进了湖湘教育的兴盛与发展，他的学说对永、道二州影响同样至深至广。之后，永、道二州官学、私学多塑周敦颐像以供顶礼膜拜；州县所立书院，也多以"濂溪书院"命名。理学的盛行，在永州培养了一批有理学造诣的儒生，同时，理学的研究也推动了永州其他哲学思想的研究。

作为历代封建统治阶级正统思想的儒家思想和宋明理学，在中国古代思想史上占有极为重要的地位，结合科举制度和任官制度，对于推动地方文化景观建设，尤其是学校（包括文庙）建筑景观建设产生了重要影响。一方面，它们是维护封建统治秩序的思想武器，是进行阶级压迫和经济剥削的理论依据，是束缚人们思想的精神枷锁；另一方面，地方民众为了博

181

---

[1] 张官妹.浅说周敦颐与湖湘文化的关系 [J].湖南科技学院学报，2005（3）：29-31.

[2] 李才栋.周敦颐在书院史上的地位 [J].江西教育学院学报，1993，14（3）：64-65.

[3] （元）吴澄《鳌溪书院记》载："宋至中叶，文治浸盛，学校大修。远郡偏邑，莫不建学。士既各有群居肄业之所，似不赖乎私家之书院矣。宋南迁而书院日多，何也？盖自舂陵之周，共城之邵，关西之张，河南之程，数大儒相继特起，得孔圣不传之道于千五百年之后。有志之士获闻其说，始知记诵词章之学为末学，科举之坏人心。而郡邑之间，设官养士，所习不出乎此。于是新安之朱、广汉之张、东莱之吕、临川之陆，暨夫志同道合之人，讲求为己有用之学，则又立书院，以表异于当时郡邑之学专习科举之业者。此宋以后之书院也。"

取功名，步入仕途，追求幸福生活而尊书重教，并建学兴教，因此它们也推动了地方学校等文化景观建设和经济、文化发展。

（二）经济与文化发展的推动

唐代以后，永州地区文学艺术的发展与繁荣也是地区学校建筑兴盛的原因之一。

唐代以前，永州地区交通、经济与文化等方面的发展，尤其是多次移民活动，给当地的经济与文化发展带来了新的活力，为唐宋时期永州经济发展与文化繁荣打下了基础。唐宋时期，永州的社会经济随着生产关系日臻成熟，进入繁荣发展阶段。经过几百年的发展，永州的经济从总体上讲，比过去有了很大进步。加上"永州山水，融'奇、绝、险、秀'与美丽传说于一体，汇自然情趣与历史文化于一身"[1]，许多文人墨客汇至，永州的文学艺术也得到了前所未有的发展。唐代，永州的文学艺术繁荣、活跃，首次达到高峰。据道光八年的《永州府志》的名胜志、艺文志、金石略记载，唐代居官永州或路过永州的外地作家达 20 多人。据《全唐诗》统计，所写与永州有关的诗作有 200 多首。宋代，永州经济得到开发和发展，文学艺术得到进一步繁荣。宋室南迁之后，永州更是许多文人墨客流连忘返之地。宋代在永州各地留下作品的外地作家达 50 余人。元明清时期，随着资本主义生产关系的萌芽和新兴市民的出现，永州的文学也开始向俗文化方向发展。但这一时期，永州各地动荡不安，经济发展相对落后，加之理学的衰落，因而文学的发展不及唐宋时期繁荣，也相对落后于全国。然而在这一时期，文学的普及程度却大大超过唐宋时期，一是作家数量大增，在永州各地留有作品的作者有 200 多人，为唐宋时期的四倍多；二是作品数量增多，内容丰富；三是本地作家作品大量涌现，其中不乏名家名作[2]。

文学艺术的发展与繁荣带动了地区学校教育的发展，促进了地区学校建筑的兴盛,同时也带动了古代永州地区的文化景观建设。如自元结的"三吾铭"、《大唐中兴颂》和柳宗元的"永州八记"之后，历代文人墨客慕名而来，他们或文、或诗、或画，或直接赞美潇湘（永州）山水、或寄情永州山水以抒怀述志、或歌颂与拜谒先贤，促进了永州的山水景观文化建设与发展。如今永州留下的许多诗文、书画、碑刻与岩刻，既是他们行迹与生活的见证，也是古代永州"山水文化景观"的瑰宝。

总之，唐代以后，永州地区的教育发展加快，学校建筑兴盛。

[1] 唐艳明.以地方传统文化提升大学生人文素质[J].湖南科技学院学报，2009，30（3）：162-163.
[2] 张泽槐.古今永州[M].长沙：湖南人民出版社，2003：208-214.

第三节　城市祭祀建筑的发展特点

一、永州地区祭礼文化的发展特点与祭祀建筑类型

（一）永州地区祭礼文化的发展特点

《汉书·地理志》云："（楚地）信巫鬼，重淫祀"，同时称零陵有"信鬼巫，重淫祀"的风俗。《隋书·地理志下》也说："江南之俗，火耕水耨，食鱼与稻，以渔猎为业……其俗信鬼神，好淫祀，父子或异居，此大抵然也。"受楚文化影响，永州境内的祭礼习俗特色明显，具有古代楚地的巫祀文化特点，这在明朝隆庆五年《永州府志》（提封志·风俗）等史书中均有记述。

永州及其周边地区，原始宗教文化发育较早。根据考古发现，至迟在旧石器时代晚期，今永州一带已经有人类居住。此后，生活在这块神奇土地上的潇湘人，"火耕水耨"，"以渔猎山伐为业"。两汉以前，永州境内主要为汉民族。周秦以来，受中原文化、楚文化、南越文化，以及周边其他文化，如湖南南方梅山文化体系的原始宗教文化的影响，永州地区的原始祭礼文化发展较快，主要有：社神祭祀、鬼巫祭祀、水神祭祀、祖先崇拜和先贤崇拜等原始图腾崇拜文化和宗教祭祀文化。如：永州市舜文化研究会副会长雷运富先生考察零陵石棚后认为零陵石棚具有以下四个方面的特性：方向标示性、原始崇拜性、展示性和南交南正的特殊性，反映了古人的生殖崇拜、火神崇拜和宗教祭祀文化特点[1]（图5-3-1）。

（a）　　　　　　　　　　　（b）

图5-3-1　零陵石鹏
（a）东北向；（b）西向

---

[1] 雷运富.零陵黄田铺"巨石棚"有新发现 [M]// 刘翼平，雷运富主编.零陵论.北京：中国和平出版社，2007：102-106.

183

　　又如民间文学专家易先根先生认为，道县鬼崽岭为社神祭祀遗址（图5-3-2)，鬼崽岭的"坛神"实为巫教文化坛社谱系中的社神。联系湖南怀化市洪江发掘的远古祭祀遗址（有人祭坑、牲祭坑和物祭坑），易先生也认为，鬼崽岭石像可能为古代"人头祭"的替身，属于古代巫教文化中的地方祭法，是"潇湘流域"内古代湖南南方梅山文化体系的原始宗教绵延[1]。大约在两汉至南北朝时期，瑶族先民开始进入永州一带。永州地区瑶族崇拜盘瓠（龙犬）为祖先，总称为"盘瑶"或"盘古瑶"。至今还可以看到民间建筑上的"龙犬"雕塑（图5-3-3)。

（a）　　　　　　　　　　　　　　　　（b）

图5-3-2　道县鬼崽岭石像遗址
（a）遗址外环境；（b）遗址内环境
（资料来源：永州市文物管理处提供）

图5-3-3　江永千家峒瑶族集市门庐上的"龙犬"雕塑

[1]　易先根.永州道县鬼崽岭巫教祭祀遗址考[J].湖南科技学院学报，2008，28（2）：72-75.

从现有的资料看，约在三国时期，道家思想和道教开始在永州境内传播[1]。西晋初，今宁远县一带已建有鲁女观，这是永州境内最早的道观之一。其中见诸文字记载的为今宁远县九嶷山的九灵观。约在南北朝时期，佛教传入永州境内。南朝齐代，今宁远县境内已建有佛寺——永福寺（又名无为寺），这是永州境内最早见诸文字记载的佛寺。

唐宋时期，在儒学、理学占统治地位的同时，释道思想也有很大发展。唐代，由于李唐王朝的大力提倡，佛、道二教迅速发展。其间，永州各地寺观数量有 14 处之多。其中，最著名的是位于永州城内的法华寺，即现在的高山寺，始建于唐代中期。唐永贞元年（805 年），柳宗元贬谪永州时，曾在唐贞观年间所建的龙兴寺西轩寄居，五年后又寓居法华寺。此后，佛教和道教的影响不断扩大，寺观大量增加。明朝，由于统治者特别是明成祖对玄天上帝的推崇，明朝在全国各地建有很多道观庵庙。明清时期，道教在永州境内处于最盛时期。清康熙年间，永州各地寺观庵庙发展到 306 处（注：参考原文为 365 处），仅永州城内的寺观庵庙就有 306 处（注：参考原文为 356 处）。到清光绪年间，永州境内的寺庵发展到 476 座，道观发展到 500 余座。可见释道二教影响之大。

中国古代祭祀有其悠久的文化渊源，祭祀活动在中国古代社会有着一种特殊重要的含义。《春秋左传·成公十三年》载：商周社会就有"国之大事，在祀与戎，祀有执膰，戎有受脤，神之大节也"的祭祀传统。天神崇拜是王权的精神支柱，古代帝王最重要的祭祀活动就是祭天，在城市郊外设坛祭祀。《汉书·郊祀志下》载，成帝初即位，丞相衡、御史大夫谭奏言："帝王之事莫大乎承天之序，承天之序莫重于郊祀，故圣王尽心极虑以建其制"。如北京故宫南郊的天坛，一直是明清帝王祭天的场所。地方城市为保一方平安，多在城外（城厢）设社稷坛、山川坛和厉坛，在城内设城隍庙。清康熙九年的《永州府志·祀典志》载：永州府社稷坛在北关外，明洪武初年建；山川坛在南门外，明洪武初年令天下府州县得祀境内山川，其后又令风云雷雨并城隍合祭，坛一而设位三，中祀风云雷雨之神，左祀府境内山川之神，右祀府城隍之神,悉向南;郡厉坛在北门外明洪武初年立；城隍庙在府治东二百步。境内各县均设社稷坛、山川坛、厉坛和城隍庙祭祀。城隍是道教所传守护城池的神。"城隍庙是中国唯一只有在城市中才立的神庙，也是唯一由皇帝颁布命令每座县城以上的城市都必须建造的庙宇。"[2]唐朝以后郡县皆祭城隍,明洪武三年（1370 年）朝廷规定各府州县均设庙祭祀城隍。

[1]　张泽槐.古今永州[M].长沙：湖南人民出版社，2003：201-202.
[2]　董鉴泓.古代城市二十讲[M].北京：中国建筑工业出版社，2009：183.

神圣的宗教活动可以起到整合城市文化的功能，促进社会健康发展的作用，同时也满足了居民精神生活的需求[1]。正如清康熙九年的《永州府志·祀典志》开篇所云："庙祀所以报功也，古圣王之制是典也。有功德于民则祀之，能御大灾捍大患则祀之。非是则祀典不举焉。社稷所以祈年也，山川出云雨育百谷也。厉何为者，邪子产曰匹夫匹妇，疆死，其魂魄犹能凭依于人，以为淫厉，又曰鬼，有所归乃不为厉，祀之所以为之归也。归之则厉不为民病，亦所以保民也。矧饱馁于幽，亦仁人，泽枯之义也，虽重之可也。楚人鬼且机，淫祠盛则邪教兴，人心世道之忧也。"

儒家、道家思想在中国古代社会发展中起到了重要作用，对于巩固国家和民族的统一，维护封建统治秩序，促进封建经济文化的发展，都产生过重要影响。南怀瑾先生说："中国历史上，每逢变乱的时候，拨乱反正，都属道家思想之功；天下太平了，则用孔孟儒家的思想。这是我们中国历史非常重要的关键。"[2]自汉武帝"罢黜百家，独尊儒术"之后，以舜文化为源头的儒家思想被尊为国家的主流意识形态，儒学正式被列为官学，各地纷纷建孔庙祀孔子。北宋以后的永州也不例外，如宁远文庙始建于宋乾德三年（965 年），零陵文庙始建于宋嘉定元年（1208 年），新田文庙始建于明崇祯十一年（1639 年）等。北宋以后，作为继承与发展儒家思想而成的理学，对永、道二州影响同样至深至广。此后，永、道二州历代官学、私学无不雕塑周敦颐像以供顶礼膜拜，州县所立书院，也多以"濂溪书院"命名。唐宋以来，永州各级学宫的兴建及地方书院的兴办、普及，正是上述舜帝精神和儒家思想影响的结果。

（二）永州地区祭礼建筑类型

古代永州地区的祭祀建筑类型主要有：祭祀社神的社坛，如零陵石棚；祭祀水神的水神庙，如零陵潇湘庙；祭祀先贤的祠庙，如宁远舜庙、零陵文庙、宁远文庙、新田文庙、零陵武庙、零陵柳子庙、道县寇公楼、道县濂溪祠等；祭祀祖先的祠堂；祭祀城隍的城隍庙；祈祷丰年的社稷坛；祭祀山川之神的山川坛；祭祀郡厉（鬼）的厉坛；以及各地佛道的寺观庙庵，包括各种土地庙等。据张泽槐先生统计[3][4]，清康熙年间，永州各地寺观庵庙发展到 306 处（注：参考原文为 356 处），其中寺 127 处，观 93 处，庵56 处，庙 30 处。大部分寺观庵庙都处在城市及其周边地区，仅永州城内的寺观庵庙就有 36 处。到清光绪年间，永州境内的寺庵发展到 476 座，道观发展到 500 余座。1949 年以前，永州境内尚有寺观 200 余处。鸦片战

---

[1] 董鉴泓. 古代城市二十讲 [M]. 北京：中国建筑工业出版社，2009：183.
[2] 南怀瑾. 论语别裁 [M]. 上海：复旦大学出版社，2005：2.
[3] 张泽槐. 古今永州 [M]. 长沙：湖南人民出版社，2003：199-202.
[4] 张泽槐. 永州史话 [M]. 桂林：漓江出版社，1997：93.

争后，西方思想与文化也开始在永州传播，出现了西方的教堂建筑形式。

中国历史上，儒道释三教表现出相似的生活情调、审美情趣及宗教观念，以至北宋周敦颐之后，儒道释三教逐渐走向交汇融合[1]。古代永州地区祭祀建筑，尤其是城市祭祀建筑较多，正是上述祭礼文化历史发展的结果。反映在建筑上，表现为三教文化的兼容性和意义的共时性特征。

二、永州古城现存主要祭祀建筑简介

明清时期，永州城的祭祀建筑发展较快，不仅数量多，而且类型多，民国时期及新中国成立后绝大部分建筑被毁废。古城及其附近地带现存祭祀建筑主要有高山寺、关帝庙、县学宫、柳子庙、碧云庵、绿天庵、寓贤祠、潇湘庙等。

1. 高山寺

零陵高山寺位于东山之巅，占地面积 31.53 亩，为零陵现存建庙时间最久的寺庙，"是湖南省具有重要历史价值和文物价值的一座禅宗著名古刹"。该寺始建于唐代贞观年间。柳宗元初到永州时（805 年），一家蜗居太平门内龙兴寺（清为太平寺）的西厢房，写有《龙兴寺西轩记》，所住的地方五年间起了四次火。唐元和四年（809 年）柳宗元在法华寺西建"西亭"居玩，并著有《法华寺西亭夜饮》、《构法华寺西亭》诗以及《法华寺新作西亭记》等诗文。元和五年，他举家搬到河西的"愚溪"边去过起了田园生活。自唐宋至明清，高山寺几经毁废和更名。明万历初年毁于火，万历四十一年（1613 年）永州知府捐资重建；清乾隆末再度被毁于兵火；道光八年改建寺庙于东山之北，今永州市气象局内，后被天火所焚；咸丰六年（1856 年）零陵县令胡延槐再度倡修高山寺，嘱住持静修法师在高山寺原旧址重建庙宇。柳宗元寓居时称"法华寺"，南宋"布衣宰相"范纯仁（范仲淹之子）寓居时叫"万寿寺"，之后又改作"报恩寺"，明洪武年间改今名"高山寺"。高山寺掩映于香樟古槐丛中，曾经是湘南佛教中心，自唐代以来，一直香火兴旺，祈祷无虚日，相传其鼎盛时期，有殿堂十八座，僧侣众多时达 200 余人。据《零陵县志》载，大雄宝殿前左右两侧原有钟楼、鼓楼各一座，左钟右鼓，皆二层，高十多米。钟楼上悬大钟一口，重两千余斤，明嘉靖乙巳年（1543 年）铸造。每逢晨暮，击鼓鸣钟，居高临下，声播全城，旧有"山寺晚钟"之称，为永州八景之一。

高山寺原有前后两殿，前殿塑造的佛像高大魁伟，居中为弥勒佛像，后为韦驮佛像，左右塑有"四大金刚"像；后殿为大雄宝殿，中间塑有如

---

[1]　伍国正. 中国佛塔建筑的文化特征 [J]. 湘潭师范学院学报（社会科学版），2005，27（5）：86-87.

来佛祖像，两旁并列十八罗汉像。左侧下为观音阁，上为方丈室；右侧下为众僧居室，上为一佛殿，祀范纯仁。现仅存大雄宝殿，为清咸丰六年重建，坐东朝西，砖木结构。其结构布局和内部陈设都是十分典型的佛教寺院。1985 年整修一次，1988 年对全寺进行了全面维修（图 5-3-4）。2003 年，高山寺被公布为永州市级文物保护单位。

图5-3-4　零陵法华寺（高山寺）大雄宝殿

2. 文庙

零陵文庙又名"县学宫"、"先师庙"、"孔子庙"、"圣庙"等，位于零陵城内东门巷。始于宋嘉定元年（1208 年）创建于黄叶渡（今柳子街口码头）愚溪桥左，历宋、元、明、清，其间四易其地，六次迁移。现存零陵文庙在高山寺左侧，依山势而建。现存庙宇为清乾隆四十年（1775 年）重建，道光二十一年（1841 年）曾二次修缮[1]。

零陵文庙既是祭祀孔子的场所，又是本县的最高学府，旧时每年在此举行岁试和科试。"随着社会发展的需要，到清乾隆以后，（学宫内）教授生员的任务逐步移至书院，府、州、县学形同虚设，学宫仅为祭孔的文庙。"

零陵文庙旧制规模宏伟，是由泮池、棂星门、大成门、大成殿、东西庑、崇圣祠以及明伦堂、乡贤祠、孝子祠、节妇祠等众多祠庙组成的古建筑群。现仅存主体建筑大成殿及东西两庑、月台、五龙丹墀等，建筑面积约 700m^2（图 5-3-5、图 5-3-6）。

---

[1]　零陵地区地方志编纂委员会编. 零陵地区志 [M]. 长沙：湖南人民出版社，2001: 1480-1481.

图5-3-5　零陵文庙大成殿外观

图5-3-6　零陵文庙大成殿左侧前檐与龙凤柱

大成殿坐北朝南，为砖木结构，面阔五间，进深三间，高17.1m；疏朗雄大，重檐歇山顶，翼角高翘，黄色琉璃瓦，金碧辉煌，正脊置宝葫芦。正殿殿身副阶周匝，前檐下有柱6根，其中中间4根为石柱，雕龙刻凤，与曲阜孔庙相仿，全国罕见。中间2根为汉白玉柱，雕刻蟠龙，龙身矫健，对向回舞盘旋；另2根为青石柱，雕刻飞凤。殿中央圆形藻井中一百余幅人物故事、山水画等保持完好。殿前、后阶有石狮、石象各一对，整块石丹墀雕刻大小五条盘旋云龙。木横枋、飞檐，大成殿四周的石围栏和台阶的石脚上，皆雕刻人物及飞禽走兽、花卉，技艺精湛，手法多样，阴刻、浅浮雕、圆雕、高浮雕、镂空雕等，雕琢精致、细腻，栩栩如生，表现了劳动人民的高度智慧，具有很高的历史、科学和艺术价值。1984年零陵文庙得到全面维修。1956年与1983年，两次公布为省级文物保护单位。

湖南省古建筑多应用石材作建筑构件，而零陵文庙采用汉白玉柱，制作或透雕各种精美的动物或花卉图案者，则属少见。

零陵文庙是永州古城唯一保存的"庙学合一"的重要古代建筑。同济大学建筑系梅青女士认为，"庙学合一"形制由北宋的范仲淹创立。范仲淹任知州时在平江府城内五代吴越钱氏南园旧址创立孔庙（1034年），他改革旧制，首创以官学与祭祀孔子的庙堂合为一体的左庙右学新格局，故有"天下有学吴郡始"之说，此制后为各地效仿[1]。如明朝正德二年（1507年）扩建文庙于长沙岳麓书院左侧，系"左庙右学"格局。

3. 武庙

零陵武庙与高山寺并峙于东山之巅险峻处，高山寺右侧，始建于明洪武年间，原系"蜀汉前将军壮缪侯祠"，以祭祀关羽，俗称"关帝庙"。武庙旧有规格较大，整个布局呈四合院式风格。正西与高山寺毗邻处有山门，进山门有游廊，登踏步而上丹墀。明末清初毁于兵火，清顺治元年加建，十三年（1656年）重修，题"关帝庙"。清雍正三年（1725年）加春秋祭，始称武庙。清乾隆十九年、四十七年、五十五年均有修建。清嘉庆二十五年（1820年）重修。现存武庙为清光绪十年（1884年）修建。

现仅存正殿大雄宝殿、殿前抱厦与五龙丹墀云龙等，建筑面积约700m²。正殿坐东朝西，砖木结构，重檐歇山顶，面阔五间，进深三间，红墙青瓦，脊中立宝葫芦，两端安装大吻兽，其余檐角安鱼形吻，檐角高翘，雄伟古朴(图5-3-7)。殿内中央八角形藻井中绘太极八卦图，周边席纹图案，保持完好。殿前设六柱单檐歇山抱厦，抱厦后脊延伸，与大殿重檐连为一体。大殿台基前有石狮两尊。

---

[1] （德）阿尔弗雷德·申茨. 幻方：中国古代的城市[M]. 梅青译. 北京：中国建筑工业出版社，2009：278.

图5-3-7　零陵武庙大雄宝殿及殿前抱厦

图5-3-8　零陵武庙大雄宝殿前檐青龙石柱

正殿殿身副阶周匝，前檐廊宽 3m，檐下有 6 柱，其中中间 4 根为青龙石柱，柱高 4.73m，柱径 0.41m，浮雕雌雄蟠龙，整体造型，神态逼真，蓄势宏伟。石龙从上而下盘旋缠绕，龙头硕大，横跨凌空 0.62m，张嘴含珠，鳞爪飞扬，有腾空欲飞之势，气势逼人，两雌龙怀抱小龙，小龙形态天真活泼，在我国实属罕见，堪称国宝（图 5-3-8）。1993 年 5 月，国家文物委员会、中国文物学会常务理事郑孝燮先生、古建筑专家罗哲文先生来庙考察时称，国内现保存关公庙（祠）有 17 座，就其雄姿与规模而论，永州为最，就其大雄宝殿与抱厦的奇特结构而言，永州独有。殿内东面原有关公塑像，两侧有部将像四尊。殿内木柱上有对联"秉烛岂避嫌，此夜心中思汉；华容非报德，当时眼底无曹"。殿门上方原挂有"与天地参"横匾，系光绪十二年（1886 年）零陵总兵才勇巴图鲁长明敬献。1996 年，零陵武庙经湖南省人民政府公布为省级文物保护单位。

武庙周围古木参天，翠竹环绕。伫立庙外，永州古城尽收眼底，城内建筑鳞次栉比；滔滔潇水从南而北，恰似给古城扎上了一条碧玉带；对河的愚溪、西山清晰在目，令人心旷神怡。

考古专家认为，零陵武庙是长江以南规模最大、影响最广、最有地域特色的武庙。2012 年由湖南省文物考古研究所和永州市文物管理处组成的考古队，再现了零陵武庙宏大的建筑格局。以现存零陵武庙大雄宝殿为中心，在长度超过 300m 的遗址中轴线上，有 9 级台地、5 进 5 开间建筑。"遗址占地面积近 20000m²，考古过程中，发现了 38 处或残缺或完整的建筑遗迹，有主殿、配殿、厢房、庭院、神道等，还有功能齐全的照壁、演练场、仪仗室等建筑遗址，印证了文献所载的零陵武庙曾有的建筑规制。"[1] 湖南省文物考古研究所的吴顺东副所长说，明清两朝零陵武庙规模如此之大是由永州特殊的战略位置决定的。"当时永州地处边陲，岭南边民起义频繁，需要加强永州戒备，以控制边民暴动。考古发掘中，出土了一块武庙残碑，碑刻内容清楚表明，该庙曾是江南具有超越州府地界限制，由湘南衡、邵、永、郴四州同奉祭典的高等级武庙，在呼应联防平叛的军事统筹机制下，产生过惊人影响力。武庙每次维修，四州武官都要组织捐款，举行祭祀，各州武官都会参加。"[2]

4. 柳子庙

柳宗元自唐顺宗永贞元年（805 年）被贬为永州司马后，在永州（零陵）生活了 10 年。初到永州时，柳宗元一家居住在龙兴寺（清为太平寺）的西厢房。唐元和五年，举家搬到河西"愚溪"东南，构亭筑屋，过起田园

［1］ 李国斌.永州将复原零陵武庙 [N].湖南日报，2012-11-13（13）.
［2］ 李国斌.永州将复原零陵武庙 [N].湖南日报，2012-11-13（13）.

生活。后人在"愚溪"旁建庙正是为了纪念他。柳子庙初建年代有碑可考者在北宋至和三年（1056年），当时名柳子厚祠堂，地址在华严岩学宫东侧。至南宋绍兴十四年（1144年）改建于潇水西岸愚溪之北，此后曾多次修葺和更名。现存庙宇为清光绪三年（1877年）所建，始有"柳子庙"之称。

柳子庙坐北朝南，面对愚溪，背负西山，依其自然山势逐层砌筑，前后三栋，局部围墙，院落式布局。庙前为柳子街。由门屋、戏台、前殿、游亭、正殿、财神庙、娘娘庙、连廊、休息亭等组成。占地面积2805㎡，总建筑面积1534m^2。其面宽为44m、进深为64m[1]。

正门入口的门屋与戏台结合，戏台为重檐歇山顶，台身高大，古朴庄严，造型独特（图5-3-9）。戏台与前殿之间为宽大的看坪。戏台地坪低于看坪0.75m，前殿地坪高出看坪2.4m。前殿由前厅和东西两厢组成，均为三开间。前厅由游亭和两耳房组成。前厅的屋面略高出东、西两厢屋面，用封火山墙分隔，突出了主体建筑在构图中的位置。

图5-3-9　柳子庙入口内侧戏台

前殿前厅之北为游亭，游亭的东西两面为耳房。游亭之北为后殿，后殿中部为正殿，正殿的东边为财神庙，西边为娘娘庙。游亭与正殿之间为宽大的院落，中间有一四角攒尖的休息亭，两侧以宽为2.4m的连廊相接。后殿地坪最高，高出看坪4.4m。正殿北用院墙围成后院：东西向长14.1m，与正殿同，深为6m。东、西厢北大门的北面都是空坪，沿空坪中部石级

[1]　黄善言，谢铨，欧阳培民. 湖南永州柳子庙 [J]. 华中建筑，1989（1）：46-47.

而上可分别至后殿的财神庙和娘娘庙。

柳子庙为砖木结构，主体建筑均用封火山墙，形式多样（图5-3-10）。门前柳绿、竹茂，愚溪清流，幽静古雅，风物宜人。内部碑刻、彩绘、匾联、字画等均出自历代名家之手，是文物价值极高的艺术珍品。如：入口正门的上端嵌着一块大青石，刻有"柳子庙"三个大字，环以五龙双狮石雕；门两边石刻有集韩愈荔子碑佳句而成的对联："山水来归黄蕉丹荔；春秋报事福我寿民"，系清咸丰、同治年间知府杨翰书写。北面院墙上镶嵌着四块苏东坡书写的荔子碑，世称三绝（系唐·韩愈作文，宋·苏轼作书，加上柳宗元的名）。两旁竖立着万历二十二年（1594年）王泮的《捕蛇歌》、明正德十三年（1518年）严嵩的《寻愚溪谒柳子庙》、清嘉庆年间（1819年）王日照的《愚溪怀古》等碑刻。庙内《永州八记》版刻画是我国著名的版画艺术家周金钊先生的封笔之作（图5-3-11）。

图5-3-10　形式多样的柳子庙建筑山墙　　　　图5-3-11　柳子庙入口

整座庙宇至今保存完好，古朴典雅，体现了湖南民族民俗风格和湘楚文化特色，具有很高的历史价值、艺术价值和研究价值。

1956年，柳子庙就被湖南省人民政府公布为省级文物保护单位，2001年被国务院公布为全国重点文物保护单位。

5. 碧云庵

碧云庵位于永州古城南门内，今为永州市三中所在地。内有一池，佛家称之为"碧云池"，俗称"东湖"，东湖由碧云池和甘雨池组成。唐刺史李衢曾在此建芙蓉馆。宋·范仲淹次子范纯仁谪居永州三年，常在这里游览。为纪念范纯仁，宋·张栻在碧云池南侧建"思范堂"（又称"报恩院"），又于对侧建"碧云庵"，其后兵燹久废。清康熙甲子年（1744年），总兵广宁卢崇耀重建"碧云庵"；同治甲子年（1864年），郡守杨翰重建"思范堂"，以祀范宣公。碧云池呈"中"字形，架石为桥，中一方磴，磴上有亭，曰："洗甲亭"。池内种荷，夏秋月夜，风摇荷影，游人凭栏欣赏，荷香馥郁，古木掩映，诚城中幽胜之处，雅称"恩院风荷"，为永州八景之一。今思范堂和洗甲亭已毁，碧云庵于 2001 年迁于碧云池南岸（图 5-3-12）。2003 年公布为永州市文物保护单位。

图5-3-12　清代永州八景之一：恩院风荷

6. 绿天庵

零陵绿天庵即"绿天蕉影"，为永州八景之一，位于高山寺大雄宝殿后右侧，相传是唐代著名书法家怀素（737 ～ 799 年）出家修行和练字的地方。

怀素，俗姓钱，字藏真，零陵人，少年时出家，在今零陵湘江西岸老埠头潇湘古镇西南 1km 处的书堂寺为僧。清康熙九年的《永州府志·外志·寺观》记："书堂寺在城北 20 里，唐僧怀素故居。中有怀素遗像，向有碑石，后因愚民残毁道□。"书堂寺坐西朝东，面向湘江，原有三座殿堂，分上中下三进房，周围古树参天，左前方 50m 处有当地居民为纪念怀素于清嘉庆十三年（1808 年）建的文秀塔，青砖结构，底层直径 2m，高约 9m，七级六面，现塔内存有建塔碑刻。相传怀素酷爱书法，因贫无纸，便在寺旁种植一片芭蕉，以蕉叶代纸，每次挥笔数千张，秃笔成冢，洗墨成池。传塔址原为怀素笔冢。1949 年，书堂寺内菩萨塑像被毁，现只余书堂寺墙基及文秀塔（图 5-3-13）。

宋元间，僧人为纪念怀素在零陵城东山之麓怀素故居重建庵庙，庵内

图5-3-13　零陵书堂寺文秀塔
（资料来源：永州市文物管理处提供）

有“怀素塔”。明隆庆五年的《永州府志》载：“怀素零陵僧……居城东二里，今有墨池笔冢在焉。”清康熙九年及以后的《永州府志·永州府属总图》中均在东门外标注有怀素塔。唐人斐说曾有《题怀素台》诗：“永州东部有奇怪，笔冢墨池遗迹在。笔冢低低高如山，墨池浅浅深如海。”宋人陶谷（903 ~ 970 年）的《清异录·草木门》载：“怀素居零陵，庵东郊，治芭蕉，亘带几数万，取叶代纸而书，号其所曰‘绿天’，庵曰‘种纸’”。清康熙九年的《永州府志·外志·寺观》载：“绿天庵在东门外一里许，系唐僧怀素故居，今笔冢、塔顶及墨池尚存”。而清康熙年间永州知府刘道著的《绿天庵记》更为详细[1]。后人因庵外芭蕉成林，绿荫如云，故将此庵称为绿天庵，即现在的“绿天蕉影”。

清光绪二年的《零陵县志·祠祀·寺观》记载：绿天庵在东门外，左行里许，与城垣相倚，唐僧怀素种蕉处。康熙初僧寂辉重建，乾隆间复修葺之。庵中石树环列，绿荫如云，坐卧皆有静趣。咸丰壬子年（1852 年）毁于兵火，同治壬戌年（1862 年）郡守杨翰重建。下正殿一座，上为种蕉亭，左为醉僧楼，右一室为书禅精舍，舍旁储素僧所书诸碑。种蕉数株，墨池笔冢遗迹俱存。

随着岁月流逝，这些历史陈迹，皆已不见。如今仅存怀素书《千字文》石碑一块，碑文字迹如疾风骤雨，飞龙走蛇、刚劲宏伟、潇洒淋漓。1957年，建亭一座，以护碑文，其旁种有芭蕉，用以托景。1992 年，为纪念怀素，弘扬古文化，永州市人民政府在绿天庵一带依山修建了融古建筑和园林风

[1]　（清）刘道著的《绿天庵记》云：“永州出东门北行半里，上小冈，又半里，为绿天庵，即唐僧怀素之故居也。世传怀素幼学书庵中，贫无纸，乃种蕉万余以供挥洒，庵故以是得名，然荒废久矣。岁癸卯（1663 年），江右僧慈月访其遗迹，结茅居焉。洗石种蕉，饶有逸致。庵正向东，小殿三间，制甚朴拙。中供毗卢佛一尊。前檐有匾，八分书‘古绿天庵’四字，乃同寅刘公慰三（刘作霖，康熙六年任永州同知）所题也。前三间为半驾楼，推窗东望，一目数十里。潇水如带，远山叠翠，凭槛四眺，实可怡神……庵门正北向。出门七十余步，稍西，为墨池，相传怀素洗砚处。”见：清康熙九年的《永州府志·艺文志四》。

格于一体的怀素园。该园占地面积为 130 亩，园内修建了醉僧楼、种蕉亭、学书亭、书禅经舍、笔冢、墨池、牌楼及竹长廊、石级踏阶、公园湖、水榭湖心亭及曲桥、怀素像等。全国人大常委会副委员长周谷城、全国政协副主席程思远、赵朴初分别为怀素园题写了匾额。2003 年，绿天庵公布为永州市级文物保护单位。

7. 寓贤祠

零陵寓贤祠即唐"元刺史祠"，位于潇水西岸西山东麓朝阳岩零虚山上，其下即为朝阳岩洞，始建于明代以前，明嘉靖间郡守唐珤更名为寓贤祠。清康熙九年的《永州府志·祀典志》载："寓贤祠在朝阳岩上，祀元结、黄庭坚、苏轼、苏辙、邹浩、范纯仁、范祖禹、张浚、胡铨、蔡元定诸贤，嘉靖壬寅的（1542 年）知府唐珤建。"其《艺文志四》载康熙间人吴朗贞的《游朝阳岩记》云："朝阳岩上有小楼三间，前有小厅，旧祀元次山（元结）先生，庵此……厅高敞（笔者注：敞为棚舍），正面潇江，东俯城郭，烟井万家，云岚鱼鸟，山川人物，色色如画。"清道光八年的《永州府志·秩祀志》载明正德年间永州郡守曹来旬的《元刺史先生祠堂记》云："零陵郡城西南隅，越潇湘之浒，以大明正德八年（1513 年）二月十有五日，新作元刺史先生祠成。祠在朝阳岩之巅，览胜亭之北，枕流面麓，三架五楹，肖先生形貌衣冠，正位于其中，盖以义起之而非苟焉者也……"其按曰：嘉靖间郡守唐珤更名为寓贤祠。

寓贤祠在清咸丰八年（1858 年）及民国 8 年（1919 年）曾得到修复。民国 7 年谭延闿督军至此，修复了寓贤祠，并将朝阳洞与阴潜涧凿通。清咸丰、同治年间，知府杨翰于洞上建"篆石亭"一座。

1957 年湖南省文化部门拨款，由零陵县文化科主持修缮了篆石亭等建筑，增设楼梯走栏等。1981 年又由省文化厅拨款委托永州市文化局主持修葺了寓贤祠、篆石亭、览胜亭等建筑设施，并开辟为公园 [1]。今日的寓贤祠为三开间二进，坐西朝东，面向潇水，与吴朗贞的记述相同（图 5-3-14）。1957 年和 1983 年，朝阳岩石刻及其建筑两度被列为湖南省级文物保护单位。2013 年国务院公布朝阳岩石刻为全国重点文物保护单位。

8. 潇湘庙

现存零陵潇湘庙位于湘江东岸老埠头古镇（五代时称潇湘镇）的浅山上，坐东朝西，距永州古城约 5km。现存建筑与永州八景之一的"萍洲春涨"隔河相望，为清代修建，由踏步墁道、门楼、祭殿、正殿组成，建筑面积近 700 ㎡。山墙带塄头雕塑，梁枋木雕刻精美，具有较浓厚的永州地方神庙建筑的布局特色和装饰艺术风格（图 5-3-15）。内有 23 方碑刻，正殿地

197

[1] 汤军. 永州朝阳岩沿革述略 [J]. 湖南科技学院学报，2010（2）：19-23.

（a）

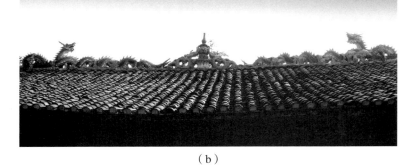

（b）

图5-3-14 零陵寓贤祠
（a）外观；（b）脊饰

图5-3-15 零陵老埠头潇湘庙后殿梁架结构
（资料来源：永州市文物管理处提供）

面有 33 cm 的石台，上施彩绘，供二妃神像。现门楼、踏步墁道和神像均已毁坏。

潇湘庙原在湘江西岸，明嘉靖年间的《湖广通志》和清康熙九年的《永州府志》均有记载。清康熙九年的《永州府志·祀典志》载："潇湘庙旧在潇湘西岸，唐贞元九年（793 年）三月，水至城下，官民祷而有应。至于漕运艰阻，旱干水溢，民辄叩焉。后徙于东岸。至癸巳（元至正十三年），庙遭兵灾，遂移至潇湘门内。洪武壬戌年（1382 年）知县曹恭增置殿宇，四年奉敕为潇湘二川之神。"城内潇湘庙是李茵的《永州旧事》中记述的"永州八庙"之一。清道光八年的《永州府志·秩祀志》增补康熙九年城外潇湘庙志曰："潇湘庙旧在潇湘西岸……国朝因之，春秋官祭其庙，士民相继修葺，规模壮丽。嘉庆壬申年（1812 年）重修。"从这里可以看出，明清时期永州城内外均有潇湘庙。

考察现存老埠头潇湘庙内碑刻，潇湘庙在清代曾有多次修建。据道光十一年（1831 年）的《重建二圣像龛碑》载："潇湘圣庙迁上五十余年，创修兼备"，可知潇湘庙在 1781 年前移至今址；另据乾隆四十年的《建立潇湘庙碑》综合考证，现存潇湘庙应建立在乾隆四十年（1775 年）。嘉庆十三年（1808 年）重建神像卷棚，道光十一年（1831 年）重建娥皇、女英圣像龛，同治四年（1865 年），潇湘庙得到维修[1]。

城内潇湘庙除每年春秋二季祭祀潇湘二川之神外，每至重要节日还举办诸如唱戏、杂耍、孟兰节等各种民俗活动。官员离任和新官上任也在这里迎来送往，官绅们在这里放爆鸣金奏乐，热闹非凡。据李茵的《永州旧事》记述："潇湘庙就在潇湘门街上。春节过后总要唱个把月的大戏（汉戏）了……每年除了唱戏，还搞孟兰节（农历七月十五日祭鬼鬼）。天旱时还搞什么目连戏，反正很多名堂。"[2]

潇湘庙亦称潇湘二妃庙，或称潇湘神庙、潇湘圣庙，是祭祀舜帝二妃娥皇、女英的古老庙宇，更是怀念舜帝、弘扬舜德、传颂二妃的重要文化载体。2003 年公布为永州市文物保护单位。

永州城古代祭祀建筑较多，但绝大部分都已经毁废，现存建筑除了上述以外，还有诸于南郊的诸葛庙、黄漆庙，河西的福寿亭等。限于篇幅，这里不再详述。

三、永州地区其他古城现存主要祭祀建筑简介

历史上，永州境内比较著名的道观有鲁女观、九灵观、九疑观、无为观、

---

[1] 湖南省文物局. 关于推荐老埠头古建筑群为第七批全国重点文物保护单位的报告 [R]，2010.

[2] 李茵. 永州旧事 [M]. 北京：东方出版社，2005: 17.

黄庭观、羊仙观、何仙观、会真观、紫霞观等。比较著名的寺庵有高山寺、万寿寺、塔下寺、甘泉寺、豸山寺、九莲庵等。到了近代，特别是到了民国时期，由于战乱的影响，佛道二教的寺观庵庙数量大减。如今，永州境内保存的古代祭祀建筑更是不多。这里主要简介永州境内其他城市现存古代祭祀建筑景观，以期形成古代永州地区祭祀建筑景观的整体印象和突出地区城市建筑景观特色。

1. 宁远文庙

宁远文庙又名学宫，位于宁远县城关古城区西南郭，始建于北宋乾德三年（965年），经过宋、元、明、清四个朝代十余次修缮、修复。清嘉庆十二年（1807年）重修一次。现存建筑为清同治十二年（1873年）至光绪八年（1882年）重建。1959～1988年曾6次维修，1996年，国务院公布为第四批全国重点文物保护单位。

宁远文庙是中南六省区中历史最悠久、规模最大、保存最完整、建筑最精美的文庙，是国内四大文庙之一。建筑坐北朝南，主要建筑沿南北轴线布局，主次分明，造型精美，规模宏大，南北长170m，东西宽60m，建筑占地面积达10282m²。外环以方形红色墙垣，中轴线上自南而北依次为照壁、泮池、棂星门、大成门、大成殿、启圣祠（崇圣祠）（图5-3-16、图5-3-17）；两侧为登圣坊、步贤坊、腾蛟门、起凤门、乡贤祠和名宦祠，以及东西庑、明伦堂、尊经阁等。

图5-3-16　宁远文庙中的泮池、棂星门、大成门

宁远文庙的精华之处在于石雕。庙内石雕数量众多，精妙绝伦，石坊、石檐柱、月台、丹墀浮雕等，形象生动，栩栩如生。尤其是装饰在大成门、大成殿前后的20根整体通高4.6～5m的高浮雕镂空龙凤石柱群（大

图5-3-17　宁远文庙大成殿外观

成门内外 2 对，大成殿前 4 对，殿后 3 对，启圣祠 1 对），直径 0.4 ～ 0.6m，造型生动、工艺精湛，具有浓郁的地方民族风格，与月台、五龙丹墀，棂星门石雕相互辉映，是我国现存古代建筑石雕艺术中的精品，全国罕见，被文物专家、学者誉为"国之瑰宝"（图 5-3-18）。大成殿高 19m，殿外左右两侧，共有 5 对巨型八棱石柱，月台四周有石雕 20 方。全庙共有八棱石柱 8 对，大石狮 3 对。

　　大成殿正中设雕龙画凤贴金之高大牌位："大成至圣先师孔子之神位"，两旁为先贤先儒神位。殿中主梁上悬有清嘉庆帝御

图5-3-18　宁远文庙大成殿前檐龙凤石柱

笔"圣集大成"及光绪帝御笔"斯文在兹"巨型牌匾。除石雕外，宁远文庙的木雕、泥塑、壁画在建筑物上也比比皆是，十分精美，具有浓郁的地方特色。

2. 新田文庙

新田文庙位于新田县龙泉镇立新街东侧，始建于明崇祯十二年（1639年）。现存建筑系清光绪二十年（1894年）重修，依山势而建。整体建筑坐东朝西，外环以椭圆形红色墙垣，占地面积2407m²。

新田文庙与宁远文庙格局大致相似，中轴线上由西向东依次为泮池、棂星门、大成门、大成殿和崇圣祠。整体建筑以石雕、木刻享誉省内外。

棂星门全部采用青条石构筑而成，高3.7m，宽7.6m，设中门和左右便门，门上方均用汉白玉石分别阴刻"棂星门"、"太和"、"元气"、"金声"、"玉振"。上下石梁浮雕麒麟狮象、双凤朝阳、双龙戏珠、八仙过海等图案，人物形象栩栩如生，工艺十分精湛（图5-3-19）。大成门主体三山式封火山墙高出两侧厢房1.5m左右，砖木结构，高10.5m，宽26m，进深10m，设门三道，正中上方木雕鎏金麒麟一对，形象逼真。大成殿砖木结构，重檐歇山顶，高16m，面宽18.7m，内外共20柱，屋脊置陶制双龙，脊中设彩陶葫芦宝瓶，盖黄色琉璃瓦。殿前斜坡石雕五龙戏珠丹墀图，一眼望去，五龙张牙舞爪，似在翻滚，时隐时现，仿佛水花在溅，涛声在响。丹墀两边平台，原有汉白玉镂雕动物凭栏，现已毁。大殿前檐照坊上，雕刻各种飞禽走兽，或坐或站，或升或降，或飞或奔，逼真传神。

图5-3-19　新田文庙泮池、棂星门、大成门

崇圣祠门口亦有浮雕石龙丹墀图，内部保存清乾隆二十年刻的《御制平定准噶尔告成太学碑》石刻一方。这是清王朝为巩固其统治地位精心制作的中央政府文件，详细记载了平定准噶尔叛乱的经过，既歌颂了帝王将相的文

治武功，又可以恫吓各地民族俯首顺从其统治，现全国存留至今的不多。

　　新田文庙结构严谨，造型精美，古朴庄重，整体结构完整且保存完好。2003 年，省政府拨专款维修，基本保存着原建筑物的风貌。庙内有反映明末永州八县城郭风俗的雕刻图版，现保存完好的是《道州古城图》和《永州古城图》，其城墙、街巷、楼台、民居、寺观、山水、舟船、人物等，刻画精妙，犹若一幅幅生动的历史、风俗画卷，是研究明朝永州地区建筑形制和风格的参考实物（图 5-3-20、图 5-3-21）。现均收藏于新田县文化馆。

图5-3-20　明末《道州古城图》木雕
（资料来源：永州市文物管理处提供）

图5-3-21　明末《永州古城图》木雕
（资料来源：永州市文物管理处提供）

在湘南一带，除宁远文庙之外，唯有新田文庙保存完整，是全省可供旅游的 8 处文庙之一。2002 年公布为省级文物保护单位。

3. 蓝山县塔下寺·传芳塔

蓝山县塔下寺位于城东 1.5km 塔峰镇舜水河西畔的回龙山上，占地 20 余亩，是湖南省内塔寺并存的孤例（图 5-3-22）。塔下寺旧称回龙山寺，因传芳塔建于寺中，寺处塔下，故习称之为塔下寺。始建年代不详。据民国的《蓝山县图志》载："塔下寺传为唐代古刹。明万历以前称净住寺。寺宇坐北朝南，中轴线上依次为山门、大雄宝殿、传芳塔；东侧有观音阁、观澜亭、厢房；西侧有小山门、禅堂、戒堂等。"兴盛时塔下寺中有传芳塔、大雄宝殿、

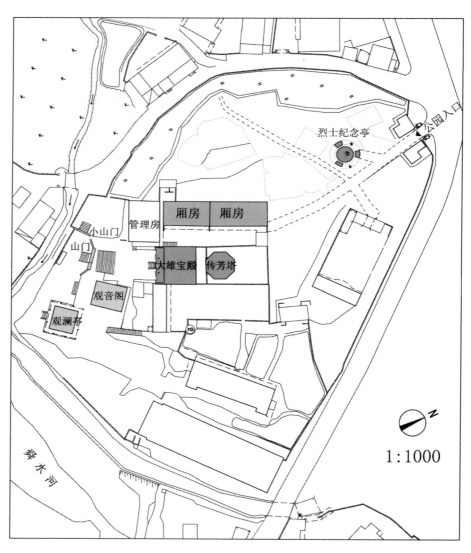

图5-3-22　蓝山县塔下寺平面图
（资料来源：永州市文物管理处提供）

山门、大士阁、文昌阁、观音阁、霞爽阁、观澜亭、水心亭、飞云亭、梦得祠（祀刘禹锡）、清音堂、祈嗣堂（注生堂）、经堂、戒堂、禅堂、斋堂等名胜。旧时为县境十三寺中香火最旺的寺庙，是永州三大佛教圣地之一。该寺原有记述塔寺的碑刻数十坊，现只有镶嵌在墙中的 13 块幸存。

图5-3-23　由舜水河南岸看蓝山县塔下寺
（资料来源：永州市文物管理处提供）

塔下寺是湘南地区环境和风景保存较好的一处游览胜地。现存山门、观澜亭（1990 年修复）、观音阁（1996 年修复）、大雄宝殿（1991 年修复）、西厢房（2007 年修复）、传芳塔等建筑（图 5-3-23）。

现存建筑传芳塔最早建于明嘉靖四十二年（1563 年），落成于万历八年（1580 年）。清顺治十六年（1659 年）、康熙六十年（1721 年）、民国 33 年（1944 年）对塔下寺均有修葺。

现存山门为砖构八字牌坊式建筑，中间开拱门一道。正面上书"三蓝一景"，联为"城树村烟开画苑，云山水月护禅关"；背面上书："境胜祇园"，联为"举足登阶，便抵乘灵飞锡杖；回头是岸，未妨送客过溪桥"，写出了塔下寺的历史渊源与深厚的文化底蕴。

观澜亭位于山门左侧，四角攒尖重檐回廊式，砖木结构，四周十二根檐柱，连成二楼回廊。亭为大通间，共三层，南置大门，北设后门，长 10.7m、宽 10.6m、高 13.2m，上为藏经阁，中为魁星楼，奉奎宿，下即观澜亭。南面大门上方置"观澜亭"石刻匾额，在石门框上阳刻联曰："层出云亭光翼轸，环吞舜水化鱼龙"。亭后原有唐代著名诗人刘禹锡神位，后被毁。

观音阁位于山门与观澜亭之间，重檐歇山式，砖木结构，抬梁式梁架。面阔 8.3m，进深 10.4m，通高 9.7m。内置四柱，隔为三通间，当心间原供千手观音佛像，门前联为："度一切苦，现千手身"。二层为阁楼式屋顶，四面木质花窗。

大雄宝殿为单檐硬山式砖木结构建筑，小青瓦屋面，左右为封火砖墙。大雄宝殿内置四柱，抬梁式梁架，前檐二柱，青石柱础均雕刻龙凤。门首悬"大雄宝殿"匾额。面阔 12.9m，进深 13.1m，通高 9.2m。三开间，当心间内原供设如来佛像，左右阁塑十八罗汉，二十四诸天神。当心间上设木质藻井，藻井八面均有彩绘，左右间及前檐为木质顶棚。

传芳塔在大雄宝殿后面，始建于唐，现存建筑为明嘉靖四十二年至万

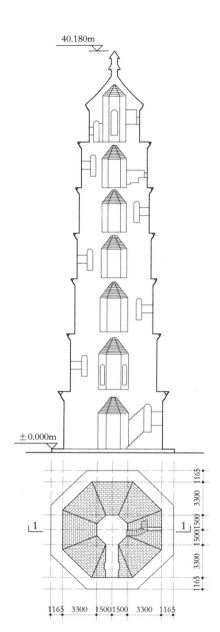

图5-3-24　蓝山县传芳塔平面与剖
面图

（资料来源：永州市文物管理处提供）

历八年重建，塔门朝南，门楣上书"峭塔凌云"四字，冠名传芳塔，取"善行、美德，传之知古，永世流芳"之意[1]。塔系楼阁式砖石结构建筑，七级八面，从下至上逐级内收，高度也逐渐降低（图5-3-24）。塔底周长28m，通高40.18m，塔基为天然岩石，塔身为青砖砌就。每层塔檐用青砖平铺叠涩出挑，第一层出檐最多，各层出檐形式不尽相同，愈往上划分愈细，线条愈多。第五、六层级之檐角嵌砺石并凿孔系铃，现已遗失。塔下墙壁嵌有明万历间的《塔下寺买田碑记》《重建东塔碑记》《新建东塔碑记》等碑刻4块。塔壁有186级宽55㎝的内旋式砖阶梯直通塔顶层。在每层阶梯平台处有对外券门，阶梯中部有圭形或拱形窗户，塔身其他部位无门窗，所以门窗在各层错开，上下不在一条线上。每层塔心室均为八角平底和八角叠涩穹隆顶，墙上绘有"白蛇传"、"西游记"等传说故事。塔内每层都塑有神像，一层为寿佛，二层为玉皇，三层为真武，四层为星主，五层为龙殊，六层为文殊，七层为观音，四壁所绘明清彩画，保持较好。现因地基下沉，塔身朝东北方向倾斜，2003年监测测量数据显示，塔顶偏离塔基中心点1.43m，依然稳固屹立。

塔下寺依山傍水而建，四周香樟古槐，苍松翠柏环绕，清清舜水绕寺而过，环境清幽有如仙境。前人曾题联赞曰："西域无双境，南平第一山"。登临游憩，宝塔高耸，寺庙错落，寺前钟水奔腾，寺后古木参天，遥望西南群山，一片深蓝，城郭村庄，炊烟缕缕，别具秀丽风光。传芳塔曾为

[1]　张泽槐. 古今永州 [M]. 长沙：湖南人民出版社，2003：59.

蓝山八景之一："峭塔凌云"。1979 年曾维修并公布为县级文物保护单位。1990 年至 1995 年又修复了大雄宝殿、观音阁和观浪亭。1996 年塔下寺中诸建筑被公布为省级文物保护单位。

4. 江华县豸山寺·凌云塔

豸山位于江华瑶族自治县沱江镇东面，兀立于沱水与冯水交汇聚成的潇水西畔。峭壁摹空，悬崖俯流。与潇水东岸的白象山遥望，其形如豸，故名。山下有"浪石亭"，建于渡口，浪击有声，可望潇水波涛千层浪，远山青翠炊烟飘，景色宜人。

豸山寺位于豸山山腰，俗称麻拐岩，始建于明代万历四年（1576 年），重建于清乾隆三十一年（1766 年），咸丰年间毁于战火，宣统三年（1911 年）重建。寺中间为山门，山门东西两侧为厢房，硬山式建筑，高二层。进山门拾级而上为文昌阁，歇山重檐。由文昌阁而上为观音阁，歇山三檐建筑，高三层，木柱木楼，底层供观音塑像，东有吕祖阁；临沱江新建有望江楼，歇山三檐式楼阁建筑，木柱木楼，高三层。寺前潇水岸边有建于民国年间的代表俗文化的六角凉亭——送君亭。

寺内有明人滕元庆的诗石刻："嵬然岩壁立，一窍向中开；预洞破天巧，萧良出世才。闲云拳野鹤，曲径秉苍苔；夜静无关锁，千峰伴月来"[1]。1985 年成为江华瑶族自治县重点文物保护单位，1988 年，江华瑶族自治县人民政府拨款进行了全面维修（图 5-3-25）。

图5-3-25　江华县豸山寺与凌云塔

[1]　零陵地区地方志编纂委员会编 . 零陵地区志 [M]. 长沙：湖南人民出版社，2001：1485.

凌云塔在豸山山巅，始建于清同治八年（1869 年），落成于光绪四年（1878 年），系石基砖身楼阁式，高 23m。外观七级八面，逐层内收较大；三、五层为平坐形式，较矮，檐下仿斗栱悬臂出挑一层；一、二、四、六层为腰檐形式，檐下仿斗栱悬臂出挑两层。平坐与腰檐处栏板在转角处向上做成弧线。内为五层，不能攀缘，每层中空成穹隆顶曲线流畅，顶为直径 2 尺的圆孔上下相通。每层有券门四座（平坐层无），相对而开，上下不在同一直线上。顶置铁刹直插云霄，故名"凌云塔"。第一层南面嵌《凌云塔记》。

江华于唐朝武德四年（621 年）建县时，县城在今天的沱江镇老县村。从唐朝到明朝的 800 多年间，江华学子赴京赶考，金榜挂名中进士者 56 人。明天顺六年（1462 年），县城迁往沱江，其后 300 年间竟然无一进士及第。里巷传说：这是因为县城东南面豸山下有沱水、冯河汇流潇水，以致"人才随水流失"之故。清同治八年，当地邑绅唐为煌等人合议倡修宝塔于豸山之巅"以镇文运"。于是捐资修塔，筑石为基。但"惜功之未竟"，建了 10 年只修了一个塔基。光绪四年，在外征战的江华籍抗法名将、"中兴将帅"王德榜听说了家乡这事，慷慨解囊，当年即告竣工，塔名凌云。《凌云塔记》碑文中厚望此塔建成，能镇住一方文运不随江水流去，使江华振兴，人才辈出，所以凌云塔又叫"文塔"。

豸山寺的建筑格局集中体现了文化的交流、兼容、适应与创造等多方面的特点。豸山寺建于豸山山体岩隙中，是本地区寺庙建筑的一大特色，可谓是"山中有佛，佛在心中"，正如山门石刻对联所言："一县名区推为仙境；两河活水洗尽俗缘"。同时，儒教的文昌阁、道教的吕祖阁、佛教的观音阁，三阁建筑同处一寺也是儒、道、佛三教合一文化的典型代表。而寺门外渡口边六角凉亭"送君亭"代表了地方民俗文化。

凌云塔集中西建筑手法于一体。塔的外形为中国传统建筑形式，出檐、塔刹为中国建筑特点；平坐与腰檐处栏板在转角处的弧线，属西方近代建筑手法；塔心室每层都是中空为穹隆状，属伊斯兰建筑风格，可谓是中西合璧。塔体白色，在塔身转角处及斗栱处用赭红色做出线框，对比强烈。1985、1994 年凌云塔得到修缮，1996 年，公布为省级文物保护单位。

清末以前永州地区其他城市现存古代祭祀建筑还有如：永州冷水滩区的文昌阁（1532 年始建），道县的濂溪书院（濂溪祠，1159 年始建，现仅存仰濂楼），宁远县九嶷山的永福寺（479 年），江华县的总管庙（1585 年）和大岗庙（清代），等等。

四、永州地区古城祭祀建筑景观的地域特征

永州境内现存比较著名的古代城市祭祀建筑虽然不是很多，但古代永

州祭祀文化兴盛，不仅城市有祭祀建筑，山野乡村也有很多，如"始建于宋，重修于明"的双牌县阳明山万寿寺，始建于南齐时的宁远九嶷山永福寺（479年）；始建于宋代，重修于明万历四十八年（1620年）的江永县上甘棠村的文昌阁等。笔者在上文略述了几个城市的代表性祭祀建筑，实是挂一漏万。通过分析，笔者认为古代永州地区祭祀建筑，尤其是城市祭祀建筑较多，祭礼文化特点明显，有其历时性与地域性特点，体现了永州地区祭祀建筑景观历史发展的过程及演变特点，体现了建筑文化审美的地域自然适应性、人文适应性和社会适应性特征。

（一）朝向的地域性

我国位于北半球，绝大部分处在北温带。受地理位置的影响，中原地区的传统建筑群布局基本上都是依地形地势坐北朝南，沿中轴线对称布局。文庙、佛道的寺观祠庙等祭祀建筑亦是如此。杨大禹先生研究指出："如果从汉传佛寺布置的方位朝向来看，传统的格局基本上是沿中轴线坐北朝南，或在此基础上结合实际地形略有偏差。"[1] 而永州地区由于境内地形地貌复杂多样，在其中亚热带大陆性季风湿润气候与"七山半水分半田，一分道路和庄园"格局的影响下，古代的祭祀建筑朝向不拘泥于中原传统旧制，多依地形地貌特点，选址、朝向与布局灵活，表现出多样的朝向和空间形式。这可从上述现存主要祭祀建筑得到例证。

如前文所述的零陵高山寺、武庙、寓贤祠、绿天庵、潇湘庙、新田文庙等，其建筑朝向都不是坐北朝南，而是结合地形地势，灵活布局，各种朝向都有。其中，高山寺始建于唐代贞观年间，清道光八年改建寺庙于东山之北，后被天火所焚；咸丰六年（1856年）零陵县令胡延槐再度倡修，在高山寺原旧址重建庙宇。武庙始建于明洪武年间，清顺治十三年（1656年）重修。高山寺和武庙并峙于东山之巅险峻处，均坐东朝西，面向潇水。唐代以后迁于湘江东岸的现存零陵潇湘庙，亦坐东朝西，面朝湘江。再如新田文庙，整体建筑呈椭圆形，也是坐东朝西，依山势而建。

又如双牌县阳明山万寿寺（原名阳明山寺），也是依地形坐东朝西。阳明山寺始建于东汉末年，重修于宋朝。明嘉靖皇帝改寺名为万寿寺，赐"名山千古仰，活佛万家朝"对联。阳明山原有寺庵27处，是湘南重要的佛教圣地。

寓贤祠和绿天庵均为坐西朝东朝向。寓贤祠始建年代不详，清康熙九年的《永州府志·艺文志四》载康熙间人吴朗贞《游朝阳岩记》云：寓贤祠为小楼三间，前有小厅，厅高敞，正面潇江，东俯城郭，即坐西朝东。清康熙二年（1663年）重修的零陵绿天庵，庵门还是正北向，主体建筑也

[1] 杨大禹. 云南佛教寺院建筑研究 [M]. 南京：东南大学出版社，2011：207.

为坐西朝东。清康熙九年的《永州府志·艺文志四》载康熙年间永州知府刘道著的《绿天庵记》云："岁癸卯（1663 年），江右僧慈月访其遗迹，结茅居焉……庵正向东，小殿三间，制甚朴拙……庵门正北向。"现代"绿天蕉影"中的醉僧楼也为坐西朝东朝向。又如清康熙九年的《永州府志》中记载的位于零陵湘江西岸老埠头潇湘古镇西南 1km 处的书堂寺，也是依地形地势坐西朝东布置，原有三座殿堂，分上中下三进房，寺前为青石铺成的湘桂驿路，俗称广西大路。1949 年，书堂寺内菩萨塑像被毁，现只余书堂寺墙基和其左前方 50m 处的文秀塔。

古代永州地区古城祭祀建筑景观朝向的地域性特征，同样体现在其乡村传统聚落景观的选址与布局方面，如坐东朝西向布局的江永县夏层铺镇上甘棠村（始建于 827 年）、宁远县水桥镇平田村（始建于 1168 年）；坐西朝东向布局的宁远县湾井镇路亭村（始建于南宋）、新田县三井乡谈文溪村（始建于明洪武初年）；坐南朝北向布局的零陵区千岩头村周家大院（始建于明代景泰年间）、新田县黑砠岭村龙家大院（始建于宋神宗元丰年间）等。建筑总体布局与建造技术，较好地结合了地区的地形环境、气候特点与人文特点。吴庆洲先生认为："中国古代的城与乡在人的流动、营建理念和技术上存在着紧密的联系，区域框架之内的聚落史是城市史研究的另一方面。"[1] 实际上，区域范围内的传统聚落的布局与设计特点，正是传统城乡建筑设计地域性特色的体现所在。

（二）文化的兼容性与创造性

"儒、道、佛三教是中国传统文化的三大思想体系。"儒教或称孔教、名教、礼教或先王之教。自汉武帝采纳董仲舒"罢黜百家，独尊儒术"的建议后，儒学正式列为官学，成为中国文化的主流。司马迁在其《史记·游侠列传》中首次使用"儒教"一词："鲁人皆以儒教，而朱家用侠闻"。汉代以后各地纷纷建立孔庙以祀孔子。道教由张道陵于东汉顺帝汉安元年（142 年）创立，奉老子为教主，是中国土生土长的宗教，信仰诸多神明。为了争取生存，道教在发展过程中吸取了儒家"三纲五常"和"经世治国"等学说、理论，以及佛教经验，取得帝王贵族的信任和群众信奉，南北朝以后成为官方宗教。佛教于东汉永和十年（67 年）传入中国，其时，以儒学为核心构架的中国文化的基本格局已基本形成[2]。佛教作为外来文化，与儒家思想有颇多抵触。为了在中国立足，佛教吸收儒、道思想，逐渐与儒、道思想交汇融合。北宋时期，道州人周敦颐将儒、道、佛三教合流，开创了宋明理学的先河。两宋时期发展的"新儒学"，既是对佛、道思想的批

---

[1]　吴庆洲. 总序 [M]. 吴庆洲. 中国城市营建史研究书系. 北京：中国建筑工业出版社，2010.
[2]　吴庆洲. 建筑哲理、意匠与文化 [M]. 北京：中国建筑工业出版社，2005：77.

判吸收，更是对传统儒学内涵深层次的改造，使儒学产生了革命性的变化。经过长期的对立、斗争和相互吸收，到南宋孝宗赵昚时期，三教真正合流，赵昚明确提出了"以佛修心，以道养生，以儒治世"的口号，并著有《原道论》一书。中国传统建筑是中国传统文化的主要附着物，作为中国传统文化母体的一个重要组成部分的中国传统建筑文化，与母文化同构对应，与母文化之间表现为相似性和适应性。

这里需要说明的是，儒学并非宗教。人们对于"儒教"的称谓和信奉，主要是因为：一是受《史记·游侠列传》中"儒教"一词的影响；二是因为儒学在其发展过程中，受到统治阶级的推崇，以及民间社会的大规模传播和倡导，儒学转向经学依靠了宗教的力量，逐渐神秘化；三是因为儒学在其发展进程中，受到其他宗教的影响和内涵的深层次改造，如"新儒学"的出现，具备了其他宗教的一些基本属性。本文将儒教与道教、佛教并称，原因也在于此。

"永州当五岭百粤之交，盖边郡也"。历史上，这里远离京城，传统建筑文化除了与中原建筑文化特点相似之外，还有其明显的地域特色，表现为多种文化的兼会融合。从现存的地区祭祀建筑可以得到多方面的例证。

1. 空间布局

在空间布局上，永州地区传统祭祀建筑都采用了中国传统的轴线式院落空间，均衡对称布局，祭祀主殿位于轴线后半部，与中原地区祭祀建筑空间形态相似。如永州地区现存的三大文庙与全国其他地区的文庙相仿，中轴线上依次建有泮池、棂星门、大成门、大成殿、崇圣祠及左右厢房等建筑。但佛教寺院的空间结构层次与中原地区汉传佛教寺院明显不同。中原地区汉传佛教寺院的空间结构层次一般在中轴线上必有山门、天王殿、大雄宝殿和法堂四座建筑，藏经阁位于法堂之后，钟楼和鼓楼位于天王殿前左右两侧；天王殿内居中供弥勒佛，后立韦驮佛；大雄宝殿为主殿，内供奉释迦牟尼主神或其他诸佛，其左右分别设伽蓝殿和祖师殿。而从现存永州地区的佛教寺院看，其空间结构层次明显不同于中原地区的一般寺院。如：

零陵东山之巅险峻处的零陵高山寺，坐东朝西，始建于唐代贞观年间。高山寺原有前后两殿，前殿为天王殿，后殿为供奉如来佛祖的大雄宝殿，而钟楼、鼓楼位于大雄宝殿前左右两侧，与一般的汉传佛教寺院的空间结构层次明显不同。由于地势高差较大，前殿左侧下为观音阁，上为方丈室；前殿右侧下为众僧居室，上为一佛殿，祀北宋时"布衣宰相"范纯仁。范纯仁祠设于寺内，体现了不同宗教文化的交汇融合。

零陵柳子庙，本为纪念柳宗元。现存庙宇为清光绪三年（1877年）所建，坐北朝南，依自然山势前后三栋，轴线上依次为门屋（与戏台结合）、前殿、正殿，而在正殿的东西两侧又分别有财神庙和娘娘庙。同样体现不同宗教

211

文化的交汇融合。

正如前面所述，江华县豸山寺和凌云塔集中体现了佛、道、儒、俗等各类文化在江华这片土地的碰撞、融汇。古代豸山寺建筑群依次是佛教的观音阁、道教的吕祖阁、儒教的文昌阁，连为一体，集中体现了佛、道、儒三教合一的建筑格局。凌云塔集中西建筑手法于一体，可谓是中西合璧。

蓝山县塔下寺，寺宇依地形坐北朝南，中轴线上依次为山门、大雄宝殿、传芳塔；东侧有观音阁、观澜亭、厢房；西侧有小山门、禅堂、戒堂等。塔下寺的空间形态与结构层次完全不同于中原地区唐代以后的一般寺院。

中国佛教寺院平面格局的演变，主要体现在塔在寺院中位置的变化。中国早期寺院布局仿印度及西域式样，即以佛塔为中心之方形庭院平面。最早见于我国史籍的佛教建筑为东汉明帝时建于洛阳的白马寺，是以塔为中心的方形院落（见《魏书·释老志》）。佛教在两晋、南北朝时曾得到很大发展，此时期佛教寺院多采用中轴对称的"前塔后殿"的布局形式，如由皇室兴建的极负盛名的北魏洛阳永宁寺（据《洛阳伽蓝记》和考古发掘）。吴庆洲在《建筑哲理、意匠与文化》一书中指出："到唐代，有许多寺院无塔，或建塔于寺前，或寺后，或寺侧，或另辟别院。"[1] 到宋代，以殿阁为主的寺庙形制基本定型。明清时期，形成标准的寺庙形制。

张驭寰先生在《中国古建筑百问》一书中指出："唐代砖塔的特点是平面方形，一般都建 13 层，约合 40 多米。它的构造用砖壁木楼板空心结构方法，构成楼阁形式。外檐用叠涩出檐式，斗栱很少，塔身素面不做装饰纹样……宋塔的特征，平面以八角形为最多，其中也有一些塔平面为方形……宋塔的式样亦做楼阁式，在塔身部分施平坐、栏杆，式样变化多，塔身有门窗，施有单抄斗栱。宋代砖塔的总体规模没有唐代砖塔宏伟壮观……明代砖塔的平面为八角形，高度以 13 层为最多，高度一般都是 40 多米。它的结构特征是砖壁、楼梯、楼板三项结合起来，成为一组整体，因而省去了木制楼板。楼层十分坚固、耐久，塔下部建有很大的基座，塔身及檐部完全模仿木结构式样，檐部斗栱趋于繁琐，喜欢用垂莲柱等装饰。关于塔（在寺院中）的位置问题。塔是佛教建筑的一种，凡是有塔的地方，原来必然有寺院。有的因年代久远，寺院房屋塌毁，只留有一座孤塔。判断一座寺院年代的一般规律是：唐代寺院都将塔建在大殿之前，取"前塔后殿"的布局，或者是取"塔殿并列"的布局；宋代建寺则将塔建在大殿后面，塔成为次要建筑了。据此可以区别唐宋寺院。"[2]

上面关于唐代塔与寺院的关系问题，吴先生与张先生两人的表述不同，

[1] 吴庆洲. 建筑哲理、意匠与文化 [M]. 北京：中国建筑工业出版社，2005：79.
[2] 张驭寰. 中国古建筑百问 [M]. 北京：中国档案出版社，2000：50-54.

本文不作评述。但有一点可以肯定：宋代以后，汉传佛教寺院以殿阁为主体建筑，其空间结构层次变得复杂。本文论述塔下寺的空间结构层次的文化兼容性特色在于：首先，山门之后即为大雄宝殿，三开间，居中供奉如来佛祖像，左右阁塑十八罗汉，二十四诸天神；寺内无天王殿；大雄宝殿前面左侧即为观音阁；大雄宝殿之后地势最高处为传芳塔。其次，兴盛时寺内还有大士阁、文昌阁、观音阁、清音堂、祈嗣堂（注生堂）、梦德祠（祀刘禹锡）等建筑，文昌阁本为儒教建筑，不同祠阁设于寺内，明显体现了不同宗教文化的碰撞与融合特点。再次，山门虽然为三开间，但只于中间开一道拱门，也与佛教"三解脱门"的三门形制不同。

又如，始建于明洪武年间的零陵武庙，现仅存正殿大雄宝殿。现代考古发现在其前另有主殿、配殿、厢房、庭院、神道等[1]。大雄宝殿位于东山之巅险峻处，从现在的地形看，其后没有法堂和藏经阁，也不可能建设。因为存在地形断坎，大雄宝殿前面及左右两侧也不可能有伽蓝殿和祖师殿。而且大雄宝殿前设抱厦，与全国其他地区佛寺中的大雄宝殿形制也是不同的。笔者分析其建筑形制，可能与大雄宝殿位于东山之巅，面西，为了避免西晒有关；同时也可能因为地形存在断坎，山顶用地局促，不便设置回廊，故在大雄宝殿前设置较长的抱厦，以解决前后两殿的交通联系问题。

213

2. 雕饰艺术

永州地区传统祭祀建筑"三教合一"的文化兼容性特色还突出表现在建筑脊饰艺术、不同宗教建筑和神像共处一寺等方面。

（1）脊饰艺术的文化兼容性

永州地区传统祭祀建筑脊饰的地域性特色主要体现在建筑的脊刹塑形方面。其祭祀建筑的屋脊多用宝瓶（葫芦）和陶龙装饰。几乎所有的建筑脊刹都是宝瓶，如零陵高山寺、文庙、武庙和宁远文庙的脊刹都是四层宝瓶。而零陵文庙、宁远文庙、新田文庙的大成殿屋脊，以及零陵寓贤祠、柳子庙的入口建筑的屋脊都用陶龙护卫中间的宝瓶。

零陵柳子庙和寓贤祠的脊刹最有特色。柳子庙入口戏台的脊刹正中为体现佛道文化的"宝瓶"，两侧为镂空的陶作缠绕双龙，白色，龙以上翘的双尾从两侧护卫宝瓶。正脊两端为龙尾吻。宝瓶由基座、仰钵、覆莲和三层叠置的覆钵承托。各部分颜色不同，基座、仰钵和覆莲是白色，三层覆钵从下到上分别为蓝色、红色、黄色，最上面宝瓶与中间一个覆钵的颜色相同，为红色。柳子庙入口戏台正面朝向北部的内院（看坪），从北部看为三重檐的歇山顶。各层屋角起翘较大，第一层屋角各立一炯目凝视的嘲风，第二、第三层屋角为鳌鱼吻，而第三层屋角在南面用鸱吻。柳子庙

[1]　李国斌. 永州将复原零陵武庙 [N]. 湖南日报，2012-11-13（13）.

主体建筑均用封火山墙。前面入口门屋两端为观音兜形式，叠瓦四层，出屋脊约 1m，在曲线的上部各立一个双龙拱卫的圆顶石碑，似建筑之窗户。这种做法在衡阳地区衡南县隆市乡大渔村王家祠堂（始建于 1061 年，1414年大修，1724 年维修）中也有出现，"其脊饰两端为鳌鱼，中为二龙戏珠雕塑，正中为一亭阁（内置仙人），正脊上的卷草花卉图案十分流畅、秀丽，为湖南古建脊饰佳作。"[1]（图 5-3-26）

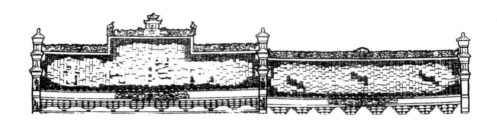

图5-3-26　衡南县隆市乡大渔村王家祠堂正厅脊饰
（资料来源：原载：杨慎初．湖南传统建筑 [M]．长沙：湖南教育出版社，1993.
转引自：吴庆洲．建筑哲理、意匠与文化 [M]．北京：中国建筑工业出版社，2005：235）

寓贤祠前面厅室的脊刹与柳子庙的脊刹相仿。正中为体现佛道文化的"宝瓶"，两侧为镂空的陶作缠绕双龙，红色，但以龙首护卫宝瓶，正脊两端为鳌鱼吻。宝瓶由基座、仰莲和二层叠置的覆钵承托。基座为白色，仰莲和第一层覆钵是红色，第二层覆钵是黄色，钵身前后两面画双凤捧日图案，最上面宝瓶亦为红色。

柳子庙和寓贤祠的脊刹明显体现了"三教合一"的文化兼容性。葫芦多籽，为古代先民生殖崇拜的象征物，后来成为道家的法器，是道家崇拜的神圣之物。葫芦宝瓶作为脊刹用在佛教寺庙建筑和儒家文庙建筑中，正是佛道、儒道合流的观念形态的物化。同样，覆钵（仰钵）是印度佛塔原型窣堵坡的演变，是佛教的象征。在佛教文化中，莲是佛的象征，佛、菩萨或坐或站于莲花座之上。佛经有"一切诸佛世界，悉见如来，坐莲华宝狮之座。"莲花座又称"莲座"、"华座"、"莲台"等。佛教象征物之覆钵和莲等与道家的法器葫芦共处，同样是佛道文化合流的观念形态的物化体现。

上述永州和衡阳地区的脊饰艺术表明，湘南地区的古建筑脊饰特色鲜明。吴庆洲先生在遍访与研究中国古建筑脊饰后称：湖南古建筑，位于长江之南，比较细致秀美；湖南的龙吻与官式不同，自有特色，如南岳大庙

---

[1]　吴庆洲．中国古建筑脊饰的文化渊源初探（续）[J]．华中建筑，1997，15（3）：16-21.

的脊刹为凤凰宝瓶，很有风味[1]（图
5-3-27）。永州地区古建筑脊饰艺术
地方特色明显，同时也体现了与周
边文化的兼收并蓄。如柳子庙、宁
远文庙大成殿、宁远路亭村王氏宗
祠的鱼形吻，与广州陈家祠、佛山
祖庙的鱼形吻造型相似，咬脊方向
相同，具有南越建筑特点。

　　鱼形吻在唐代就已流行，
宋·黄朝英著《靖康湘素杂记》引
《倦游杂录》云："自唐以来，寺观
殿宇，尚有为飞鱼形，尾上指者，
不知何时易名鸱吻，状亦不类鱼
尾。"[1]永州地区与广东地区古建

图5-3-27　南岳大庙脊刹
（资料来源：吴庆洲.建筑哲理、意匠与文化
[M].北京：中国建筑工业出版社，2005：235）

筑鱼形吻造型相似，咬脊方向相同，也印证了柳宗元的"潇湘参百越之俗"
的说法。

　　另外，永州祭祀建筑中的柱饰、木雕、泥塑、壁画等雕饰也十分精美，
具有浓郁的地方特色，如零陵文庙、宁远文庙和零陵武庙的镂空龙（凤）
雕石柱，塔下寺中传芳塔内墙上的"白蛇传"、"西游记"的彩绘等。

　　中国古代，龙是皇帝的象征，龙饰一般只用于皇家重要建筑上。永州
地区传统祭祀建筑为何如此喜欢用龙饰，尤其是像零陵武庙这类的佛寺，
其主殿也用龙雕石柱，究其原因和文化基础，笔者认为，与它们所处的地
理位置和建筑性质有关。永州地处楚粤之交，历史上，这里远离京城，传
统建筑文化在遵从中原母体文化规制的同时，又不受其限制，表现出较大
的僭越性和创造性。如零陵柳子庙和寓贤祠的脊刹、零陵武庙大雄宝殿前
的抱厦和龙雕石柱等，与中原母文化之间既表现出相似性，也表现出地方
的僭越性；既遵守一般祭祀建筑规则，又有地方的创造性和个性特点。

　　（2）不同宗教建筑和神像共处一寺

　　永州地区传统祭祀建筑"三教合一"的文化兼容性还体现在不同宗教
之间的兼容，表现为不同宗教建筑和神像共处一寺。

　　自北宋时期出现三教合流的局面后，明、清时期"三教合一"彻底实
现。零陵高山寺、柳子庙、江华县豸山寺、蓝山县塔下寺等，不同宗教建
筑共处一寺（庙），都明显体现了不同宗教文化的碰撞与融合特点。明嘉
靖四十二年至万历元年（1573年）重建的蓝山县传芳塔内每层的佛像不同：

[1]　吴庆洲.中国古建筑脊饰的文化渊源初探（续）[J].华中建筑，1997，15（3）：16-21.

一层为寿佛，二层为玉皇，三层为真武，四层为星主，五层为龙殊，六层为文殊，七层为观音，每层四墙绘有壁画，保存较好，正是这一时期三教彻底"混融"的体现。

不仅如此，寺、庙内的木雕、泥塑、彩画等，也从不同侧面体现了"三教合一"的文化的兼容性。如零陵武庙大雄宝殿藻井内绘有道家认为意为神通广大，镇慑邪恶，能为人保平安、佑富贵的太极八卦图，体现的是佛道文化合流的观念形态的物化。

上面的北宋以后"三教合一"现象，同样出现在永州传统乡村聚落中。胡师正先生在研究湘南传统人居文化特征时指出：值得注意的是，中国儒道佛三教合一的文化指向，在湘南地区，在众多的丘陵山沟里的人居村落里获得完美的统一，村落中的祠堂虽然供奉着祖先，但也供奉有观音菩萨和神仙老子等道教高人[1]。郴州汝城县永丰乡先锋村周氏宗祠、土桥镇金山村卢氏家庙，永州宁远县湾井镇路亭村王氏宗祠、久安背村翰林祠、东安头村翰林祠入口处牌坊上的雕塑，均体现了多神共处的场面（图 5-3-28 ～图 5-3-30）。

图5-3-28　宁远县路亭村王氏宗祠入口"云龙坊"

图5-3-29　宁远县久安背村翰林祠入口牌坊

（资料来源：永州市文物管理处提供）

图5-3-30　宁远县东安头村翰林祠入口牌坊

（资料来源：湖南传统牌坊 http://www.jianshu.com/p/99a1b58a9a9d）

[1]　胡师正.湘南传统人居文化特征[M].长沙：湖南人民出版社，2008：10-11.

（三）意义的共时性

古代永州地区不仅不同宗教建筑和神像共处一寺，体现了祭祀文化兼容性的地域特征，而且各时期城市大量建造寺观祠庙，多样共存、功能综合，具有很强的共时性特征。

共时性，也称同时性，与历时性相对，是研究问题的两个不同视角。前者表现为静态存在与横向关联；后者表现为动态演变与纵向发展。"前者侧重于以特定社会经济运动的系统以及系统中要素间的相互关系为基础，把握社会结构；后者侧重于以社会经济运动的过程以及过程中的矛盾运动发展的规律为基础，把握社会形态。"[1]

"共时性"体现事物在一个特定的时间内部分与部分之间、部分与整体之间的关联，在不同学科中意思不尽相同。如瑞士语言学家索绪尔（Ferdinand de Saussure 1857 ～ 1913 年）把共时性的语言研究（作为社会现象的语言）与历时性的语言研究（作为个人现象的语言）区别开来；把共时性的研究置于很高的地位，认为语言的共时性研究比历时性研究更应受到关注[2]。索绪尔认为，研究语言不仅应该根据一种语言的历史发展过程进行个别的历时性研究，而且应该从一个时期的语言的横断面来进行这个语言的共时性研究。瑞士心理学家荣格（Carl G. Jung，1875 ～ 1961 年）在 1930 年曾用共时性来描述人类心理活动状态与客观事件间的非因果关系。他解释共时性事件是"在某一情境内发生的事情不可避免地会含有特殊于此情景的性质"。荣格把共时性现象描述为"两种或两种以上事件的意味深长的巧合，其中包含着某种并非意外的或然性的东西"[3]。荣格认为，事件间并非因果联系，其决定性因素是意义，当它们同时发生时便称为"共时性"现象。

事件、对象或现象的"共时性"特征可以从文化审美角度考察。按照文化的三个层面（物质、制度、精神）的定义，文化审美可以在宏观、中观和微观三个层面展开[4]。从文化审美角度观照，所谓"共时性"是指审美意识在撇开一切内容意义的前提下，把历史上任何时代的具有形式上的审美价值的审美对象汇集在自身之内，使它们超出历史时代、文化变迁

217

[1]　田志云."历时性"与"共时性"分析：浅析巴赫金《陀思妥耶夫斯基诗学问题》[J].剑南文学，2012（7）：60-62.

[2]　（瑞士）费尔迪南·德·索绪尔.普通语言学教程 [M].北京：商务印书馆，1985：41.

[3]　转引自：（美）拉·莫阿卡宁.荣格心理学与西藏佛教：东西方精神的对话 [M].江亦丽，罗照辉译.北京：商务印书馆，1994：62.

[4]　杨岚.文化审美的三个层面初探 [A]// 南开大学文学院编委会.文学与文化（第 7 辑）.天津：南开大学出版社，2007：303-313.

的限制，在一种共时形态中全部能够成为审美意识观照的对象[1]。基于此，本文将古代永州地区祭祀建筑的共时性特征的研究时期定义为整个历史发展时期。具体体现在其历史发展时期祭祀建筑类型的多样性、功能的综合性共存和同一性渊源等方面。本质为"意义的共时性"。

城市的历史文化景观是历时性与共时性的统一。历史上，永州地区古城祭祀建筑出现的时代较早，发展较快，不仅数量多，而且类型多，不同祭祀类型的寺、观、祠、庙、庵、阁等均有，多样性共时共存。如清康熙年间，仅永州城内的寺观就有36处。笔者据清道光八年（1828年）的《永州府志·秩祀志》统计，清道光年间，永州城内有各种祭祀建筑达33处，道州城内有各种祭祀建筑达36处。既有儒家的文庙（学宫）、道教的宫观庵阁、佛教的寺庙，也有圣贤的祠庙和各行各业的神庙，如道光八年的"永州郡城舆地图"上永州城内就有府学宫、县学宫、保元宫、文昌宫、高山寺、关帝庙、唐公庙、梅姑庙、濂溪祠、护国祠、忠义祠、昭君祠、吕祖阁、潇湘庙、火神庙、黑神庙、黄溪庙、龙王庙、马王庙、五通庙、土公祠、府城隍庙、县城隍庙、天后宫、万寿宫等。城外北边有镇龙庙、潇湘庙、药王庙、龙公祠、总管庙；西边有延生阁、莲花庵、东岳宫、柳侯庙、弥陀庵、寓贤祠、朝阳庵；南边有诸葛庙、福星庵、赛朝庵；东边有绿天庵、竹林寺等。各类圣贤神仙偶像，不分彼此，粉墨登场，应有尽有，一律崇拜，"众神和谐"。清末民初，城内仍有寺庙庵堂19座（1992年的《零陵县志》）。清康熙年以后，天主教、基督教先后传入永州地区。清末民初，"天主教、基督教相继进入零陵（永州），并成为中华基督教六联区、湖南天主教七大教区之一，各县城均建起西式教堂及医院、学校、育婴堂等。"[2]

分析古代永州地区城市祭祀建筑类型多的原因，笔者认为，这一方面与中国古代的祭祀制度等文化传统有关，另一方面也是永州地域祭祀文化发展的结果，体现了祭礼文化的地域历史发展特点，体现了多样性和同一性的统一，并源于同一性，是其意义的共时性的本质特征的体现。

同一性是指两种事物或多种事物能够共同存在，具有同样的性质（笔者称其为"意义"）。古代永州地区城市祭祀建筑类型多样性共存，正是源于共同的祭礼文化性质（"意义"）。

中国早期的祭祀活动，多为原始图腾崇拜和祖先崇拜。自商代开始，对王权的崇拜和祭拜成为国家的重要内容，祭祀成为加强王权和族权的重要手段。商早期的成汤王正是通过宗教祭祀和战争使王权一步一步得到加强的。王震中先生对此研究较为深入。据《孟子·滕文公下》载孟子曰：

[1] 王业伟.试论伽达默尔艺术作品时间性概念 [J].国际关系学院学报，2008（2）：75-80.
[2] 零陵地区地方志编纂委员会编.零陵地区志 [M].长沙：湖南人民出版社，2001：992.

"汤居亳，与葛为邻。葛伯放而不祀，汤使人问之曰：'何为不祀？'曰：'无以供牺牲也。'汤使遗之牛羊，葛伯食之，又不以祀。汤又使人问之曰：'何为不祀？'曰：'无以供粢盛也。'汤使亳众往为之耕，老弱馈食；葛伯率其民要其有酒食黍稻者夺之，不授者杀之；有童子以黍肉饷，杀而夺之。书曰：'葛伯仇饷。'此之谓也。为其杀是童子而征之；四海之内，皆曰：'非富天下也，为匹夫匹妇复雠也。'汤始征，自葛载；十一征而无敌于天下。"成汤认为祭祀和战争都是为宗教鬼神所驱使，是替天行道，是正义行动。《尚书·汤誓》载成汤在伐夏桀时的动员会上曾说："有夏多罪，天命殛之"，"予畏上帝，不敢不正"，"有夏若兹，今朕必往"。通过祭祀和战争，商国改变了原来与邻国的对峙状态，建立起纳贡宾服关系，进一步确立了王权，开始向外扩张。自商以后，中国的祀谱逐渐建立。中国社科院历史所王震中先生认为：商代的祀谱即是后来的世系之谱，或者反过来说后来所谓的世系之谱起源于早年的祀谱[1]。

　　商周时期，祭祀和战争成为国之大事。《春秋左传·成公十三年》载刘子曰："敬在养神，笃在守业。国之大事，在祀与戎，祀有执膰，戎有受脤，神之大节也。"说明祭祀和战争是当时国王首先应考虑的事。

　　之后，由于各朝统治阶级的重视，"明鬼神"成为"牧民"的重要手段。自西汉时期，"礼"成为国家制度以后，对古往圣贤的崇拜祭祀制度逐渐建立起来[2]。随着道教的创立，佛教的传入，以及各地民间宗教的出现，中国传统的宗教类型和祭祀活动呈现出了多教并立和驱者若鹜的局面。

　　永州地处楚越之交，自古原始宗教文化发达，有楚地"信鬼巫，重淫祀"的风俗传统。随着中原文化影响的深入，道教、佛教逐渐成为地区的主要宗教。这一方面与永州地区的社会、经济发展状况相联系，另一方面也与地区的山水地形地貌环境有关。

　　唐代以前，永州为中原到两广的重要通道，经济与文化发展较快。但总体说来，永州的经济发展还是比较滞后，落后于湘江下游的其他地区。自张九龄开凿赣粤梅岭新驿道后，尤其是自宋、明以来，楚粤通衢重心东移江西、福建，永州的交通优势日渐丧失。元明清三朝，永州经济由相对繁荣走向相对衰落，加之阶级压迫和经济剥削的不断强化，以及境内频繁的拉锯式战争（元明之交，战争长达 17 年；清初，战争长达 36 年）、天灾等因素影响，永州的生产力遭到了极大的破坏，使人们在心理上产生了无可奈何之感。这样，逆来顺受、追求来世的佛家思想与悲观消极、清静无为的道家思想，正顺应了人们的矛盾心理，同时迎合了封建统治者维护统

219

---

[1] 王震中.中国古代文明的探索 [M].昆明：云南人民出版社，2005：237-250.
[2] 张连伟.《管子》哲学思想研究 [M].成都：巴蜀书社，2008：51.

治的需要，从而为佛道二教的发展提供了温床[1]。

永州自古有"信鬼巫，重淫祀"的风俗，加上境内此起彼伏的山水环境，组构成了一个特殊的人文地理环境，为讲求心灵的独立与清静，主张"齐物"、"逍遥"，推崇"自然无为"，与世无争的道家思想的生长和发展提供了土壤。实际上，"道家思想文化诞生的土壤就是巫风盛行的楚国"[2]，整个湖湘大地的山水环境都为道家思想的生长和发展提供了良好的土壤。

在上述环境下，人们为了摆脱痛苦，追求幸福生活，不得不祈祷于神灵，希冀神灵救苦救难，保佑来年有个好年成、好功名、好财运、好人丁，六畜兴旺，人寿安康。于是，各类神灵及其祭祀场所应时应用而生，多样性共存。但意义相同，目的明确。正如费孝通先生在解释中国人的信仰特征时说：我们对鬼神也很实际，供奉他们为的是风调雨顺和免灾逃祸；我们祭祀鬼神很有点像请客、疏通、贿赂；我们向鬼神祈祷是许愿、哀乞；鬼神对我们来说是权力和财源，不是理想，也不是公道[3]。

永州古城的祭祀场所既是功利性、实用性的求神拜佛场所，也是市民娱乐、游憩等其他世俗性活动场所。寺庙殿宇本是神灵安享之地，很多世俗性活动在此举行，不怕扰忧神灵，体现了娱神与娱人的结合，同样是祭祀建筑"意义的共时性"的本质特征的具体体现。如零陵潇湘庙，每年除春秋二季祭祀潇湘二川之神外，每至重要节日还举办诸如唱戏、杂耍、孟兰节等各种民俗活动。官员离任和新官上任也在这里迎来送往，官绅们在这里放爆鸣金奏乐。再如1923年出生并成长于零陵城的李茵在她的《永州旧事》记述的永州城内的黄溪庙、火神庙与唐公庙，城外的柳子庙，庙前都建有戏台，体现了寺庙既是敬神场所，也是娱人场所。寺庙里的菩萨像一般人是不能触摸和亵玩的，可永州城潇湘门外一二里的黑神庙里的黑神菩萨，经常被人背着在街上游行，"嘴里边走边喊：'黑神菩萨呀！你老显灵呀！我受了冤枉呀！拿了他去吧……'"。"黑神菩萨似乎是笭行（靠笭筐替别人挑东西的组织）里的什么祖师爷，每年农历十月，笭行把平常抽的每个人的头钱，都要拿出来大搞一场庆祝活动，原本很冷清、阴森森的黑神庙，一下子热闹起来。"传统汉传寺庙里的出家人，几乎全都是吃素食的，据说是因为菩萨慈悲，不杀生，怕见荤食。吃了荤食，会耗散人气，有损精诚，难以通于神明。可当笭头在黑神庙里烧纸、烧香、磕头的时候，"笭行其他的人在庙里杀鸡、杀鸭、剖鱼"。鸡鸭鱼肉酒俱全，"一直喝到下午了，醉得东倒西歪的。"[4]更有大旱之年"抬菩萨"游街"求雨"的。每逢旱灾水灾，

[1] 张泽槐.永州史话[M].桂林：漓江出版社，1997：93.
[2] 方克杰，刘绪义.湖湘文化讲演录[M].北京：人民出版社，2008：171.
[3] 费孝通.美国与美国人[M].北京：三联书店，1985：110.
[4] 李茵.永州旧事[M].北京：东方出版社，2005：13-20.

湘南有"求神"的传统习俗。清康熙九年的《永州府志·祀典志》载:"潇湘庙旧在潇湘西岸,唐贞元九年(793 年)三月,水至城下,官民祷而有应。至于漕运艰阻,旱干水溢,民辄叩焉。"李茵记述她大约 10 岁那年 5 月,永州地区天旱得很厉害。第一天抬着潇湘庙里的娥皇、女英二神像,敲锣打鼓游走城中和城墙七门。因不见要下雨的样子,第二天又抬着黑神庙里的黑神菩萨,同样是敲锣打鼓游走城中和七门。"后来又是一些庙里管理公款的人们开了会,决定要请戏班子在庙里的戏台上唱目连戏。那是要唱好几天的。""城里抬菩萨求雨、唱目连戏,搞尽了花样。"可"天太高了,奈它不何。"[1] 双牌县"阳明山的居民,每逢'求神'的日子,会用木椅扎轿,将白云寺、歇马寺的菩萨抬下山来,放在村中请师公做法,俗称'抬菩萨'。"[2]

关帝庙,是统治者用来宣传"忠义",加强封建统治的思想教谕之地。庙宇本为神圣之地,专为祭祀和教谕,而零陵武庙除了祭奠关羽外,还在其中专门开设演练场,成为呼应湘南衡、邵、永、郴四州联军的教谕和演练基地,充分发挥了庙宇场地的作用,已经超出了庙宇作为祭祀和教谕场所的价值意义,同样是祭祀建筑"意义的共时性"的本质特征的体现。

综合上述分析,笔者认为,源于共同的祭礼文化特点,古代永州地区城市祭祀建筑类型的多样性、功能的综合性共时共存,是祭祀建筑"意义的共时性"的本质特征的体现。

第四节　城市居住与商贸建筑的发展特点

一、城市居住建筑的布局特点

永州城(零陵县城)自汉代以来,素为湘南重镇。宋末永州城的格局已是"规模井如"。据《湖广总志》载,明万历二年(1574 年),永州府零陵县街 2,东安县(今紫溪市)街 1,宁远县街 2,永明(今江永)县街 1,江华县街 1,道州(今道县)街 1,祁阳县街 2、巷 4。清末,永州街 12、巷 18、坊 25,道州街 7、巷 2,祁阳县街 22、巷 7,江永县街 18、巷 29,宁远县街 10、巷 18,江华县街 3,双牌县街 1,冷水滩镇街 3。[3]

明清时期永州城厢格局基本一致,城内主要空间按街巷式布局,较为

[1]　李茵. 永州旧事 [M]. 北京:东方出版社,2005:47-49.
[2]　胡师正. 湘南传统人居文化特征 [M]. 长沙:湖南人民出版社,2008:123.
[3]　零陵地区地方志编纂委员会编. 零陵地区志 [M]. 长沙:湖南人民出版社,2001:998-999.

图5-4-1　永州城正对大西门的古街道

方正、规整。城市主要街道、次要街道、市场街道和居住巷道按功能分划，井然有序。重要街道按"两纵八横"布局，纵向有正大街—城隍庙街—南街（即前街，今正大街位置），北门正街—钟楼街—南司街（即后街，今为中山路）；横向有府正街（府前街）、新街、观前街（文星街）、县城隍庙街（十字街）、县前街等，至今大致格局犹存。清康熙九年的《永州府志·舆地志》载，城内有13街18巷28坊和四市：南市、北市、腰市、西市。至清末光绪年间，城内仍有13街17巷19坊；河西另有柳子街和6坊（光绪二年的《零陵县志·建置志·街巷》），由大西门外黄叶渡浮桥联系。清末民初，城内有大小街巷45条。今天，永州城内还保留有许多古街古巷，如朱家巷、徐家井巷、霭士井巷、水晶巷、三多巷、鼓楼巷、总督巷、大西门街等（图5-4-1）。

　　街巷式布局是宋代以后城市聚落空间变化的一大特点，它反映了街巷从满足城市交通功能向体现居住者人文功能的转变；反映了聚居制度从以社会政治功能为基础向以社会经济功能为基础的转变。

　　据有关历史资料记载和研究文献论述，城市聚落在早期表现为以商业、手工业为主要构成和散居特征的附城邑寨——城市聚居区。随着阶级分化和等级制度的加强，这种"散居型中心聚落的附城邑寨转化为等级分化的集聚型中心聚落内的里坊。在这一过程中……附城邑寨衍变成了城内的里坊；寨门、寨墙就自然地转变为坊门、坊墙"[1]。里坊是中国封建社会城市聚居组织的基本单位，为居民居处之所，起源于秦汉，到魏、晋、南北朝时最终形成，并盛行于隋唐。里坊制度是古代城市的营建制度，也是统治阶级为了更有效地统治城内居民的管理制度。由于经济、社会的发展，唐代末叶，里坊制度开始瓦解。北宋时，取消了里坊制，城市居住区以街巷划分空间，里坊制发展为坊巷制。"北宋晚年至南宋，在东京、平江、杭州等城市相继产生了一种新的聚居制度——坊巷制，这是一种以社会的经济功能为基础的聚居制度。所谓坊巷制，就是以街巷地段来划分聚居单位，每个坊巷内不仅有居民宅邸，还有市肆店铺，除此之外，

[1]　王鲁民，韦峰. 从中国的聚落形态演进看里坊的产生 [J]. 城市规划汇刊，2002（2）：50-53.

'乡校、家塾、会馆、书会，每一里巷一二所'（《都城纪胜》）。坊巷入口处，叠立坊牌，上书坊名，坊巷内的道路与城市干道相连通，坊巷之间可以自由来往，这种坊巷按照城市居民的日常生活需要来规划功能结构以及配置服务设施。"[1]元朝，城市居住区沿用了两宋的街巷式布局。此时，大都"城中的主要干道，都通向城门。主要干道之间有纵横交错的街巷，寺庙、衙署和商店、住宅分布在各街巷之间。"[2]明清北京城的街巷在元大都的基础上进一步发展。

永州城自宋末拓城后，历经元明清的发展，城市聚落空间的街巷式布局特点明显，体现了经济社会的发展特点。明清时期，永州境内各县城，均处于水陆要塞之地，依山傍水而筑。城内布局除官府建筑有严格的形制和规定外，其他公舍、秩祀、商肆、作坊、居住等皆混杂相处。城内一般居民住宅按街坊呈区域性分布。城外临河房舍，前门临街，后门沿河，水上或近水部分均作吊脚楼[3]（图5-4-2）。

据李茵回忆，民国时期："永州各街的房子，木头做的多，砖砌的少，主要是穷人多。当然大街上那些大铺子是砖房，还有那些公馆是砖砌的。"[4]1992年的《零陵县志》载，1949年以前，永州城居民住房，多为木板瓦房相邻，共扇共墙，结构简易。只有少数官绅巨商，建有翘檐彩绘吉祥图案的"四方印"式庭院或富丽堂皇的临街门面。贫困居民因陋就简，多为杉木皮盖的木板平房。抗日战争胜利后，"城区除部分古建筑外，多为木板平房，尚无3层以上的建筑。"

所谓"四方印"式庭院住宅，就是以四合院为原型，左右前后可加建，形成几进几横的方形庭院格局，一般为一正屋两横屋或一正屋三横屋的布局结构。如零陵区千岩头村周家大院就是典型的"四方印"式。周家大院始建于明代宗景泰年间（1450～1456年），建成于清光绪三十年（1904年）。村落由"老院子"、"红门楼"、

图5-4-2　永州城大西门处临河民居

[1]　刘临安.中国古代城市中聚居制度的演变及特点[J].西安建筑科技大学学报，1996，28（1）：24-27.

[2]　刘敦桢.中国古代建筑史[M].第二版.北京：中国建筑工业出版社，1984：268.

[3]　零陵地区地方志编纂委员会编.零陵地区志[M].长沙：湖南人民出版社，2001：994.

[4]　李茵.永州旧事[M].北京：东方出版社，2005：7.

"黑门楼"、"新院子"、"子岩府"（后人称为"翰林府第"、"周崇傅故居"）和"四大家院"六座大院组成。六座大院虽不是同时期建造，但布局相似，都为"四方印"式庭院结构，按一正屋两横屋或一正屋三横屋的结构布局，房屋四周为高大院墙，与外界隔绝。目前，六座大院中的老院子和黑门楼基本上已经毁废，保存较好的有新院子、红门楼、周崇傅故居、四大家院。其中，周崇傅故居是目前保存得最好的院落，位于整体布局北斗星座的"斗勺"位置上（图 5-4-3、图 5-4-4）。现存建筑为四进正屋，西边是三排横屋三栋，东边是两排横屋三栋和菜园，东西外墙长 120m，南北纵深 100m。

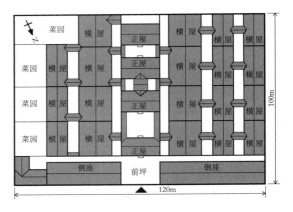

图5-4-3　干岩头村周崇傅故居平面图

图5-4-4　周崇傅故居鸟瞰图
（资料来源：湖南图片网）

三排横屋之间用走廊和游亭连接。每栋横屋的内部布局为"四方三厢"，即中间一间，左右各一间；中间一间为堂屋（厅堂），后壁有神龛，供奉祖先；堂屋两侧房叫"子房"，用作卧室、书房、厨房等；其他牛栏、厕所、灰屋、碓屋等建于宅旁，形成整体。有的将"子房"分隔成前后两间。面阔大的横屋，堂屋左右各有两间"子房"。"四方三厢"式布局是永州地区一般住宅普遍采用的方式。

　　"四方印"型院落布局是永州地区现存比较完好的乡村传统聚落空间结构形态之一，笔者总结永州地区现存乡村传统聚落空间结构形态的其他三种类型为"曲扇"型、"街巷"型、"寨堡"型[1][2]。

　　与居住建筑相联系，永州城坊巷中水井很多。历史上，零陵县及周边县市的水旱灾害较境内其他地区更为严重，"干旱多于洪涝，旱灾重于水灾"。水井是城市居民抗旱的重要水源，也是城内居民生产生活的必要组

[1]　伍国正，吴越．传统村落形态与里坊、坊巷、街巷：以湖南省传统村落为例 [J]．华中建筑，2007，25（4）：90-92.
[2]　伍国正，周红．永州乡村传统聚落景观类型与特点研究 [J]．华中建筑，2014，32（9）：167-170.

成部分，一般位于坊巷的开阔处，是城市中的公共空间，也是城市空间的特色景观之一。永州城的生产生活用水和抗旱用水除了依靠城西的潇水和周边的水塘外，就是分布于城内众多的水井了。清康熙九年的《永州府志·山川志》载"永州九井"：紫岩井、智泉井、春泉井、吕虎井、撒珠井、朝京井、杨清井、惠爱井和发珍井。另外，还有诸如霭士井（位于霭士井巷入口，今存）等。每口井都有一个美丽的传说，共同昭示了永州古井文化的灿烂，同时也赋予了永州古城更加丰富的人文内涵。由于地势较高，废水不易回流，井水水质很好。如春泉井在春泉巷中段，由于井水透明如晶，所以春泉巷俗称水晶巷，后来也改名为水晶巷，今天依然存在。坊巷中水井也是城市中的特色景观。如位于观前街（文星街）的张浚故居入口右侧的紫岩井，就曾被明朝正统年间永州知府戴浩引为芝城（零陵）八景之一：紫岩仙井，并为之作诗赞曰："长日彩云腾瑞气，四时玉液带天香。色同仙掌三秋露，味若宫壶九酝浆。"（明隆庆五年的《永州府志·提封志·景观》）新中国成立后因为城市建设的需要，惠爱井、朝京井、智泉井和杨清井均被填没。那些保存下来的古井，已作为城市的历史文化景观得到保护，同其他景观一道延传着古城的灿烂文化。

如今，我们还可以从城内的张浚故居和河西的柳子街，以及他人的记述中领略古代永州城的居住建筑特点。

1. 张浚故居

张浚（1097～1164年），南宋绍兴五年（1135年）官至宰相。因力主抗金，反对议和，曾两次贬谪永州，在永州居住长达14年，著有《游朝阳岩》、《永州新学门铭》、《三省堂记》等诗文。其子张栻是著名理学家和教育家，湖湘学派集大成者。与朱熹、吕祖谦齐名，时称"东南三贤"。张栻"常侍父至永州"。现存张浚、张栻故居位于今文星街南侧，坐南朝北，传说为明朝天启年间（1621～1628年）张浚后裔张皇后重建，时称文昌阁。后族人张勉重修，更名为"勉园"。建筑平面布局长20m，宽15m，占地面积300㎡左右，为四方印式庭院住宅。分前庭、中堂、天井、后院四个部分，四周绕以外墙，构成封闭式院落。围墙为青砖所砌，涂以草泥灰底，面罩白色涂粉，间或施以彩绘，青石壶门，门楣刻"勉园"二字。整个建筑为民居风格，硬山，土木结构，保留了明代建筑手法。门外右侧的紫岩井系张浚开凿，圆形，井口较小，中间较大，为腰鼓形。后人张勉于明天启六年刻"紫岩仙井"于井壁。

张浚故居入口门屋朝北临街。由于文星街不够宽，门屋用砖叠涩出檐，没有对外开窗。为了突出入口，除了在门扇、门框等处作特别强调外，在入口大门上方做了一个翘角飞檐垂花式的"门头"（"门罩"），很有艺术特色（图5-4-5）。这种艺术做法在全国各地的古村落中多有采用，尤其是在用地紧张，又需突出门户、强调入口的南方民居中出现较多，手法多样，文化内涵丰富，如江西吉安市渼陂古村木雕门头（图5-4-6），安徽西递古村砖雕门头等[1]。

图5-4-5 张浚故居入口和紫岩井 图5-4-6 江西吉安市渼陂古村木雕门头

2. 柳子街

柳子街历史文化街区位于潇水西侧，在自古城东山制高点武庙、高山寺，由陡坎而下至大西门向西的轴线上，与永州古城隔河相望，北依西山，南傍愚溪。因柳宗元曾寓居于此而得名。柳子街长约600m，是古时候通往广西等地的驿道。街道的正中间是一条约2m宽的青石板路路面，两边以各1m多宽的鹅卵石铺成各种图案。街道两侧建筑主要为清末和民国时期建造，新中国成立后有不同程度的维修和改造，以一到二层的木构住宅建筑为主，青瓦低檐，出檐深远，有的建筑楼上做吊脚阳台，富有典型的湘南建筑风格。临街面均为木板门窗，一层比较宽敞，部分建筑二层出挑，为居住或储藏空间。普遍开间小而进深大，内部以院落组织空间，通风采光。院落之间有些还保留着传统式样的封火山墙。柳子街南侧部分建筑临愚溪而建，或建于岩石之上，或为吊脚楼，与自然浑然天成。北侧建筑依山脚界面连续，南侧时而封闭，时而开阔，由甬道通往愚溪边。柳子街是旧时人们进入古城（大西门）前的城郊空间。作为城厢，柳子街两侧建筑多为前店后住的形式，店面作为客栈及店铺，方便过往行人。整个柳子街保留完好，古色古香，和街中段的柳子庙紧紧联在一起，形成历史完整的标志（图5-4-7）。

[1] 伍国正，吴越.传统建筑的门饰艺术及其文化内涵——以传统民居建筑为例[M]//陆琦，唐孝祥主编.岭南建筑文化论丛.广州：华南理工大学出版社，2010：147-152.

（a）　　　　　　　　　　　　　　　　（b）

图5-4-7　永州城西柳子街

（a）柳子街前端；（b）柳子街中端（前方为柳子庙）

柳宗元"永州八记"中记载的小石潭、钴铒潭等历史自然景观也位于柳子街历史文化街区内。

永州地处中亚热带大陆性季风湿润气候区，夏季炎热干燥，延续时间长，春夏多雨，光、热、水资源丰富，三者的高值又基本同步。一般汉族传统住房建筑多坐北朝南，出檐深远，以利遮阳避雨，正屋前通常留有走廊，俗称"出线廊"。受经济结构形式和生产方式的影响，住宅内部布局一般为"四方三厢"式。有的在宅旁竖"泰山石敢当"或在正大门前 3 ～ 5m 处修建一堵高墙，中间写"当"字以示压邪。富贵人家建"四合院"，砖木结构，青砖灰瓦，雕龙绘凤，高大气派。境内瑶族住房，大多数是就地取材，用杉木条支撑起来的大棚屋，屋顶盖茅草或杉皮。部分瑶胞房屋为"吊脚楼"，有分上下两层的，楼上住人，再竖柱架梁，铺上木条或竹子，作为晒棚，以此晾晒衣物和庄稼。住宅多以一家一户为单元，左邻右舍，互不搭垛，以防失火。深山里的瑶民住房四壁用小木条扎成，俗称"四个柱头下地"，上盖杉皮或茅草，呈人字形。亦有的为木板房，一栋三间，名曰"三间堂"。后期有的瑶寨为土墙灰瓦，如宁远县九疑山乡牛亚岭瑶寨（图5-4-8、图 5-4-9）。有的挖洞，洞外架茅屋，洞内为居室，洞外作厨房，俗称"半边居"[1]。

二、城市商贸建筑的发展特点

（一）永州地区商贸活动发展总体特点

永州地区古代的商贸发展也较早。根据考古发现，至迟在旧石器时代晚期，今永州一带已经有人类居住，是中国南方开发较早的地区之一。到

_227_

[1]　零陵地区地方志编纂委员会编 . 零陵地区志 [M]. 长沙：湖南人民出版社，2001：1566-1567.

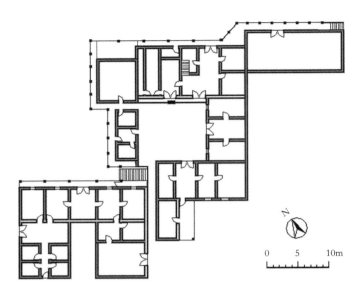

图5-4-8 宁远县牛亚岭瑶寨平面图
（资料来源：永州市文物管理处提供）

图5-4-9 宁远县牛亚岭瑶寨环境图

了新石器时代晚期，潇湘流域的原始农业和手工业已经有了较大的发展。出土的道县玉蟾岩稻谷和100余处奴隶社会早期的人类活动遗址中的陶制器皿等，是其有力的证明。随着交通和经济的发展，尤其是农业和手工业的发展，永州地区的商业也逐步发展起来。历史上自秦以来的多次"政府移民"活动[1][2]，更是有力地促进了永州地区的商业发展，移民带来了中原和周边地区的文化与生产技术等，促进了地区经济的发展。道县四马桥杨家乡出土的西汉银饼，说明永州一带至少在汉代已使用银币进行商品交换。原零陵县竟一次出土 50 余斤汉代五铢钱，在一定程度上反映汉代永州一带的商业活动已有一定规模。两晋时期，冯乘（今江华）因锡矿开采业在全国很有影响，被称为"锡方"（见郦道元的《水经注》）。唐元和五年（810年），诏"禁道州私铸钱"，为永州境内第一次被朝廷明令禁止私人铸钱，说明当时永州境内的冶炼铸造技术已达较高水平。宋皇祐年间(1049 ~ 1053年)，道州为全国 20 个官设冶铁场所之一（《宋史·食货志》），为永州境内最早的官办冶铁贸易场所。境内古窑址各县市均有分布。1997 年，在江永县千家峒瑶族乡允山镇玉井岗脚底村，考古学家发现了一处文化性质单纯、文化内涵丰富的宋元时期大型窑址，方圆约 2km² 以上，分布着各种窑群四十余座，改变了我国陶瓷史上湘南无大窑的记载，充分反映了唐宋时候该地经济的发达程度和商业的繁荣景象。

　　总体上说，唐代中叶以前，永州地区的经济发展较快。在《中国古代史教学参考地图集》上的"唐代工商物产分布图"中，永州与潭州（今长沙）、衡州（今衡阳）、郴州并称为湖南当时的四大工业区之一[3]。唐宋两朝中后期，社会矛盾的加剧和农民战争的发生，都在一定程度上使永州的经济也遭受了破坏，加之全国经济发展重心东移和楚粤通衢重心东移至江西、福建，永州的经济开始由盛转衰。元明清时期，永州的经济与社会发展较为曲折，是永州经济由相对繁荣走向相对衰落的时期。元明之交，双方在永州展开长达 17 年之久的拉锯式战争。清初，永州又经历了长达 36 年之久

[1]　历史上，由于政治因素大规模移民入湘发生过四次。据史料记载，先秦时，湖南境内主要为蛮、越、濮等族人，如"荆蛮"、"长沙蛮"和"南蛮"。后来，湖南并入楚国版图，楚人成为湖南的一支重要人群。秦汉时，北方中原人涌入湖南，而原来的湖南人则大量迁往湘西、湘南地区。西汉长沙国的建立与发展可视为此时期的政治移民。元末明初，四年的长沙之战，使长沙田园荒芜，百姓亡散，庐舍为墟，许多地方渺无人烟。明王朝为巩固统治，实行民族融柔政策，就近从江西省大量移民入长沙地区，并允许"插标占地"，而将湖广省（当时湖北和湖南是一个省份，即湖广省）原有的居民移入四川省，即是历史上有名的"扯湖广填四川，扯江西填湖广"之始。明末清初，因张献忠农民起义，在四川德阳地区作战频繁。康熙十六年，清军为消灭义军，滥杀无辜，人口剧减。清廷下诏，江西、湖南、湖北众多居民被迫迁居。因避免长途跋涉，江西南部之人大都移向湖南南部，江西北部之人大都移至湖南北部，而湖南、湖北的原有居民则迁至四川。

[2]　永州地区的移民还包括军事移民和流徙移民等。如公元前 217 至前 214 年，秦始皇攻打南越，大批军队来到今永州一带。后来，这批军队中的一部分人留了下来，成为永州一带最早的中原移民，也是我们现在所说的最早移居永州的汉族。今天永州地区许多大的传统村落的先民都是从外地迁徙过来的，如江永县上甘棠村的周氏族人原居山东青州，经多次迁移，于唐太和二年（827 年），迁居甘棠山定居；祁阳县潘市镇龙溪古村的李姓始祖李思立在元末明初之际，迫于兵乱与灾荒之难从江西迁入。

[3]　张传玺、杨济安．中国古代史教学参考地图集 [M]．北京：北京大学出版社，1984：36．

的战争破坏，加之境内天灾等因素影响，使这一带的生产力遭到了极大的破坏，经济发展缓慢。元明清三朝，永州逐步拉开了与经济发达地区的距离，也日渐落后于长沙、衡阳等地区。

明末以前，永州地区的社会相对稳定，经济发展较快，所以商贸活动相对繁荣，市、镇建设较好。境内最早出现的集镇为唐代零陵县雷石镇、东安县芦洪镇（今芦洪市镇）。宋代设有零陵县荆峡镇、祁阳县乐山镇、宁远县杨梅岩、永明县胜冈岩等七个集镇。明代中叶以前，"市场区域"与"行政中心"结合发展，市、镇发展较快，商贸活动发展较好[1]。明朝隆庆五年（1571年）的《永州府志·创设上》明确记载：到明洪武六年，永州城中已有铺舍七十六间。

但是，明代中叶以后，由于多种原因，永州经济由相对繁荣走向相对衰落，境内商贸活动也相对萧条。清康熙九年的《永州府志·舆地·市镇》载："永之八属，皆楚粤之交，当其盛时，街市镇墟肩摩毂击，所谓连袂成帷，挥汗成雨者也。迨明末兵灾之余，萧条榛莽，虽父老重过有不复识其故墟者矣。"清康熙九年的《永州府志》载，零陵县境内有七市五镇：南市在府城太平寺前，北市在府城画锦坊，腰市在府城迁善坊内，西市在府城大西门内，曲涡市在县北四十里，冷水市在县北五十里，高溪市即高溪司。有唐初设置的雷石镇，五代时设置的潇湘镇和鸣水镇，宋代设置的顺化镇和清时设置的杉木镇。至清康熙九年只存潇湘镇和杉木镇。到清康熙三十三年，以上"诸市惟冷水犹盛，余亦非旧矣"，"诸镇名存实亡，志之以俟复兴"[2]。

清朝中后期，随着农业的发展和物产的日益丰富，农副产品加工业和手工业也逐渐兴旺起来。随着文化交流与商贸的发展，永州地区的商品经济也较快发展，开始出现货币经济形式。清乾隆三十一年（1766年），零陵县城设"裕远当"，嘉庆十年（1805年）设"永泉当"，至宣统三年（1911年），全区有当铺11家。光绪七年（1881年），零陵县城内设"锦太亨"钱庄，次年4月祁阳县城设"永澜"钱庄，至清朝末年，零陵有钱庄3家，祁阳县有钱庄5家[3]。清咸丰年间（1851～1861年），祁阳文明铺成为永州境内生产土布的主要集镇和最大集散市场，织布作坊已有250余家，年产量

[1] "明代设永明县枇杷所、桃川所、白面巡检司，江华县镇守所、锦田所、高寨营、锦冈、涛圩市巡检司，新田营，零陵县湘口镇、黄阳堡巡检司、东乡堡，祁阳县黄黑镇、永隆太平市、江湘市、白水巡检司，东安县石期市镇、芦洪市镇、结陂市巡检司，道县永安、木垒2关和镇南、镇西、高崎、壕腹4营，宁远县九疑、鲁观2巡检司。"见：零陵地区地方志编纂委员会编. 零陵地区志[M]. 长沙：湖南人民出版社，2001：1012.
[2] （清）康熙三十三年（1694年）的《永州府志·舆地·市镇》。
[3] 零陵地区地方志编纂委员会编. 零陵地区志[M]. 长沙：湖南人民出版社，2001：90.

70 万匹（每匹 18.3m）[1]。清光绪三十三年（1907 年），成立的湖南官钱局永州子局，是永州境内最早的近代官办银行[2]。在府城、县城和主要集镇，已纷纷出现各类工商牙行。各县都有官办或民办的客栈、小吃店和服务店等。在农村，定期市场（集、圩、庙会等）更加广泛，并出现了交换耕牛、生猪等专业性集市，以及定期活动的节日性集市，如始于明末清初，后来发展成为两广和湖南 24 县的耕牛集散地的宁远天堂的牛圩；形成于清代的东安县石期市、大庙口一带的春社，冷水滩镇普利桥一带的"二、八"庙会，永明县松柏一带的鸟会等[3]。

　　清末民初，零陵县内有城镇及集镇 26 个。其中，零陵县芝城镇（即永州府城）是商业中心，也是最大的市场，是外籍商贾云集之地，由城西的潇水实现了与全国各地的商品往来。城内主要街道——正大街，由鼓楼至太平门 2 华里，宽丈余，路面铺以青石板。正大街连同其间的十字街和鼓楼街为商业中心区，以大西门地段最为繁华。1949 年以前，永州城内集市无固定贸易场地，多集中在县城灵官庙、十字街和大西门一带的店前港口席地摊卖。另一个较大的集镇是冷水镇（即今冷水滩市），冷水镇由于位于湘江岸边，在唐代以后逐渐发展为"两街、三庙"，即大街、小街、水府庙、关圣庙和康皇庙。清乾隆二十六年（1761 年），零陵县衙设冷水滩分衙，派县丞署理政务，民国初改设镇。1949 年以前，冷水滩镇集市贸易一直集中在冷水镇鱼坡码头和大街东头[4]；其他集镇大多沿大路或临河而建，除黄阳司、楚江圩、邮亭圩等少数集镇，有数条街巷外，一般仅有 1 条石板小街，十几家店铺[5]；境内有 12 个农村圩场，有日日为圩和三日一圩两种形式。

（二）城市历史商业街区例举

　　明清时期，永州境内各县城，城市空间以街巷式布局。城内布局除官府建筑有严格的形制和规定外，其他公舍、秩祀、商肆、作坊、居住等皆混杂相处，体现了经济社会的发展特点。

　　历史上，永州地区设于湘江潇水岸边和"湘桂走廊"及驿道上的商业市镇发展最好。如今仍保存完好的零陵区和冷水滩区交界处的老埠头街、零陵区柳子街和东安县芦洪市镇的古街风貌，是当时永州地区商贸建筑景观建设发展的真实反映。柳子街在本章"城市居住建筑的布局特点"一节已经介绍，这里介绍老埠头古街和东安县芦洪市镇古街如下。

[1]　张泽槐. 永州史话 [M]. 桂林：漓江出版社，1997：283.
[2]　张泽槐. 永州史话 [M]. 桂林：漓江出版社，1997：286.
[3]　张泽槐. 古今永州 [M]. 长沙：湖南人民出版社，2003：81-82.
[4]　湖南省永州市，冷水滩市地方志联合编纂委员会编. 零陵县志 [M]. 北京：中国社会出版社，1992：376-377，1012.
[5]　湖南省永州市，冷水滩市地方志联合编纂委员会编. 零陵县志 [M]. 北京：中国社会出版社，1992：353-354.

1. 老埠头古街

老埠头古街、古码头距离永州古城北门只有约 5km，在潇湘二水汇合处。古街跨越湘江，分湘江东岸老埠头古街和湘江西岸老埠头古街，分属永州市零陵区和冷水滩区。自唐代兴起，五代时在此设潇湘镇，宋代改曰津，明代改设驿丞曰湘口驿，至清代发展成商业街道延绵五里的商旅重镇，改曰湘口关，后称为老埠头。

老埠头是"湘桂通津，永（州）宝（庆）孔道"。在此沿湘江及湘桂驿道通达广西，沿潇水及湘粤古道可至广东，沿湘江而下与古驿道可抵衡阳、长沙。唐代以后，老埠头便是湘、粤、桂三省边境的商旅重镇，是三省重要物资集散地和中转地，也是永州各种社会生活和民俗活动的重要表演场所。老埠头是地理意义上的潇湘之所，由老埠头上溯半里便是潇湘八景之首"潇湘夜雨"所在地萍岛。如今老埠头保留有古街、古驿道、古码头、潇湘庙、书堂寺遗址、古亭、古塔（文秀塔）等文物本体，构成老埠头古建筑群（图 5-4-10）。街道空间与建筑至今还保留了明清时期的特色，原真性强，从一个侧面反映了永州城当时的经济文化发展特点，是研究封建社会商贸活动、交通往来的"活化石"。街道两侧的店铺是研究清末以前永州商贸建筑空间的典型实例。

老埠头古街横跨湘江东西两岸，过去古街两旁商铺及作坊林立，百业兴旺，目前只有湘江西岸古街保存完好。西岸古街与通广西、东安、宝庆（邵阳）的古驿道相连，街道长 200m，宽 4m，古道用宽 0.5m，长 2m 的青石板铺成。古街两旁现只余 17 座清代至民国期间的商贸建筑，分别用作商号、伙铺、作坊、驿栈。靠湘江一侧的商贸建筑多为一层的砖木结构硬山顶建筑，一般为两开间三进深，均采用前店后铺的使用方式；其另一侧商贸建筑则多为二层的砖木结构硬山顶建筑，一般为两开间三进深，少数为一开间三进深，均取上店下铺与前店后铺相结合的使用方式。街道两旁的商贸建筑都在临街一面设柜台，柜台高 1.1m，宽 3.5m，两开间的建筑设有两个柜台。柜台一般设在右侧或左右两侧，中为可拆除和移动的木门板，有四扇、六扇不等门页（图 5-4-11～图 5-4-13）。

古街东南尽头为老埠头驿站，现只存一间砖木结构硬山顶建筑。驿站外墙从左至右依次嵌着三方高 2m、宽 0.75m 的碑刻，分别为乾隆十五年的《重修老埠头碑》、道光十一年的《老埠头义渡始末记》、民国 7 年的《老埠头新加义舟记》。驿站前通老埠头西码头，码头石阶用宽 0.6m、长 3.5m、厚 0.35m 的青条石横向铺成。沿驿站下石阶二十级到达一直径为 6m 的半椭圆形石坪旷，这是待渡商贾旅客的休息之所。由坪旷下湘江有三十多级石阶，枯水季节石阶全然露出，丰水季节二十多级石阶淹没在江面水里，以坪旷为连接点，老埠头西码头呈"之"字形结构。

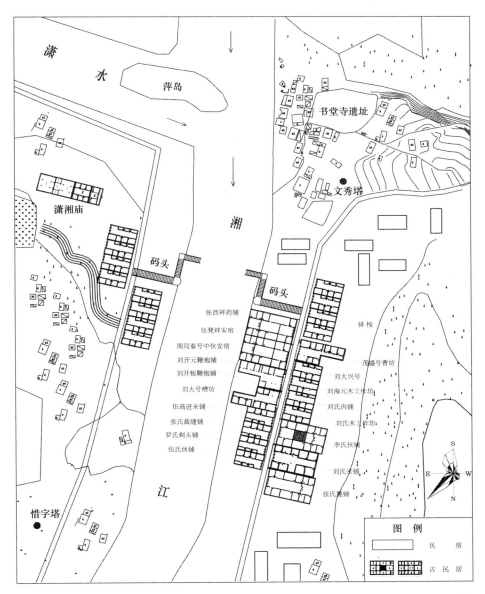

图5-4-10　永州老埠头古建筑群总平面图
（资料来源：永州市文物管理处提供）

　　东岸老埠头古街古驿道北通祁阳、衡阳、长沙，南抵零陵古城。东岸
古街古道、码头与西岸相仿，通过东岸码头与西岸码头联系。目前，东岸
老埠头古街只余修建于乾隆年间的贞节亭及吕大兴号商铺和古街道，东码
头一段。距贞节亭北约200m和400m处有两座石拱桥，均为单拱，分别
修建于清代和明代。沿东岸老埠头南行五里抵潇湘庙[1]。

---

[1]　湖南省文物局．第七批全国重点文物保护单位申报文本——老埠头古建筑群[Z]，2010.

图5-4-11 永州老埠头西岸古街鸟
瞰图
（资料来源：永州市文物管理处提供）

图5-4-12 永州老埠头西岸古街2号
（资料来源：永州市文物管理处提供）

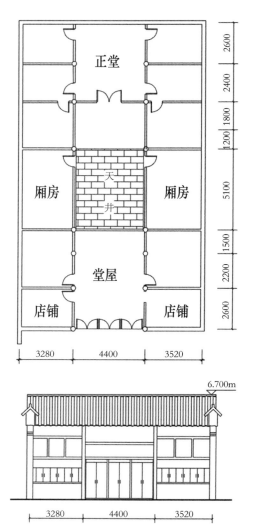

图5-4-13 老埠头西岸伍登祥、
张西祥药铺平面图和立面图
（资料来源：永州市文物管理处提供）

潇湘庙以南,潇水北岸是永州人俗称的潇湘庙下的"半边铺子"一条街,长达2.5km。它南起潇湘庙,北抵湘江东岸老埠头古街的商业古街,过去是各种物资的集散地,今"半边铺子"已不存。2011年,湖南省人民政府公布老埠头古建筑群为省级文物保护单位。

2. 东安县芦洪市镇古街

芦洪市镇地处东安县的中北部,距今永州中心城区（冷水滩区）20km。芦洪市是东安县最早的县府所在地。这里地势险要,交通方便,古代驿道和兵备道由此经过,是历史上兵家必争之地。春秋战国时为楚南境,汉属零陵郡,置东安驿。西晋惠帝永熙元年（290年）正式置应阳县。因县府建在应水（即芦洪江）北岸，故称应阳。五代十国时期，这里属陈国，先后被封为应阳男国、应阳子国、应阳公国。隋文帝开皇九年（589 年），陈国灭亡，应阳公国被废，划归泉陵县。因其是进出广西、广东等地要道，唐武德七年(624 年)，为防瑶民起义，在此设芦洪戍。北宋雍熙元年(984 年)改称东安县，沿用至今。明洪武三年（1370 年）设芦洪巡检司。清代沿称芦洪司，民国时期撤司改称芦洪市。新中国成立后更乡为镇，即芦洪市镇。

特定的历史和地理环境，造就了芦洪市的繁荣。芦洪市历代是冷水滩、祁阳、东安、邵阳等商贾云集之地，客栈很多。明万历年间(1573～1620年)，江西商人李陆洪在水埠头（今芦江市场桥东头）收购桐油，并设"陆洪油市"，当时永州、邵阳、衡阳及广西、贵州、江西等地的油商都到这里进行桐油交易。

芦洪市镇主要有三条老街，整体呈"Z"形沿芦洪江延展，至今保存完好（图 5-4-14）。老街全长 1900m，宽 6m，街区面积达 2km²。临街建筑是连为一体的砖木结构铺面，青砖黑瓦，两层居多，木楼板，雕花木质门窗，出檐深远，大部分建筑沿街楼上做吊脚阳台，部分建筑用封火山墙，是比较典型的湘南古民居。

芦洪市镇历史悠久，人文荟萃，文物遗存丰富。在芦洪市镇的街上，一座长 56m 的三孔石拱桥斩龙桥横跨芦洪江，是湖南省现存最早、最好的三座石拱桥之一。此桥"创自宋代"（《东安县志·山水》），是古芦洪八景之一："龙桥洪峰"。镇东郊 1km 的九龙山脚下，有载入湖南省志名胜的九龙岩，摩崖上共刻有宋代至清代石刻 43 方，其中宋代石刻 30 方。最早的一方为北宋淳化三年（992 年）东安县令张太年所题"平将寇"（镇压农民起义）和"芦洪置司"。宋明理学开山鼻祖周敦颐、宋朝宰相曾布、湖湘学派创始人之一的胡寅等历史名人在此也都有诗文题刻，具有较高的历史、文学及书法艺术的价值。2002 年九龙岩被公布为省级文物保护单位。以古镇为中心，向北 4km 为清末将领被朝廷赐封为太子少保的席宝田故居，向南 4km 为民国时期的爱国将领唐生智故居——树德山庄，现均为国家级文物保护单位。2009 年，芦洪市镇被宣布为湖南省第二批历史文化名镇。

图5-4-14　东安县芦洪市镇老街
（资料来源：湖南日报网络版，2012-08-09，郭立亮摄）

与学校建筑和祭祀建筑相比，永州的商贸建筑的历史发展是缓慢的。究其原因，是多方面的，如地区地理位置、地形地貌、交通条件、在全国的经济地位和交通地位、地区的经济类型、生产与生活方式，以及社会状况等，都是影响地区经济和商贸建筑发展的重要因素。从之前的分析可以看出，古代永州城的发展与其所处的战略位置等因素有关，并由此带动地区经济和建筑景观的发展。唐代中叶以后，由于全国经济中心和交通干线东移，永州在全国的交通枢纽位置下降，加之地区的灾荒、社会矛盾和斗争不断出现、地区的物质生产方式和经济转型不明显，货币经济发展晚，所以与之相联系的商贸建筑景观发展是缓慢的。与湘江流域其他府州城相比，明清时期，永州城的商贸建筑景观空间发展是最慢的，是滞后的，以致城市空间也没有得到进一步拓展。

第五节　明清永州地区城市塔建筑的发展特点

古印度人以塔为佛祖的象征而加以崇拜，"窣堵坡"为其佛塔的原型，是释迦牟尼圆寂之后建造的掩埋其舍利的一种半球形坟堆。后来凡欲表彰神圣、礼佛崇拜之处，多造佛塔。印度佛塔随佛教传入中国后，与中国文化结合，其建筑样式、建造技术和文化内涵均发生了很大改变。如从建筑类型看，有楼阁式塔、密檐塔、金刚宝座塔、喇嘛塔、单层塔、傣族佛塔、宝箧印塔、五轮塔等多种类型；从塔的基本组成看，自下而上一般由地宫、基座、塔身和塔刹四部分构成；从建造技术看，有木塔、砖塔和石塔等；从文化内涵看，有佛塔、风水塔（文峰、文昌、文兴塔）等。

早期中国古塔多与佛教寺院结合，后来，随着中国风水文化发展，各地风水塔逐渐增多，以补一地景观之不足。清人屈大均在《广东新语》中说，在"水口空虚，灵气不属"之地，"法宜以人力补之，补之莫如塔"[1]。明清时期，风水塔成为中国各地重要的"风水建筑景观"之一。

讲究风水是中国古代城市和建筑选址与布局的重要思想，对古代城市和建筑的选址与布局产生过深刻的影响。据相关学者研究，至少于西汉时期，风水学已经成为一门独立学科。英国近代生物化学家和科学技术史专家李约瑟说，风水理论实际上是地理学、气象学、景观学、生态学、城市建筑学等多个学科综合的自然科学，今天重新来考虑它的本质思想以及它研究具体问题的技术，是很有意义的[2]。风水理论体现了中国古代朴素的

---

[1]　（清）屈大均. 广东新语·卷十九·坟语 [M].
[2]　李约瑟著. 中国的科学与文明 [M]// 林徽因等著. 风生水起：风水方家谭. 张竞无编. 北京：团结出版社，2007：封面.

景观生态精神，是中国古代理想的景观模式。一方面，古人按照风水环境理论对城市和建筑进行合理选址与布局。另一方面，当山形水势有缺陷，不尽符合理想景观模式时，古人往往又通过人工的方法加以调整和改造，"化凶为吉"，如改变河流、溪水的局部走向；改造地形；建风水塔、风水桥、水中建风水墩、风水楼阁和牌坊；改变建筑出入口朝向等方法来弥补风水环境和景观缺陷，使其符合人们的风水心理期盼[1]。这些用来弥补风水环境和景观缺陷的塔、桥、水墩、楼阁和牌坊等，即是人们建设的理想的"风水建筑景观"。

明清时期，永州境内以建造风水塔为主，本节在介绍永州地区城市古塔建造特点的基础上，重点论述明清永州地区城市塔建筑景观的地域特征。

一、永州地区城市古塔的建造特点

永州早在唐代就有造塔镇灾的传统。"文化大革命"期间拆除的毕方塔就是一例（见第四章第三节）。

如今，永州地区明代以前的古塔建筑已经很少，古城附近建设年代较早、保存完好的古塔建筑景观主要有永州城零陵区的回龙塔、祁阳县的文昌塔、道县的文塔、东安县的吴公塔、新田县的青云塔、蓝山县的传芳塔、江华瑶族自治县的凌云塔等。传芳塔和凌云塔前文已经介绍过，这里介绍其他古塔的建造特点[2]。

1. 零陵回龙塔

回龙塔位于永州市零陵区城北回龙塔路潇水东岸，为永州八景之一："回龙夕照"，与潇水上游 2km 处永州八景之一的"愚溪眺雪"、"朝阳旭日"，以及下游 5km 处潇湘八景之一的"潇湘夜雨"遥相呼应。

与毕方塔镇压火灾的作用相同，回龙塔是明万历十二年（1584 年），由邑人右佥都御史吕藿为镇水患而建。历史上，零陵地区水灾频繁，潇水两岸经常"洪峰瀚漫，白浪滔天"，永州古城多次遭洪水淹没，老百姓求神拜佛都无济于事。永州人民认为是孽龙兴风作浪。明万历十二年，邑人右佥都御史吕藿，捐金在城北二里许，临近潇、湘二水汇合处的潇水东岸建造了回龙塔，以期"回"住孽龙，镇住水患。据《永州府志》和《零陵县志》记载，镇水患正是回龙塔创建的渊源。《零陵县志》记载："因郡城水势瀚漫，藿捐金造回龙塔于北江，以镇慑水患"。现今塔的底层门额题有钦差巡抚湖广右佥都御史闽人陈省题书的"回龙宝塔"四个行书大字，落款为"邑人钦差巡抚操江右佥都御史吕藿所建"。

[1]　林徽因等著. 风生水起：风水方家谭 [M]. 张竞无编. 北京：团结出版社，2007：11-12.
[2]　零陵地区地方志编纂委员会编. 零陵地区志 [M]. 长沙：湖南人民出版社，2001：1485-1488.

回龙塔外观七级八面,内部用砖拱楼面分割成五层,为楼阁式砖石结构,由内外两个砖砌筒体构成,通高38.5m。底层用青石条建造,直径13.4m,边长5.67m,高4.44m,外墙厚3m,内墙厚2m,回廊宽0.8m。从下至上逐级收缩,二层以上为青砖砌筑。内外筒体之间以砖墙相连,空隙部分设置青石或青砖阶梯,但每层阶梯进出方向不同,犹如迷宫,可拾级而上,盘旋至顶层。塔身中空,自外及里,可分平坐、外墙、回廊、内墙和塔心室五个部分。塔心室均为八方形叠涩穹隆顶和八角平底。底层顶部外围(平坐)置石栏杆,由望柱、寻杖、栏板和地栿组成,无斗栱饰物,栏板上雕刻花木禽兽图案。塔外观第二、四、六层上均设平坐,但无栏杆。第四、六层下设腰檐。二层以上平坐和腰檐下设双抄五铺作斗栱,斗为砖制,栱为石作,装饰艺术效果明显。平坐用青石板铺面。檐部斗栱,第一跳头上为瓜子栱,每垛之间作鸳鸯交手,第二跳头上置檐头,檐角徐徐翘起。二层平坐平施补间铺作六朵;三层檐部、四层平坐及五层檐部平施补间铺作五朵;四层、六层平坐及七层檐部平施补间铺作四朵;每隅角砌有斗栱三朵。三、五、七层明檐上盖绿色琉璃瓦,八方檐脊角上堆塑云龙,角下悬挂铜铃。

回龙塔坐北朝南,底层在东、南、西三面设券门出入。因外墙极厚,故进门就形成一甬道,甬道一侧有一至两个壁龛,穿甬道而过,内为回廊,内墙三方辟券门与外门相通。塔内、外壁均设壁龛,以供佛像,相间而成。外壁佛龛一至六层共96个,内壁佛龛一至五层共35个。其中,正对正门的一个壁龛最大,高120cm,宽80cm,深70cm,仿木结构,造作考究。内墙亦厚,故每门洞内也形成甬道,直通塔心室。第二层以上每层设有券门,券门两侧砌有假窗,可从券门走出塔身,沿平坐绕行,远眺古城胜观。顶层内墙与塔心室拼为实体建筑,收分叠涩,形成圆柱冠,使塔身更加坚实、稳固。塔顶置覆钵,刹柱上置铁相轮2层,铁相轮上叠置宝瓶2层(宝葫芦),顶上置有避雷铜针(图5-5-1)。

回龙塔为双筒体的组合结构,配以每层阶梯进出方向的不同,犹如迷宫(图5-5-2)。外观端庄秀美,以平坐及腰檐进行烘托,各层平坐与腰檐之间高度不等,使塔身造型层次分明,富于韵律感。在工程技术和建筑艺术上均有其独特之处,是湖南明代砖塔

图5-5-1 零陵回龙塔外观
(资料来源:永州市文物管理处提供)

建筑中的佼佼者。"与湖南省内名塔，诸如邵阳的北塔、衡阳的来雁塔、沅江的凌云塔、祁阳的文昌塔等相较，回龙塔历经明、清、民国等朝代而从未有维修史事，至今完整无缺，实属罕见。"[1] 充分体现了回龙塔从选址到设计再到建造技术的科学性，显示了永州古塔建筑艺术的重大成就，是古城零陵的重要人文标志。1959、1972年两次公布为湖南省省级文物保护单位。1979～1981年，湖南省文化厅文物处拨款对回龙塔进行过一次全面修缮，1983年重新公布为湖南省省级文物保护单位。

2. 祁阳县文昌塔

文昌塔位于祁阳县城湘江东岸的"万卷书岩"上，祁阳师范学校西侧，与国内三大露天碑林之一的浯溪碑林遥相对

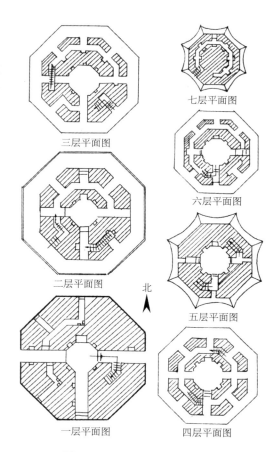

图5-5-2　零陵回龙塔平面图
（资料来源：永州市文物管理处提供）

峙。塔始建于明万历十二年（1584年），由当时担任铜仁知府的祁阳人邓球倡众修建，于旁并创文昌书院，选士讲学。明天启年间（1621～1627年），邑人礼部尚书陈荐之子陈朝蕲，误信形家"有碍风水"之说而煽众毁之。清康熙九年，知县王颐建文昌阁于文昌塔废址，"并于阁后仍构书院为肄业所"。后以"踵增无人"，阁犹存而书院则为僧院。清乾隆十一年（1745年）邑贤两广总督陈大受迁文昌阁于塔址旁山阜，在文昌塔原址上重建，即为现存之塔（图5-5-3）。乾隆十四年，知县李映岱重建文昌书院于新阁，有讲堂、大成殿、文昌祠、正谊堂、官厅、雨亭等建筑。文昌书院今已不存，旧址今为祁阳师范学校。

祁阳县文昌塔与永州回龙塔结构和形象相同。塔坐东南朝西北，为七级八面楼阁式砖石结构，由内外两个砖砌筒体构成，通高36.68m。塔基为双层青石须弥座形式，基座用青石砌筑，直径18.2m，每边长7m，从下

[1]　湖南省文物局. 关于推荐回龙塔为第七批全国重点文物保护单位的报告 [Z], 2010.

图5-5-3 祁阳县文昌塔
（资料来源：祁阳县旅游局．祁阳旅游
（画册）[M].2012：3）

240

至上逐级收缩，二层以上为青砖砌筑。内外筒体之间设青石阶梯，石阶回环曲折，拾级而上，盘旋可至顶层。塔心室六层，每层均为八方形叠涩穹隆顶和八角平底，均置神龛。与永州回龙塔相同，第二、四、六层上设平坐，第四、六层下设腰檐，但平坐上置石栏杆。二层平坐平施补间铺作六朵；三层檐部、四层平坐下平施补间铺作五朵；五层檐部、六层平坐及七层檐部平施补间铺作四朵；第一跳头上不置横栱，而是在跳头上搭接石条，形成连续的"横栱"外观，构造做法比永州回龙塔的斗栱、铺作简单，这些也是与永州回龙塔不同的地方。三、五、七层明檐上盖黄色琉璃瓦，八方檐脊角上堆塑云龙，角下各兽头均口含一枚铜铃。

塔各层高度不等，第一、二、三、五、七层每层设四真四假共 8 个拱门，第二、三、五层券门两侧砌有假窗，门楣及各处神龛均有精细浮雕。一层正门门额题上阴刻"文昌塔"三字，四周为立体镂空浮雕石刻，上面的浮雕现已损毁，下面为"二龙戏珠"，两边为文昌帝君形象。其余各层也均在内壁上嵌有对联、建塔记等碑刻。

塔刹由基座、覆钵、刹柱、相轮和宝瓶组成。刹基为须弥座式样，五层，鼓形；刹柱和相轮为六边形；铁铸的相轮和宝瓶各1层。祁阳县文昌塔"栱斗出檐，石栏石瓦，具有典型的明代建筑风格"。塔内一到六层塔心室分别供奉着文昌帝君、观音菩萨、太上老君、文财神、关帝君、魁星六位主宰文运或与文章兴衰有关的神仙菩萨。自建成以来，成为当地文人学子顶礼膜拜的圣地，也是大众聚会登览的胜地。目前塔身已向东倾斜。1983 年祁阳县文昌塔被列为省级重点文物保护单位。2002 年曾对全塔整修过一次，现有八尊佛像为 2011 年重塑。

3. 东安县吴公塔

吴公塔位于东安县城 12km 的紫溪镇北 1km 处的紫溪河北岸的悬崖上（图 5-5-4）。

紫溪镇是东安县的老县城，自宋雍熙元年（984 年）至民国 36 年（1947年），东安县城都在紫溪镇。清乾隆十四年（1749 年）冬，时任东安知县吴德润主持，在县城边建造这座塔。塔未建好，吴公就调走了。继任县令

荆道乾续建此塔，历时三年，于
乾隆十七年（1752 年）五月竣工。
吴公塔也是一座"文昌塔"，起
初取名叫"回隆塔"，希望此塔
能开启一方文运，"回涧紫水文
光射"（塔内荆道乾题记）。为纪
念前任县长的政绩，民众把这塔
命名为"吴公塔"。据清光绪的
《东安县志》记载："知县吴德润
与荆道乾先造浮图，塔建成后，

图5-5-4 东安县吴公塔

民众将此塔以'吴公'命名，以示纪念。"塔建成后，荆公曾邀请当地的
文人雅士以塔为主题吟诗作对，并请门生陈兼善刻在石碑上立于塔内。四
层塔心室内壁嵌有荆道乾、王嘉坚、左本芳、俞熊飞、旷敦本等人于乾隆
庚寅年（1770 年）孟冬月的题记石刻四块，宝顶上镌有"乾隆庚寅年冬之
吉日"石刻，字迹至今清晰。

　　吴公塔结构与外观形态与永州回龙塔相似，为七级八面楼阁式砖石结
构建筑。通高 30m，底座直径 11m，边长 4.65m，从下至上逐级收缩。外
观基座全用青石砌筑；第二、三、四层底部用青石平砌，上面用青砖；第五、
六、七层全用青砖平砌。第一、二、四、六层设塔平坐，第三、五、七层
设腰檐。平坐和腰檐均用青砖平铺叠涩出挑，其面层均以青石板为主，檐
角略翘，第一、二、四、六层周围砌有青条石栏板，可供游人凭栏远眺。
塔各层高度不等，除第四层外，其余各层均有券门。第一层西、南两向为
假券门，第二、三、五层券门两侧砌有假窗。底层正门和北门楣刻有"吴
公塔"，侧门刻有"艳爽"等字样，字体包括篆、行、隶、鸟篆等，加之
四层留下的清人咏塔碑文，文化韵味甚浓。

　　吴公塔外观七层，内实六层，这种偶数层次，为不多见。第一层内塔
心室内壁各方均有佛龛，佛像已毁于"文化大革命"破四旧之中。内部阶
梯开口处都在西南方向。一至五层均为八方形叠涩穹隆顶和八角平底，由
周边石级盘旋至顶层。

　　最为突出的是，塔内第五、六层及塔刹设计、构筑别具匠心。第五层
叠涩穹隆顶上立一中空八角砖柱，以支撑塔刹，八角砖柱穿过第六层，与
塔顶相连，顶光直通塔室，使五、六层与塔刹相连一体。顶光透入塔室之内，
但又防止了雨水渗漏，设计与构筑巧妙。六层无穹隆顶，绕八角柱有内廊
一周，经券门至塔外连廊（外观六层平坐），绕塔凭栏俯视。塔刹由刹基、
覆钵、宝盖和宝顶组成，全为石构。其中刹基二层，八角状；仰钵三层，
下大上小；宝盖和宝顶各一层。石宝顶四出翼角，雕工细致，观之若飞。

"一峰高竖紫溪边，紫水长天一色妍；即看紫云天际现，他年青紫羡联翩"（塔内南岳居士旷敩本题记），吴公塔一经建成，就以"塔峰插汉"而号称东安古城第一景，成为古城的标志性建筑。吴公塔坚实牢固，目前除每层石栏在"文化大革命"时期大部分被毁坏外，主体大部特别是石质塔刹等仍完好如初，原汁原味，湘桂铁路从塔旁经过，对其振动无损，可见其建筑工艺之精致。吴公塔在平面布局、内部营造、塔刹设计等方面都体现了较高的技术水平和工艺水准，具有相当高的历史、艺术、科学和景观价值。全塔完好地保持着清代修塔风格和技艺，是研究当时永州建筑文化和历史的难得标本 [1]。1983 年被列为县级文物保护单位，2002 年被列为省级文物保护单位。

4. 道县文塔

道县文塔坐落于县城以东 4km 的上关乡宝塔村潇水西岸的雁塔山上（图 5-5-5）。始建于明天启年间（1621～1627 年），清乾隆二十九年（1764 年）重建。原为镇守潇水中的河妖，不使泛滥成灾而修建。塔名系当时的道州知府曾文鹤所取，意指文脉深远、文风昌盛。塔内有石刻对联"文星常主照，地脉永钟灵"。

道县文塔内部结构与永州回龙塔相同，外观形象与其相似，为七级八面楼阁式砖石建筑，高 25.3m。基座用青石砌筑，直径 12m，每面宽 5.4m，高 4.1m，从下至上逐级收缩，二层以上为青砖砌筑。第一层每面券门一个，无窗，东、西、南、北四个券门门楣分别题刻"万里云程"、"气蒸丰岭"、"一州砥柱"、"秀挹宜山"，其他各向为券门洞，假门。二层以上每面券门一个，门两侧为假窗。塔身中空五层，每层均为八方形叠涩穹隆顶和八角平底（图 5-5-6），均设神龛，均有浮雕和题刻，由周边的阶梯盘旋至顶层。

外观第二、四、六层设塔平坐，第三、五、七层设腰檐。平坐和腰檐下用青砖平铺叠涩出挑，但叠涩方式各不相同。平坐面铺青石板，腰檐面也为青石板，并在檐角用青

图5-5-5　道县文塔

[1]　湖南省文物局．关于推荐吴公塔为第七批全国重点文物保护单位的报告 [Z]，2010.

石板起翘伸出。第七层的檐脊角上堆塑云龙。塔刹由四层鼓形砖石刹基、一层石钵和宝瓶组成，目前宝瓶已损坏，倒置在石钵上。

道县文塔的结构形式和造型风格，都体现了当时南北造塔技术的融合，形成了独特的建筑风格。1964 年对其加修维固，"文化大革命"期间损毁严重，现已无法拾级登临。

图5-5-6　道县文塔内八方形叠涩穹隆顶

2003 年公布为永州市市级文物保护单位。

5. 新田县青云塔

青云塔坐落在新田县城正南 1km 处春陵河东岸的翰林山巅，高塔直指云天，故名青云塔。清咸丰九年（1859 年）建，七级八面楼阁式，通高 35.46m。塔门朝北，券门门楣石匾阴刻"青云塔"，其上浮雕"三龙戏日"和双狮。第一级用当地产的石料砌筑，设须弥座高 0.94m，墙厚 3.85m，内径 4.5m。二级以上均为青砖砌筑，从下至上逐级内收，高度也逐渐降低。三至七层隔层设券门和圭形窗，两两相对。塔心室均为八角平底和八角叠涩穹隆顶，墙壁设 139 级青砖阶梯，拾级绕上，盘旋可至顶层。塔顶置覆钵和铸铁宝葫芦，尖尖向上。

新田县青云塔与蓝山县传芳塔的结构和外观形态相同，但各层塔檐叠涩简单，第一层用石料叠出两层，二至七层塔檐用青砖平铺出挑均为两层，再用青石盖面，共出挑三层。每层檐角用石料简单起翘，外观朴素大方。1919、1981、1996 年三次照原貌维修。现塔身保存完好，可供游人参观浏览（图 5-5-7）。1982 年公布为新田县县级文物保护单位，2003 年被公布为永州市级文物保护单位。

另外，永州境内现存规模较大的古塔还有如江永县清溪瑶文峰塔、南景村镇景塔，宁远县下灌村文星塔，双牌县文塔等。清溪瑶文峰塔为七级八面楼阁式砖塔，高近 36m；镇景塔为七级六面楼阁式砖塔，高 24m；下灌村文星塔为五级八面楼阁式，青石基座，二层以上为青砖砌筑，高约 20m；双牌县文塔为五级六面楼阁式砖塔，高 10m。这些古塔位于乡村，一般不受人重视。这里简单介绍江永县清溪瑶文峰塔的建造特点。

清溪瑶文峰塔位于江永县城西南约 50km 的粗石江镇清溪村旁，始建于乾隆四十六年（1781 年）。清溪瑶是江永县"四大民瑶"之一，清溪村是一个古老的千年古瑶村落。"文峰塔"原有建筑群总体占地 1500m²，主

图5-5-7　新田县青云塔　　　　　　图5-5-8　江永清溪瑶文峰塔
（资料来源：永州市文物管理处提供）

244

体建筑分上下两部分，即"文峰塔"和"文峰寺"，是清溪瑶民读书、儒教、佛教的活动中心。"文峰寺"坐北朝南，塔寺供奉孔夫子、徐夫子，是瑶族尊孔、追崇儒家、佛教的活动场所。目前，"文峰寺"已损坏严重。

　　清溪瑶文峰塔为七级八面楼阁式砖塔，由基台、基座、塔身、塔刹等部分组成，塔基为石筑须弥座。塔体直径10m，经围33.2m，塔高近36m。塔身自下而上逐层收分至塔顶，每层东西南北四向开有相对的砖拱门，其他四向设有凹进的拱形装饰窗龛（图5-5-8）。每层塔檐用青砖叠涩出挑6层后改用砖制斗栱承挑青石出檐。塔外设石围杆，可扶栏远眺。每层棱角用青石雕刻打造成飞檐翘角。塔心室均为八角平底和八角叠涩穹隆顶，沿塔壁青砖阶梯盘旋可至顶层。据专家考察，清溪瑶文峰塔的砖块设计有10种，如长方形、正方形、梯形、扇形、三角形、斗栱形、花瓣形等。这些砖块工匠操作、装饰时不需切割、砍劈，可根据各部位的需要挑选砖块，砌时十分方便。

　　清溪瑶文峰塔建造工艺精湛，是我国瑶族地区保存较好的唯一古塔，自始建至今从未维修过，除塔的顶部在乾隆四十八年（1783年）遭受雷击，几乎被劈掉一半外，其余各处都保存较好，具有较高的研究价值。1987年文峰塔被公布为江永县县级文物保护单位，现在为省级文物保护单位。

明清时期，永州境内不仅城市边缘普遍建塔，在乡村，修建之风也极盛，主要为昌文风的惜字塔。目前保存的数量与形式之多，为全国其他地区少见，成为永州城乡重要的历史文化景观。笔者根据调研和相关资料统计，永州境内现存古塔大致分布如表 5-5-1 所示。

永州境内现存古塔分布概况 　　　　表5-5-1

市县名	塔名及所在地
永州市	永州回龙塔（1584 年），老埠头潇湘古镇文秀塔（1808 年），邮亭圩镇淋塘村字塔（1815 年）
祁阳县	祁阳县文昌塔（始建于 1584 年，1621～1627 年间毁坏，1745 年重建），祁阳县白果市乡大坝头村惜字塔（1800 年）
东安县	东安县吴公塔（1749～1752 年），石期市镇文塔（1748 年）
蓝山县	传芳塔（1563～1573 年重建）
道县	道县文塔（始建于 1621～1627 年，1764 年重建），乐福堂乡泥口湾村文塔和龙村文塔
江永县	江永县镇景塔（又名圳景塔），清溪瑶文峰塔（1781 年）
江华县	江华县凌云塔（1878 年）
新田县	新田县青云塔（1859 年），枧头镇彭梓城村文峰塔（康熙初年）、砠湾村惜字塔（1824 年）、唐家村惜字塔（1882 年）；毛里乡毛里村惜字塔（1865 年）、梅湾村惜字塔（清咸丰年间）、青龙村惜字塔（清代）；金盆圩乡下塘窝村文峰塔（1828 年）、云砠下村惜字塔（1841 年）、陈晚村惜字塔（1869 年）；石羊镇欧家窝村惜字塔（1832 年）、龙眼头村惜字塔（1876 年）；大坪塘乡平陆坊村惜字塔（1871 年）和长富村惜字塔（1882 年）；陶岭乡大村惜字塔（1907 年）和周家村惜字塔（1840 年）；十字乡大塘背村惜字塔（1831 年）；莲花乡兰田村惜字塔（1858 年）;高山乡何昌村惜字塔（清咸丰年间）;骥村镇陆家村惜字塔（清代）;知市坪乡龙溪村文峰塔（清代）;冷水井乡刘家山村文峰塔（清代）
宁远县	下灌村文星塔（1766 年），湾井镇东安头村文塔，九嶷山瑶族乡西湾村文塔
双牌县	江村镇黑漯村文塔（1844 年），双牌县阳明山仙神塔

资料来源：根据调研和相关资料统计。

从上述的介绍和表 5-5-1 可以看出，明清时期，永州境内的塔主要为文昌塔。文昌塔又称文塔、文笔塔、文峰塔、惜字塔等，为民间最常用的镇风水、旺文风、启智利学业的"法器"。

在山形水势较差的地方建风水塔、桥、水墩、楼阁和牌坊等，以弥补城市风水环境和景观缺陷，是中国古代常用的做法。另外，据笔者考察，古代寺庙也是风水建筑的重要内容。明初建于道州（今道县）城的回澜寺就是一例。清康熙九年的《永州府志·外志·寺观》载道州回澜寺："回澜寺在州治外东，州尽因本郡形胜，沱水南来，濂水西来，潇水并左右溪北

245

出。众水汇于郡前。此州独溯流而上,砥柱中流,若巨鳌状。古人建寺于此,正欲升一郡之水口所关最重。先时科第蝉联,民庶殷富,无何。岁久弗葺,倾圮无遗,鞠为茂崒。凡百余年。所致科名寥落,民亦凋残。故老谋复葺。僧遍募多年仅构空殿一座。迨万历辛亥(1611 年)州首梁公租尧……重修之……国朝顺治州首高攀龙重修之,然亦不及旧矣。"说明古人希望通过修建"风水寺庙"来镇风水、兴文运。

明清时期,永州境内在普修文昌塔的同时,也修建有许多镇风水、倡文风的文昌阁。如江永县自乾隆以来,县内城东、城南、城西、城北、马河、枇杷所、桃川、棠下、上甘棠等地均建有文昌阁,后多毁废。

永州地区现存 1949 年以前修建的文昌阁也主要在江永县境内,如:江永县潇浦镇陈家村文昌阁(县内保存完好的唯一的官式文昌阁,始建于 1599 年,1749 年重建)、夏层铺镇上甘棠村文昌阁(始建于南宋,1620 年重修)、夏层铺镇高家村文昌阁(始建于 1612 年,1918 年重修)、上江圩镇桐口村鸣凤阁(建于清顺治年间)、源口瑶族乡公朝村龙凤阁(建于清乾隆年间)等(图 5-5-9 ~图 5-5-12)。

246

图5-5-9 江永陈家村文昌阁
(资料来源:永州市文物管理处
提供)

图5-5-10 江永上甘棠村文昌阁、步瀛桥

图5-5-11 江永桐口村鸣凤阁
(资料来源:永州市文物管理处提供)

图5-5-12 江永高家村文昌阁、五通感应庙
(资料来源:永州市文物管理处提供)

另外，坐落在永州市冷水滩区城北湘江西岸的文昌阁，1532 年始建，1820 年重建，原由文昌殿、财神殿、观音殿和洞宾楼组成，现仅存文昌殿和洞宾楼。道县文昌阁，位于古道州城的西门外，古城墙钟鼓楼下的湾里街，潇水河畔，与西洲遥遥相望。道县文昌阁始建于明代，1815 年重修。为了防洪水，阁基用青石平砌，三层八面。阁身砖木结构，亦为三层八面，重檐翘角盝顶。底层最高，接近阁身高度的一半。1944 年道县文昌阁毁于日军炮火，现只存阁基。2002 年，"为弘扬传统文化，展示道县时代风采"，重修文昌阁于西洲，改名濂溪阁，为钢筋混凝土框架结构，方形平面三层，但保留了原来的八角翘檐盝顶形式（图 5-5-13）。

图5-5-13　道县文昌阁

二、明清永州地区城市塔建筑景观的地域特征

（一）选址滨于水岸

与城市选址相对应，明清时期永州地区各县城的塔、阁建筑主要为文昌塔和文昌阁，其选址除了少数位于水岸边的山巅之外，大部分都滨于江河岸边，是永州地区古城塔、阁等"风水建筑景观"的一大特色。如：永州回龙塔、祁阳县文昌塔、东安县吴公塔、永州冷水滩文昌阁、道县文昌阁、江永县潇浦镇陈家村文昌阁等都是滨于河岸，距水面多则十来米，少则几米；新田县青云塔位于春陵河东岸的翰林山巅，江华县凌云塔兀立于潇水西畔的豸山之巅，道县文塔位于潇水西岸的雁塔山巅。蓝山县传芳塔也是位于舜水河西畔的回龙山巅。再如：东安县石期市镇文塔建于湘江河湾的巨石上，双牌县阳明山仙神塔建于临潇水岸边的巨石上；江永县夏层铺镇上甘棠村文昌阁位于谢沐河东侧，夏层铺镇高家村文昌阁位于沐水岸

边，等等。

塔本是佛教建筑，最早建于佛教寺庙中。随着儒、道、佛三教思想与文化的交汇融合，塔文化在中国得到了广泛传播。唐代以后，许多寺院不再建塔，塔多建于表彰神圣、礼佛、崇拜之处，如西安慈恩寺塔和南京报恩寺塔等。明清时期，各地除了修建佛塔外，中原和南方地区更多的是修建诸如镇邪塔、纪念塔、文昌塔、文峰塔、惜字塔、风景塔等各种形式的"风水塔"，充分体现了儒家文化对佛教文化的借鉴和吸收，以及风水学发展的特点。

湖南自古就有修建"风水塔"的传统。唐开元年间，岳阳市西南洞庭湖滨就建有镇患压邪的慈氏寺塔。据宋代范致明的《岳阳风土记》载："《图经》：唐开元间，有西域沙门妙吉祥来此，谓父老：'西方白龙之孽会迁此，久则为患，宜建塔镇之'。后数苦于水，土人思其言，遂置塔。"明隆庆年间的《岳州府志》载，塔为"宋制置使孟珙修，旁有珙象"，"县南有塔，宋制"。清同治年间的《巴陵县志》记载："宋治平、建炎间，两经修葺。淳祐壬寅年，孟珙修复。"根据文献记载及塔的造型，现慈氏寺塔应为宋代重建，七级八面实心，高 39m，石基砖身楼阁式，青砖叠涩出檐，檐下无斗栱。

从上文的介绍中可以看出，永州地区古城附近现存明清时期的塔，除蓝山县塔下寺内的传芳塔建于佛教寺院内外，其他县城附近的塔及乡村诸塔均与佛教无关，主要是起壮山川形势、镇风水、兴文运作用的"风水塔"，反映了塔在风水学中对于弥补风水环境和景观缺陷的重要性。古人认为，塔是最好的壮山川形势、镇风水、兴文运的"法器"。清初屈大均的《广东新语》说："塔本浮屠氏所制，以藏诸佛舍利者，即中国之坟也。华人今多建之以壮形势，非礼也。"在"水口空虚，灵气不属"之地，"法宜以人力补之，补之莫如塔"[1]。清乾隆年间赵九峰的《阳宅三要》也说："文笔高塔方位：凡都省府厅州县场市，文人不利，不发科甲者，宜于甲巽丙丁四字上立一文笔塔……或山上立文笔，或平地修高塔，皆为文峰。"明清时期永州地区各县城的"风水塔"、文昌阁大多选址于江河岸边；乡村普修文峰塔、惜字塔，正是这一思想的体现，成为永州地区城乡"风水建筑景观"的一大特色。如今，它们已成为了永州地区城乡重要的历史文化景观，受到各个部门的重视和保护。

（二）形态与结构的相似性

比较分析明清时期永州地区城市附近的塔，其在外观形态和内部结构上的相似性特点非常明显。

在外观形态上，现存古城附近的塔都为七级八面楼阁式，从下至上逐

---

[1] （清）屈大均 . 广东新语 · 卷十九 · 坟语 [M].

级收缩。塔身门洞都为券形，门洞两侧一般为圭形假窗，如永州回龙塔、祁阳县文昌塔、东安县吴公塔、道县文塔等。除新田县青云塔、江华县凌云塔外，其他各塔都设有平坐（第四、六层）和腰檐，檐角起翘。塔刹高耸，层次分明。

建筑材料方面，除蓝山县传芳塔为青砖塔身外，其他各塔第一级都为人工方形石料砌筑，二层以上为青砖平砌（吴公塔第二、三、四层底部用青石平砌）。

我国"砖石古塔的结构类型按内部构造的不同分类有数十种之多，其中主要有：壁内折上式结构、回廊式结构、穿心式结构、穿壁式结构、壁边折上式结构、螺旋式结构、圆形折上式结构、方形折上式结构等。"[1] 永州地区古城附近现存明清时期的塔，在内部结构上，除江华县凌云塔无级可攀外，其他各塔均为砖砌多边形筒体螺旋式结构，墙壁内设青石或青砖阶梯，拾级绕上，盘旋可至顶层。各层塔心室平面与外观平面相同，为平底和多边形叠涩穹隆顶。

永州地区乡村现存古塔以文峰塔和惜字塔为主，也都为楼阁式。规模较大的有江永县粗石江镇清溪瑶文峰塔、南景村镇景塔、宁远县下灌村文星塔和双牌县文塔等。其余诸塔规模都较城市边缘的古塔小，以三级六面为多，少数为五级六面，砖石砌筑，不能登临，塔刹叠置宝瓶一个或数个。

（三）技艺的地域再分异性

在地理科学中，地域分异即是自然地理环境结构的差异性，是自然景观多样性形成的基础[2]。由于地域自然地理环境结构差异性的存在，地球表层自然景观特征在空间分布上既存在相对的一致性（相似性），又存在明显的差异和有规律的变化。作为人类施加在自然景观之上的文化景观，由于自然地理环境不同，以及政治、经济、文化等方面的地域人文差异，在地域上同样表现为相似性与分异性（即异质性）共存。文化景观的地域分异性，一方面体现在地域之间，另一方面又体现在一个相对独立的地域内部。本文将体现在地域内部的分异性称为地域"再分异性"。

永州地处湘粤桂三省区交界，虽然在战国时期，楚越交通线即已开通，又有秦汉时期的相继开发，但由于受地理环境和自然条件的影响，对外交通发展缓慢，与外界的交流较少。唐中叶之后，全国经济中心和楚粤通衢重心东移，永州在全国的交通枢纽位置下降。元明清时期，永州经济由相对繁荣走向相对衰落，加之山重水复的地理环境、交通发展缓慢、地理间流动少，地域社会内部的社会关系缺乏功能分化，地域社会内部的文化虽

[1] 谭小蓉.某古砖塔抗震性能分析研究 [J].四川建筑科学研究，2011，37（5）：192-195.
[2] 刘德生等.世界自然地理 [M].第二版.北京：高等教育出版社，1986：1-2.

然也相互传播和影响，但这种传播和影响在广度上和深度上往往是有限的，所以地区的文化交流和发展也是缓慢的。可以说，清末以前，永州地区是一个相对独立的小"文化龛"。童恩正先生在比较"中国北方与南方文明发展轨迹"时指出：南方与北方自然条件较差的情况不同，相对黄河平原而言，南方的每一文化龛的范围都不是很大，"这里山峦阻隔，河川纵横，森林密布，沼泽连绵。人们只能在河谷或湖泊周围的平原上发展自己的文化。自然的障碍将古代的文化分割在一个一个的文化龛中（cultural niche）……文化龛之间虽然互相存在影响，但交往却不如北方平原地区那么方便密切。长江流域新石器时代文化之所以种类甚多，类型复杂，其原因即在于此。"[1] 受其影响，永州地区的地域文化景观在体现与其他地域间分异性特征的同时，也具有地域内部"再分异性"特征。前文论述的永州地区佛教寺院的空间结构层次与中原地区一般汉传佛教寺院明显不同，以及永州地区乡村传统聚落景观形态的多样性，正是其地域内部"再分异性"特征的体现。

明清时期，永州地区城市附近的塔在体现相似性特征的同时，也体现了地域内部的"再分异性"特征，表现为南北地区的塔在建造技艺上的明显不同。

1. 永州北部城市古塔的技艺特点

永州地区北部城市现存古塔有祁阳县文昌塔、永州回龙塔和东安县吴公塔等，位于湘江流域上游，它们的共同特点是：

（1）选址都是悬于河畔的岩石上。

（2）砖石结构——塔身第一级为青石砌筑，二层以上为青砖平砌，七级八面楼阁式。

（3）外观有腰檐和平坐层。腰檐和平坐下先用砖石斗栱出挑（吴公塔无斗栱，全为青砖叠涩出挑），再用青砖叠涩出檐；腰檐上盖瓦，檐角起翘，檐脊角上堆塑云龙；平坐角部不起翘。

（4）县城附近的三塔（见表5-5-1），内外层数不等，除楼梯外，各层另有内部回廊。

（5）除平坐层外，每面均设券形门洞，上下在同一直线上，门洞两侧为圭形假窗。

永州地区北部城市古塔采用砖石斗栱出挑、有明显的腰檐和平坐层（东安县石期市镇文塔亦是）的做法，在南部地区是没有的，是其地区特色。如果从地区界域上比较，邵阳市北塔与祁阳县文昌塔和永州回龙塔有相似之处。邵阳市北塔位于资、邵二水汇流处北岸，建于1573～1582年，为七级八面楼阁式砖塔，通高37m，一至三层塔檐下砌如意斗栱并镶以精磨片石，

[1] 童恩正.中国北方与南方古代文明发展轨迹之异同 [J].中国社会科学，1994（5）：164-181.

四至七层檐下用青砖叠砌两层后出檐。在湖南省现存的 140 余座古塔中，檐下用斗栱的，实属很少见，从这一点比较，可以说湘江流域上游和资水流域上游的古塔体现了景观的界域连续性特点。如果从建筑形制与风格上比较，永州地区北部城市古塔在湖南省也几乎是独特的：湖南省其他地区的古塔，虽以七级八面楼阁式为多，但外观很少有明显的平坐层[1]。

2. 永州南部城市古塔的技艺特点

永州南部城市现存风水塔有道县文塔、新田县青云塔、蓝山县传芳塔（佛塔）、江华县凌云塔等。其中，道县文塔和江华县凌云塔位于潇水流域，新田县青云塔和蓝山县传芳塔靠近春陵水上游，与北部城市相比，它们的共同特点是：

（1）选址都是位于河岸边的山巅上。

（2）七级八面楼阁式，无平坐层，从下至上逐级内收，高度也逐渐降低。

（3）塔檐为青砖叠涩，下无斗栱，上面压青石出檐，每层檐角用石料简单起翘，外观朴素大方（江华县凌云塔落成于 1878 年，为近代建筑手法）。

（4）塔内楼层没有内部回廊。

（5）除道县文塔外，其他各塔券形门洞和圭形窗均设在塔身各层阶梯处，故门窗洞口上下不在同一直线上。

永州南部城市现存古塔，风格上没有北部地区古塔风格统一，相互间差异较大，有就近模仿的特点。在建筑材料上，道县文塔和江华县凌云塔相同：第一级为方石砌筑，二层以上为青砖平砌。其他各塔均为石基砖身：塔身第一级即为青砖砌筑。从地区界域上比较，道县文塔在形制与风格上与祁阳县文昌塔和永州回龙塔相似，在建造技术上与东安县吴公塔相同，可以说是永州地区南北古塔形制与风格的过渡。新田县青云塔、蓝山县传芳塔和蓝山县童峰塔（2008 年年初因雪灾坍塌），以及宁远县下灌村文星塔，在形制、风格与建造技术上，与邻近的春陵水上游的桂阳县东塔（1573 年竣工）相似，同样反映了古塔景观在这一区域的界域连续性特点。

总之，永州南北地区城市古塔在建造技术、艺术风格上存在明显的不同，体现了地域文化景观的地域内部"再分异性"特征，是文化景观时代性和空间性特征的具体体现。北部地区城市古塔建造时间相隔较短，它们的建造技术与艺术风格较统一，地域特征明显，是湖南省其他地区很少见的。南部地区城市古塔由于建造时间相隔较长，在形制、风格与建造技术上，相互间差异较大，不如北部地区那样统一。但南北地区城市古塔在空间上都具有界域的连续性特点。对于永州地区而言，道县文塔可以说是永州地区南北古塔形制与风格的过渡。

251

---

[1]　刘国强.湖南佛教寺院志 [M].上海：天马图书有限公司，2003.

第六章　永州古城营建之山水景观文化发展
与影响

现在一般认为，文化景观是指人类为了满足某种需要，在自然景观之上叠加人类活动的结果而形成的景观[1]。人类活动包括生产活动、生活活动和精神活动，文化景观必定或显或隐地蕴涵着历史中积淀下来的人类的文化心理与文化精神。地域文化景观是在特定的地域环境与文化背景下形成并留存至今的，是人类活动的历史记录和文化传承的载体，具有重要的历史价值、文化价值和科研价值[2]。地域文化景观是地域历史物质文化景观和历史精神文化景观的统一体，体现了人的地方性生存环境特征。

山水本为自然景观，由于人类的生产实践活动，留有人类活动的印记，凝结了人类的思维活动，变成了"人化的自然"，成为了人类审美的观照对象，因而也就具有了人文景观的某些特点。本文将留有人类活动印记和凝结了人类思维活动的自然山水景观称为"山水文化景观"。

永州古城山环水抱，是典型的山水城市，古城山水景观文化发育较早。早在唐代，零陵城外就建有山寺园林——东山公园，为永州辖区内最早的园林。相关研究表明，元结和柳宗元是永州山水景观文化建设的先祖。元结开创了永州山水的崖刻文化，而柳宗元在永州谪居的十年间（805～814年），寄情永州山水，不仅留下了许多脍炙人口、影响深远的山水诗文和山水游记，还亲自动手在永州城及周围规划建造了龙兴寺西轩、龙兴寺东丘、法华寺西亭、愚溪、钴鉧潭、钴鉧潭西小丘等多处景点。柳宗元的"永州八记"对于永州城山水的赞誉更是增显了永州古城山水的神韵。唐代以后，中国的景观集称文化发展迅速。吴庆洲先生研究指出："景观集称文化源远流长，若以自然山水景观集称而论，则唐代柳宗元之'永州八记'，应为其滥觞"，认为："永州八记"为"八景"之先声；自然山水景观集称发端于"永州八记"[3]。永州城的山水景观经由唐代元结和柳宗元等人的开发和赞誉而声名远扬。

[1]　汤茂林.文化景观的内涵及其研究进展 [J].地理科学进展，2000，19（1）：70-79.
[2]　王云才.传统地域文化景观之图式语言及其传承 [J].中国园林，2009（10）：73-76.
[3]　吴庆洲.建筑哲理、意匠与文化 [M].北京：中国建筑工业出版社，2005：65.

地域民族文化的涵化过程是地域文化景观形成和发展的文化基础。受城市"八景"文化影响，明清时期永州乡村的"八景"文化景观建设得到了重视和普及。

基于体现地方古城景观建设特色的研究理念，在前面各章关于永州古城形态演变和建筑景观发展特点研究的基础上，本章结合地区山水文化发展特点，主要突出永州古城山水景观文化发展特点及其影响研究。柳宗元的"永州八记"对后世"八景"景观集称文化发展影响较大。学术界一般认为，"潇湘八景图"为北宋文人画家宋迪（约 1015～1080 年）首创。研究资料显示，"潇湘八景图"并非宋迪首创，在宋迪之前，尚有唐五代至北宋，后蜀画家黄筌（约 903～965 年）和齐鲁画家李成（919～967 年，又称李营丘）的《潇湘八景图》。基于本文的研究对象，本章系统梳理"八景"文化的历史渊源，可为"八景"景观集称文化与"潇湘八景图"的起源提供学术讨论视角。

第一节　永州山水景观文化概说

山水既是审美的对象，又是文思的源泉。"若乃山林皋壤，实文思之奥府"（刘勰《文心雕龙·物色》）。受魏晋玄学思想和山水审美意识的影响，晋末，山水诗画、山水园林也从各个领域中独立出来，对山水的自然审美开始进入自觉的追求，晚唐以后，山水自然美更被崇奉为美的极致，对山水的自然审美也由情景交融而至虚实结合再上升到对意境的追求[1]。自魏晋以后，中国传统的山水城市与山水园林营建思想获得了长足的发展与深化。

永州山水景观文化发育较早，久负盛名，并闻名于世界。

永州南连五岭、北临衡岳，地貌复杂多样，山岗盆地相间分布，水系发育，潇湘二水贯穿其中，溪河纵横，自然景观天造地设，与人文景观交相辉映。永州自古有舜乡之称，相传舜帝南巡，"浮湘江而溯潇湘，登九嶷而望苍梧"，"（舜）崩于苍梧之野，葬于江南九嶷"，二妃"溺于湘江，神游洞庭之渊，出入潇湘之浦"。舜帝被尊为中华民族的人文始祖，舜帝和其二妃娥皇与女英的动人故事，给永州的山水平添了许多传奇和神韵，成为人们神往的地方。自夏代开始，历代都不断有帝王，或亲自到九嶷山拜祭，或派使者到九嶷山拜祭。文人墨客为之吟歌赋诗。秦时开通的连接长江与珠江两大水系的"灵渠"和修筑的攀越五岭的"峤道"，

---

[1]　龙彬.中国古代山水城市营建思想的成因 [J].城市发展研究，2000（5）：44-47.

即是两大著名的"山水文化景观",古迹至今犹存。灵渠和五岭嶠道的修建,使永州成为当时中国南方的一个重要交通枢纽,促进了古代中国南北经济文化的交流,为此后永州的发展创造了条件。唐代以前,湖南本土的山水文化就在中国的山水文化脉络中大放异彩,例如屈原的《湘夫人》、《湘君》,陶渊明的《桃花源记》等,但还相对落后,尤其是地处湘南的广大地区。唐代以后,随着地区经济社会发展和迁谪入湘的文人雅士增多,湖南的山水文化得到进一步发展,并形成了繁荣昌盛的局面。自古名山名水多骚客。永州的山水景观文化经由唐代元结和柳宗元等人的开发和赞誉,便一发不可收。之后,许多文人骚客,如:颜真卿、李商隐、欧阳修、宋迪、黄庭坚、寇准、米芾、范成大、陆游、杨万里、徐霞客等纷至沓来,加上永州土生土长的文人画士,如"草圣"怀素、理学开山鼻祖周敦颐、诗人、书法家何绍基等,他们对于永州山水或诗、或画、或刻、或铭、或记,使永州的山水景观神韵得到进一步彰显。明清时期,永州乡村的"山水文化景观"建设得到了重视和普及,突出表现在乡村"八景"文化景观建设上。

古代永州的山水景观文化突出体现在崖刻景观文化和风景"八景"等景观文化建设方面,影响较大。

第二节　永州崖刻景观文化发展及其影响

摩崖石刻是石刻中的一个类别,是刻在悬崖或岩壁上的文字或图画的艺术形式。清人冯云鹏的《金石索》曰:"就其山而凿之,曰摩崖。"古代永州石刻种类较多,如活动碑刻、石像、石画、塔铭、桥柱石刻、井栏石刻、墓志、墓表、摩崖等。本文所述石刻只涉及摩崖石刻(简称崖刻)中的文字石刻。

一、永州崖刻艺术湖湘第一,华南称最

1.秦汉时期,永州石刻艺术萌芽

目前,在永州崖刻中,史书记载年代最早的为零陵区富家桥镇富家桥村淡岩的秦代石刻。据传,秦代永州有个叫周贞实的贤士,名气很大,喜欢在山水间寄情流连。秦始皇曾三次召他去当官,他不喜欢当官,遁世于此,还改姓"澹",这个山洞就是后来的澹岩(即淡岩,上古时候,"澹"通"淡"),又称承平洞。在洞内留有"贞实来游"石刻,但这块石刻现难见留存的实物,只能见诸史书记载。明·徐霞客游记:"有贞实者,秦时人;遁世于此,始

皇三诏不赴,复尸解焉。"清道光八年的《永州府志·金石略·承平洞记》载:"秦始皇时,有周贞实者,遁居澹岩,常来此峡口,有石如掌,有贞实来游四字。"[1]淡岩分亮岩、暗岩两部分。亮岩东侧洞内题有未见年款和署名的隶书石刻"回中"二字,据考证应为秦人所刻(图 6-2-1)。

图6-2-1　淡岩中秦代崖刻"回中"二字
(资料来源:永州市文物管理处提供)

在时间上,史书记载的淡岩石刻不仅是永州石刻之最,而且是湖南石刻之最。在《湖南省志·历代碑刻》介绍中,"秦人零陵承平洞题名"位列第一,说明"承平洞题名"在湖南省石刻中时间是最早的[2]。

东汉时著名文学家、书法家,左中郎将蔡邕(133~192 年)游九嶷,访舜陵时,写下了著名的《九疑山铭》[3]。铭文描写了九嶷山的高峻和兴云播雨,滋润万物的功能,歌颂了虞舜的圣德与养民之恩、教化之功,是最早的直接以永州风物为题材的文学作品,也是至今发现的湖南文苑中最早的一篇铭文。铭文明示,舜帝死后葬于九嶷山,"遂葬九疑,解体而升,登此崔嵬,托灵神仙。"之后,舜帝逐渐被奉为神仙,"九嶷山"也成为万民崇拜的对象。虽然早在汉代蔡邕就著有永州山水铭文,"然仅载铭词,而碑文不著",直到南宋淳祐六年(1246 年)郡守"李袭之既考新宫,遂嘱郡人李挺祖书于玉琯岩,以补千载之阙云。"[4]据清道光八年的《永州府

[1]　(清)吕思湛,宗绩辰修纂.永州府志.道光八年(1828 年)刻本,同治六年(1867 年)重印本.湖南文库编辑出版委员会,岳麓书社,2008 年,第 131-132 页.
[2]　永州市文化局,永州市文物管理处.永州石刻拾萃 [M].长沙:湖南人民出版社,2006:13.
[3]　蔡邕《九疑山铭》曰:"岩岩九疑,峻极于天,触角肤合,兴播建云。明风嘉雨,浸润下民,芒芒南土,实赖厥勋。逮于虞舜,圣德光明,克谐顽傲,以孝蒸蒸。师锡帝世,尧而授征,受终文祖,璇玑是承。大阶以平,人以有终,遂葬九疑,解体而升,登此崔嵬,托灵神仙。"
[4]　(清)吕思湛,宗绩辰修纂.永州府志,道光八年(1828 年)刻本,同治六年(1867 年)重印本.湖南文库编辑出版委员会,岳麓书社,2008 年,第 1108 页.

志·金石略》载，相传蔡邕在永州期间，曾在江华县秦岩洞口书"秦岩"两个大字和道县含晖岩书"水天一色"四个大字。但两处现存石刻旁小字均已漫灭不可识，是否为蔡邕亲书，有待考证。

2. 唐宋时期，永州崖刻艺术兴盛

唐代，散文先驱的元结（719～772年）开创了永州山水的崖刻文化。唐广德元年（763年），曾因事"五过"今永州市祁阳县浯溪。唐大历二年（767年）二月，元结再任道州刺史，从潭州（今长沙）乘舟逆湘江而上，经祁阳阻水，泊舟登岸暂寓。撰《浯溪铭》、《峿台铭》、《唐亭铭》、《大唐中兴颂》，并请书法名家书写摩刻于崖壁上，加上后来的《㝢尊铭》（唐大历二年由道州移刻浯溪）、《中堂铭》、《右堂铭》和《东崖铭》共七铭一颂。元结在永州期间，在零陵撰有《朝阳岩铭》并序，在道州还撰有《㝢尊铭》并序、《五如石铭》并序、《石鱼湖上醉歌》、《七泉铭》，在今江华瑶族自治县撰有《阳华岩铭》并序、《寒亭记》等。在这些碑铭中，现存原碑有《浯溪铭》、《峿台铭》、《唐亭铭》、《大唐中兴颂》、《朝阳岩铭》和《寒亭记》，其他的碑铭均已不存[1]。永州山水经元结和柳宗元的开发和赞誉，众多文人雅士慕名而至，崖刻艺术与山水文化开始兴盛。

宋代，永州崖刻艺术空前繁荣。据永州市文化局和永州市文物管理处2005年的调查，永州范围内现存崖刻石刻1280余方，几乎是以宋碑为主。如祁阳县的浯溪，零陵区的朝阳岩、淡岩，冷水滩区的黄阳司，东安县的九龙岩，道县的月岩、华岩，宁远县的玉琯岩、紫霞岩、飞龙岩、象岩，江华县的阳华岩、寒亭暖谷、奇兽岩，江永县的层岩、上甘棠村等，宋碑刻占据了摩崖石刻的大部分碑面，见后面的"永州崖刻文化景观集粹"一节。

明清时期，永州崖刻艺术与山水文化继续发展，突出表现为风景"八景"集称文化景观的繁荣发展。

总之，唐代元结开创了永州山水的崖刻文化。自元结之后，永州崖刻艺术开始兴盛。如今，永州地区"石刻年代之早，数量之多，品位之高，价值之著，保存之好，可谓湖湘第一，华南称最。"[2]

二、永州崖刻文化景观集粹

永州的崖刻文化景观很多，目前发现比较著名的主要有以下几处。

1. 淡岩石刻

淡岩石刻位于永州古城南13km处的富家桥镇富家桥村淡山（故称"澹山"，"澹"通"淡"）脚下承平洞内。淡山盘伏于潇水和贤水之间，淡岩

---

[1] 永州市文化局，永州市文物管理处．永州石刻拾萃 [M]．长沙：湖南人民出版社，2006：19．

[2] 永州市文化局，永州市文物管理处．永州石刻拾萃 [M]．长沙：湖南人民出版社，2006：序．

深 128m 多，前后有门出入，分亮岩、暗岩两部分。亮岩洞口凿有草书"淡岩"二字，入口处有半月形台基。暗岩面积约 1000m²，地面平坦，上部为穹隆顶，冬暖夏凉。淡岩风景秀丽，每当中秋，月光穿过岩顶的天然石洞射入岩内，照亮月台，形成半圆形状，成为古郡名胜"淡岩秋月"，即明朝永州知府戴浩引为芝城八景之一的"澹岩秋月"[1]（图 6-2-2）。"水石从来数永州，淡岩风景至清幽；洞悬碧落云千缕，树挂黄昏月一钩"（清·蒋濂《淡山岩》），是对淡岩风光的真实写照。

图6-2-2　明代永州八景之一：淡岩秋月
（资料来源：永州市文物管理处提供）

　　虽然淡岩石刻年代最早可追溯至秦代，但在宋代以前的千余年时间里，淡岩石刻一直默默无闻，直到宋代才被重新发现。

　　清康熙九年的《永州府志·艺文二》载，北宋文学家、永州通判柳应辰的《游澹山记》曰："窃思次山、子厚雅爱山水，在永最为多年，独于兹岩无一言及，是必当年晦塞未为人知。惟大中十四年张灏有《石室记》略载其事，是岁懿宗改元咸通，迨今二百一十七年矣。后之游潇湘者以不到淡山岩为恨。幽绝奇胜，实亦可观之地。"[2] 清康熙九年的《永州府志·山川·澹山岩》："《旧经》云：'有周贞实者，秦始皇时人，遁居于此。凡一切成败、未来之事皆能先知之。始皇三召不起。'易三接《山水纪》云：'澹山岩唐以前犹未见，是以不入元柳诗文，至黄山谷始题识之。今山谷诗兴，岩争秀，字廋而韵，位置碑处亦奇。'"

　　现有年代可考的最早淡岩石刻是宋熙宁七年（1074 年）的《柳应辰记》。

［1］（明）史朝富，陈良珍修．永州府志·提封志·景观 [M]，明隆庆五年（1571 年）．
［2］（清）刘道著修．（康熙九年）永州府志·艺文二 [M]．钱邦芑纂．重刊书名为：日本藏中国罕见地方志丛刊（康熙）永州府志 [M]．北京：书目文献出版社，1992：541．

宋崇宁三年（1104 年）黄庭坚游淡岩写下了"澹山岩"诗二首，其中一首云："澹山澹姓今安在，征君避秦人不归。石门竹径几时有，瑶台琼室至今疑。回中明洁坐十客，亦可呼乐醉舞衣。阆州城南果何似，永州淡岩天下稀。"[1] 可惜如今碑已毁坏不存。自此，历代名人骚客接踵而至，淡岩石刻也日渐增多。继柳应辰、黄庭坚之后，宋代有周敦颐、张子谅、邹昌龄、李建中、宋迪、蒋之奇、范祖禹、杨万里、卫樵、胡寅，明代有徐霞客、张勉学、刘养壮、管大勋、王泮、顾璘，清代有杨翰、萧昌炽、周崇傅、李长芬、蒋濂，以及民国时期的韦荣昌等约有 400 余人曾游淡岩并多撰文题刻。

淡岩石刻，文献记载的共有 206 方，其中宋代 152 块，元代 2 块，明代 28 块，清代 24 块。现存出露于外、人可观之的有 33 块。碑刻书体有篆、隶、楷、行、草诸体俱全，风格多样，具有甚高的历史、艺术和科学价值，现为全国重点文物保护单位。

2. 朝阳岩石刻

朝阳岩石刻位于永州古城西南 1km 处的潇水西岸的朝阳岩公园内，岩洞面临潇水，背负西山，北邻愚溪，因洞口坐西朝东，又称"西岩"，为清代永州八景之一："朝阳旭日"（图 6-2-3）。"朝阳岩"得名于时任道州刺史元结的《朝阳岩铭》[2]。除《朝阳岩铭》外，元结还赋《朝阳岩》诗一首，殇于石壁。但原石刻已毁，现篆书于石亭内的元结诗铭，是清同治元年（1862 年），大书法家邓石如之子邓守之补刻的。柳宗元贬居永州后，常到此游览，著有《渔翁》和《朝阳岩遂登西亭二十韵》等，朝阳风光，从此闻名，成为人文永州的又一重要载体，历代名人纷至沓来，如：宋代的黄庭坚、程灏、周敦颐、张琬，明代的王泮、徐霞客、尹伸、陈垲，清代的何绍基、吴大澂、杨翰等都曾在此留下了大量的题咏，题咏多镌刻于危石绝壁之上。这些琳琅满目的摩崖石刻，是具有史料价值及书法艺术价值的重要石刻。历史上有史可查的碑刻达 260 余方，现仍可见题记、诗、文类碑刻 150 余方。其中，唐代 4 方，宋代 31

图6-2-3 清代永州八景之一：朝阳旭日

[1] （清）刘道著修.（康熙九年）永州府志·艺文六 [M]. 钱邦芑篡. 重刊书名为：日本藏中国罕见地方志丛刊（康熙）永州府志 [M]. 北京：书目文献出版社，1992：697.
[2] 唐大历元年（766 年），道州刺史元结"自春陵诣都使计兵，至零陵，爱其郭中有水石之异，泊舟寻之，得岩与洞，此邦之形胜也。自古荒之，而无名称。以其东向，遂以朝阳命之焉。"（《朝阳岩铭》序）

方，元代 2 方，明代 51 方，清代 33 方，民国 10 方，现代 1 方，不详时代 17 方[1]。2013 年朝阳岩石刻被国务院列为第七批全国重点文物保护单位。

朝阳岩之巅有始建于明代以前、零陵著名的寓贤祠，即唐"元刺史祠"，"祀元结、黄庭坚、苏轼、苏辙、邹浩、范纯仁、范祖禹、张浚、胡铨、蔡元定诸贤，嘉靖壬寅（1542 年）知府唐珏建。"（清康熙九年的《永州府志·祀典志》）清咸丰、同治年间，知府杨翰于洞上建"篆石亭"一座。1981 年朝阳岩公园修葺了寓贤祠、篆石亭等建筑设施。

3. 浯溪碑林

浯溪碑林位于祁阳县浯溪镇浯溪公园内，西临湘江（图 6-2-4）。唐大历二年（767 年）二月，元结再任道州刺史，从潭州（今长沙）乘舟逆湘江而上，经祁阳阻水，泊舟登岸暂寓。因爱其境胜异，遂将一条"北汇于湘"的小溪命名"浯溪"，意在"旌吾独有"，撰《浯溪铭》；将浯溪东北的"怪石"命名"峿台"，撰《峿台铭》；在溪口的异石上筑一亭堂，命名"唐亭"，撰《唐亭铭》，合称"三吾"。返任后，将"三铭"交篆书名家书写，并刻于浯溪崖壁上。大历六年（771 年），元结将自己先前写的《大唐中兴颂》旧稿补充定稿，请著名书法家颜真卿大字正书摩刻于崖壁上。因文奇、字奇、石奇，世称"摩崖三绝"，为浯溪古八景之一。

图6-2-4　浯溪碑林外景

（资料来源：祁阳县旅游局编. 祁阳旅游（画册）[M]. 2012：5）

浯溪山奇水秀，历代文人学士慕名到此游览，吟诗作赋，铭刻甚多。现存唐代至民国时期三百多位名人雅士的诗、画、词、赋、文等摩崖石刻505 方，其中唐代 17 方，宋代 116 方，元代 5 方，明代 84 方，清代 92 方，民国 9 方，时代不明的 182 方，能辨认的石刻中有诗词 218 首，铭 10 篇，赋记 16 篇，联语 6 副，榜书 38 方，路标 5 方，题名 104 方，篆、楷、行、草、隶诸体皆备（图 6-2-5）。文人学士中比较著名的人物有元结、颜真卿、袁滋、瞿令问、李阳冰、皇甫湜、黄庭坚、秦观、李清照、米芾、范成大、

[1]　汤军. 零陵朝阳岩小史 [M]. 上海：华东师范大学出版社，2011：279-280.

沈周、董其昌、顾炎武、袁枚、何绍基、吴大澂等。

潇溪不仅山奇水秀，而且有诗山、画山、文山之称，自然景观与人文景观融为一体，有"潇溪胜境，雄冠三湘"之称，历时千百年，享誉海内外。1988 年，潇溪摩岩石刻被公布为第三批国家重点文物保护单位。

图6-2-5　潇溪碑林内景（局部）

4. 含晖岩石刻

含晖岩石刻位于道县城南 2km 处的上关乡钟山石村潇水河东岸，取谢灵运的诗句"山水含清晖"之意，为古道州八景之一，古称"含晖石室"。清光绪三年的《道州志》记载："含晖岩在州南四里，即斜晖岩，石洞如屋，东西两门，有泉从石穴中出，极清洌，洞外石之最高处刻'水天一色'四大字，相传为汉中郎将蔡邕书，中多唐宋题刻……"西洞门石壁上题刻"金华洞"。岩洞内现有宋、明、清历代摩崖石刻 24 方，其中有我国理学创始人周敦颐的题刻。2003 年公布为永州市级文物保护单位。

5. 月岩石刻

月岩位于道县城西 20km 处的清塘镇月岩村，有东西两洞门，形同半轮新月，远望如城阙。东洞门长 65m，宽 40m；西洞门长 105m，宽 60m。进洞门后地面逐渐升起，四周崖壁高数十丈。岩顶为天然洞口，如圆月。从西洞门走进洞中，向东望天空如见上弦月，居中向上望天空如见满月，到东洞口回首西望，天空宛如一弯下弦月，故名"月岩"。月岩造化神奇，一洞含三月，蕴含了盈亏互动的深刻哲理[1]。洞中阳光充足，空气流通，冬暖夏凉，四季宜人，为古道州八景之一："月岩仙踪"（图6-2-6）。

（a）　　　　　　　　　　　　（b）

图6-2-6　月岩景观
（a）外景；（b）各洞口体现的盈亏圆缺效果

月岩距宋代理学开山鼻祖周敦颐的故居4km，相传周敦颐少年在此读书、静养，受月岩盈亏圆缺的启发而悟道。此后，历代敬仰周子的名家，无不登临朝拜，并将月岩与周子的《太极图说》紧紧地联系在一起。如明代道州太守王会题"太极岩"，张乔松题"广寒深处"、"乾坤别境"、"清虚洞"，等等。地理学家徐霞客在《楚游日记》中称月岩为"永南诸岩殿景，道州月岩第一"。太平天国首领洪秀全带领十万大军路过月岩，作诗一首："十万雄兵过道州，征途得意月岩游……天生好景观不尽，余兴他年再来游。"月岩石刻较多，洞内石壁上至今保存有宋明清三代石刻 54 方。1983年湖南省政府公布为省级文物保护单位，1985 年洞内石壁上新刻了周敦颐名著《爱莲说》全文，现在是月岩国家森林公园的主要部分。

6. 阳华岩石刻

阳华岩石刻位于江华瑶族自治县城东南约 5km 处的竹元寨村回山之下，是一个敞开式的奇特岩洞，称"阳华胜览"，为古江华县八景之一。"阳华岩"也是唐·元结命名的。元结任道州刺史时，至江华过阳华岩，作《阳华岩铭》，并请县大夫瞿令问于唐大历元年（766 年）五月十二日书刻岩外。石刻长 290 ㎝、宽 73cm，是阳华岩最大的碑刻。其《阳华岩铭有序》[2] 明确记述了"阳华岩"之名的由来。

清道光八年的《永州府志》载："江华复岭重冈，地远而险，其山之秀

[1]　参见月岩洞入口处的"月岩简介"。
[2]　元结《阳华岩铭有序》曰："道州江华县东南六七里有回山，南面峻秀，下有大岩，岩当阳端，故以阳华命之。吾游处山林几三十年，所见泉石如阳华殊异而可嘉者，未也。"

异者，自古称阳华岩。"自元结以后，历代游人题咏甚多。南宋时，江华县令安圭对阳华岩20余景点摹描容形，绘刻成《道州江华阳华岩图》，高93cm，宽113cm，上部为篆体图题，中部为阳华岩地理形势图，下部为楷书图序，共44行，每行15字。阳华岩现有摩崖石刻40方，集楷、行、草、隶、篆、籀诸体于一岩。1983年被列为湖南省级文物保护单位，2006年被国务院列为第六批全国重点文物保护单位（图6-2-7）。

（a） （b）

图6-2-7 阳华岩景观

（a）外景；（b）内景（局部）

7. 寒亭暖谷与奇兽岩石刻

寒亭暖谷石刻与奇兽岩石刻分别位于湖南省江华瑶族自治县沱江镇老县村蒋家山、山寨村喜鹊塘自然村，两地相距约0.5km，共有摩崖石刻92方，其中字迹清晰可辨的有86方。

唐永泰元年，江华县令瞿令问构亭于蒋家山上。唐大历元年（766年），元结任道州刺史时巡属县至江华。瞿令问陪同登亭，并请题名。元结因感"今大暑登之，疑天时将寒，炎蒸之地而清凉可安，不合命之曰'寒亭'欤？"。乃作《寒亭记》，刻之亭背。

宋治平四年（1067年），朝擢监察御史蒋之奇游寒亭作《暖谷铭》并序，序曰："予陪沈公仪至其上，见其旁有暖谷者，方盛寒入之，而气温如挟纩，炽炭不若也。予甚爱，问其所以得之者，本邑尉李伯英也，问其所以名之者，县宰吾族叔从祖祺也。噫！是可铭也。"后邑尉李伯英用大篆刻"寒亭暖谷"于石崖上。寒亭暖谷之名流传至今。今亭已毁，但存唐至清历代文人墨客题咏石刻71方，其中，唐代2方，宋代34方，明代2方，清代1方，不详时代的32方。2002年，寒亭暖谷石刻被列为湖南省级文物保护单位。

蒋之奇游寒亭暖谷后再游奇兽岩作《奇兽岩铭》并序。序曰："奇兽之岩，环怪诡异。无公次山，昔所未至。我陪公仪，游息于此。期岩之著，自我而始。勒铭石壁，将告来世。治平四年丁未同沈公仪游。"奇兽岩现存宋、明、清摩崖石刻共 21 方，其中，宋代 7 方，明代 2 方，清代 3 方，不详时代的 9 方。2003 年，奇兽岩石刻被列为永州市级文物保护单位。

8. 上甘棠村摩崖石刻

上甘棠村始建于唐太和二年（827 年），位于江永县城西南约 25km 的夏层铺镇，是湖南省目前为止发现的年代最为久远的千年古村落之一。村后的屏峰山脉（滑油山）脚下，是汉武帝元鼎六年（前 111 年）至随开皇九年(589 年)的古苍梧郡谢沐县县衙遗址。村左是始建于南宋靖康元年(1126 年)的石拱桥和始建于宋代，重修于明万历四十八年（1620 年）的文昌阁。

摩崖石刻上甘棠村在村右将军山脚下，谢沐河边，名为"月陂亭"，是旧时湘南通往两广的古驿道口，古人在沿河的石壁上凿开一条小径，形成了天然石亭，传为唐代征南大元帅周如锡读书处（图 6-2-8）。月陂亭为明代的甘棠八景之一："山亭隐士"。"月陂亭"三字，系村人"文昌社会公镌于光绪三十二年"。在二十余米长的月陂亭石壁上现存碑刻有 27 方，其中，唐朝 1 方，北宋 2 方，南宋 4 方，元代 1 方，明代 11 方，清代 7 方，无字碑 1 方，内容有劝渝文、景物诗、记事诗、功德名言等。在众多的石刻中最引人注目的是"忠、孝、廉、节"四个大字，相传为文天祥手书的临摹。

据史料记载，当时上甘棠村周德源与文天祥同朝为官，为人清正廉洁，与文天祥相处甚笃。在周德源辞官还乡时，文天祥手书"忠孝廉节"四字赠与周德源。周德源视为珍宝，带回故里，后人传为座佑铭。乾隆二十八年（1763 年），永明（今江永）县令王伟士十分崇敬文山公，临摹了文天祥的手书，并请人将其镌刻于此，每字高 1.8m，宽 1.3m。

9. 层岩石刻

层岩摩崖石刻位于江永县城西南 1.5km 处的潇浦镇层山村。层岩摩崖石刻最早为北宋治平四年（1067 年）的何怀宝记。清道光二十六年《永明县志》载："宋何怀宝，字仲涓，居层岩，出为黄冠，游庐山，遇异人，授辟谷术以归，尝与房日茨参证元秘"。《九疑志》云："仲涓归隐候仙室，何候宅在玉官岩舜祠左，何候得道，拨宅飞升，帏丹鼋存焉……熙宁戊申，职方郎中，黄师道知道州，亦有诗留赠何仲涓，刻于城西怀古亭石崖上。"南宋庆元

图6-2-8　上甘棠村"月陂亭"下的石道

年间（1195～1200年），洞壁镌刻有"奇观"二字。之后，来此题诗作赋的文人雅士逐渐增多，如南宋时朱子高弟，监簿官刘子澄，明代工部主事、诗人萧山黄九皋、邑令周鹏，清代邑令周鹤等人均在此题有诗赋。

摩崖石刻广泛分布于层岩洞内外，石刻内容涉及江永县当地风土人情、山水风光、历史人物与事件等方面；石刻书法包括篆、隶、楷、行、草等字体；石刻年代跨越宋、元、明、清、民国五个时期，为永明古八景之一："层岩叠翠"。现有宋至民国时期的碑刻共计46方，其中有字碑刻36方：宋代5方，元代2方，明代6方，清代12方，民国时期11方，无字碑刻10方，至今总体保存完好（图6-2-9）。1981年层岩石刻被公布为江永县县级文物保护单位，2003年层岩石刻被公布为永州市重点文物保护单位。

图6-2-9　层岩中淳祐六年南岳黄山长题诗拓片
（资料来源：永州市文物管理处提供）

10. 九龙岩石刻

九龙岩石刻位于东安县芦洪市镇东郊1km处的九龙山脚下，是载入湖南省志的名胜。九龙山岩奇峰险，四周峭壁如削，雄伟壮观，是古芦洪八景之一："九龙奇峰"。

九龙岩洞长约1km，共有九洞，主洞高15m，洞与洞之间均有小洞相连，洞内钟乳石形态各异，令人应接不暇。四壁摩崖上共刻有宋代至清代石刻43方，其中宋代石刻30方。九龙岩石刻多名人真迹。最早的一方为北宋淳化三年（992年）东安县令张太年所题"平将寇"（镇压农民起义）和"芦洪置司"。宋明理学开山鼻祖周敦颐、宋朝宰相曾布、湖湘学派创始人之一的胡寅（图6-2-10）、宋代

图6-2-10　九龙岩中对宋代胡寅等的题记
（资料来源：永州市文物管理处提供）

264

广南西路转运副使朝奉大夫马默、清代署理芦洪司王渭等在此都有诗文题刻，具有较高的历史、文学及书法艺术价值，可与浯溪石刻媲美，2002 年被列为湖南省省级文物保护单位。

第三节　永州城山水景观文化发展及其影响

一、柳宗元与永州城的山水景观文化建设

永州古城山环水抱，潇水绕城南西北三向环流，周围群山环抱，延以林麓，环境优美。"一水弯环罗带阔，千古零陵擅风月"（南宋·范成大《愚溪在零陵城》）。历史时期，永州城的山水景观文化建设，特点明显，对后世影响很大。

唐代，永州城最大的特点是城外出现了山寺园林——东山公园，唐代贞观年间（627～649 年），在东山建有法华寺（即今高山寺），唐天祐三年（906 年）又建有永宁寺，为永州辖区内最早的园林。

唐时，万石山为城外荒野之地，在柳宗元写于唐元和十年（815 年）的《永州崔中丞万石亭记》中，万石山还是"绵谷跨溪，皆大石林立"之地，柳宗元陪御史中丞崔能登之还需"伐竹披奥，欹侧以入"。崔公见此地景奇，非人力所为，"乃立游亭，以宅厥中"，并以石多不可知之数为由，命游亭曰万石亭。历史"记载"表明，唐代永州城的山寺园林景观建设较好。

如前所述，永州山水景观文化发育较早，并闻名于中外。永州古为流官谪居之乡，唐代以后，随着迁谪入永的官员，以及慕名而来的文人雅士的增多，永州的山水景观神韵得到进一步彰显。特别是自元结和柳宗元之后，永州的山水文化发展便一发不可收。元结开创了永州山水的崖刻文化，自元结之后，永州崖刻艺术开始兴盛。而柳宗元对于永州山水的赞誉和建设，开创了中国风景"八景"景观集称文化。

柳宗元（773～819 年）于唐顺宗永贞元年（805 年）9 月，由礼部尚书贬为邵州刺史，11 月在赴任途中，被加贬为永州司马，至唐宪宗元和九年（814 年）十二月诏追赴都，在永州（零陵）共谪居 10 年。

初到永州时，柳宗元一家居住在龙兴寺（清为太平寺）的西厢房，写有《龙兴寺西轩记》，所住的地方五年间有四次失火。唐元和四年（809 年）柳宗元在法华寺西建"西亭"居玩，著有《法华寺西亭夜饮》、《构法华寺西亭》诗以及《法华寺新作西亭记》等诗文。唐元和五年，又举家搬到河西"愚溪"东南，构亭筑屋，过起田园生活，"甘终为永州民"。

柳宗元一生共有作品 600 多篇（首），其中有 490 多篇（首）是在谪居

永州期间完成的。其中，成就最高的是山水游记、寓言和传记文学。他寄情永州山水，著作 317 篇。柳宗元的山水游记，善于多角度、多侧面地进行刻画，细致入微，寄托深远，人称"山水散文之祖"，给后世以极大的影响。

柳宗元的永州山水游记九篇：《始得西山宴游记》《钴𬭁潭记》《钴𬭁潭西小丘记》《小石潭记》《袁家渴记》《石渠记》《石涧记》《小石城山记》和《游黄溪记》。由于前八记遗址在永州城郊，历代文人寻胜较多，而"黄溪"距离永州古城 35km，游人少至，故一般称"永州八记"。

"永州八记"中描写的景致可谓情景交融，出神入化，令人陶醉。其山怪、石奇、水清、木嘉、竹美、林深、道狭、景明、境幽。如西山"特立，不与培塿为类"；钴𬭁潭"屈折东流……清而平者且十亩余"；钴𬭁潭西小丘"嘉木立，美竹露，奇石显"；小石潭"水尤清冽……其岸势犬牙差互，不可知其源"；袁家渴"其中重洲小溪，澄潭浅渚，间厕曲折，平者深墨，峻者沸白"；石渠"皆诡石、怪木、奇卉、美箭，可列坐而庥焉，风摇其巅，韵动崖谷"；石涧"流若织文，响若操琴……其上深山幽林逾峭险，道狭不可穷也"；小石城山"土壤而生嘉树美箭，益奇而坚，奇疏数偃仰，类智者所施也"；黄溪"溪水积焉，黛蓄膏渟"。原本自然的山水景观，经柳宗元的品题，出神入化地变成了有性有灵、神秘而幽丽的"生态"，催人神往，在这里，人们可以看见自然山水美学价值的永恒[1]。

"柳宗元是我国历史上第一位既有实践又有理论的风景建筑家。"柳宗元在永州期间，亲自动手在永州城及周围规划建造了龙兴寺西轩、龙兴寺东丘、法华寺西亭、愚溪、钴𬭁潭、钴𬭁潭西小丘等多处景点。通过实践，柳宗元把风景区的意境分为两类：一是"旷"，即开阔，那些地势开阔通畅之处宜于"旷"，"因其旷，虽增以崇台延阁，回环日星，临瞰风雨，不可病其敞也。"二是"奥"，即深邃，那些幽秘深邃之地宜于"奥"，"因其奥，虽增以茂树丛石，穹若洞谷，蓊若林麓，不可病其邃也。"[2]他建造的法华寺西亭就是以"旷"取胜，而龙兴寺东丘景点，则是以"奥"见长。柳宗元把景观设计的原则概括为："逸其人，因其地，全其天"[3]。逸其人，就是要节约人力、物力和财力。因其地，就是因地制宜，不要盲目改造地形环境。全其天，就是要保留景物的天然真趣，不要过分施加人工雕琢[4]。唐元和十年三月被改

[1] 蒋政平，王田葵，周鼎安．零陵古城史话 [M]// 黄小明，刘翼平．解读零陵山水．北京：中国和平出版社，2007：104.

[2] 《永州龙兴寺东丘记》前一段曰："游之适，大率有二：旷如也，奥如也，如斯而已。其地之陵阻峭，出幽郁，寥廓悠长，则于旷宜；抵丘垤，伏灌莽，迫遽回合，则于奥宜。因其旷，虽增以崇台延阁，回环日星，临瞰风雨，不可病其敞也；因其奥，虽增以茂树丛石，穹若洞谷，蓊若林麓，不可病其邃也。"

[3] 柳宗元，《永州韦使君新堂记》。

[4] 谢军．风景建筑师——柳宗元 [J]．建筑，2004（3）：90.

贬为柳州刺史后，又在柳州西南建造了柳州东亭。柳宗元对于风景区意境的分类和对景观设计原则的概括，对后世的影响很大，明末计成在《园冶》中对于园林艺术特征、造园原则和设计手法等经验的总结，即有"虽由人作，宛自天开"、"巧于因借，精在体宜"等，可见，柳宗元对于风景区意境的分类和对景观设计原则的概括，对后来的园林建设都是十分宝贵的指引。

愚溪位于潇水之西，与永州古城隔水相望，溪北为柳子街。愚溪原名冉溪，俗称染溪。唐元和五年，柳宗元迁居溪旁将其改名为愚溪，并亲身经营了愚溪，写有《八愚诗》和《愚溪诗序》。《愚溪诗序》是柳宗元所作的《八愚诗》的序，柳宗元借愚溪风景抒发自己以愚触罪，谪居受屈的悲愤心情。《八愚诗》描写了愚溪的八处自然景观和人文景观，八愚即：愚溪、愚丘、愚泉、愚沟、愚池、愚堂、愚亭、愚岛。《愚溪诗序》曰："愚溪之上，买小丘，为愚丘。自愚丘东北行六十步，得泉焉，又买居之，为愚泉。愚泉凡六穴，皆出山下平地，盖上出也。合流屈曲而南，为愚沟。遂负土累石，塞其隘，为愚池。愚池之东为愚堂。其南为愚亭。池之中为愚岛。嘉木异石错置，皆山水之奇者，以予故，咸以愚辱焉……于是作《八愚诗》，记于溪石上。"

267

愚溪风光与诗人之灵气，相映生辉，成为令人神往之胜地。据说，自从柳宗元定居愚溪后，当地人民筑堤治水。从此，两岸柳绿竹翠，溪水澄清，游鱼可数，溪底及两岸的石头，都变成了白色，因此俗称此地为"玉石港"。愚溪风光秀美，特别是深冬季节，雪漫漫，鸟飞绝，人踪灭，水天一色，银装素裹，两岸古木参差，寒鸭数点，古桥独峙，宛然一幅绝妙图画，因有"愚溪眺雪"之称。"愚溪眺雪"为清代永州八景之一（图6-3-1）。

永州的山水景观经柳宗元的开发和美学升华，成为后世文人骚客慕名神往之处，他们对于永州山水或诗画、或铭刻、或赞记，使永州的山水神韵和美学价值得到进一步彰显。正如南宋时谪隐永州的前中书舍人、翰林学士汪藻在《柳先生祠堂记》中所说："盖先生居零陵者十年……然零陵一泉石一草木，经先生品题者，莫不为后世所慕，想见其风流。而先生之文载其中凡壤奇、绝、特者，皆居零陵时所作。"[1]

从某种意义上说，永州城风光的传世，很大程度上

图6-3-1　清代永州八景之一：愚溪眺雪
（资料来源：永州旅游交通图）

[1]　（清）刘道著修．（康熙九年）永州府志·艺文二 [M]．钱邦芑纂．重刊书名为：日本藏中国罕见地方志丛刊（康熙）永州府志 [M]．北京：书目文献出版社，1992：537-538.

得益于柳宗元的赞誉和建设。可以说，永州城的山水造就了柳宗元的"山水散文之祖"地位，柳宗元则促进了永州山水景观文化的繁荣，使永州的山水景观文化在中国景观文化发展史上占有重要地位。

二、永州城山水景观文化开创风景"八景"景观集称文化模式

（一）景观集称文化

集称文化是中国古人用"数字的集合称谓"，精确、通俗、综合地体现一定时期、一定地区、一定范围、一定条件之下类别相同或相似的人物、事件、风俗、物品、自然、现象的表达方式。作为一种文化，它是人类归纳思维的结晶，是一种特殊的综合，具有高度的概括力，通俗易懂[1]。如殷人用五方划分空间和方位。《周易》中有："是故，易有太极，是生两仪。两仪生四象，四象生八卦"；"天一，地二；天三，地四；天五，地六；天七，地八；天九，地十。"战国后有五行、六合、九宫、八风、八音、八聪、八政等。再如三皇五帝、三教九流、四大美人、禅宗六祖、十八罗汉、竹林七贤、扬州八怪、十二生肖、十二时辰、文房四宝、三十六计、六十四卦、七十二候、一百零八条好汉，五岳、五岭、五湖、四海、四渎、四灵、三峡、八仙八宝、永州八记、相蓝十绝、潇湘八景、虔州八境、西湖十景，等等。徐霞客在其游记中说："山之有景，即山之峦洞所标也，以人遇之而景成，以情传之而景别，故天下有四大景，图志有八景十景"。可见，中国的集称文化历史悠久，可谓涉之万象。

用"数字的集合称谓"，精确、通俗、综合地表述某时、某地、某一范围的类别相同或相似的景观，则形成景观集称文化，其对应的景观即为"集称文化景观"。吴庆洲先生认为：景观集称文化是集称文化的子文化，按集称文化范围大小可分为自然山水景观集称文化、园林名胜景观集称文化、城市名胜景观集称文化和建筑名胜景观集称文化四个子系统[2]。

（二）"八"的文化意义

"八"文化在中国源远流长，意义特殊，是中国传统文化中一个特殊的"圣数"。在不同的文化环境中意义不同，如：

1. "八"为女性生殖器的象形，为早期的生殖器崇拜文化[3]

考古发现，八在半坡彩陶器物上作")("，甲骨文中有的作")("，金文中也有的作")("。从象形的角度看，"八，别也。象分别向背之形。"（《说文》）段玉裁注："今江、浙俗语以物与人谓之八，与人则分别矣。"说明"八"字有分解、分散、相背之意。王增永先生在《华夏文化源流考》中研究认

---

[1]　李本达. 汉语集称文化通解大典 [M]. 海口：南海出版公司，1992：前言.
[2]　吴庆洲. 建筑哲理、意匠与文化 [M]. 北京：中国建筑工业出版社，2005：65.
[3]　王增永. 华夏文化源流考 [M]. 北京：中国社会科学出版社，2005：20-24.

为："八"形态极似女阴的两个边口，为女性生殖器的象形，是原始性崇拜文化的初始阶段。"女阴正是两分为孔，形状与分义相近，实际上八的最初含义是女阴，是象形字。画面略有抽象意味。其后才转化为分，作分开讲。""八不仅是女性生殖器的名称，而且是妈的本字。"

2. 由于《周易》中"八卦"的巨大影响，"八"具有多种象征意味

乾、坤、震、巽、坎、离、艮、兑八卦，不仅象征天、地、雷、风、水、火、山、泽八种自然现象，而且由于"八卦成列，象在其中"，"刚柔相推，变在其中"（《周易·系辞下》），可以定吉凶、通神明、类万物，而代表着自然宇宙的种种属性。《周易·说卦传》有："乾健也，坤顺也，震动也，巽入也，坎陷也，离丽也，艮止也，兑说也"（象征八卦性情）；"乾为马，坤为牛，震为龙，巽为鸡，坎为豕，离为雉，艮为狗，兑为羊"（象征动物家族）；"乾为首，坤为腹，震为足，巽为股，坎为耳，离为目，艮为手，兑为口"（象征人体各部位）；"乾，天也，故称乎父。坤，地也，故称乎母。震一索而得男，故谓之长男。巽一索而得女，故谓之长女。坎再索而得男，故谓之中男。离再索而得女，故谓之中女。艮三索而得男，故谓之少男。兑三索而得女，故谓之少女"（象征家庭伦理）。由于"八卦"中每卦象位于平面上的不同方位，因此"八卦"也代表了世界的"八方"。《管子·五行》曰："地理以八制"。

3. "八"象征吉祥和圆满

"'八'字本身从象形的角度来看，有着无限的扩展力，好像两条抛物线，弦线两端不断接近轴线，不断接近完美。"[1]因此，从象形的角度看，"八"字不仅有分解、分散、相背之意，而且有"和合"之意，象征圆满和完美。如：古代将金、石、丝、竹、匏、土、革、木八种不同质材制成的乐器统称为"八音"，《尚书·舜典》中有"八音克谐"之赞美；将得道之人称为"仙人"，如道教八仙、蜀中八仙、唐朝的酒中八仙等；将与时节相对应的八方之风称为"八风"[2]，西晋左思的《三都赋·吴都赋》载，阖闾城（今苏州城）四周辟"陆门八，以象天之八风，水门八，以象地之八卦"；佛教中有"四大金刚"和"八大金刚"菩萨，"景观"中有"八景"、"十景"，等等。

佛教，尤其是藏传佛教，用宝伞、金鱼、莲花、宝瓶、宝幢、法轮、

269

[1] 陈碧.《周易》象数之美[M].北京：人民出版社，2009：176.
[2] 八方之风——（清）乾隆五十四年（1789年）校订的《吕氏春秋·第十三卷·有始览·有始》："何谓八风？东北曰炎风（炎风，艮气所生。一曰融气），东方曰滔风（震气所生。一曰明庶风），东南曰熏风（巽气所生。一曰清明风。旧校云：'熏风'或作'景风'。'《淮南》作'景风'），南方曰巨风（离气所生。一曰凯风），西南曰凄风（坤气所生。一曰凉风），西方曰飓风（兑气所生。一曰阊阖风），西北曰厉风（干气所生。一曰不周风。《淮南》作"丽风"），北方曰寒风（坎气所生。一曰广莫风）。"《说文解字》曰："风，八风也。东方曰明庶风，东南曰清明风，南方曰景风，西南曰凉风，西方曰阊阖风，西北曰不周风，北方曰广莫风，东北曰融风。"

海螺和盘肠八种器物来象征吉祥、圆满、幸福、智慧和财宝，称之为"佛八宝"或"八吉祥"。并以它们代表（或象征）佛陀身上的八个部位：宝伞象征佛头，金鱼象征佛眼，莲花象征佛舌，宝瓶象征佛颈，宝幢象征佛身，法轮象征佛足，海螺象征佛音，盘肠象征佛心。佛教装饰艺术中，常有这八种图案纹饰。"清代乾隆时期将这八种纹饰制成立体造型的陈设品，常与寺庙中供器一起陈放。"[1] 在民间建筑装修中，多采用"符号性象征"的表现手法，将"佛八宝"或道教八位仙人使用的器物：宝剑、扇子、云板、葫芦、荷花、渔鼓、花篮和笛子（俗称暗八仙）纹饰或雕刻在建筑的梁枋、天花、藻井、柱础、门窗、家具及墙头等处，表达象征、寓意和祈望的民俗审美心理。

4. "八"成为维持封建社会稳定的象征

尧舜时称掌控畿外八州的最高长官为"八伯"。《尚书·洪范》列出了治理国家必要的"八政"：饮食、财货、祭祀、司空、司徒、司寇、礼敬和官长。天子的八种印玺称为"八宝"。再如"礼、义、廉、耻、孝、悌、忠、信"八德历来为维持中国封建社会纲纪的条例。事遇"八"则"稳"，所谓"四平八稳"。《大戴礼记·本命》："八者，维纲也。"其按曰："谓八方四正四隅。"清朝满族的军队组织和户口编制制度以"八旗"为号。

5. 表示吉祥、兴旺

在现代，由于"八"与"发"谐音，常与"发财"、"发达"、"发展"等表示吉祥、兴旺的理想相联系，得到人们的崇尚和"喜用"。

（三）"八景"文化源流

"八景"文化最早可追溯到魏晋南北朝时期。"八景"最初为道教语词，谓道教"八采之景"为"八景"。在道教语词中，八景或代指道教八仙；或指道教八位神仙居处；或指八仙"行道受仙"时间，与人们的生产、生活相联系；或指人的眼耳鼻舌口等器官，并非后人所谓的风物景观之"八景"。

八采也作"八彩"，即八种颜色，代指人之容颜或词章文采出众。《孔丛子·居卫》："昔尧身修十尺，眉分八采。"后以"八彩"指尧眉或形容帝王容颜。北宋柳永的《御街行·圣寿》词："九仪三事仰天颜，八彩旋生眉宇。"梁朝沉约的《内典序》："莫不龙章八采，琼花九色。"《新唐书·南蛮传下·骠》："裙襦画鸟兽草木，文以八彩杂华。"

约成书于东晋的《上清金真玉光八景飞经》称八位真人"行道受仙"后成为"八景"：元景、始景、玄景、虚景、元（真）景、明景、洞景和清景，即在道教文化中，八景代指八仙。八仙"行道受仙"时间分别是立春、春分、

---

[1] 拉都. 藏族传统吉祥八宝图的文化内涵及其象征 [J]. 康定民族师范高等专科学校学报，2009，18（6）.

立夏、夏至、立秋、秋分、立冬和冬至，因而，道教之"八景"又有自然时空意象，代指一年之中的八个节气的气色景象，与人们的生产、生活相联系[1]。

南朝梁陶弘景编纂的《真诰》是道教洞玄部经书，为上清派重要典籍。《真诰·运象篇·卷三》中有多处叙写"八采之景"，如："控飙扇太虚，八景飞高清"；"控晨浮紫烟，八景观泒流"；"八舆造朱池，羽盖倾霄柯"；"香烟散八景，玄风数绛波"；"流金焕绛庭，八景绝烟回"。

唐·刘禹锡的《三乡驿楼伏睹玄宗望女几山诗，小臣斐然有感》诗云："开元天子万事足，唯惜当时光景促。三乡陌上望仙山，归作霓裳羽衣曲。仙心从此在瑶池，三清八景相追随。天上忽乘白云去，世间空有秋风词。"三清，即太清、玉清和上清，为道教诸天界中最高天尊。

北宋张君房择要辑录的《大宋天宫宝藏·云笈七签·卷三十》中有"我入八景，回驾琼轮，仰升九天，白日飞仙"之句。

明代周玄贞的《皇经集注·卷四》曰："与诸天眷属驭八景鸾舆。"原注："八景，一作八宝妙景，一作八卦神景，一作八色光景。大抵天上神舆，周八方之景，备八节之和，故云八景。"宋代以前诗歌多以"八景"形容道教科仪中之神舆[2]。如南北朝时庾信的《道士步虚词》第六首曰："无名万物始，有道百灵初。寂绝乘丹气，玄明上玉虚。三元随建节，八景逐回舆。赤凤来衔玺，青鸟入献书。"

道教分人身为上、中、下三部为"三元宫"，认为每宫有八景神真，九魂神浑化归三部八景神，故有"三部八景神二十四真"[3]。在道教语词中，"八景"也指人的眼耳鼻舌口等主要器官。元代卫琪的《玉清无极总真文昌大洞仙经·卷三》曰："转入十仙门，八景齐洞阳。"其注曰："八景，八门，皆身中所具之门户，为神气之所出入，又曰：三部八景齐入洞阳之宫。"

随着"八景"文化的世俗化，"八景"逐渐成为风物景观的文化集称。

（四）永州城山水景观文化对风景"八景"文化发展的影响

永州的自然山水景观集称文化发育也较早。自柳宗元的"永州八记"和"八愚诗"之后，中国的自然山水"八景"景观集称文化发展迅速并逐渐定型，并盛行于宋、明时期，出现了许多"八景图"和"八景诗"等"八"字集合称谓的景观文化。宋时以"潇湘八景"的诗画为胜，明清时以自然景观和人文景观的"八景"为胜。可以说，永州应为中国风景"八景"景观集称文化的发源地。

---

[1] 《上清金真玉光八景飞经》，撰人不详，约出于东晋。参见：张继禹. 中华道藏（第一册）[M]. 北京：华夏出版社，2004：163-165.
[2] 衣若芬. 潇湘八景：地方经验·文化记忆·无何有之乡 [J]. 台湾东华人文学报，2006(9).
[3] （宋）张君房. 云笈七签·卷八十·符图部二·洞玄灵宝三部八景二十四住图 [Z].

1. 唐宋时期风景"八景"文化发展概况

风景之"八景"文化的起源也较早。在景观集称文化中，称谓景观集合的数字是虚数。在风景用"八景"文化集称定型之前，众多的景观集咏诗词或景观图画集，都可以认为是风景之"八景"文化景观集称的先声，只是不以"八景"为定型模式。如：南朝诗人沈约的《八咏诗》、唐太宗李世民的《帝京篇十首并序》、骆宾王的《同辛簿简仰酬思玄上人林泉四首》、刘长卿的《湘中纪行十首》和《龙门八咏》、李白的《姑孰十咏》、《塞下曲六首》和《横江词六首》、高适的《宋中十首》、杜甫的《秦州杂诗二十首》、《夔州歌十绝句》和《秋兴八首》、白居易的《秦中吟十首》和《和春深二十首》、李绅的《过梅里七首》和《新楼诗二十首》、陆龟蒙的《奉和袭美太湖诗二十首》和《四明山诗（九题）》、刘禹锡的《海阳十咏并引》、王维的《辋川集（二十首）》并自己动手在寺墙上画辋川二十景、李德裕的咏平泉山庄诗六首、十首、二十首、卢鸿的嵩山别业十景诗和十景图、柳宗元的"永州八记"与《八愚诗》，以及唐代大相国寺碑刻"相蓝十绝"，等等[1]。虽然所咏的景点诗文属于"联章组诗"的形式，数量上大多超过八，但它们都具有"八景"文化集称特点，所以可以认为它们是风景之"八景"文化景观集称的先声。

唐代及唐代以前的景观集咏诗词或景观图画集的发展表明，中国风景之景观集称文化的起源较早，至少在魏晋南北朝时期已经萌芽。在风景之"八景"中，八是个虚数。唐代诗词，绚丽多彩，形式多样，诗词所题景物之名也形式多样。考察唐代以前景观集称文化中景点的命名格式，可以发现其景名多以两字或三字的格式出现，与宋代以后"八景"名称多以四字命名景名的格式不同。如：

南朝诗人沈约（441～513 年）任扬州东阳郡太守期间在郡城东南临婺江北岸建"玄畅楼"，经常登楼远眺，并作《八咏诗》[2]。诗中的"秋月、东风、衰草、落桐、夜鹤、晓鸿、朝市、山东"即为沈约登楼所观"八景"，为两字景名格式。宋至道中（995～997 年），郡守冯伉改楼名为"八咏楼"。

李白（701～762 年）的《姑孰十咏》[3]为"十景"诗，咏歌了姑孰县（今安徽当涂县）境内的十个代表性景观。此诗所写景名为三字格式。

王维（701～761 年）"闲居"辋川时，与诗人裴迪以辋川别业周围"二十景"为题，一景一诗，各得二十首，各汇成一卷《辋川集》。辋川别业"二十

---

[1] 吴庆洲.中国景观集称文化研究[M]//王贵祥,贺从容.中国建筑史论会刊（第七辑）.北京:中国建筑工业出版社,2013:227-287.
[2] 沈约《八咏诗》为:登台望秋月、会圃临东风、岁暮愍衰草、霜来悲落桐、夕行闻夜鹤、晨征听晓鸿、解佩去朝市、被褐守山东。
[3] 李白《姑孰十咏》为:姑孰溪、丹阳湖、谢公宅、凌歊台、桓公井、慈姥竹、望夫山、牛渚矶、灵墟山和天门山。

景"在王维《辋川集序》[1]中有明确记载。此诗所写景名为二字或三字格式。

唐代诗人李绅（772～846年）的《新楼诗二十首》实为咏越州（今绍兴市越城区）"二十景"诗，其二十首诗的题目为："北楼樱桃花、城上蔷薇、新楼、海榴亭、望海亭、杜鹃楼、满桂楼、东武亭、灵汜桥、龟山、晏安寺、橘园、琪树、龙宫寺、海棠、水寺、寒林寺、南庭竹、禹庙和重台莲。"[2]此诗中，景名格式不一，两字、三字、四字、五字均有。

柳宗元（773～819年）的《八愚诗》实为愚溪八处自然景观和人文景观的集称。其中，《八愚诗》所写八景为：愚溪……愚岛，此诗中，景名可谓是一字格式。

唐代开封大相国寺碑刻"相蓝十绝"为建筑"十景"。《图画见闻志》载：《大相国寺碑》，称寺有十绝。其一为大殿内弥勒圣容；其二为睿宗皇帝御书"大相国寺"牌额；其三为匠人王温重装圣容，金粉肉色，并三门下善神一对；其四为佛殿内吴道子画文殊、维摩像；其五为佛殿内供奉的李秀刻佛殿障日九间；其六为匠人边思顺修建的排云宝阁；其七为令孤石抱玉画《护国除灾患变相》；其八为西库内依样北方毗沙门天王样画的天王像；其九为西库门下瑰师画《梵正帝释》及东廊障日内的《法华经二十八品功德变相》；其十为西库北壁的僧智俨画《三乘因果入道位次图》[3]。这里的景名文字不一。

南宋王象之（1163～1230年）的《舆地纪胜》载唐代嘉州江边有"十五景"："石碑山，在龙游县西二里。唐贞观刺史卢士理列溪上之景凡十五，并赋诗，刻石山中。"[4]明·曹学佺（1574～1646年）撰《蜀中广记卷十一·名胜记·嘉定州》明确记载了嘉州"十五景"："《蜀志补罅》云：'嘉州十五景，唐贞观（627～649年）中，刺史卢士理记：曰望灵峰、曰西岭精舍、曰石梁水、曰后壑、曰分溪塘、曰桂竹汀、曰梭原、曰茗冈、曰六度潭、曰长林阁、曰望山台、曰青蒨径、曰山栀园、曰石壑院、曰南洲草堂，并赋诗刻之石上。'"[5]这里的景名也为两字或三字格式。

在景观集称文化中，称谓景观集合的数字是虚数。虽然唐代以前诗词

273

[1] 《辋川集序》载辋川别业"二十景"："余别业在辋川山谷，其游止有孟城坳、华子冈、文杏馆、斤竹岭、鹿柴、木兰柴、茱萸沜、宫槐陌、临湖亭、南垞、欹湖、柳浪、栾家濑、金屑泉、白石滩、北垞、竹里馆、辛夷坞、漆园、椒园等，与裴迪闲暇，各赋绝句云尔。"
[2] 吴庆洲.中国景观集称文化研究[M]//王贵祥,贺从容.中国建筑史论刊（第七辑）.北京：中国建筑工业出版社，2013：227-287.
[3] （宋）郭若虚.图画见闻志·卷五·相蓝十绝[M].
[4] （宋）王象之.舆地纪胜·卷一百四十六·嘉定府[M].第2版.文海出版社影印咸丰五年刻本，1971.
[5] 吴庆洲.中国景观集称文化研究[M]//王贵祥,贺从容.中国建筑史论刊（第七辑）.北京：中国建筑工业出版社，2013：227-287.

中描写的景观不以八景、十景、十五景或二十景归纳，不以"八景"为定型模式，但它们具有文化集称特点，可以认为是后期固定模式的风物"八景"文化景观集称的先声。"唐代景观集称文化的发展，为宋代八景文化奠定了良好的基础。"[1]进入宋代，受"潇湘八景"诗画影响，中国"八景"文化迅速发展并逐渐定型，成为各地风物景观集称的普遍模式，在城市名胜景观、园林名胜景观、建筑名胜景观、自然山水景观和乡村名胜景观中广泛使用，四字结构成为景名的主要格式。如北宋有"潇湘八景"、"虔州八景"，金有"燕京八景"，南宋有"羊城八景"、"西湖十景"，元有"昆明八景"、"桂林八景"、江西饶州"东湖十景"等。不仅如此，各地"八景"往往还配有诗、画以赞美，体现了人们对景观的移情和审美。

2. 明清时期风景"八景"文化发展概况

明清时期，中国各地风景之"八景"文化总体上经历了繁荣和衰落两个阶段。明万历年间，朝廷为了点缀升平，粉饰盛世，诏令各地呈报"八景"，"八景"文化从此打上官方印记，开始在全国各地盛行，各地根据"潇湘八景"模式纷纷评选"八景"。清朝康熙、乾隆时期是风景之"八景"文化繁荣的又一个重要时期。由于"康乾盛世"，中国的政治、经济、文化一片繁荣，加之当时园林建设之风的高涨，"八景"文化也因此繁荣。"八景"文化也从最初的"选八景"，转变为有意识的"建八景"，如承德避暑山庄中康熙"三十六景"、乾隆"三十六景"和乾隆时期圆明园中的"四十景"等都是"八景"的演变形式。清初学者赵吉士（1628～1706年）的《寄园寄所寄》云："十室之邑，三里之城，五亩之园，以及琳宫梵宇，靡不有八景十景诗。"[1]"八景"内容也从风景"八景"发展到民风民俗等方面。如旧时佛山祖庙曾有谐趣"八景"：背琴访友、偷令出关、舞龙入庙、乌鸦掠翼、池边削发、饿龙吐珠、五龙缠柱和十八奶娘，反映当时佛山的风俗民情[2]。

但清嘉庆以后，风景之"八景"文化开始走向衰落。邓颖贤、张廷银等人总结其衰落的主客观原因大致有三[3][4]，笔者认为是比较客观的。一是由于社会人口增长，人类活动对自然生态环境的开发和破坏力度增大，导致一些"八景"处于名存实亡的状态，八景开始失去神韵。二是在前期宋明理学的影响下，学风空泛，"八景"文化过分的大众化、通俗化形式导致庸俗化。这种趋势遭到了当时及后来一些文学巨匠的抨击，其中，措辞最激烈的是清代学者戴震和章学诚。戴震（1724～1777年）在乾隆《汾州府志》"例言"中明确表示："至若方隅之观，各州县志多有所谓八景、

[1]　（清）赵吉士. 寄园寄所寄 [M]. 上海：上海大达图书供应社.1935：121.
[2]　罗丽鸥. 旧时祖庙的谐趣"八景" [N]. 佛山日报，2011-02-26（B05）.
[3]　邓颖贤，刘业. "八景"文化起源与发展研究 [J]. 广东园林，2012，34（2）：11-19.
[4]　张廷银. 地方志中"八景"的文化意义及史料价值 [J]. 文献，2003（4）：36-47.

十景，漫列卷端，最为鄙陋，悉汰之，以还雅。"认为将山川的记叙用来"点缀嬉游胜景"是"小视山川"，是一种"陋习"。章学诚（1738～1801年）在《修志十议》中列"八景"为修志"八忌"之一，认为："如考体但重政教典礼，民风土俗，而浮夸形胜、附会景物者，在所当略。"后来，孙诒让（1848～1908年）在《瑞安县志局总例六条》中说："凡考证方舆，以图学为最要，近代地志往往疏略不讲，而顾崇饰名胜，侈图八景，轻重倒置，通学所嗤。"乾隆时编修的《四库全书总目》（1773～1781年完成）评论康熙时的《登封县志》时指出："景必有八，八景之诗必七律，最为恶习。"[1] 三是由于鸦片战争以后，中国社会长期动荡不安，封建文人已经无法热衷于寄情山水，很少有人再有心情去欣赏风景"八景"，这是后期风景"八景"文化衰落的最直接原因。

3. 风景"八景"文化的美学意境与影响

虽然清朝中后期，"八景"文化遭到一些文学巨匠的猛烈抨击，但是，明清时期风景之"八景"文化在文化学、艺术学、人类学、环境学等学科领域的意义是不可否定的。"八景"之名，既有空间之维，也有时间之度；既有动静之态，也有音色之韵；既有自然之美，也有人工之美。宋元明清时期，各地风景之"八景"多以四字格式命名，通常是前两字界定景观的场地，后两字描述景象的特征。如上文提到的北宋"潇湘八景"、金"燕京八景"、南宋"羊城八景"和"西湖十景"，它们分别是：

北宋时，沈括（1031～1095年）在《梦溪笔谈·书画》中记载了当时文人画家宋迪（约1015～1080年）所绘"潇湘八景"："度支员外郎宋迪，工画，尤善为平远山水。其得意者，有'平沙雁落'、'远浦帆归'、'山市晴岚'、'江天暮雪'、'洞庭秋月'、'潇相夜雨'、'烟寺晚钟'、'渔村落照'，谓之'八景'。好事者多传之。"[2] 这是目前可考的最早明确记载"潇湘八景"具体内容的论述。之后风景之"八景"文化开始在中国流行，并传播到周边国家和地区。

"燕京八景"又称"燕山八京"或"燕台八景"。金"燕京八景"为："太液秋风、琼岛春阴、道陵夕照、蓟门飞雨、西山积雪、玉泉垂虹、卢沟晓月、居庸叠翠。"[3] 燕京八景在元明清时期，有不同程度的改变。

南宋广州"羊城八景"为：扶胥浴日、石门返照、海山晓霁、珠江秋月（色）、菊湖云影、蒲间濂泉、光孝菩提、大通烟雨。羊城八景在元明清时期，也有不同程度的改变。

南宋杭州"西湖十景"为："苏堤春晓、平湖秋月、曲苑风荷、断桥残雪、

---

[1]　四库全书总目·卷七四·史部·地理类存目三 [M].
[2]　（宋）沈括. 梦溪笔谈 [M]. 上海：上海书店出版社，2003：142-143.
[3]　史树青. 王绂北京八景图研究 [J]. 文物，1981（5）：78-85.

柳浪闻莺、花港观鱼、双峰插云、三潭印月、雷峰夕照、南屏晚钟。"此十景有两两相对的特点,如苏堤春晓对平湖秋月[1]。南宋之后,元代又有"钱塘十景",清代又有"西湖十八景"和"杭州二十四景"。

从第一章关于景观概念的分析中可以看出,景观的构成要素至少包括四个方面,即自然要素、人文要素、情景要素和过程要素。自然要素是景观形成的物质基础,人文要素体现了景观的文化涵养,情景要素和过程要素体现了人们对景观的认知过程和审美过程,即是人们对景观的移情和审美。

上面"八景"的景名表明,中国古代风景"八景"中的景观或旷远高清、或雄壮险峻、或秀丽幽静,有动静之态、音色之韵,而且往往还配有"八景"诗画,所谓"十室之邑,三里之城,五亩之园,以及琳宫梵宇,靡不有八景十景诗。"可见风景之"八景"文化具有时空美、形态美、生态美、动静美、声色美、情境美和娱人美等多种美学意境,体现了中国传统自然与人文等多种文化精神的融合。"八景"文化不仅体现了人们对景观的移情和审美,具有很重要的审美效果,而且具有很重要的教化作用,具有"彰一邑之盛"和"隐恶扬善"的功能[2]。

在宋迪之前,尚有唐五代至北宋,后蜀画家黄筌(约903~965年)和齐鲁画家李成(919~967年,又称李营丘)的《潇湘八景图》。但目前此二人的《潇湘八景图》已失传。

北宋时著名的书画鉴赏家和画史评论家郭若虚的《图画见闻志·卷二》记载:"黄筌,字要叔,成都人。十七岁事王蜀后主为待诏,至孟蜀加检校少府监,赐金紫,后累迁如京副使。善画花竹翎毛,兼工佛道人物、山川、龙水,全盖六法,远过三师……有四时山水、花竹……山居诗意、潇湘八景等图传于世。"[3]

清康熙二十六年(1687年)修《长沙府岳麓志》载,北宋画家米芾(1051~1107年)的《潇湘八景图诗总序》:"潇水出道州,湘水出全州,至永州而合流焉……故(洞庭)湖之南皆可以潇湘名水,若湖之北,则汉、沔汤汤,不得谓之潇湘。潇湘之景可得闻乎?"其后的《潇湘八景图诗序跋》曰:"余购得李营丘画八景图,拜石余闲,逐景撰述。主人以当卧游对客,即如携眺。元丰三年(1080年)夏四月,襄阳米芾书。"[4]

随着宗教传播、文化交流、贸易往来等活动的深入开展,风景之"八景"

[1] 吴庆洲.中国景观集称文化研究[M]//王贵祥,贺从容.中国建筑史论会刊(第七辑).北京:中国建筑工业出版社,2013:227-287.
[2] 张廷银.地方志中"八景"的文化意义及史料价值[J].文献,2003(4):36-47.
[3] (宋)郭若虚.图画见闻志[M].北京:人民美术出版社,2004:47-48.
[4] (清)赵宁纂修,康熙《长沙府岳麓志·卷七》。

文化对周边国家，如朝鲜、日本、越南、新加坡等国的文学、艺术也产生了深远的影响。其中，对日本的影响最大，如南宋禅僧画家牧溪的《潇湘八景图》套图传入日本后，日本画家竞相临摹。在庆长、元和年间(1596～1624年)，欣赏潇湘八景图开始成为日本上流社会的一种风雅并流传开来。在室町时代（1338～1573年）至江户时代（1603～1867年)，模仿"潇湘八景"，日本就有近江八景、金泽八景、博多八景、南都八景、松岛八景、江户八景等一大批优秀作品，而且景名都与潇湘八景主题词一致[1]。

　　"八景"文化的发展，也带动了城乡对环境的重视和建设。由于风景"八景"文化具有丰富的美学、哲学和历史文化内涵，具有"彰一邑之盛"和"隐恶扬善"的教化作用，反映了人们对美好生活的憧憬，所以，虽然在清朝中后期"八景"文化曾一度受到一些文学巨匠的激烈抨击，但风景"八景"文化仍经久不衰，以致影响到乡村聚落景观建设，如下文的永州传统村落家谱中的风景"八景"，就是明显的例证。如今，在城镇建设中，各地为了彰显地方文化与环境特色，发展旅游事业，在重视传统"八景"文化的保护和利用的基础上，纷纷开发和推出新的"八景"，如1986年北京推出新"十六景"，广州于1963、1986、2002和2011年四次评选新"羊城八景"[2]。

　　上文的论述表明，自元结和柳宗元之后，永州的自然山水景观文化发展迅速，突出表现在自然山水景观集称文化建设方面。可以说，元结和柳宗元是永州自然山水景观文化建设的先祖。散文先驱的元结开创了永州山水的崖刻文化，而"山水散文之祖"的柳宗元对于永州城自然山水景观的赞誉和建设，促进了永州山水景观文化的繁荣。柳宗元的"永州八记"和《八愚诗》实为八处自然景观和人文景观集称。永州古代雅称"潇湘"。自"永州八记"之后，唐五代至北宋初期有"潇湘八景图"问世，继北宋中期文人画家宋迪的"潇湘八景图"之后，风景之"八景"文化开始在中国流行，并传播到周边国家和地区。自柳宗元之后，中国的自然山水"八景"景观集称文化发展迅速并逐渐定型，并盛行于宋、明时期，而且影响了乡村聚落的文化景观建设。所以笔者认为，若从中国风景"八景"景观集称文化出现的时间先后看，"永州八记"应为中国自然山水景观"八景"集称文化的滥觞，永州应为中国风景"八景"景观集称文化的发源地。可谓是历代所传："天下八景源潇湘"[3]。

[1]　邓颖贤，刘业．"八景"文化起源与发展研究 [J]．广东园林，2012，34（2）：11-19．

[2]　吴庆洲．中国景观集称文化研究 [M]// 王贵祥，贺从容．中国建筑史论会刊（第七辑）．北京：中国建筑工业出版社，2013：227-287．

[3]　吕国康．千古零陵擅风月——永州历史文化综述 [N]．永州日报，2014-02-14（A4）．

三、明清永州风景"八景"集称文化景观集粹

古代永州的文学艺术发展对地域文化景观的形成与发展起到了极大的推动作用。唐宋以后,永州的山水神韵得到进一步彰显,不仅对城市周边的自然山水景观题记增多,重要景观以集称文化的形式出现,就连乡村的景观建设也模仿写意,出现了许多乡村聚落风景"集称文化景观"。这里作一简要介绍。

1. 明朝永州地区"八"景[1]

(1)明朝永州八景

明朝正统年间(1436~1449年)永州知府戴浩明确提出了"芝城八景"为:天梯晓日、万石亭高、湘水拖蓝、嵛峰叠翠、澹岩秋月、愚岛晴云、怀素墨池、紫岩仙井,并为其中七景各赋诗一首(愚岛晴云已有前人松章信作诗)。

(2)明朝祁阳八景

浯溪胜迹、雷洞灵湫、湘水涵清、祁山积翠、乌符倦咏、白鹤云屏、龟潭夕照、燕冈阴雨。

(3)明朝道州十二景

明朝,道州(今道县)境内有十二景:濂溪光风、莲池霁月、宛樽古酌、开元胜游、五如奇石、九疑仙山、元峰钟英、宜峦献秀、寒亭秋色、暖谷春容、月岩仙踪、含晖石室。其中,莲池霁月、宛樽古酌、开元胜游、元峰钟英四景点位于城市附近,其他八景离城相对较远。元峰钟英:位于今道州宾馆内,为纪念宋代状元吴必达,曾建有状元亭,历代题刻甚多,陆游曾在此题"诗境"石刻(图6-3-2)。相传该处也是舜帝南巡止宿处,现为永州市市级重点文物保护单位。

(4)明朝江永县上甘棠村古八景

江永县夏层铺镇上甘棠村始建于唐代,古八景为:独石时耕、甘棠晓读、山亭隐士、清涧渔翁、西岭晴云、昂山毓秀、龟山夕照、芳寺钟声。明朝有《甘棠八景诗》云:"独

图6-3-2 明代道州(今道县)境内十二景
之一:元峰钟英

[1] (明)隆庆五年的《永州府志·提封志·景观》。

石时耕景色明，甘棠晓读旧书声。山亭隐士敲棋局，清涧渔翁坐钓亭。西岭晴云浓复淡，昂山毓秀翠还清。龟山夕照纱笼晚，芳寺钟声对鹤鸣。"

2.清朝永州地区城市八景

（1）永州城八景

清朝永州城附近，潇湘平湖两岸八景为：萍洲春涨、香零烟雨、愚溪眺雪、朝阳旭日、恩院风荷、绿天蕉影、山寺晚钟、回龙夕照。后六景在本文中其他地方都有介绍，这里简单介绍前二景。

①萍洲春涨

萍洲春涨位于永州古城北5km，潇水与湘水汇合之处的萍岛（又称萍洲、"浮洲"），为"潇湘八景"之一的"潇湘夜雨"，也是永州八景之首（图6-3-3）。萍洲岛有大小二岛，大岛800余亩，小岛40余亩。岛上竹蕉繁茂，古樟参天，长年浓荫覆盖，幽静秀美；潇水环洲而流，往来船只如梭，风帆与岛上竹樟相映，橹声与洲上鸟语共鸣，诗情画意，风物宜人。每逢春夏水涨，登临萍岛，举目四望：远浦归帆、回龙宝塔、黄叶古渡、江天风月，诗情画意，尽入眼底。夜宿萍岛，可卧听江声。萍岛自然生态条件优良，风光旖旎，为永州著名风景胜地，尤以文化底蕴深厚，湘妃的传说源远流长。唐宋以来，盛名远扬，柳宗元的《湘口馆潇湘二水所会》诗云："二水会合空旷处，水清流缓波涛平。江岸高馆耸云霄，更有危楼倚山隈。雨后初晴天色朗，纤云舒卷碧空尽。秋高气爽日正中，江天一色无纤尘。"宋代著名诗人米芾称之为"瑶台"仙境。清光绪十三年（1887年）本县绅士刘元堃、田登仕在萍洲岛上修建了萍洲书院，后毁废，2010年永州市政府在原址上开始重建萍洲书院。

②香零烟雨

香零山，屹立于永州城东约3km处的潇水河心，实为天然石矶结构的小岛，旧产香草闻名于世。清道光八年的《永州府志·名胜志·零陵》载："或曰此地有山曰'香零'，是生香草，'零'与'苓'古文通，郡得名以此。"香零岛顶部东西长约20m，南北宽约6m，枯水季节高出水面约8m，山势险要，风景幽美。香零山地处中流，随潇水水势而展现不同的风光，水势浩荡则如汪洋中的一叶小舟，水势弱小则岛亭昭然挺立。若

图6-3-3　清代永州八景之一：萍洲春涨
（资料来源：永州旅游交通图）

279

图6-3-4　清代永州八景之一：香零烟雨

雨后日出，烟锁山脚，雾雨朦胧，往来舟楫，若隐若现，给人一种烟波浩渺的意境，因有"香零烟雨"之称（图6-3-4）。柳宗元曾写有《登蒲州石矶望横江口，潭岛深迥斜对香零山》诗，怀念香零山美景，诗中有"登'蒲州'（今山西省永济市）以望之"（《方舆胜览》），足见香零山景

色迷人。清康熙年间蒋本厚的《香零山小记》云："方春流荡荡，如贴水芙蓉，与波明灭。至秋高水落、亭亭孤峙，不可攀跻。予曾泊舟其下，明月东来，江水莹白。独坐揽袂，觉草木皆有香气，知古人命名殊不草草。"（清道光八年的《永州府志·名胜志·零陵》）香零山现有观音阁为清同治年间王德榜等人倡建。

（2）蓝山县古八景

蓝山县位于湖南南部边陲，素有"楚尾粤头"之称，"四时苍碧如蓝"，唐玄宗天宝元年（742年），因境内"山岭重叠，荟蔚苍萃，浮空如蓝"而改南平县为为蓝山县。境内古八景为：峭塔凌云、巍山远障、舜水环带、东江夕照、富阳平畴、古城烟树、夔龙古庙、皇英故祠。

（3）永明县古八景

永明县（1956年改永明县为江永县）古八景为：层岩叠翠、潇水拖蓝、麟石腾烟、凤亭插汉、五岭朝霞、三峰雾雪、鹅崖飞瀑、古刹临风。明末清初，陈毓新有《永明八景》诗："潇湘一望蓝如染，更爱层峦翠如流。麟洞烟锁僧出岫，凤亭云锁客寻幽。霞铺五岭垂红幔，雪霁三峰挂坟钩。半壁飞泉悬树杪，清凉古刹四时秋。"

（4）新田县古八景

新田县古八景为：南桥双碧、恩寺寒烟、龙泉峭壁、古洞石羊、朱砂夜月、西峰叠翠、平岗天马、朝阳晓日。

（5）江华县古八景

江华瑶族自治县古八景为：阳华胜览、暖谷春容、浪石清流、寒亭秋色、泂溪寿域、奇兽虚明、秦岩深处、梧岭南屏。

（6）东安县芦洪市镇古八景

东安县芦洪市镇古八景为：应水晨曦、狮岭远眺、九龙奇峰、龙桥洪峰、洪林钟声、芦江垂钓、大皇雨雾、连桥朝霞。

3. 清代以来，永州地区传统乡村聚落中的八景

目前，笔者了解的清代以来永州地区传统乡村聚落中的八景主要如下。

（1）宁远县礼仕湾村古八景

据礼仕湾村族谱记载，礼仕湾村始建于元至元年间。"古时有李氏湾八景图并有诗赋，村中八景是'云山晓斋、玉屏残雪、宜序椎唱、寒潭印月、东岭晚烟、江水涣歌、双桥落虹、古寺传钟'"[1]。

（2）江永县兰溪村古八景

江永县兰溪瑶族乡黄家村兰溪瑶寨古建筑群始建于唐代，早在清康熙年间，兰溪村即有碑刻八景：蒲鲤生井、山窟藏庵、犀牛望月、天马归槽、石窦泉清、古塔钟远、亭通永富、岩号平安。每景都赋有一首诗，都有一个美丽动人的传说，很好地概括了兰溪古村的山水美、寺庙多、道路广、人心善等特征[2]。

（3）江华县宝镜村古八景

江华瑶族自治县大圩镇宝镜村始建于清顺治七年（1650年），古八景为：松林淡月、槐社夕阳、宝塔涵青、虹桥锁翠、螺岫浮岗、响泉逸韵、珠塘漾碧、曲水回澜。

（4）新田县彭梓城古八景

新田县枧头镇彭梓城村始建于明初，古八景为：磷窍咽波、石门夜月、清泉沐犀、双峰插翠、潭天秋色、屏山听读、西岩渔隐、鳌背横桥。

（5）双牌县江村古八景

双牌县江村镇江村古八景为：仙岩夜月、香石朝烟、龙山叠翠、漫水拖蓝、有庳晨钟、华灯暮鼓、梅江细雨、课楼宴宾。

（6）祁阳县浯溪古八景

祁阳县浯溪古八景：浯溪漱玉、镜石含晖、亭六厌、摩崖三绝、峿台晴旭、宋尊夜月、香桥野色、书院秋声。

地域文化景观是在特定的地域自然地理环境和人文地理环境背景下形成和发展的，自然地理环境是地域民族文化形成和发展的物质基础，地域民族文化的涵化过程是地域人文景观形成和发展的文化基础。明清时期，永州地区"八景"文化景观建设的兴盛，正是地区文学艺术发展和山水景观文化繁荣的结果。

"挥毫当得江山助，不到潇湘岂有诗"。"永州八记"中所描写的自然山水景观除袁家渴被水淹没外，其他景致至今基本尚存，正成为永州旅游的重要景观。

---

[1]　胡功田，张官妹. 永州古村落 [M]. 北京：中国文史出版社，2006：122.
[2]　胡功田，张官妹. 永州古村落 [M]. 北京：中国文史出版社，2006：106.

结　语

　　永州当五岭百粤之交，为历史边郡地区，地理位置特殊，自古受楚、粤文化和中原文化等多种文化影响。永州古城是典型的山水城市，其建城史在湖南省仅次于长沙。古城至今还在延续使用，保存有独特的"两山一水一城"格局，城市历史街区及景观特色鲜明，物质文化遗产和非物质文化遗产都很丰富，是国家历史文化名城。

　　基于体现永州古城及其景观建设特色、体现其景观的地域空间特征的研究理念，论文以建筑历史理论为基础，运用多学科交叉等研究方法，史论结合，从"文化审美"的三个层面较为系统地研究了永州古城景观建设与发展的历史动因及其地域空间特征。宏观层面立足于城市发展中的城市营建研究，突出永州古城营建的生成环境系统；中观层面立足于指导城市建设的文化传统和文化核心要素研究，突出地方古城规划建设的文化内涵、价值取向和发展动因；微观层面立足于城市建设中的具体景观要素研究，突出永州古城形态主要构成要素的建设与发展特点，体现古城及其景观建设的地域特征。

　　城市形态演变研究和城市营建的驱动力研究都是城市营建史研究的主要内容，城市形态演变的规律研究，主要是动力机制研究。论文着手于永州古城选址的自然、社会和人文等环境特点分析，研究中基本上阐明了城市的生态安全环境与城市可持续发展的关系。在从"时间维度"上对永州古城形态发展演变特点进行研究的基础上，将永州古城营建研究置于古代荆楚文化与南岭文化特定的地理环境和文化环境中，置于湘江流域城市体系中主要城市空间形态演变特点的比较中，从"空间维度"上整体研究了古代永州地区的城市设置及其发展特点，以及明清时期湘江流域府州城市空间形态的演变特点。在比较研究中，探索了南宋以前的西汉泉陵城和汉唐零陵郡城的形制与规模，揭示了地方古城规划建设的文化内涵、价值取向和发展动因。转变研究范式，从区域整体性层面分析了古代沿水城市空间形态演化与自然、交通、政治、经济、文化等因素发展变化的关系，揭示了永州古城形态演变的动力机制和明清时期永州城发展滞后的原因。

　　城市形态构成要素是古城形态演变主要的影响因素，体现了古城历史发展的脉络，既是古城景观形态研究的主要内容，也是体现古城特色的主要方面。论文在研究永州古城形态演变特点和发展动因的基础上，结合城市形态演变研究需要突出的主要内容，从文化地理学、文化社会学等学科角度，运用要素类比和历史地理的文化溯源法等研究方法，重点论述了明清时期永州城市形态主要构成要素的建设与发展特点，同时在"空间维度"上，整体比较研究了永州地区古城现存清末以前祭祀建筑与塔建筑等建筑景观的文化内涵和地域特征。在重视对景观客体研究的同时，重视"人"在景观形成与发展中的作用，研究中突出了永州地域文化景观形成与发展的区域人文地理环境的发展特点，指出，古代永州地区属于相对独立的小"文化龛"。

基于体现地方古城景观建设特色的研究理念，在前面各章关于永州古城形态演变和建筑景观发展特点研究的基础上，论文最后结合地区山水文化发展特点，突出了永州古城山水景观文化发展特点及其影响研究。文章结合永州城"山水文化景观"的发展研究，较为系统地梳理了"八景"文化的历史渊源，并对《潇湘八景图》出现的时间作了存疑探讨，可为"八景"景观集称文化与"潇湘八景图"的起源提供学术讨论视角。研究指出：若从中国风景"八景"景观集称文化出现的时间先后看，"永州八记"应是中国自然山水景观"八景"集称文化的滥觞，此观点是对吴庆洲先生的"自然山水景观集称发端于'永州八记'"观点的深化，希望学术界给予批评和指正。

283

第一节　对永州古城营建与景观发展特点的总结

论文通过对永州古城营建与景观发展特点的综合研究，主要得出以下几个方面的认识。

一、古城选址环境与城市形态变迁

（一）中国古代城市选址与建设的生态安全思想

广义的生态安全包括自然生态安全、经济生态安全和社会生态安全，体现在环境与生态保护、经济与社会发展、外交与军事，以及意识形态等多个方面。意识形态安全属于国家安全系统的一个有机组成部分，国家的安全，可以从国家肌体的安全、环境安全和意识形态安全三个方面考察，作为这三个方面的综合，就是发展的安全[1]。

秦汉以后，中国城邑选址、形态和空间结构更多地受到以《管子》为代表的重环境、求实用的思想体系和"天人合一"的哲学思想体系的影响，

---

[1]　夏保成. 国家安全论 [M]. 长春：长春出版社，1999：9.

突出体现在中小型城市的规划布局中。研究指出：

（1）中国古代城市建设"重环境、求实用"的思想即是古人原始的"生态安全"的思想意识，城市的生态安全环境是影响其选址与可持续发展的决定因素。

（2）中国古代城市选址的生态安全思想是宏观因素与微观因素的综合，是物质环境与精神环境的综合，而自然条件应是中国古代城市选址首先要考虑的因素。从总体上说，中国古代城市选址的生态安全环境包括城市区位、自然地理地形地势、军事与水陆交通条件、政治、经济和文化发展基础、人口发展状况、城乡关系、土地的物产能力和容载能力、地利的建设条件与环境条件（包括理想模式的"风水"环境），以及应对胁迫（如自然灾害）的恢复力等。

（3）中国古代城市的安全防御思想体现在城市选址、规划与建设，以及意识形态安全等各个方面，是一个完整的体系，是物质防御体系与精神防卫体系的统一。中国古代城乡各种"形态图式"理论、规划思想、布局结构，以及各种"符号化"的景观要素，也都可以认为是城乡物质防御功能的补充，是城乡精神防卫体系的组成部分。

（4）从现代广义的生态安全概念和国家安全系统两个层面上分析，可以说，代表着一种社会制度（宗法制度）和社会秩序（礼制秩序）的中国古代城市，其规划布局所体现的"礼制"的思想体系体现了城市空间精神环境的创造，是城市（国家）意识形态安全思想的体现。

（二）良好的生态安全环境是永州古城选址与持续发展的决定因素

永州古城选址是中国古代城市选址生态安全思想的具体体现，古城得以持续发展，与地区良好的自然地理环境和人文地理环境有关，良好的生态安全环境是古城选址与持续发展的决定因素。

永州古城选址具有"交通要塞，楚粤通衢；山水形胜，战略要地；天材之利，利于防守；山环水抱，生态格局"等良好的自然地理环境特点。古城是典型的山水城市。阴阳五行理论与风水思想是中国古代城乡选址的重要理论。基于广义的风水学理论，笔者认为：永州古城的山水格局是风水理论中典型的共生环境，生态效应明显，城址既有"形"的阴阳山水形态，也有"质"的环境文化内涵，体现了中国传统城市建设的山水环境思想和审美情趣，体现了传统哲学观念和生态观念的有机统一，是传统阴阳学说和风水学说在具体地域空间环境中的体现。

"城市是自然的产物，而尤其是人类属性的产物"。本文研究认为：西汉时县级泉陵侯国选址于今零陵，东汉时期在此设零陵郡治，以及后期在此设永州总管府和零陵县治，与当地的农耕文化、聚落文化、道德文化等文化发育较早较好，以及当时地区的社会、经济发展状况也有直接关系。

明清永州府在加强城池、兵防及御旱防洪等物质防御能力建设的同时，也尤其重视城市的精神防卫环境的营建，其御灾体系建设体现了物质防御体系与精神防卫体系的统一，体现了地区经济、文化和社会的发展特点。

（三）古城选址的生态安全思想对当代城镇建设的启示

城市史研究工作可视为建立可持续性城市的一个关键因素。中国古代城市选址的生态安全思想体现在以《管子》为代表的诸多古籍中，体现了城市规划学、军事学、地理学、地质学、气候学、水利学、航运学、灾害学、生态学等多学科知识的综合，是一个完整的体系。反省近年来各地的自然灾害，如洪涝与干旱灾害、地震灾害和泥石流灾害等，在如今的城镇化过程中，我们可以借鉴中外古代城市选址与规划建设的经验，审慎城镇建设与生态安全环境的关系，综合运用多学科关于城市选址与规划建设的知识，突出现代城镇"生态安全"和"可持续发展"的要求。因地制宜，综合考虑城镇发展的区位条件、交通条件、城镇规模与环境容量的关系、城乡关系、城镇建设与防御自然灾害的关系、城镇形态与地形地貌的关系、经济增长与自然生态环境保护和可持续发展的关系，为城镇居民提供一个安全、有序的生活环境，实现人与自然和谐发展，以及城镇经济和社会的可持续发展。

（四）南宋以前，零陵县治与零陵郡治同城，为四门方形单城

研究指出，夏商周至战国，是永州地区城堡式聚落形态形成时期；秦至西汉，是地方城市初建时期；东汉至宋，是永州城厢格局形成时期；宋末至明清，是永州城郭拓展定型时期。

现存志书对于南宋以前的西汉泉陵城和汉唐零陵郡城的建设情况没有明确记载。本文对于南宋以前的零陵古城研究主要采用了要素类比法和历史地理的溯源法，进行逻辑推理。笔者推测：

（1）古泉陵县城东西南北宽均约为400m，周长约为1600m，是"非大邑，不足以当郡治"。

（2）东汉至宋，是零陵郡城厢格局形成时期；自东汉光武帝建武年间（25～55年），零陵郡治由今广西全州零陵县移至泉陵县后，零陵郡城规模较泉陵侯国城应有所扩大，零陵县治与零陵郡治同城，为四门单城；南宋以前的零陵郡城东西向长约为1400m，南北向宽约为400m，周长约为3600m，为中等规模的郡城，"依地形呈封闭型不规则长方形，设四边城门"[1]。

（五）宋末至明清，永州城为内外双城并瓮城格局，街巷式布局

研究资料显示，宋末大规模拓城奠定了明清时期永州城的规模，明清

285

[1]　零陵地区地方志编纂委员会编.零陵地区志[M].长沙：湖南人民出版社，2001：994.

时期的城墙基本上是在宋末永州城的基础上更新。南宋绍兴二十九年（1159年），吕行中任零陵县令，在府城南门内建零陵县治。宋末永州城先后增修里城（1208年开始）和加筑外城（1260～1264年），形成了内外双城格局，"规模井如"。外城将汉唐郡城周边的制高点，如千秋岭、东山、万石山和鹆子岭都圈入城中，掌握了全城的制高点。宋末大规模拓城奠定了明清时期永州城的规模，明清时期的城墙基本上是在宋末永州城的基础上更新，格局基本一致。

明洪武六年（1373年），因地制宜更新外城墙为外包砖石形式，城门由宋时四门改为七门，门上各建重楼，并于城门外建月城，形成瓮城格局。明初永州城七门七楼的形制一直延续至清末。

明清时期，永州城重要的东西向轴线（自东山之巅至大西门）以北地段为"城"，以南地段为"郭"，府署位于全城南北轴线以北居中，左钟右鼓。零陵县治在府城南门内。永州府治和零陵县治均为对称布局，空间结构严谨。城中道路较为规整、布局较为方正；城市主要街道、次要街道、市场街道和居住巷道按功能分划，井然有序；重要街道依地形呈"两纵八横"布局，八横轴与两纵轴呈"丁"字形相交，街巷式布局特点明显。

二、城市形成与发展的动力机制

（一）政治统治与军事防御是地区城市形成的原动力，战争与经济发展是推动城市后期建设的两个主要原因

历史上，永州城及地区城市的设置与发展特点表明，政治统治与军事防御是古代地方城市产生的两个主要原因，是其城市形成的原动力；战争与经济发展是推动城市后期建设的两个主要原因。

"潇湘流域"自古是湘桂走廊和湘粤走廊的重要通道，永州地区自古为楚越通衢、边防重地。秦汉以来，随着湘江流域的建设与开发，具有流域特点的文化发展走廊逐渐形成。研究表明，秦汉时期，永州地区城市设置及其建设，是当时地区政治与军事发展的结果，这一时期，永州地区多座县邑城池的选址状况与建设特点表明，政治统治和军事防御是当时城市的主要功能。

隋唐以后，随着地区经济与南北文化交流的发展，永州地区城市设置及其建设，主要受当时的政治与经济发展状况影响。三国至宋代中叶，永州地区的社会形势相对稳定，修城情况与当时全国内地其他地区的城池建设的总体情况基本相似，筑城活动也并不明显。宋朝中后期，受"外患内忧"的影响，永州地区城市尤其是府州城市也加强了城池的防御能力建设。本文分析认为：南宋以前，零陵郡城的规模和形态几乎没有变化，直到南宋以后，由于"内忧外患"的影响，才开始增修其"里城"和加筑"外城"。

永州地区古城建设的历史脉络表明，宋代中叶以后，随着地区经济的发展，城市选址与建设更加"重环境、求实用"，城市陆续定位于湘江、潇水、舜水、泠江河等水系沿岸，依山傍水，体现了水路交通在城市经济发展中的作用。"战争是政治的继续"，宋代中叶以后，永州地区城市的选址状况与建设特点表明，政治统治和经济发展是这一时期城市的主要功能。

元明清三朝，是永州经济由相对繁荣走向相对衰落的时期，加之元明之交和清初，境内拉锯式战争、天灾等因素影响，永州的生产力遭到了极大的破坏，经济文化发展放慢。明清时期，永州地区城池建设结合地形与安全需要，因地制宜，灵活布局；城址形态除永明（今江永）县城较为方正外，其他城池多呈不规则形状；城池因江河为堑，其他各向环以人工濠池；城内布局除官府建筑有严格的形制、规定外，其他建筑等皆混杂相处；道路除永州府城较规整、布局较方正外，余皆随地形而伸展；城门也充分结合地形与各类安全需要，如军事安全需要、抵御灾害需要和心理安全需要等，按"需"而设。清同治六年的《蓝山县志》记载表明，古代城门外的月城，一方面是为了增强城池的军事防御能力而设，另一方面也是为了增强城池的防洪能力和满足风水思想中规避建筑直枕路径的心理安全需要而设。

永州城及地区城市的设置与发展特点也从一个侧面表明，在价值取向与文化特征方面，虽然构成古代城市总体发展基础的有三个主要功能：政治功能、防御功能和经济功能，但中国古代城市的城墙始终作为政治和军事之城而出现，非经济之城；作为地方的政治统治中心，城市始终为自守之城，非盛民之城，是体现和维护政治权力的工具，是所谓"城者，所以自守也"（《墨子·七患》）。

本文中，作为永州城对比研究资料的湘江流域府州城市的形态演变特点同样表明，政治统治与军事防御是其城市形成的原动力。

（二）交通地位提高和经济持续发展是地区城市空间拓展的主动力

比较永州城与湘江流域其他府州城市空间形态演变特点，可以发现：交通地位变化和经济发展在地方城市空间结构形态演变中均起到了决定性的作用。

秦汉时期，永州由于水陆交通发达，成为楚粤通衢重心，且为边防重地，所以建城较早，之后一直为历代县、郡（府、州）治所在地。但由于中唐以后楚粤通衢重心东移至江西、福建等地，以及国家宏观政策和经济结构的调整、国家文化中心和政治中心的转移、城市职能的转变、对外贸易和航海事业的发展，地当楚粤门户的永州的交通优势逐渐丧失，加之元明之交和清初，境内拉锯式战争、天灾等因素影响，生产力遭到了极大的破坏，所以，虽然明朝中叶以后，永州地区的人口增长较快，但地区的社会经济、文化发展放慢，逐步拉开了与其他地区的距离。永州城自宋末大规模拓城后，明清时期虽有几次重修，城郭形态有所变化，但始终未能从整体上突破宋城主体规模，城池建设还明显体现了其作为历史边郡城市的政治和军事双重功能和特点。城市空间也没有得到进一步拓展，城中永州府的"礼制"秩序空间和商业贸易空间发展缓慢，城市还只是区域的政治和文化中心，城市的社会经济功能没有得到明确体现。

相反，唐代中叶以后，随着交通地位的提高、经济和人口的持续增长，处于湘江流域的岳阳城、长沙城和衡阳城，在进一步提升其政治和军事战略地位的同时，城市的社会经济功能也得到了明确体现。明清时期，岳阳和衡阳的城市空间得到进一步拓展，形成明显的"城、郭"空间结构和明确的"城、市"功能分区，长沙城在城西靠湘江一侧（包括城内和城外）发展了"梳式"市场街道系统，衡阳城外沿湘江和蒸水两岸发展了"梳式"市场街道。

三、地域文化景观类型与发展特点

（一）地域文化景观类型多样，永州是相对独立的小"文化龛"

自然地理环境是地域民族文化形成和发展的物质基础，地域民族文化的涵化过程是地域文化景观形成和发展的文化基础。永州地域文化景观的形成和发展是区域复杂多样的自然地理环境和人文地理环境综合影响的结果。复杂多变的地形地貌、秀丽多姿的山川环境和温暖湿润的气候，使古"潇湘流域"孕育了极其丰富的动植物资源。"潇湘流域"众多的史前文化景观考古发现表明，这里文化发育较早，至迟在旧石器时代晚期就有人类在此生息繁衍，这里是中国南方乃至整个中国开发较早的地区之一。

文化的长期涵化、扩衍，促进了地域文化景观的形成和发展。永州地区自古农耕文化、道德文化（舜帝文化）发育较早、较好。战国以后，中原文化、楚文化和百越文化通过战争、移民、流寓、商贸和交通等多种方式影响了地处楚粤交界的南蛮之地的永州地区。秦汉以来，随着湘江流域的建设与开发，具有流域特点的文化发展走廊逐渐形成。中原文化、楚文化和百越文化通过这条走廊在永州交融，使永州地区的文化同时具有上述文化的特点，加上地区理学文化和山水景观文化的发展，永州地域文化景观类型多样，地域特征明显。

永州地处湘粤桂三省交界，虽然在战国时期，楚越交通线即已开通，又有秦汉时期的相继开发，但由于受地理环境和自然条件的影响，对外交通发展缓慢，与外界的交流较少。唐中叶之后，全国经济中心和楚粤通衢重心东移，永州在全国的交通枢纽位置下降。元明清时期，永州经济由相对繁荣走向相对衰落，加之山重水复的地理环境、交通发展缓慢、地理间流动少，地域社会内部的社会关系缺乏功能分化，地域社会内部的文化虽然也相互传播和影响，但这种传播和影响在广度上和深度上往往是有限的，所以地区的文化交流和发展也是缓慢的。

同全国其他地区一样，永州地区的山区文化保存也较好。地区现存众多的新石器时期的遗迹遗存、先秦时期的聚落遗址、秦汉至明清时期的聚落遗址、祭祀遗址、故城遗址、军事遗址和生产遗址、多样的乡村传统聚落类型，以及地域文化景观在地域间的"分异性"特征与地域内部的"再分异性"特征等，一方面体现了永州地区过去的经济、文化发展状况和在全国政治、经济、军事中的地位，另一方面也表明此地后期与外界文化交流少，经济文化发展缓慢。因此可以说，清末以前，永州地区是一个相对独立的小"文化龛"。

（二）明清时期城市建筑景观建设与发展的地域特征明显

除防御体系等建筑景观外，明清时期永州城及地区衙署建筑、学校建筑、祭祀建筑、居住与商贸建筑、城市塔建筑等建筑景观的建设与发展具有以下特点：

（1）城市空间没有得到进一步拓展，城中的"礼制"秩序空间和商业贸易空间发展缓慢。明清时期永州城市用地不仅在外部空间的几何形态上没有大的突破，其城市内部重要的有形景观要素空间，如衙署建筑景观空间发展也是缓慢的，城中的道路空间格局虽然顺应了地形和地势，街巷式布局特点明显，但是并没有突出府署在城中的位置，没有突出中国古代府城仪典时所体现的空间特点。同时，境内各县城的公舍、秩祀、居住、作坊、商肆等皆混杂相处，城市的商业贸易空间发展缓慢，城市的社会经济功能没有得到明确体现。

（2）设于湘江潇水岸边、"湘桂走廊"及驿道上的商业市镇发展较好。历史上，永州地区作为行政与军事管理中心的市镇，"市场区域"与"行政中心"结合发展，商贸活动发展较好。城镇商业街的商业店面与住宅结合，临街建前店后住的院落住宅。如今仍保存完好的零陵区和冷水滩区交界处的老埠头街、零陵区柳子街和东安县芦洪市镇的古街风貌，是当时永州地区商贸建筑景观建设发展的真实反映。但是，永州地区的商贸建筑的历史发展是缓慢的。无论是与学校建筑和祭祀建筑相比，还是与湘江流域的其他府州城相比，明清时期，永州城的商贸建筑空间发展都是最慢的，以至城市空间也没有得到进一步拓展。

（3）学校（包括文庙）建筑兴盛。历史上，对永州影响最大、最深的是儒家思想和宋明理学，儒学和理学的发展推动了永州地区教育类文化景观建设。

（4）古城祭祀建筑景观的地域特征明显。永州地区的祭礼文化发育较

289

早，具有古代楚地的巫祀文化特点。历史上，永州地区古城祭祀建筑出现的时代较早，发展较快，不仅数量多，而且类型多，体现了祭祀建筑发展的历时性特点。明清时期城市祭祀建筑兴盛，古城祭祀建筑文化与中原母文化之间既表现出相似性，也表现出地方的僭越性；既遵守一般祭祀建筑规则，又有地方的创造性和个性，体现了地域建筑的人文适应性特点。永州地区古城现存祭祀建筑景观的地域特征突出体现在朝向的地域性、文化的兼容性与创造性，以及意义的共时性等方面。研究认为，从文化审美角度观照，源于共同的祭礼文化特点，古代永州地区城市祭祀建筑类型的多样性、功能的综合性共时共存，是祭祀建筑"意义的共时性"的本质特征的体现；永州地区此起彼伏的山水环境与自古"信鬼巫，重淫祀"的人文环境，也是道教文化在永州境内盛行的原因之一。

（5）明清时期，永州境内普修风水塔和文昌阁。本文比较分析永州地区城市现存古塔建筑景观的地域特征主要在于其选址、形态与结构、建造技术、艺术风格等方面。研究表明，明清时期，永州地区各县城的塔、阁建筑选址除了少数位于水岸边的山巅之外，大部分都滨于江河岸边，是永州地区古城"风水建筑景观"的一大特色。这一时期，永州地区城市附近的塔既表现出形态与结构的地域相似性特点，又体现了地域内部的"再分异性"特征。其地域的相似性特点主要体现在塔的外观形态、建筑材料和内部结构等方面，其地域内部的"再分异性"特征主要体现在南北地区城市古塔的建造技术、艺术风格等方面，是地区相对独立的小"文化龛"的文化特征的体现。道县文塔可以说是永州地区南北古塔形制与风格的过渡。

研究资料显示，古代寺庙和城门外的"月城"也是风水建筑的重要内容。

（三）"永州八记"开创风景"八景"景观集称文化模式

在景观构成的四个要素中，情景要素和过程要素体现了人们对景观的移情和审美。本文将留有人类活动印记和凝结了人类思维活动的自然山水景观称为"山水文化景观"。

永州山水景观文化发育较早，古代永州的山水景观文化突出体现在崖刻景观文化和风景"八景"等景观文化建设方面，其发展的过程体现了人们对自然山水景观的移情和审美。论文结合永州城"山水文化景观"的发展研究，较为系统地梳理了"八景"文化的历史渊源，并对《潇湘八景图》出现的时间作了存疑探讨。研究指出：

（1）"八景"文化的历史发展表明，虽然唐代以前诗词中描写的景观不以八景、十景、十五景或二十景归纳，不以"八景"为定型模式，但它们具有文化集称特点，可以认为是后期固定模式的风物"八景"文化景观集称的先声。

（2）唐代元结开创了永州山水的崖刻文化，自元结之后，永州崖刻艺术开始兴盛。柳宗元对于永州城自然山水景观的赞誉和建设，促进了永州山水景观文化的繁荣，使永州的山水景观文化在中国景观文化发展史上占有重要地位，永州应为中国风景"八景"景观集称文化的发源地。若从中国风景"八景"景观集称文化出现的时间先后看，"永州八记"应是中国自然山水景观"八景"集称文化的滥觞，此观点是对吴庆洲先生的"自然山水景观集称发端于'永州八记'"观点的深化，希望学术界给予批评和指正。

（3）自"永州八记"之后，唐五代至北宋初期有"潇湘八景图"问世，继北宋中期文人画家宋迪的"潇湘八景图"之后，风景之"八景"文化开始在中国流行，并传播到周边国家和地区。

（4）"八景"文化的发展，带动了城乡对环境的重视和建设。明清时期，永州及全国其他城乡风景"八景"文化的发展，即是明显的例证。

第二节　论文主要创造性成果

（1）论文对前人未涉足的南宋以前的西汉泉陵城和汉唐零陵郡城的形制与规模进行了探索，并取得了一定的研究成果。

（2）论文在区域整体性研究中揭示了永州地方古城规划建设的文化内涵、价值取向和发展动因，揭示了永州古城形态演变的动力机制和明清时期永州城发展滞后的原因。这是明清永州城市营建史研究的新成果。

论文转变研究范式，从多学科交叉融合层面，在"时间"和"空间"两个维度上展开，突出研究的区域性和整体性，在比较中体现古城及其景观建设的地域特征，对今后的相关研究具有一定的启发意义。

（3）论文以永州古城为例，从城市选址、军事、御旱防洪和心理安全等方面系统研究了中国古代城市的安全防御体系，认为中国古代城市的安全防御体系是物质防御体系与精神防卫体系的统一。研究指出了古城选址的生态安全思想对当代城镇建设的实践意义，相关研究成果丰富了城市营建史研究的理论基础。

（4）提出了"地方古城研究要体现景观建设特色"的研究理念，从"文化审美"的三个层面较为系统地研究了永州古城景观营建的历史发展特点和景观的地域空间特征。

论文选择永州古城的主要景观要素，进行区域性比较研究，不仅详细地分析了永州古城景观的建造特点，而且突出了地区古城景观的生成环境、文化内涵、功能价值、社会属性和地域特征研究；对古城景观"是什么（what）"、"为什么（why）"和"干什么（how）"等问题进行了初步总结，研究突出了景观的"精神与灵魂"，具有一定的学术价值，对今后的相关研究具有借鉴意义。另外，本文较为系统地梳理了"八景"文化的历史渊源，对《潇湘八景图》出现的时间作了存疑探讨，也为今后的相关研究奠定了基础。

图　录

长沙老街 [M]. 长沙：湖南文艺出版社，1999：254)

图 3-4-8　明长沙城布局示意图(资料来源：陈桥驿. 中国历史名城 [M]. 北京：中国青年出版社，1986：296)

图 3-4-9　明清长沙城西"梳式"街道系统示意（资料来源：(德)阿尔弗雷德·申茨. 幻方：中国古代的城市 [M]. 梅青译. 北京：中国建筑工业出版社，2009：343)

图 3-4-10　民国 2 年的湖南省城图（资料来源：温福钰. 长沙 [M]. 北京：中国建筑工业出版社，1989：39)

图 3-4-11　衡州府舆地图（资料来源：(清) 饶佺修，旷敏本纂.(乾隆) 衡州府志·卷三·舆图 [M]. 清乾隆二十八年刊印，清光绪元年补刻重印)

图 3-4-12　衡州郡城图（资料来源：(清) 饶佺修，旷敏本纂.(乾隆) 衡州府志·卷三·舆图 [M]. 清乾隆二十八年刊印，清光绪元年补刻重印)

图 3-4-13　清同治十一年《衡阳县图志》中的衡阳城图（资料来源：(清) 彭玉麟修，衡阳县图志·卷四·建置·城图 [M]. 殷家俊，罗庆芗纂. 清同治十一年刊)

图 3-4-14　清宣统元年衡阳城区图(资料来源：衡阳市建设志编纂委员会编. 衡阳市建设志 [M]. 长沙：湖南出版社，1995)

图 3-4-15　民国时期衡阳市区图（资料来源：衡阳市建设志编纂委员会编. 衡阳市建设志 [M]. 长沙：湖南出版社，1995)

图 3-4-16　唐代江南经济区区域总体规划轮廓图（资料来源：贺业钜. 中国古代城市规划史 [M]. 北京：中国建筑工业出版社，1996：429)

图 4-1-1　澧县城头山古城遗址（资料来源：湖南省文物考古研究所. 澧县城头山古城址 1997—1998 年度发掘简报 [J]. 文物 .1999（6）：5)

图 4-1-2　常州市武进区淹城遗址（资料来源：吴庆洲. 中国军事建筑艺术（上）[M]. 武汉：湖北教育出版社，2006：62. 原载：阮仪三《古城留迹》)

图 4-1-3　武进县寺墩古城遗址示意图（资料来源：车广锦. 玉琮与寺墩遗址 [N]. 中国文物报，1995-12-31，（第 3 版）)

图 4-1-4　明南京城内城外郭示意图（资料来源：郭湖生. 明南京（兼论明中都）[J]. 建筑师，1997 8（77）：39)

图 4-1-5　曲阜鲁故城遗址遗迹分布图（资料来源：贺业钜. 中国古代城市规划史 [M]. 北京：中国建筑工业出版社，1996：201)

图 4-1-6　明南京城的聚宝门（今中华门）（资料来源：郭湖生. 明南京（兼论明中都）[J]. 建筑师，1997，8（77）：35)

表　录

参考文献

一、志书、古籍文献与民国图书类

[1] （明）史朝富，陈良珍修.永州府志 [M]，明隆庆五年（1571 年）.

[2] （清）刘道著修.（康熙九年）永州府志 [M].钱邦芑纂.重刊书名为：日本藏中国罕见地方志丛刊（康熙）永州府志 [M].北京：书目文献出版社，1992.

[3] 姜承基修.永州府志 [M].常在等纂，清康熙三十三年（1694 年）.

[4] 武占熊，刘方潆等编纂.零陵县志 [M]，清嘉庆十五年（1810 年）.

[5] （清）嵇有庆，徐保龄修.零陵县志 [M].刘沛纂，清光绪二年（1876 年）.

[6] （清）吕思湛，宗绩辰修纂.永州府志.道光八年（1828 年）刻本，同治六年（1867 年）重印本.湖南文库编辑出版委员会，岳麓书社，2008 年.

[7] 湖南省永州市,冷水滩市地方志联合编纂委员会编.零陵县志 [M].北京：中国社会出版社，1992.

[8] 零陵地区交通志编纂办公室.零陵地区交通志 [M].长沙：湖南出版社，1993.

[9] 零陵地区水利水电志编纂办公室编.零陵地区水利水电志 [M].湖南省冷水滩市印刷包装有限公司，1995.

[10] 零陵地区地方志编纂委员会编.零陵地区志 [M].长沙：湖南人民出版社，2001.

[11] 湖南省宁远县地方志编纂委员会编.宁远县志 [M].北京：社会科学文献出版社，1993.

[12] （秦）吕不韦辑.吕氏春秋 [M]，（清）乾隆五十四年（1789 年）校订.

[13] （秦）吕不韦辑.吕氏春秋 [M].中华书局丛书集成初编，1991.

[14] （战国）吕不韦著.吕氏春秋新校释 [M].陈奇猷校释.上海：上海古籍出版社，2002.

[15] （唐）李吉甫撰.元和郡县图志 [M].贺次君点校.北京：中华书局，1983.

[16] （宋）张君房撰.云笈七签·卷八十·符图部二·洞玄灵宝三部八景二十四住图 [M].

[17] （宋）郭若虚撰.图画见闻志 [M].北京：人民美术出版社，2004.

[18] （宋）祝穆撰.方舆胜览 [M].祝洙增订.施和金点校.北京：中华书局，2003.

301

[19]（宋）王象之.舆地纪胜（咸丰五年刻本）[M].文海出版社，1971.

[20]（宋）沈括.梦溪笔谈[M].上海：上海书店出版社，2003.

[21]（宋）范致明撰.岳阳风土记[M].

[22]（宋）陈规撰.守城录·靖康朝野佥言后序[M].

[23]（元）吴澄撰.鳌溪书院记[M].

[24]（明）欧大任撰.百越先贤志·卷一·史禄[M].

[25]明太祖实录（北京大学图书馆藏书）[M].

[26]（明）潘镒修.（嘉靖）长沙府志[M].张治，徐一鸣纂.

[27]（明）苏浚纂.（万历）广西通志[M].学生书局，1965.

[28]（明）黄佐纂.广西通志[M].

[29]（清）锺范，胡鹗荐修.蓝山县志[M]，清同治六年（1867年）.

[30]（清）谷应泰编撰.明史纪事本末[M].

[31]（明）潘镒，张治纂修.长沙府志[M]，明嘉靖十二年（1533年）.

[32]（清）赵宁纂修.长沙府岳麓志[M]，康熙二十六年（1687年）.

[33]（清）赵吉士.寄园寄所寄[M].上海：上海大达图书供应社，1935.

[34]（清）康熙年间修.四库全书总目·卷七四·史部·地理类存目三[M].

[35]（清）顾祖禹.读史方舆纪要（卷二十·应天府；卷六十八·四川三；卷七十五·湖广一；卷七十七·湖广三；卷八十·湖广六；卷八十一·湖广七；卷一百七·广西二）[M].贺次君，施和金点校.北京：中华书局，2005.

[36]（清）李炳耀，李大绪修.邵阳县志[M]，清光绪三年（1877年）.

[37]（清）李光庭撰.乡言解颐[M].石继昌点校.北京：中华书局，1982.

[38]（清）乾隆四十年(1775年)编.文渊阁四库全书·湖广通志·城池志[M].

[39]（清）刘采邦，张延珂等.长沙县志[M]，同治十年（1871年）刊.

[40]（清）姚诗德，郑桂星修.光绪巴陵县志[M].（清）杜贵墀编纂.长沙：岳麓书社，2008.

[41]（清）饶栓修.（乾隆二十八年）衡州府志[M].旷敏本纂.清光绪元年补刻重印.长沙：岳麓书社，2008.

[42]（清）彭玉麟修，殷家俊，罗庆芗纂.(同治十一年)衡阳县图志[M].长沙：岳麓书社，2010.

[43]（清）谢启昆主修.广西通志[M].胡虔纂.清嘉庆七年（1802年）刊印.

[44]（清）汪森.粤西文载·卷十六·藩封志[M].南宁：广西人民出版社，1990.

[45]（清）吴徵鳌.（光绪）临桂县志（中册）[M].1963年据光绪三十一年重刊本翻印.

[46]（清）屈大均撰.广东新语[M].

[47] 岳阳县地方志编纂委员会.岳阳县志 [M].长沙:湖南人民出版社，
1997.

[48] 岳阳市建设委员会编.岳阳市志（第二分册·城市建设·建设卷）[M]，
1993.

[49] 岳阳市城乡建设志编辑委员会.岳阳市城乡建设志 [M].北京:中国城
市出版社，1991.

[50] 岳阳市地方志编纂委员会.岳阳市志·第八册·城乡建设卷 [M].北京:
中央文献出版社，2004.

[51] 湖南省地方志编纂委员会.湖南省志·第十二卷·建设志 [M].长沙:
湖南出版社，1992.

[52] 长沙市志编纂委员会.长沙市志·第十卷·商贸志 [M].长沙:湖南人
民出版社，1999.

[53] 长沙市地方志编纂委员会.长沙市志·第九卷·交通邮电卷 [M].长沙:
湖南人民出版社，1998.

[54] 张人价.湖南省经济调查所丛刊:湖南之谷米 [M].长沙:湖南省经济
调查所，1936.

[55] 衡阳市建设志编纂委员会.衡阳市建设志 [M].长沙:湖南出版社，
1995.

[56] 衡阳市地方志编纂委员会.衡阳市志（中）[M].长沙:湖南人民出版社，
1998.

[57] 灌阳县志编纂委员会办公室编.灌阳县志 [M].北京:新华出版社，
1995.

[58] 贺州市地方志编纂委员会编.贺州市志 [M].南宁:广西人民出版社，
2001.

[59] 全州县志编纂委员会编.全州县志 [M].南宁:广西人民出版社，1998.

[60] 刘国强纂.湖南佛教寺院志 [M].湖南佛教寺院志编委会等审.天马图
书有限公司，2003.

二、当代国内外图书类

[61] 赖中霖等.康熙九年《永州府志》注释 [M].长沙:湖南人民出版社，
2011.

[62] 周霞.广州城市形态演进 [M].北京:中国建筑工业出版社，2005.

[63] 张仁福.大学语文——中西文化知识 [M].昆明:云南大学出版社，
1998.

[64] 刘进田.文化哲学导论 [M].北京:法律出版社，1999.

[65] 王诚.通信文化浪潮 [M].北京:电子工业出版社，2005.

[66] 单霁翔. 走进文化景观遗产的世界 [M]. 天津: 天津大学出版社, 2010.

[67] 苏伟忠, 杨英宝. 基于景观生态学的城市空间结构研究 [M]. 北京: 科学出版社, 2007.

[68] 中国非物质文化遗产保护中心. 中国非物质文化遗产普查手册 [M]. 北京: 文化艺术出版社, 2007.

[69] 吴良镛. 世纪之交的凝思: 建筑学的未来 [M]. 北京: 清华大学出版社, 1999.

[70] 《建筑大辞典》编辑委员会. 建筑大辞典 [M]. 北京: 地震出版社, 1992.

[71] 中国历史大辞典编纂委员会. 中国历史大辞典（下卷）[M]. 上海: 上海辞书出版社, 2000.

[72] 李旭旦. 人文地理学 [M]. 上海: 中国大百科全书出版社, 1984.

[73] 杨善民, 韩铎. 文化哲学 [M]. 济南: 山东人民出版社, 2002.

[74] 彭一刚. 传统村镇聚落景观分析 [M]. 北京: 中国建筑工业出版社, 1992.

[75] 蒋高宸. 建水古城的历史记忆: 起源·功能·象征 [M]. 北京: 科学出版社, 2001.

[76] 杨大禹. 云南佛教寺院建筑研究 [M]. 南京: 东南大学出版社, 2011.

[77] 吴庆洲. 建筑哲理、意匠与文化 [M]. 北京: 中国建筑工业出版社, 2005.

[78] 吴庆洲. 中国军事建筑艺术（上、下）[M]. 武汉: 湖北教育出版社, 2006.

[79] 吴庆洲. 中国古城防洪研究 [M]. 北京: 中国建筑工业出版社, 2009.

[80] 龙彬. 风水与城市营建 [M]. 南昌: 江西科学技术出版社, 2005.

[81] 余希贤. 法天象地: 中国古代人居环境与风水 [M]. 北京: 中国电影出版社, 2006.

[82] 俞孔坚. 理想景观探源: 风水与理想景观的文化意义 [M]. 北京: 商务印书馆, 1998.

[83] 段进. 城市空间发展论 [M]. 南京: 江苏科学技术出版社, 1999.

[84] 彭兆荣, 李春霞, 徐新建. 岭南走廊: 帝国边缘的地理和政治 [M]. 昆明: 云南教育出版社, 2008.

[85] 张传玺, 杨济安. 中国古代史教学参考地图集 [M]. 北京: 北京大学出版社, 1984.

[86] 姚士谋. 中国的城市体系 [M]. 北京: 中国科学技术出版社, 1992.

[87] 张泽槐. 永州史话 [M]. 桂林: 漓江出版社, 1997.

[88] 张泽槐. 古今永州 [M]. 长沙: 湖南人民出版社, 2003.

[89] 陆大道. 中国国家地理（中南、西南）[M]. 郑州: 大象出版社, 2007.

[90] 王增永. 华夏文化源流考 [M]. 北京: 中国社会科学出版社, 2005.

[91] 李孝聪. 中国区域历史地理 [M]. 北京: 北京大学出版社, 2004.

[92] 湖南省文物考古研究所. 坐果山与望子岗: 潇湘上游商周遗址发掘报告 [M]. 北京: 科学出版社, 2010.

[93] 胡功田, 张官妹. 永州古村落 [M]. 北京: 中国文史出版社, 2006.

[94] 张官妹. 永州文化概论 [M]. 北京: 中国文史出版社, 2007.

[95] 张官妹. 浅说周敦颐与湖湘文化的关系 [J]. 湖南科技学院学报, 2005(3).

[96] 陈立旭. 都市文化与都市精神: 中外城市文化比较 [M]. 南京: 东南大学出版社, 2002.

[97] 胡师正. 湘南传统人居文化特征 [M]. 长沙: 湖南人民出版社, 2008.

[98] 文选德. 湖湘文化古今谈 [M]. 长沙: 湖南人民出版社, 2006.

[99] 何介钧. 马王堆汉墓 [M]. 北京: 文物出版社, 2004.

[100] 何介钧, 张维明编. 马王堆汉墓 [M]. 北京: 文物出版社, 1982.

[101] 永州市文化局, 永州市文物管理处. 永州石刻拾萃 [M]. 长沙: 湖南人民出版社, 2006.

[102] 汤军. 零陵朝阳岩小史 [M]. 上海: 华东师范大学出版社, 2011.

[103] 李本达. 汉语集称文化通解大典 [M]. 南海出版公司, 1992.

[104] 陈碧. 《周易》象数之美 [M]. 北京: 人民出版社, 2009.

[105] 张继禹. 中华道藏 (第一册) [M]. 北京: 华夏出版社, 2004.

[106] 罗庆康. 长沙国研究 [M]. 长沙: 湖南人民出版社, 1998.

[107] 周振鹤. 中国历史文化区域研究 [M]. 上海: 复旦大学出版社, 1997.

[108] 杨仁里. 零陵文化研究都庞撷英 [M]. 珠海: 珠海出版社, 2003.

[109] 贺业钜. 中国古代城市规划史 [M]. 北京: 中国建筑工业出版社, 1996.

[110] 潘谷西. 中国建筑史 [M]. 第六版. 北京: 中国建筑工业出版社, 2009.

[111] 夏保成. 国家安全论 [M]. 长春: 长春出版社, 1999.

[112] 曹伟. 城市生态安全导论 [M]. 北京: 中国建筑工业出版社, 2004.

[113] 郭仁成. 楚国经济史新论 [M]. 长沙: 湖南教育出版社, 1990.

[114] 汪德华. 中国古代城市规划文化思想 [M]. 北京: 中国城市出版社, 1997.

[115] 林徽因等. 风生水起: 风水方家谭 [M]. 张竟无编纂. 北京: 团结出版社, 2007.

[116] 傅崇兰, 白晨曦等. 中国城市发展史 [M]. 北京: 社会科学文献出版社, 2009.

[117] 成一农. 古代城市形态研究方法新探 [M]. 北京: 社会科学文献出版社, 2009.

[118] 张驭寰. 中国城池史 [M]. 天津: 百花文艺出版社, 2003.

[119] 朱铁臻.城市发展学 [M].石家庄：河北教育出版社，2010.

[120] 周长山.汉代城市研究 [M].北京：人民出版社，2001.

[121] 吴承洛.中国度量衡史 [M].上海：上海书店出版社，1984.

[122] 郝树侯.太原史话 [M].太原：山西人民出版社，1961.

[123] 李茵.永州旧事 [M].北京：东方出版社，2005.

[124] 董鉴泓.古代城市二十讲 [M].北京：中国建筑工业出版社，2009.

[125] 温福钰.长沙 [M].北京：中国建筑工业出版社，1989.

[126] 陈先枢著.长沙老街 [M].郑佳明主编.长沙：湖南文艺出版社，1999.

[127] 王果，陈士溉，陈士镜.长沙史话 [M].长沙：湖南人民出版社，1980.

[128] 沈绍尧.访古问今走长沙 [M].北京：气象出版社，1993.

[129] 陈先枢，黄启昌.长沙经贸史记 [M].长沙：湖南文艺出版社，1997.

[130] 宋启林，蔡立力.中国文化与中国城市 [M].武汉：湖北教育出版社，2003.

[131] 徐镇元.岳阳发展简史 [M].北京：华文出版社，2004.

[132] 傅娟.近代岳阳城市转型和空间转型研究 [M].北京：中国建筑工业出版社，2010.

[133] 刘敦桢.中国古代建筑史 [M].第二版.北京：中国建筑工业出版社，1984.

[134] 刘德生等.世界自然地理 [M].第二版.北京：高等教育出版社，1986.

[135] 张驭寰.中国古建筑百问 [M].北京：中国档案出版社，2000.

[136] 李国钧等.中国书院史 [M].长沙：湖南教育出版社，1994.

[137] 康学伟，王志刚，苏君.中国历代状元录 [M].沈阳：沈阳出版社，1993.

[138] 南怀瑾.论语别裁 [M].上海：复旦大学出版社，2005.

[139] 张连伟.《管子》哲学思想研究 [M].成都：巴蜀书社，2008.

[140] 方吉杰，刘绪义.湖湘文化讲演录 [M].北京：人民出版社，2008.

[141] 费孝通.美国与美国人 [M].北京：三联书店，1985.

[142] 杨岚.文化审美的三个层面初探 [M]// 南开大学文学院编委会.文学与文化（第 7 辑）.天津：南开大学出版社，2007.

[143] 蒋政平，王田葵，周鼎安.零陵古城史话 [M]// 黄小明，刘翼平.解读零陵山水.北京：中国和平出版社，2007.

[144] 孙诗萌.南宋以降地方志中的"形胜"与城市的选址评价：以永州地区为例 [M]// 王贵祥，贺从容.中国建筑史论汇刊（第八辑）.北京：中国建筑工业出版社，2013.

[145] 雷运富.零陵黄田铺"巨石棚"有新发现 [M]// 刘翼平,雷运富主编.零陵论.北京：中国和平出版社，2007.

[146] 段进.城市形态研究与空间战略规划 [A].中国城市规划学会 2002 年年会论文集.厦门，2002.

[147] 李珍，覃玉东.广西汉代城址初探 [M]// 广西博物馆编.广西博物馆文集（第二辑）.南宁：广西人民出版社，2005.

[148] 永州古文化与旅游产业开发研究课题组.关于湖南永州是世界稻作农业之源和中华道德文明之源的考察报告 [M]// 周永亮，蔡建军.舜帝故乡——永州.珠海：珠海出版社，2003.

[149] 吴庆洲.中国景观集称文化研究 [M]// 王贵祥，贺从容主编.中国建筑史论会刊（第七辑）.北京：中国建筑工业出版社，2013.

[150] 史念海.中国古都形成的因素 [M]// 中国古都研究（第四辑）——中国古都学会第四届年会论文集.杭州：浙江人民出版社，1989.

[151] 李珍.兴安秦城城址的考古发现与研究 [M].广西壮族自治区博物馆.广西考古文集.北京：文物出版社，2004.

[152] 王文楚.关于《中国历史地图集》第二册西汉图几个郡国治所问题——答香港刘福注先生 [M]// 王文楚.古代交通地理丛考.北京：中华书局，1996.

[153] 蒋廷瑜.湘桂走廊考古发现琐记 [M]// 吕余生主编.桂北文化研究.南宁：广西人民出版社，1999.

[154] 鲁西奇.城墙内外：明清时期汉水下游地区府、州、县城的形态与结构 [M]// 陈锋主编.明清以来长江流域社会发展史论.武汉：武汉大学出版社，2006.

[155] 中国社会科学院考古研究所编著.新中国的考古发现和研究 [M].北京：文物出版社，1984.

[156] 文物编辑委员会编.文物考古工作三十年（1949-1979）[M].北京：文物出版社，1979.

[157] 麦英豪.广州城始建年代及其他 [M]// 中国考古学会.中国考古学会第五次年会论文集（1985）.北京：文物出版社，1988.

[158] 陈泽泓.南越国番禺城析论 [A].南越国遗迹与广州历史文化名城学术研讨会暨中国古都学会 2007 年年会论文集.广州，2007.

[159] 湖南省文物考古研究所，岳阳市文物工作队.岳阳市郊铜鼓山商代遗址与东周墓发掘报告 [M]// 湖南省文物考古研究所等.湖南考古辑刊（第 5 集）.长沙：岳麓书社，1990.

[160] 伍国正，吴越.传统建筑的门饰艺术及其文化内涵——以传统民居建筑为例 [M]// 陆琦，唐孝祥主编.岭南建筑文化论丛.广州：华南理工大学出版社，2010.

[161] 伍国正.古城形态及其文化景观研究的意义与综合性特征——永州古

城形态演变及其历史文化景观研究 [M]// 《营造》第五辑——第五届中国建筑史学国际研讨会会议论文集（上）. 广州：华南理工大学出版社，2010.

[162] 张官妹. 永州古代书院考略 [M]// 吕国康，张伟，雷运福. 千古之谜潇湘奇观. 杭州：浙江工商大学出版社，2011.

[163] （美）莱斯利·A·怀特. 文化的科学——人类与文明研究 [M]. 沈原，黄克克等译. 济南：山东人民出版社，1988.

[164] （美）拉·莫阿卡宁. 荣格心理学与西藏佛教——东西方精神的对话 [M]. 江亦丽，罗照辉译. 北京：商务印书馆，1994.

[165] （美）伊利尔·沙里宁. 城市：它的发展、衰败与未来 [M]. 顾启源译. 北京：中国建筑工业出版社，1986.

[166] （美）芒福德·刘易斯. 城市发展史：起源、演变和前景 [M]. 倪文彦，宋俊岭译. 北京：中国建筑工业出版社，1989.

[167] （美）R·E·帕克，E·N·伯吉斯等著. 城市社会学：芝加哥学派城市研究文集 [M]. 宋俊玲，吴建华等译. 北京：华夏出版社，1987.

[168] （英）约翰·爱德华兹（John Edwards）. 古建筑保护：一个广泛的概念 [A]// 中国民族建筑研究会. 亚洲民族建筑保护与发展学术研讨会论文集. 成都，2004.

[169] （德）阿尔弗雷德·申茨. 幻方：中国古代的城市 [M]. 梅青译. 北京：中国建筑工业出版社，2009.

[170] （德）恩格斯. 家庭、私有制和国家的起源 [M]. 北京：人民出版社，1962.

[171] （瑞士）荣格. 心理学与文学 [M]. 冯川，苏克译. 北京：生活·读书·新知三联书店，1987.

[172] （瑞士）费尔迪南·德·索绪尔. 普通语言学教程 [M]. 北京：商务印书馆，1985.

[173] （古希腊）希罗多德. 历史（节选本）[M]. 王敦书译. 北京：商务印书馆，2002.

[174] Edward Burnett Tylor. Primitive Culture[M]. London：John Murray，1871.

[175] A.L.Kroeber，C.Kluckhohn.Culture:A Critical Review of Concepts and Definition.Cambridge：Harvard University Press，1952.

[176] COMOS，The Burra Charter（澳大利亚）：The Australian ICOMOS Charter for the Conservation of Places of Cultural Significance（1999）.

[177] Sigfried Giedion.Space，Time and Architecture[M]. Cambridge：Harvard University Press，1941.

[178] ICOMOS. ICOMOS Charter on Cultural Routes[Z].Canada，2008.

三、期刊类

[179] 李敬国."景观"构词方式分析 [J]. 甘肃广播电视大学学报, 2001, 11 (2).

[180] 汤茂林. 文化景观的内涵及其研究进展 [J]. 地理科学进展, 2000, 19 (1).

[181] 汤茂林, 金其铭. 文化景观研究的历史和发展趋向 [J]. 人文地理, 1998, 13 (2).

[182] 王云才. 传统地域文化景观之图式语言及其传承 [J]. 中国园林, 2009 (10).

[183] 王云才, 史欣. 传统地域文化景观空间特征及形成机理 [J]. 同济大学学报 (社科版), 2010, 21 (1).

[184] 王云才, 石忆邵, 陈田. 传统地域文化景观研究进展与展望 [J]. 同济大学学报 (社科版), 2009, 20 (1).

[185] 沈福煦. 中国景观文化论 [J]. 南方建筑, 2001, 21 (1).

[186] 向岚麟, 吕斌. 新文化地理学视角下的文化景观研究进展 [J]. 人文地理, 2010 (6).

[187] 肖笃宁, 赵羿, 等. 沈阳西郊景观格局变化的研究 [J]. 应用生态学报, 1990, 1 (1).

[188] 孙艺惠, 陈田, 王云才. 传统乡村地域文化景观研究进展 [J]. 地理科学进展, 2008, 27 (6).

[189] 吴良镛. 论中国建筑文化研究与创造的历史任务 [J]. 城市规划, 2003, 27 (1).

[190] 何小娥, 阮雷虹. 试论地域文化与城市特色的创造 [J]. 中外建筑, 2004 (2).

[191] 谷凯. 城市形态的理论与方法——探索全面与理性的研究框架 [J]. 城市规划, 2001, 25 (12).

[192] 齐康. 城市的形态 (研究提纲初稿) [J]. 东南大学学报 (自然科学版), 1982 (3).

[193] 何一民, 曾进. 中国近代城市史研究的进展、存在问题与展望 [J]. 中华文化论坛, 2000 (4).

[194] 何一民. 历史时空之城的对话: 中国城市史研究意义的再思考 [J]. 西南民族大学学报 (人文社科版), 2008 (6).

[195] 何一民. 农业·工业·信息: 中国城市历史的三个分期 [J]. 学术月刊, 2009 (10).

[196] 毛曦. 城市史学与中国古代城市研究 [J]. 史学理论研究, 2006 (2).

[197] 牛青青. 城市形态的文脉意蕴及其现实意义 [J]. 郑州铁路职业技术学院学报, 2004, 16 (6).

[198] 郑莘，林琳.1990 年以来国内城市形态研究述评 [J]. 城市规划，2002，26（7）.

[199] 刘青昊. 城市形态的生态机制 [J]. 城市规划，1995（2）.

[200] 蔡自新. 关于永州历史文化名城的研究报告 [J]. 湖南科技学院学报，2005，26（1）.

[201] 李珍. 汉代零陵县治考 [J]. 广西民族研究，2004（2）.

[202] 湖南省文物考古研究所，湖南宁远县文物局. 湖南宁远县山门脚商周遗址发掘简报 [J]. 南方文物，2006（1）.

[203] 周世荣. 湖南零陵菱角塘古遗址调查与清理 [J]. 考古，1965（9）.

[204] 易先根. 永州道县鬼崽岭巫教祭祀遗址考 [J]. 湖南科技学院学报，2008，28（2）.

[205] 王剑. 论中华民族共同先祖的确认——兼及“羲黄文化”[J]. 中南民族大学学报（人文社科版），2003，23（6）.

[206] 王元林. 秦汉时期南岭交通的开发与南北交流 [J]. 中国历史地理论丛，2008（4）.

[207] 童恩正. 中国北方与南方古代文明发展轨迹之异同 [J]. 中国社会科学，1994（5）.

[208] 邢义田. 论马王堆汉墓“驻军图”应正名为“箭道封域图”[J]. 湖南大学学报（社会科学版），2007，12（5）.

[209] 张京华. 马王堆汉墓《地形图》《驻军图》再探讨 [J]. 湖南省博物馆馆刊（第六辑），2010.

[210] 尤慎. 从零陵先民看零陵文化的演变和分期 [J]. 零陵师范高等专科学校学报，1999，20（4）.

[211] 周九宜. 对长沙马王堆西汉墓出土古地图中泠道、龁道、舂陵等城址的考证 [J]. 零陵师专学报，1996（1-2）.

[212] 谢军. 风景建筑师——柳宗元 [J]. 建筑，2004（3）.

[213] 衣若芬. 潇湘八景——地方经验·文化记忆·无何有之乡 [J]. 台湾东华人文学报，2006（9）.

[214] 吴庆洲. 中国古代哲学与古城规划 [J]. 建筑学报，1995（8）.

[215] 吴庆洲. 象天法地意匠与中国古都规划 [J]. 华中建筑，1996，14（2）.

[216] 吴庆洲. 中国古城选址与建设的历史经验与借鉴（下）[J]. 城市规划，2000，24（10）.

[217] 吴庆洲. 明南京城池的军事防御体系研究 [J]. 建筑师，2005（2）.

[218] 吴庆洲. 中国古建筑脊饰的文化渊源初探（续）[J]. 华中建筑，1997，15（3）.

[219] 张廷银. 地方志中“八景”的文化意义及史料价值 [J]. 文献，2003（4）.

[220] 邓颖贤，刘业."八景"文化起源与发展研究 [J]. 广东园林，2012，34（2）.

[221] 秀丽.从四大民瑶看明清以来"南岭走廊"的族群互动与文化共生 [J]. 中南民族大学学报（人文社会科学版），2010，30（2）.

[222] 解光云.西方古典作家对古希腊城市的论析——基于雅典城市的评述 [J]. 历史教学，2004（8）.

[223] 曹润敏，曹峰.中国古代城市选址中的生态安全意识 [J]. 规划师，2004（10）.

[224] 王军，朱瑾.先秦城市选址与规划思想研究 [J]. 建筑师，2004（1）.

[225] 周干峙.中国传统城市规划理念 [J]. 城市发展研究，1997（4）.

[226] 单霁翔.浅析城市类文化景观遗产保护 [J]. 中国文化遗产，2010（2）.

[227] 龙彬.中国古代山水城市营建思想的成因 [J]. 城市发展研究，2000（5）.

[228] 蔡山桂.究竟雷州城始建于何时 [J]. 半岛雷声，2011（3）.

[229] 王田葵.零陵古城记：解读我们心中的舜陵城 [J]. 湖南科技学院学报，2006（10）.

[230] 刘纶鑫.论客家先民在江西的南迁 [J]. 南昌大学学报（哲学社会科学版），1998，29（1）.

[231] 马正林.论西安城址选择的地理基础 [J]. 陕西师范大学学报（哲学社会科学版），1990（1）.

[232] 李先逵.风水观念更新与山水城市创造 [J]. 建筑学报，1994（2）.

[233] 刘临安.中国古代城市中聚居制度的演变及特点 [J]. 西安建筑科技大学学报，1996（1）.

[234] 张全明.论中国古代城市形成的三个阶段 [J]. 华中师范大学学报（人文社会科学版），1998，37（1）.

[235] 许宏，吕世浩.学者徐苹芳的古代城市探索 [J]. 中国文化遗产，2010（3）.

[236] 李龙如.零陵地区方志源流考 [J]. 零陵师专学报，1983（1）.

[237] 汤军.明清六部《永州府志》的编纂及文本比较 [J]. 湖南农业大学学报（社会科学版），2013，14（3）.

[238] 杨琮.崇安汉代闽越国故城布局结构的探讨 [J]. 文博，1992（3）.

[239] 广西壮族自治区文物工作队，兴安县博物馆.广西兴安县秦城遗址七里圩王城城址的勘探与发掘 [J]. 考古，1998（11）.

[240] 陈昌文.汉代城市的布局及其发展趋势 [J]. 江西师范大学学报（哲学社会科学版），1998（1）.

[241] 张文绪.澧县梦溪乡八十垱出土稻谷的研究 [J]. 文物，1997（1）.

[242] 孙伟，杨庆山，刘捷.尊重史实——城头山遗址展示设计构思 [J]. 低温建筑技术，2011（1）.

[243] 马世之.郑州西山仰韶文化城址浅析 [J]. 中州学刊，1997（4）.

[244] 李晋宏. 太原老城丁字街风水思想新探 [J]. 太原师范学院学报（社会科学版），2010，9（5）.

[245] 陈湘源. 岳阳二千五百年前古城：糜城辨异 [J]. 岳阳职业技术学院学报，2005（2）.

[246] 陈湘源. 岳阳三千四百年前古城：彭城探微 [J]. 岳阳职业技术学院学报，2005（1）.

[247] 陈湘源. 岳阳古城南部历史文化遗产的调查与思考 [J]. 岳阳职业技术学院学报，2010，25（6）.

[248] 张研. 试论清代的社区 [J]. 清史研究，1997（2）.

[249] 伍国正. 中国佛塔建筑的文化特征 [J]. 湘潭师范学院学报（社科版），2005，27（5）.

[250] 伍国正，吴越. 传统村落形态与里坊、坊巷、街巷——以湖南省传统村落为例 [J]. 华中建筑，2007，25（4）.

[251] 伍国正. 古城形态的区域性综合研究意义——兼论永州古城景观形态演变综合研究意义 [J]. 华中建筑，2014，32（5）.

[252] 伍国正，周红. 永州乡村传统聚落景观类型与特点研究 [J]. 华中建筑，2014，32（9）.

[253] 李才栋. 周敦颐在书院史上的地位 [J]. 江西教育学院学报，1993，14（3）.

[254] 田志云. "历时性"与"共时性"分析：浅析巴赫金《陀思妥耶夫斯基诗学问题》 [J]. 剑南文学，2012（7）.

[255] 黄善言，谢铨，欧阳培民. 湖南永州柳子庙 [J]. 华中建筑，1989（1）.

[256] 汤军. 永州朝阳岩沿革述略 [J]. 湖南科技学院学报，2010（2）.

[257] 王鲁民，韦峰. 从中国的聚落形态演进看里坊的产生 [J]. 城市规划汇刊，2002（2）.

[258] 谭小蓉. 某古砖塔抗震性能分析研究 [J]. 四川建筑科学研究，2011，37（5）.

四、学位论文类

[259] 殷洁. 西南地区非物质文化景观在乡村景观规划中的保护研究 [D]. 重庆：西南大学，2009.

[260] 李娟. 唐宋时期湘江流域交通与民俗文化变迁研究 [D]. 广州：暨南大学，2010.

[261] 王绚. 传统堡寨聚落研究——兼以秦晋地区为例 [D]. 天津：天津大学，2004.

[262] 张河清. 湘江沿岸城市发展与社会变迁研究（17世纪中期～20世纪初期）[D]. 成都：四川大学，2007.

[263] 尹长林. 长沙市城市空间形态演变及动态模拟研究 [D]. 长沙: 中南大学, 2008.

[264] 陈小恒. 从长沙地名看长沙城市文化的变迁 [D]. 长沙: 湖南师范大学, 2006.

五、报告文本类

[265] 湖南省文物局. 关于推荐老埠头古建筑群为第七批全国重点文物保护单位的报告 [R], 2010.

[266] 湖南省文物局. 关于推荐回龙塔为第七批全国重点文物保护单位的报告 [R], 2010.

[267] 湖南省文物局. 关于推荐吴公塔为第七批全国重点文物保护单位的报告 [R], 2010.

[268] 湖南省文物局. 第七批全国重点文物保护单位申报文本: 老埠头古建筑群 [R], 2010.

六、报刊类

[269] 龚武生. 加快实施"十个十工程"全力打造区域性旅游目的地 [N]. 湖南日报, 2009-12-28 (02).

[270] 熊远帆. 东安惊现商周遗址 [N]. 湖南日报, 2008-12-03 (A3).

[271] 何强. 印证"舜葬九嶷"的考古发掘 [N]. 人民日报海外版, 2005-08-20 (8).

[272] 朱永华, 王颖姝. 九嶷山发现舜帝陵庙遗址 [N]. 湖南日报, 2004-08-13.

[273] 洪奕宜, 李强. 岭南民间信仰"众神和谐" [N]. 南方日报, 2010-08-27 (A20).

[274] 欧春涛. 考古发现——重建永州的文明和尊严 [N]. 永州日报, 2010-08-17 (A).

[275] 罗丽鸥. 旧时祖庙的谐趣"八景" [N]. 佛山日报, 2011-02-26 (B05).

[276] 李国斌. 永州将复原零陵武庙 [N]. 湖南日报, 2012-11-13 (13).

[277] 刘跃兵. 蓝山发现汉代南平故城遗址 [N]. 湖南日报, 2014-09-09 (5).

后 记

我和吴庆洲教授第一次见面，是 2005 年 10 月在华中科技大学承办的海峡两岸传统民居学术研讨会上，但之后能拜学在吴教授的门下，还得感谢我的硕士导师杨大禹教授的引荐。

论文从选题、资料收集、调研、撰写到成文，都得到了吴教授的悉心指导和言传身教。吴教授"称得上是一位游走于建筑、城市规划、景观三大人居环境学科之中的集大成者"[1]，博学广见、学风严谨，而又胸怀宽厚、平易近人。他的谆谆教诲和无私引导使我终能在浩如烟海的书籍中觅得方向，组句成章，在此首先表示最诚挚的敬意和感谢！

城市作为人类文化的载体和容器，承载着人类文明的精华。未来社会的竞争取决于"文化力"的较量，"文化竞争力是城市竞争力的本质与核心。"城市史研究工作可视为建立可持续性城市的一个关键因素。文章认为，地方古城研究要体现景观建设特色，就必须重视在对景观客体进行研究的同时，重视"人"在景观形成与发展中的作用，揭示景观所蕴含的形而上的意涵与哲理，并力求从区域整体性把握地方古城营建与景观发展的特点及其动力机制。

永州当五岭百粤之交，为历史边郡地区，地理位置特殊；自古受楚、粤文化和中原文化等多种文化影响；永州城的营建历史较早，为历代郡（府、州）治所在地，城市文化内容丰富；永州城乡保留的历史文化景观较多，而且永州古城至今还在延续使用，现为国家历史文化名城；永州古城是典型的山水城市，而且"山水景观文化"久负盛名，并闻名于世界。

自从确定论文的研究方向和研究对象之后，我就不敢懈怠，除了查阅大量的资料和抄写读书笔记外，还多次去永州地区考察历史古城及其周边的山水环境，到相关单位调研，并有意考察了地区许多历史文化古迹和乡村传统村落，拍摄了大量的"乡土建筑"照片和古籍资料。因为，地域民族文化的涵化过程是地域文化景观形成和发展的文化基础。文章认为，区域范围内的传统城乡聚落的布局与设计特点，正是区域传统文化景观地域性特色的体现所在，一方面，地域乡村传统聚落作为地域文化诞生和发展

[1] 吴巧，杨颖. 发掘古代智慧中的现代启示——专访华南理工大学吴庆洲教授 [EB/OL]. 景观中国网 http://www.landscape.cn/news/interview/2014/0806/151672.html.

的最原始舞台，文化发展的连续性较好，对地域城市文化的发展起过推动和促进作用;另一方面,在地域城与乡的人员流动、文化交流和相互影响中,传统乡村聚落的营建在某种程度上也正是城市聚落文化的体现和延展。

在论文调研过程中，曾得到时任永州市文物管理处赵荣学处长、曾东生副处长、杨韬科长，永州市零陵区文物管理所许永安所长、李仁副所长，永州市档案局陈石山主任，永州市零陵区建设局唐继荣副局长、办公室彭名宏主任，宁远县史志办李胜平主任，湖南科技学院刘东方副处长等人的热心帮助，在此一并致以衷心的感谢。

在写作过程中，我曾就论文提纲和写作思路请教过天津大学的张玉坤教授、重庆大学的龙彬教授，在此表示衷心感谢。

感谢华南理工大学建筑学院的诸位教授和先生，感谢各位评阅老师的辛勤工作。唐孝祥教授、郑力鹏教授站在学术的前沿和高度给予我的论文热忱点拨;唐孝祥教授、陆琦教授、程建军教授、郭谦教授、黄理稳教授、黄运亭教授在我的学习期间给予了许多帮助和鼓励，在此表示特别感谢。

感谢众多师兄弟、学姐学妹的帮助，尤其感谢张涵、刘渌璐、谢少亮、郭焕宇、吴运江、陈亚利、郑莉等博士给我的无私帮助，同时感谢曾给我提供无私帮助的其他同学和朋友。

感谢在论文写作过程中，曾经给予过我关心、支持和鼓励的湖南科技大学建筑学院和建筑系的各位师长、领导和同事，他们的支持和鼓励也是本文得以顺利完成的基础。

论文参考和引用的文献不少，笔者尽量将其列出，以示对前人辛勤劳动的尊重和谢忱，不到之处，笔者在此表示歉意和谢意。

最后，感谢我的妻子和我们的父母、兄弟姐妹，他们对家庭的关心和照顾使得我能够腾出时间去调研,静下心来研究和写作。愿他们平安、幸福。

我自知由于时间与资料有限，文章中很多内容需要深化，如: 对区域自然与人文地理环境的调研不够详细; 对永州古城景观建设与发展的历史动因及其地域特征的总结不够具体; 对"八景"文化的梳理有待深入，研究理论有待进一步升华，等等。但我想，这篇文章对于我只是一个开始，疏缺之处在所难免，希望学术界给予批评和指正。

伍国正

2017 年 7 月

315